无机化学

INORGANIC CHEMISTRY

上册

主　编　覃　松

副主编　朱宇萍　翟好英　李道华　王福海

四川大学出版社

项目策划：李思莹　蒋　玙
责任编辑：蒋　玙
责任校对：胡晓燕
封面设计：墨创文化
责任印制：王　炜

图书在版编目（CIP）数据

无机化学．上册 / 覃松主编．— 成都 : 四川大学出版社，2020.5
ISBN 978-7-5614-7824-0

Ⅰ．①无…　Ⅱ．①覃…　Ⅲ．①无机化学—教材　Ⅳ．①061

中国版本图书馆 CIP 数据核字（2020）第 066775 号

书名　无机化学·上册
WUJI HUAXUE · SHANGCE

主　　编	覃　松
出　　版	四川大学出版社
地　　址	成都市一环路南一段 24 号（610065）
发　　行	四川大学出版社
书　　号	ISBN 978-7-5614-7824-0
印前制作	四川胜翔数码印务设计有限公司
印　　刷	四川盛图彩色印刷有限公司
成品尺寸	185mm×260mm
插　　页	2
印　　张	22
字　　数	541 千字
版　　次	2020 年 9 月第 1 版
印　　次	2022 年 7 月第 2 次印刷
定　　价	80.00 元

◆ 读者邮购本书，请与本社发行科联系。
电话：(028)85408408/(028)85401670/
(028)86408023　邮政编码：610065
◆ 本社图书如有印装质量问题，请寄回出版社调换。
◆ 网址：http://press.scu.edu.cn

四川大学出版社
微信公众号

前 言

2015年，在出版了一本有关无机化学实验的教材之后，我有了编写《无机化学》教材的想法。但是，在系统地翻阅了目前较为流行的《无机化学》教材，梳理了从事“无机化学”教学积累的经验，觉得可以推陈出新之后，编书的想法仍然停留在想想而已的层面上。因为在我看来，编写《无机化学》教材是一项崇高而巨大的工程，内心的谦卑和畏惧令人踌躇、难下决心。事情就是这样奇妙，编写《无机化学》教材的想法一旦产生，就好比中了魔法，无法放下。更重要的是，无机化学散发出无穷魅力，悄无声息地将你摄向着它，令人发自内心地热爱它。

热爱化学，是对真知的热爱。化学的发现都是建立在实验基础上的，大自然的奇妙存在化为化学家的精彩发现，鼓励我们去探索未知世界。热爱化学，还是对理性思维的热爱。个别看似独立的实验事实在化学家缜密的逻辑思维前，规律被发现，学说被创立。天地万物变化无常，但万变不离其宗。化学理论的博大精深，彰显了人类的卓越智慧，是人类高贵的理性和伟大的力量的颂歌。热爱化学，更是对真理的热爱。实践是检验真理的唯一标准，在实验事实面前，所有伪科学都会露出原形，遭到唾弃。越学习化学，越探究自然的奥秘，就越接近真理。无机化学知识体系是化学这门自然科学的沃土，最能体现化学之美。众多伟大的先贤，无数奇妙的发现，各种天才的理论，撑起了无机化学的巍巍高山，拓展了人类认知的边界。

本教材为大学一年级新生编写，更为所有喜欢化学并愿意在完成高中化学学习之后继续学习化学的人编写。本教材秉承无机化学知识系统的逻辑性，将各种理论按逻辑关系逐个呈现，元素部分紧密联系理论部分，彰显了自然科学的无穷魅力。本教材的特点是把书本知识讲透彻，将学生在学习无机化学中感到困惑、理解困难的知识清晰地呈现出来。目前广泛使用的《无机化学》教材，许多内容需要老师讲解学生才能理解、掌握，但在本教材中，这样的内容会非常少。简而言之，本教材非常易于学生自学。

感谢编写团队的各位老师，他们热情地投入编写教材的辛劳工作中，殚精竭虑。编撰本教材，指导思想是把知识点讲透以便于学生自学，并以此贯彻素质教育和创新性教育理念，更好地培养学生的探究精神和科学思维。本教材是由具有多年无机化学教学经验，同时又能结合教学新理念的老师编撰而成，是集体智慧的产物。本教材分为上、下两册，共22章，包含无机化学理论部分（原子结构、分子结构、配位化合物、晶体结构、化学热力学、化学动力学以及水溶液中的化学反应等）和元素部分（单质及其化合物的结构、性质和制备）。本教材编撰情况如下：

覃松：绪论和第 1、2、3、4、7、8、9、10、11、13、14、15、16、17 章；

李道华：第 5、6 章；

翟好英：第 12、19 章；

王福海：第 18 章；

朱宇萍：第 20、21、22 章；

覃松对全稿进行了修改和审定，朱宇萍对全稿进行了校正。

感谢付孝锦老师指导内江师范学院化学化工学院 2017 级学生唐凡丁和朱李霞完成本教材绝大部分插图的制作。两位同学对图形制作精益求精的态度令人敬佩，她们制作的精美插图令本教材熠熠生辉。朱宇萍老师和覃泫对本教材制图亦有贡献，在此一并感谢。本教材的其他图片部分来自网络。感谢王福海老师对本教材附录部分资料的制作。感谢内江师范学院化学化工学院 2015 级学生刘开兴、邱富裕和王维力对本教材提出的修改意见。

感谢四川省第二批地方普通本科高校应用型示范专业项目“应用化学”（YZ18002）、四川省第二批卓越教师教育培养计划改革试点项目“卓越中学化学教师协同培养模式研究”（zy17001）、内江师范学院本科教学工程卓越教师计划项目“化学”（zy15001）、内江师范学院本科教学工程教材建设项目“无机化学”（jc17005）和内江师范学院本科教学工程教学团队项目“基础化学教学团队”（jt15002）对本教材出版的资助。

感谢四川大学出版社编辑李思莹和蒋玙为本教材付出的辛劳。

由于时间仓促，书中不足之处在所难免，希望读者不吝赐教。

覃　松

2019 年 10 月 19 日

目 录

绪　论

1. 化学

1.1　化学是一门科学

科学，不是从唐朝到近代以前的“科举之学”，而是清末自日本引进的译自英文“Science”之科学，是100多年前中国新文化运动期间的两面旗帜之一的“赛先生”。该词来源于拉丁文“Scientia”，意为“知识”“学问”。

科学的源头，按照爱因斯坦的说法，可以追溯到古希腊亚里士多德创立的形式逻辑，逻辑推理成为科学最重要的两个要素之一。科学的另一个要素是17世纪伽利略倡导的实验，有目的的实验成为科学研究最重要的手段。科学正是通过实验这块坚固的基石，加上逻辑推理来达到认识自然和宇宙规律的目的。科学的定义各有不同，如1888年达尔文的定义：“科学就是整理事实，从中发现规律，做出结论。”1999年版《辞海》：“科学是运用范畴、定理、定律等思维形式反映现实世界各种现象的本质规律的知识体系。”法国《百科全书》：“科学首先不同于常识，科学通过分类，以寻求事物之中的条理。此外，科学通过揭示支配事物的规律，以求说明事物。”简而言之，科学就是拿证据说话。它是一种态度、观点、方法！五四运动时期宣扬“赛先生”，正是借此反对封建迷信和愚昧。

科学具有如下核心特征：

(1) 理性客观：一切以客观事实的观察为基础。

(2) 可证伪：如果某一门学问有部分错误时，人们可以严谨明确地证明这部分的错误。

(3) 存在一个适用范围：也就是说可以不是放之四海而皆准的绝对真理。例如共价键理论不能解释离子化合物的性质等。

(4) 普适性：能够解释其适用范围内已知的所有事实，是普适的。不存在西方的科学、中国的科学，也没有传统的科学和现代的科学。科学就是科学，科学的规律是普适性的。

科学研究有赖于科学方法，即对自然现象进行的研究，必须建立于搜集可观察、可

亚里士多德运用观察实验的方法和辩证思维的方法大大推动了当时科学的发展，被认为是自然科学的创始人。

实验、可度量的证据，并且符合明确的逻辑推理原则。经典的科学方法有两大类，即实验方法和理性方法，具体的说主要就是归纳法(将特殊陈述上升为一般陈述的方法)、演绎法(应用一般陈述导出特殊陈述或从一种陈述导出另一种陈述的方法)和抽象法(将两个或两个以上事物中相同的赋予一维性)。

早期，科学与哲学密不可分。至18世纪，自然哲学与哲学区分开来。再后来，自然哲学改称自然科学，对应研究人和社会的社会科学。

1.2 化学是一门自然科学

自然科学是研究大自然中有机或无机的事物和现象的科学。这里可以看出自然科学的研究对象是整个自然界，包括自然界客观存在的物质的各种类型、状态、属性及运动形式，研究内容是自然界发生的现象、本质及其规律。通过对自然的观察和逻辑推理，自然科学可以推导出大自然中的规律。在这里，观察和逻辑推理成为最重要的科学方法。

虽然自然科学区别于神学、社会科学、人文科学和艺术，但是自然科学与这些科学有着千丝万缕的联系。

首先，自然科学探索自然界的未知，无论是以生命为尺度，还是小至微观粒子或大到宇宙，从神学的角度其实就是在探索造物主创造的物质世界。其次，自然科学的进步无时无刻不在改变着社会，推动着社会的变革，进而影响着社会科学、人文科学和艺术。

自然科学包括天文学、物理学、化学、地球科学、生物学等。它们的区别可以从研究对象和研究内容的差异体现出来。

自然科学的研究对象是客观存在的物质。自然科学的研究内容是物质的基本属性——运动。

就物质而言，可以分为场(一种特殊的物质形式，是运动着的物质所表现的一定形式)和实物。实物是具有静止质量(即在相对静止状态的系统中测定的质量)的质点组成的物质形式。

实物按照大小分类，可分为四个层次：①天体；②构成天体的单质和化合物；③组成单质和化合物的原子、分子和离子；④组成原子、分子、离子的电子、质子、中子等基本粒子。

化学研究的物质对象是原子、分子和离子这一层次的实物。

物质运动的形式有机械运动、物理运动、化学运动、生物运动。

化学研究的内容是化学运动，通常称为化学变化或化学反应。

把原子、分子和离子这一层次的实物发生的化学反应作为研究内容，意味着需要研究两个方面的具体内容，即化学反应及其原因。

研究一个化学反应，涉及的内容包括：①在一个特定条件下反应能否发生；②如果能够发生，反应会有一个快慢的问题和进行到何时为止的问题；③考虑到化学反应总是伴随着热、光、声等，所以能量问题也是需要研究的内容。然后，就是对无数化学反应进行归类研究，这是化学反应研究最主要的内容。

至于物质发生化学反应的原因，则将涉及对化学反应本质原因的探究。物质发生什么样的化学反应取决于物质的化学性质，而物质显示什么样的化学性质又取决于物质的组成和结构，物质有什么样的组成和结构取决于构成物质的原子或离子的性质，而原子或离子的性质将取决于原子或离子核外电子的运动状态。

可以看出，化学反应的本质在于原子或离子的核外电子的运动状态，当原子或离子的核外电子的运动状态发生了改变，化学反应就发生了。化学反应的本质是原子或离子的核外电子的运动状态发生了改变。

考虑到化学反应必然伴有能量的改变(光、热、电等)，因此，化学研究的内容包括物质的组成、结构、性质、相互变化以及变化过程中的能量关系。

化学的定义：化学主要是在分子、原子或离子等层次上研究物质的组成、结构、性质、相互变化以及变化过程中的能量关系的科学。

2. 无机化学

莫勒(T. Moeller)的定义：无机化学是对所有元素和它们的化合物(除去碳氢化合物及其大多数衍生物)的性质和反应进行实验研究和理论解释的科学。

这里可以看到无机化学研究的对象是所有元素和它们的化合物(除去碳氢化合物及其大多数衍生物)，研究内容是对物质的性质和反应进行实验研究和理论解释。

由此定义可以引出无机化学三方面的内容：关于性质的理论解释、关于反应的实验研究、元素及化合物的性质和反应。

(1) 关于性质的理论解释。

包括：原子结构(原子核外电子的运动状态和原子的性质以及二者的关系)；分子或化合物的组成和结构(元素的原子如何依赖不同大小的结合力以不同方式形成不同结构的分子或化合物，分子或化合物的组成和结构如何决定其性质)。

(2) 关于反应的实验研究。

包括：反应能否发生；反应的速率；反应的能量；反应的限度；水溶液中反应的类型(酸碱反应、沉淀反应、氧化还原反应和配位反应)。

(3) 元素及化合物的性质和反应。

包括：单质及其主要化合物的存在、结构、性质(物理性质和化学性质)及其变化规律。

目前大学无机化学通常称为系统无机化学，是指按周期分类对元素及其化合物的性质、结构及其反应所进行的系统叙述和讨论。

无机化学的内容将在化学专业后续课程中得到很好的延续，并因此产生其他的化学分支学科。其中，化学反应实验研究部分的内容派生出物理化学，水溶液中化学反应部分的内容派生出分析化学中的容量分析，结构部分的内容派生出结构化学，研究对象的改变派生出有机化学，等等。

3. 无机化学的系统知识和研究方法

无机化学的知识内容可以分为事实、概念、定律和学说四类。

用感官直接观察事物所得的材料称为事实。对于事物的异体特征加以分析、比较、综合和概括得到概念，如元素、化合物、化合、氧化、还原、原子等皆是无机化学最初明确的概念。组合相应的概念以概括相同的事实则成定律，如不同元素化合成各种各样的化合物，总结它们的定量关系得出质量守恒、定比、倍比等定律。建立新概念以说明有关的定律，该新概念又经实验证明为正确的，即成学说。例如原子学说可以说明当时已成立的有关元素化合重量关系的各定律。化学知识的这种派生关系表明它们之间的内在联系。定律综合事实，学说解释并贯串定律，从而把整个化学内容组织成为一个系统的科学知识。

系统的化学知识是按照科学方法进行研究的。科学方法主要分为以下三步：

（1）搜集事实：搜集的方法有观察和实验。实验是控制条件下的观察。化学研究特别重视实验，因为自然界的化学变化现象都很复杂，直接观察不易得到事物的本质。例如铁生锈是常见的化学变化，若不控制发生作用的条件，如水汽、氧、二氧化碳、空气中的杂质和温度等，就不易了解所起的反应和所形成的产物。无论观察或实验，所收集的事实必须切实准确。化学实验中的各种操作，如沉淀、过滤、灼烧、称重、蒸馏、结晶等，都是在控制条件下获得正确可靠事实知识的实验手段。正确知识的获得，既要靠熟练的技术，也要靠精密的仪器。通过对每一现象进行测量，并用数字定量化，才算对现象有了确切的认识。

（2）建立定律：古代化学工艺和金丹术积累的化学知识虽然很多，但不能称为科学，只能算作经验。经验知识要成为科学，必须超越表面和个别的现象，触及事物的本质和抽象的一般结论。为此目的，将搜集到的大量事实加以分析比较，去粗取精，由此及彼地将类似的事实归纳成为定律。如普鲁斯特研究化合物的成分，分析了大量的、采自世界各地的、天然的和人工合成的多种化合物，经过八年的努力，发现每一种化合物的组成都是完全相同的，于是归纳这类事实并提出定比定律。

（3）创立学说：化学定律虽比事实为少，但为数仍多，而且各自分立，互不相关。化学家要求理解各定律的意义及其相互关系。例如道尔顿由表及里地提出物质由原子构成的概念，创立原子学说，解释了关于元素化合和化合物变化的重量关系的各个定律，并使之连贯起来，从而将化学知识按其形成的层次组织成为一门系统的学科。

上述科学方法的三个过程在无机化学中有许多实例。例如第1章原子结构中将学到的史实：得到个别原子的光谱是实验结果，里德堡公式是在实验结果基础上建立的定律，而玻尔原子论则是在实验和定律基础上创立的学说；又如关于酸碱理论的建立部分；等等。

4. 无机化学的前沿研究领域

现代无机化学的研究特点是运用现代物理实验技术(X射线、中子衍射、电子衍射、磁共振、光谱、质谱、色谱等)及微观结构的观点来研究和阐述化学元素及其所有无机化合物的组成、结构和反应。由于各学科的深入发展和学科间的相互渗透，目前已经形成了许多跨学科的新兴研究领域。无机化学与其他学科结合而形成的新兴研究领域很多，如生物无机化学、有机金属化学、固体无机化学、稀有元素化学、无机材料化学、配位化学、金属酶化学等。

无机化学主要的发展趋势是新型化合物的合成和应用，主要的研究领域体现在配位化学、固体无机化学和生物无机化学。

配位化学在现代化学中占有重要地位，当前配位化学处于无机化学的主流地位。配位化合物以其花样繁多的价键形式和空间结构在化学理论发展中及与其他学科的相互渗透中成为众多学科的交叉点。我国配位化学研究已步入国际先进行列，在新型配合物、簇合物、有机金属化合物和生物无机配合物，特别是配位超分子化合物的基础无机合成及其结构研究等领域取得了丰硕成果。

固体无机化学是跨越无机化学、固体物理、材料科学等学科的交叉领域，是当前无机化学学科十分活跃的新兴分支学科。近年来该领域不断发现具有特异性能及新结构的化合物，如高温超导材料、纳米材料、C_{60}、石墨烯等。固体无机化学的研究主要从固体无机化合物的制备和应用、室温和低热固相化学反应等两大方面展开，取得了一批举世瞩目的研究成果，向信息、能源等各个应用领域提供了各种新材料。在固体无机化合物的制备及应用方面，展开了对光学材料、多孔晶体材料、纳米相功能材料、无机膜敏感材料、电磁功能材料和C_{60}及其衍生物、石墨烯、多酸化合物、金属氢化物等领域的研究。

随着理论化学方法和物理实验方法的应用，研究生物分子的结构、构象和分子性能，使得揭示生命过程中的生物无机化学行为成为可能，生物无机化学正是在这个时候作为一门分支学科应运而生。近年来，生物无机化学的研究取得了显著的进展，研究对象从生物小分子到生物大分子，从研究分离的生物大分子到研究生物体系，再到对细胞层次的研究，研究水平逐年提高。我国在金属离子及其配合物与生物大分子的作用、药物中的金属及抗癌活性配合物的作用机理、稀土元素生物无机化学、金属离子与细胞的作用、金属蛋白与金属酶、生物矿化和环境生物无机化学等领域进行了大量的研究工作，取得了较多的成果。

5. 如何学好无机化学

考虑到“无机化学”课程通常开设在大学一年级，如何适应大学学习，是一个必须面对的问题。虽然学习方法很多，但是一些基本内容是不会改变的。

热爱。对化学的热爱，对知识的热爱，对理性思维和逻辑思维的热爱，对大学生活的热爱，对青春的热爱，对生活的热爱，凡此种种，都是学习的理由，都是学好化学的理由。

积极参与课堂教学。积极参与课堂教学包括认真听讲和参与教学互动。认真听讲是参与互动的前提，没有认真听讲就不容易有效地参与教学互动。认真听讲是一种能力，参与教学互动也是一种能力。要求自己在每一个课堂上都认真听老师讲课，就是对这种能力最有效的训练。当认真成为习惯，你会拥有专注的能力，这种能力会让你一生受用。不要在大学里养成持续散漫的习惯，习惯一旦养成，你会很难让自己专注，这对以后的工作以及学习将极为不利。跟上老师的节奏，梳理你的思路，这是对你思考方式最直接、系统、刻意的训练。如果能够运用自己的知识和能力，发现老师课堂上讲授内容的可讨论之处，并在课堂上讨论、争辩，那就是作为学生的最荣耀之时了。当你从大学毕业的时候，你的大脑里一定要留下你的专业带给你的精神、信念、理论和体系。

系统完整的笔记。通常，每个老师在课堂上的讲解都体现了老师对所讲授知识的心得，所以老师在课堂上的教授内容总是或多或少的有别于课本的。这就涉及课堂笔记的问题。无论是从对比学习的角度探究课本和老师讲授内容产生差异的原因，并进而培养自己的探究意识，训练自己的逻辑思维能力，还是从课程结束时的课程考试成绩角度考虑，都应该有课堂笔记。接下来，是部分的、零散的笔记，还是系统的、完整的笔记？许多同学习惯把要点或者书本上没有的内容记录在书本的空白处，这当然可以节约记笔记的时间，但是这样的记录不完整更不系统，要命的是你还得不断地在课堂上针对老师现在讲的内容是否在书本上而颇费思量或者患得患失。所以，系统完整的笔记就成为课堂学习最重要的内容之一。强调系统完整的笔记其实是在强化一种价值取向，即完整的逻辑推理过程所体现出来的理性思维和生活方式！

课后学习。一个章节，一个知识点，教材选择了一个角度并传递了一种学习方式，老师在课堂上可能选择了另外一个角度并传递了另外一种学习方式，其他参考书会选择更多不同的角度并传递出更多的学习方式。适当地阅读参考书是对课堂学习的最好补充。兼听则明，偏信则暗，古人总结的道理，无处不体现出来。

思考质疑。思考质疑才是学习最重要的手段。对真理的信仰是在质疑当中建立起来的！科学精神的核心特征之一就是质疑和批判！在学习中不要简单地接受说 Yes，而是要不断地质疑问 Why，寻求问题的最根本解释。

无机化学的理论知识(物质性质的理论解释部分和反应实验研究部分)，除个别公式可能需要在后续课程中解释成因，其余的内容都是可以很清晰地解释的。而无机化学元素部分的内容，几乎都可以利用无机化学理论部分内容加以解释。

质疑，对所有的观念持怀疑态度，提出问题。但是在很多时候，提出问题是一个难倒许多人的问题。这个时候，一个最简单的办法就是把句号变成问号。举一个简单的例子：盐酸能够和氢氧化钠反应，这是一个常识性的知识。如何提问呢？设想下面一段对话。

问：为什么盐酸能够和氢氧化钠反应？

答：因为盐酸是酸，氢氧化钠是碱，酸能够与碱反应。

问：盐酸为什么是酸？

答：因为按照酸碱理论，盐酸能够在水溶液中电离产生氢离子。

问：哪个酸碱理论？

答：经典酸碱理论或者酸碱质子理论。

问：为什么盐酸能够在水溶液中电离产生氢离子？

答：因为盐酸，也就是氯化氢分子组成中有氢原子。

问：分子组成中有氢原子就能够电离吗？

答：不一定，像氨分子组成中也有氢原子，但是不显酸性而是显碱性。

问：为什么氯化氢分子组成中有氢原子就显酸性？

答：因为氯化氢分子中氢原子和氯原子的一个共价键在水溶液中受到水分子的吸引易于断裂释放出氢离子。

问：为什么水分子会吸引氯化氢分子中的氢原子和氯原子？

答：因为水分子是极性分子，分子有正、负电荷中心，显示出电性，而氯化氢中的共价键是极性共价键，也有正负电荷中心，也能显示出电性。在水溶液中水分子的正电部分和氯化氢的负电部分产生吸引，水分子的负电部分和氯化氢的正电部分产生吸引。

问：为什么氨分子组成中有氢原子却显碱性？

答：氨分子的结构中氮原子上有一对未成键电子对，而水溶液中有水电离出的氢离子，氢离子有空轨道。氮原子上的未成键电子对可以和氢离子的空轨道形成配位键，使水溶液中氢离子的浓度减少进而促进水的电离，导致水溶液中氢氧根离子浓度增大显出碱性。

问：分子中有氢原子可能显酸性也可能显碱性，如何区分？

答：这里可以看到氯原子和氮原子因为核外电子构型的不同，所形成氯化氢分子和氨分子的组成和结构也不同，最终导致二者性质不同。至于如何区分，要依据具体分子组成的结构而定。

问：为什么氯原子和氮原子核外电子构型不同？

答：因为氯原子和氮原子核电荷数不同，核外电子数不同，核外电子运动状态不同。

问：是不是酸分子中一定得有氢原子？

答：那倒不一定。酸、碱等都是人为的概念，依据不同的酸碱理论，会有不同的答案。

……

如果愿意，这样的问答还可以继续进行下去。这样的问答可以发生在师生之间、学生之间，还可以发生在一个人的头脑中。

通过对无机化学知识的系统学习，不仅能够初步掌握化学的学习方法和研究特点，更能体会到化学学习的乐趣，逻辑思维的乐趣，理性思维的乐趣。

学习就是不断地提问、不断地解答的过程，更是不断地发现错误、不断地纠正错误的过程。经过这样的挑战自我的过程既深入掌握了知识本身，更是借此训练了逻辑思维能力，培养了批判性思维。不要害怕犯错，美国著名物理学家、思想家和教育家约翰·

惠勒(John Archibald Wheeler，1911—2008)说过："我们所需要的一切，是尽可能地犯错误……"因为我们能够从错误中学习，我们的许多知识都是通过纠正错误而得来的。要知道，真知同错误、偏见交织在一起，我们能够做的就是不断地寻求真理。记住了化学的英文单词CHEMISTRY，更要知道它的含义：CHEM IS TRY!

从更广泛的层面来看待思考和质疑，将涉及教育的理念、人类的未来等重大课题。人类最可贵的精神就是质疑精神！因为人类的理性思维会引导人们发现固有思维中的缺陷和谬误，进而找到修正、纠正错误的途径，从而不断进步。人类思想之本质就是批判，科学之原动力就是质疑。没有质疑，谎言谬论会变成真理，指鹿为马会变成现实，整个社会就会失去进步的可能。但丁说："怀疑有如草木之芽，从真理之根萌生。"质疑是接近真理的最佳捷径。爱因斯坦曾说："提出一个问题，比解决一个问题更重要。"而提出一个问题的前提，就是质疑。约翰·密尔(John Stuart Mill，1806—1873)说："即使是一个千真万确的道理，经怀疑后接受，和当作教条来接受，是大不一样的。"放眼世界，培养学生的质疑精神和独立思想，正是人类在一切领域创新发展和进步之根本。民国初年，年方26的青年才俊刘半农应聘北大教授被一代大儒辜鸿铭先生问道："你如何理解'教授'二字?"刘半农坦然回应："教授，教之以问，授之以疑。"辜鸿铭老先生眼睛一亮："鹤卿（时任北大校长蔡元培，字鹤卿)又得一真教授。"刘半农的意思是，教授的天赋使命就是培养学生敢于质疑的独立精神。但是，在一个虚假和谎言横行的社会，质疑是危险的。如果有人说质疑没有价值，会妨碍社会进步，那可以肯定的是，这是在维系一个谎言的社会。因为质疑是谎言最大的敌人，只有谎言才会害怕质疑。

用自己的眼睛去追寻真相，用自己的头脑去判断是非，用自己的所学去探求真理，现代大学培养的应该是具有独立精神和自由思想的人，认真思考，成为自己的主人!

第 1 章　原子结构

我们知道，大多数的物质由分子组成，而分子又由原子组成。“原子”一词是由古希腊哲学家德谟克利特(Democritus)提出来的，其本义为不可分，即原子不可分。直到 19 世纪末，随着现代物理学的发展，科学家们通过一系列实验否定了原子不可分，同时也对原子的组成有了更加深入和准确的认识。

1897 年，英国科学家汤姆逊(Joseph John Thomson)通过一系列实验，主要是阴极射线管放电实验，证明所有物质的原子都含有相同种类的负电荷微粒，他将这种负电荷微粒命名为电子。1906 年，汤姆逊因此项发现获得诺贝尔物理学奖。原子中电子的发现，证明了原子可分。1909 年，美国科学家密立根(Robert Andrews Millikan)通过油滴实验测得电子所带电量为 1.6201×10^{-19} C，该电量为负电荷的基本电量。同时，密立根利用之前汤姆逊测得的电子质量和电荷比值，得到电子的质量为 9.11×10^{-31} kg。1923 年，密立根因此项发现获得诺贝尔物理学奖。既然电子被证明是原子的一个组成部分，电子带有负电荷，而原子是电中性的，这就意味着原子中必有某种带有正电荷的组成部分，而且该组成部分所带正电荷的电量必等于原子中所有电子所带负电荷的总量。1911 年，英国科学家卢瑟福(Ernest Rutherford)通过 α 粒子散射实验证实每个原子一定含有一个非常小的坚实的带正电荷的核心，他称其为原子核。早在 1886 年，德国科学家戈德斯坦(Eugene Goldstein)通过对阳极射线的研究就发现阳极射线是带正电的粒子流。1914 年，卢瑟福把该粒子命名为质子。同时提出，质子所带电荷为正电荷的基本单位，质子是一切原子的基本微粒之一，它带有一个单位的正电荷(1.6201×10^{-19} C)，质量为 1.67×10^{-27} kg。1932 年，英国科学家查得威克(James Chadwick)通过粒子轰击元素铍(Be)，发现了原子核内中子的存在。中子的质量为 1.68×10^{-27} kg，不带电(最新研究表明：中子也带电，因所带正电荷和负电荷相等，故应说中子是电中性的)。

以上是关于原子的一些经典看法。目前，科学家已经在原子的内部发现了 20 多种不同的粒子，主要包括电子、质子、中子、正电子(positron)、中微子(neutrino)、介子(meson)和超子(hyperon)等。对这些基本粒子的认识还不全面：正电子大约和电子一样大，带一个正电荷；中微子大约是电子两千分之一的大小，不带电荷；介子可带正电荷，也可带负电荷；超子比质子大些……

这么多的粒子或电荷如何聚集在一起形成原子核和原子，这对我们来说是一个谜。本章讨论原子结构，从化学的角度来说，实际上仅限于讨论原子核外电子的运动状态。

1.1 原子的起源和演化

物质从何而来，这既是一个哲学问题，也是一个自然科学的问题。远古时代的神话，如盘古开天地，是人们的想象。宗教的观念，如上帝创造，是人们的信仰。但科学终究是要用事实说话的。

20世纪20年代，天文学家埃德温·哈勃(Edwin Hubble)注意到，远星系的颜色比近星系的颜色要稍红些，这种红化(红移)是系统性的，星系离我们越远，就显得越红。

光的颜色与它的波长有关，在白光光谱中蓝光位于短波端，红光位于长波端。

当一个波源(光波、声波或射电波)和一个观测者互相快速运动时将造成波长变化，如果距离变长发出的波长变长(红移)，如果距离变短发出的波长变短(蓝移)。最简单的验证这个结论的实验就是注意两辆汽车相向行驶和背道行驶时声音的变化，背道行驶发出的声音更浑厚(声波波长变长)，相向行驶发出的声音更尖细(声波波长变短)。

遥远星系的红化表明它们的光波波长已稍微变长了，这意味着星系正在远离我们。在仔细测定许多星系光谱中特征谱线的位置后，哈勃认为，光波变长是由于宇宙正在膨胀。哈勃的这个重大发现奠定了现代宇宙学的基础。哈勃的发现暗示了存在一个膨胀的起点。

1948年前后，伽莫夫(George Gamow)第一个正式提出大爆炸理论。宇宙最初开始于高温高密的原始物质，温度超过几十亿度。随着宇宙膨胀，温度逐渐下降，形成了现在的星系等天体。他预言了目前的宇宙正沐浴在早期高温宇宙的残余辐射中，宇宙深处并非绝对零度，其温度约为6 K。

1964年，美国无线电工程师阿诺·彭齐亚斯(Arno Penzias)和罗伯特·威尔逊(Robert Wilson)在实验中意外地接收到一种无线电干扰噪声，各个方向上信号的强度都一样，而且历时数月而无变化。科学家们认定这个额外的辐射就是宇宙微波背景辐射，它源自大爆炸的残余辐射。这种噪声的波长在微波波段，对应于有效温度2.7 K，现在一般称之为3 K宇宙微波背景辐射。这一发现，使许多从事“大爆炸宇宙论”研究的科学家们获得了极大的鼓舞。因为彭齐亚斯和威尔逊等人的观测竟与理论预言的温度如此接近，这是对“大爆炸宇宙论”一个非常有力的支持，是继1929年哈勃发现星系谱线红移后又一个重大的天文发现。

对化学而言，大爆炸理论的重要性在于阐明了化学元素的起源。元素的产生漫长而复杂，涉及一系列过程，具体如下：

(1) 基于某种未明原因，宇宙发生了大爆炸，起爆时刻称为奇点。

(2) 宇宙之初：自奇点起，首先产生了中子，然后中子衰变产生质子、电子。

$${}_{0}^{1}n \longrightarrow {}_{1}^{1}p + {}_{-1}^{0}e$$

(3) 氢燃烧：一个中子和一个质子结合形成氘核(${}_{1}^{2}D$)，一个质子和氘核结合形成氦核(${}_{2}^{3}He$)，两个氦核(${}_{2}^{3}He$)相互结合形成另一种氦核(${}_{2}^{4}He$)。

$$^{1}_{0}n + ^{1}_{1}p \longrightarrow ^{2}_{1}D$$

$$^{1}_{1}p + ^{2}_{1}D \longrightarrow ^{3}_{2}He$$

$$^{3}_{2}He + ^{3}_{2}He \longrightarrow ^{4}_{2}He + 2^{1}_{1}p$$

（4）氦燃烧：两个氦核（$^{4}_{2}He$）相互结合形成铍核（$^{8}_{4}Be$），铍核（$^{8}_{4}Be$）与氦核（$^{4}_{2}He$）结合形成碳核（$^{12}_{6}C$），碳核（$^{12}_{6}C$）与氦核（$^{4}_{2}He$）结合形成氧核（$^{16}_{8}O$），氧核（$^{16}_{8}O$）与氦核（$^{4}_{2}He$）结合形成氖核（$^{20}_{10}Ne$），氖核（$^{20}_{10}Ne$）与氦核（$^{4}_{2}He$）结合形成镁核（$^{24}_{12}Mg$）。

$$^{4}_{2}He + ^{4}_{2}He \longrightarrow ^{8}_{4}Be$$

$$^{4}_{2}He + ^{8}_{4}Be \longrightarrow ^{12}_{6}C$$

$$^{4}_{2}He + ^{12}_{6}C \longrightarrow ^{16}_{8}O$$

$$^{4}_{2}He + ^{16}_{8}O \longrightarrow ^{20}_{10}Ne$$

$$^{4}_{2}He + ^{20}_{10}Ne \longrightarrow ^{24}_{12}Mg$$

（5）碳燃烧：两个碳核（$^{12}_{6}C$）相互结合分别产生镁核（$^{24}_{12}Mg$）、钠核（$^{23}_{11}Na$）、氖核（$^{20}_{10}Ne$）。

$$^{12}_{6}C + ^{12}_{6}C \longrightarrow ^{24}_{12}Mg$$

$$^{12}_{6}C + ^{12}_{6}C \longrightarrow ^{23}_{11}Na + ^{1}_{1}p$$

$$^{12}_{6}C + ^{12}_{6}C \longrightarrow ^{20}_{10}Ne + ^{4}_{2}He$$

（6）α 过程：α 粒子（氦核，$^{4}_{2}He$）熔入碳核（$^{12}_{6}C$）产生氧核（$^{16}_{8}O$），α 粒子熔入氖核（$^{20}_{10}Ne$）产生镁核（$^{24}_{12}Mg$），α 粒子熔入镁核（$^{24}_{12}Mg$）产生硅核（$^{28}_{14}Si$），α 粒子熔入硅核（$^{28}_{14}Si$）产生硫核（$^{32}_{16}S$），α 粒子熔入硫核（$^{32}_{16}S$）产生氩核（$^{36}_{18}Ar$），α 粒子熔入氩核（$^{36}_{18}Ar$）产生钙核（$^{40}_{20}Ca$）。

$$^{4}_{2}He + ^{12}_{6}C \longrightarrow ^{16}_{8}O$$

$$^{4}_{2}He + ^{20}_{10}Ne \longrightarrow ^{24}_{12}Mg$$

$$^{4}_{2}He + ^{24}_{12}Mg \longrightarrow ^{28}_{14}Si$$

$$^{4}_{2}He + ^{28}_{14}Si \longrightarrow ^{32}_{16}S$$

$$^{4}_{2}He + ^{32}_{16}S \longrightarrow ^{36}_{18}Ar$$

$$^{4}_{2}He + ^{36}_{18}Ar \longrightarrow ^{40}_{20}Ca$$

（7）e 过程：硅燃烧通过 α 粒子的俘获，产生钛、钒、铬、锰、铁、钴、镍、铜等各原子核。

（8）中子俘获：中子在与原子核碰撞后，被核吸收并发出 γ 射线的过程，将产生自铜到铋的共计约 53 种原子核。

（9）质子俘获：通过俘获质子放出伽马光子或吸收伽马光子释放中子的过程，产生质量数为 70～200 的具有放射性的不稳定的原子核。

上述过程都是核反应。核反应是核结构发生改变的反应，常导致由一种元素变为另一种元素，伴随巨大的能量效应。因此，上述核反应都是在极高的温度下进行的，最高甚至达到 10^{9} K。

然后，就是温度缓慢地降低，直到原子核可以束缚电子形成原子或离子。温度再降低，原子相互结合成为化合物，宇宙主要成分为气态物质，并逐步在自引力作用下凝聚成密度较高的气体云块，直至恒星和恒星系统，成为现在观测到的宇宙。

这个过程如果逆向进行，相信对于学过中学化学的学生而言更容易理解。如果对某一种化合物无限持续加热，将会发生什么呢？如果这个化合物恰好是碳酸钙，随着温度的升高，碳酸钙首先分解成氧化钙和二氧化碳。温度继续升高，二氧化碳分解为一氧化碳，然后一氧化碳再分解成氧分子和碳原子，氧化钙气化分解成氧分子和钙原子，氧分子离解成氧原子。温度再升高，这些原子开始逐渐失去核外电子，直至完全失去电子成为原子核。温度再升高，原子核开始分裂，相对重的核裂解成更轻的核，直到全部变成质子、中子等基本粒子。

基于大爆炸理论的化学元素起源理论，能够很好地解释实测的宇宙元素丰度。宇宙元素丰度来自各种测量手段和测量技术，如图 1-1 所示。

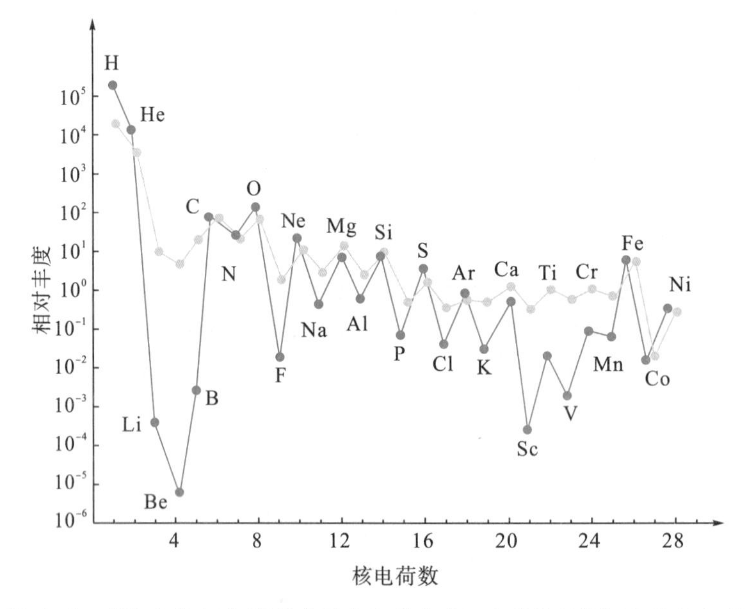

图 1-1　宇宙元素丰度(深蓝色是太阳系丰度，浅蓝色是银河系局部丰度)

实验观测到的宇宙中轻元素的丰度与大爆炸理论所预言的宇宙早期快速膨胀并冷却过程中最初的几分钟内通过核反应所形成的这些元素的理论丰度值非常接近，可视为大爆炸理论所预言的轻元素丰度与实际观测结果基本吻合。

星系红移、宇宙微波背景辐射和宇宙间轻元素的丰度被认为是支撑大爆炸理论最重要的实验事实。

大爆炸理论虽然很好地阐述了宇宙的起源，但它只是一个目前被普遍接受的学说。目前大爆炸理论存在的主要问题是：对于大爆炸后最初的几分钟，相关的观测严重缺乏，最早期宇宙物质——能量的实际形式很大程度上仍只是猜测。另外，是谁启动大爆炸？是谁开启时间之门？这都给人们留下了无限的想象空间，更给人们留下了无限的探索空间。

大爆炸理论阐述了化学元素从何而来，接下来，原子内部，电子在核外如何运动，成为化学家更为关切的问题。因为原子核外电子的运动将决定原子的性质，并决定大千世界万万千千的化学反应如何进行。

对原子核外电子运动的科学研究，最早可以追溯到19世纪中后期，原子光谱时代。

1.2　原子结构的玻尔理论

宏观物质的运动规律可以用牛顿(Isaac Newton)运动定律来描述，扔出去的石头、射出去的子弹、天空飘落的雨滴，导弹的飞行、陨石的飞行，以及月球、太阳等星球的运动，都可以用牛顿力学进行描述。具体如何描述呢？比如说月球的运动，我们可以很准确地测定某一时刻月球的运动速度，建立速度和时间的函数关系。同时，我们也可以很准确地测定某一时刻月球的位置，建立位置和时间的函数关系。也就是说，我们可以同时准确地知道月球在某一时刻的位置和速度，并借此得到月球的运动轨道。有了这个运动轨道，任何时候，我们都可以准确地知道月球在哪里。我们能够准确地预测日蚀、月蚀以及星系中星球的碰撞等宇宙中的各种星球运动导致的现象，正是有赖于我们利用牛顿运动定律得到了星球的运动轨迹。

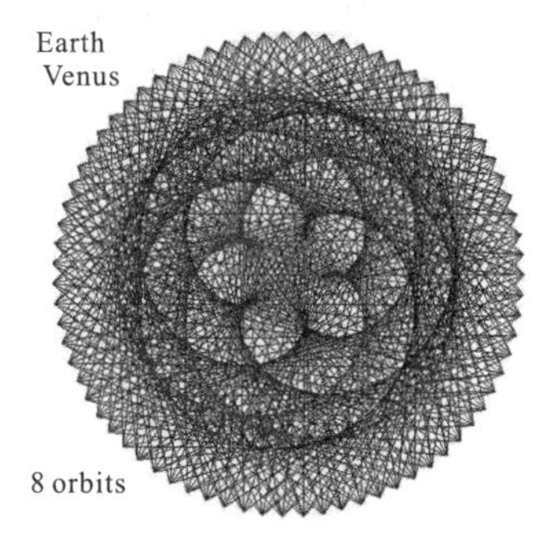

宏观物体运动轨迹优美壮观，这是2015年12月26日新浪微博“NASA中文”发布的在过去八年的时间里地球和金星的相对位置模型。

当原子被实验证实由原子核和电子组成时，关于原子的内部结构，首先由发现原子核的卢瑟福提出了“有核原子模型”，电子在原子核外绕核作轨道运动，就像行星围绕着太阳。这是一个很粗浅的观点，想象的成分多。具体电子如何绕核运动，如何去描述电子在核外的运动，还有待科学家去解决。显然，科学需要用事实说话。

1.2.1　原子光谱

近代最早与核外电子运动相关的实验是原子光谱实验。

说到光谱，就要提到更早的牛顿。1704年，牛顿在他的经典著作《光学》中写道：“1666年初，我做了一个三角形的玻璃棱柱镜，利用它来研究光的颜色。为此，我把房间里弄成漆墨的，在窗户上钻一个小孔，让适量的日光射进来。我又把棱镜放在光的入口处，使折射的光能够射到对面的墙上去，当我第一次看到由此而产生的鲜明强烈的光色时，我感到非常愉快。”这就是著名的太阳光折射实验，论述太阳光(白光)通过玻璃棱镜被折射成一条连续的色带：红、橙、黄、绿、青、兰、紫。由此他提出，白光是由不同波长的各色光波组成的，这些光波所排成的光带叫光谱。由于太阳光产生的是连续的色带，故太阳光的光谱是连续光谱。

我们知道焰色实验，把某些金属或金属离子的挥发性盐放在火焰中，会产生特殊颜色的光，如 Na^+ 的颜色是黄色。若让这些焰色光通过棱镜，也可以得到它的光谱。实际上，任何原子在被火花、电弧、灼烧、辐射或其他方法激发时，都可以得到光谱。

1859 年，基尔霍夫(Gustav Robert Kirchhoff)和本生(Robert Wilhelm Bunsen)发明了光谱仪(图 1—2)，使得到原子光谱成为可能(图 1—3)。

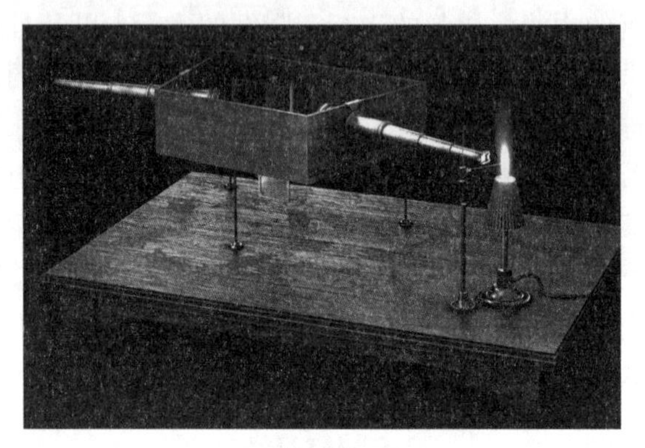

图 1—2　基尔霍夫光谱仪

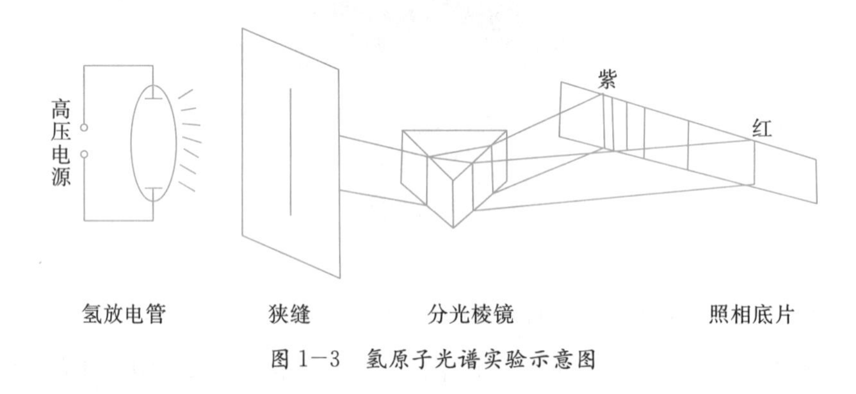

图 1—3　氢原子光谱实验示意图

某些原子的光谱如图 1—4 所示。

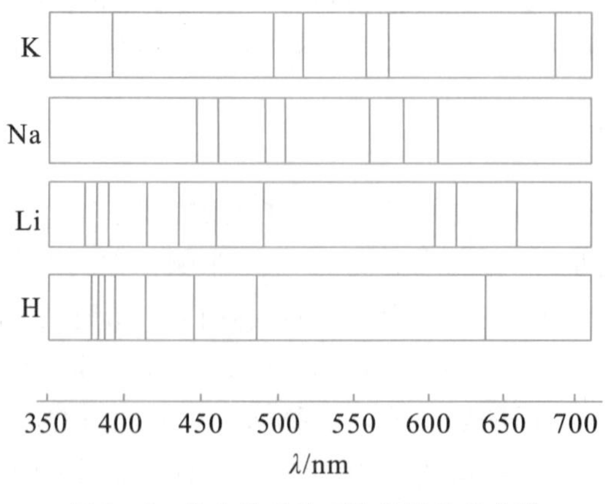

图 1—4　某些原子的可见光区原子光谱

由图1—4可看出，原子的光谱不像白光的光谱那样有连续的色带，它在可见光区只有几条亮线。这说明原子的光谱是不连续的光谱，称为线状光谱。线状光谱是原子所特有的，故线状光谱也称为原子光谱。各种原子的线状光谱都不一样，是各自的特征光谱。

在原子光谱中，最早为人们研究的是氢原子光谱。人们研究原子结构，就是从可见光区氢原子光谱(图1—5)开始的。

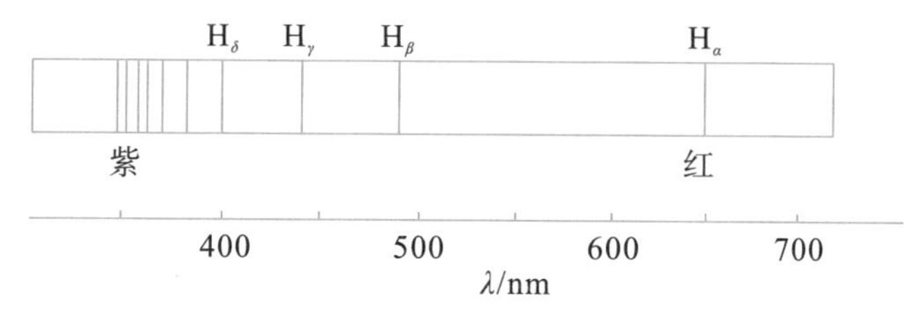

图1—5 可见光区氢原子光谱

可见光区氢原子光谱的特征是显而易见的：

(1) 不连续光谱；

(2) 从长波到短波，谱线间的距离越来越小，呈现某种规律；

(3) 可见光区从长波到短波有四条明显的谱线：H_α、H_β、H_γ、H_δ。

1885年，瑞士人巴尔麦(Johann Jakob Balmer)提出了氢原子光谱可见光区各谱线波长间的关系式——巴尔麦公式。

$$\lambda = B\left(\frac{n^2}{n^2 - 4}\right) \qquad (1-1)$$

式中，λ 为波长；B 为常数，B=364.56 nm；n 是正整数，n=3，4，5，…。

巴尔麦公式计算值与实验值十分相似，见表1—1。

表1—1 巴尔麦公式计算值与实验值

n	谱线名称	计算值/nm	实验值/nm
3	H_α	656.208	656.281
4	H_β	486.08	486.133
5	H_γ	434.00	434.047
6	H_δ	410.13	410.174

后来，在氢原子光谱的紫外线区发现了莱曼(T. Lyman)线系，近红外光区发现了帕邢(F. Paschen)线系，远红外光区发现了布喇(P. Brackett)线系和芬德(A. Pfund)线系，如图1—6所示。

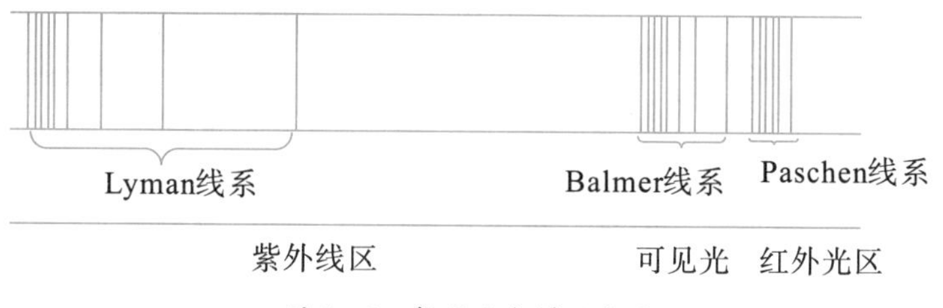

图1—6 氢原子光谱示意图

适合各谱线之间普遍关系的公式是1913年瑞典人里德堡(Johannes Rober Rydberg)提出的里德堡公式：

$$\frac{1}{\lambda}=R_H\left(\frac{1}{n_1^2}-\frac{1}{n_2^2}\right) \tag{1-2}$$

由$\frac{1}{\lambda}=\frac{\upsilon}{c}$，可得

$$\upsilon=R_H\times c\times\left(\frac{1}{n_1^2}-\frac{1}{n_2^2}\right) \tag{1-3}$$

式中，R_H为里德堡常数，其值为109737.309 cm^{-1}；n_1，n_2为正整数，且$n_2>n_1$；υ为频率；c为光速(2.998×10^8 m/s)。

如计算可见光区的四条谱线：$n_1=2$，$n_2=3$，4，5，6，结果见表1-2。

表1-2　可见光区四条谱线的计算结果

n	谱线名称	计算值/nm	实验值/nm
3	H_α	656.208	656.1
4	H_β	486.08	486.0
5	H_γ	434.00	434.0
6	H_δ	410.13	410.1

同样：

以$n_1=1$，$n_2=2$，3，4，5，…，可计算莱曼线系；

以$n_1=3$，$n_2=4$，5，6，7，…，可计算帕邢线系；

以$n_1=4$，$n_2=5$，6，7，8，…，可计算布喇线系；

等等。

巴尔麦公式和里德堡公式都是经验公式，与实验结果相符，反映了氢原子光谱谱线波长的定量关系，是谱线波长规律的体现。

尼尔斯·亨利克·戴维·玻尔(Niels Henrik David Bohr，1885—1962)，丹麦皇家科学院院士，1922年获得诺贝尔物理学奖。

当时的物理学理论不能解释原子光谱实验结果。根据经典电磁理论，绕核高速旋转的电子将不断以电磁波的形式发射能量，这将会导致两个结果：其一，电子由于不断发射能量，自身能量不断减少，电子运动的轨道半径也将随之逐渐减小，最终落在原子核上，即这样的原子将是不稳定的；其二，电子辐射的电磁波的频率，就是它绕核转动的频率。电子转动能量越小，离原子核就越近，转动

就越快。这个变化是连续的，应该可以观察到原子辐射的各种频率(波长)的光，即原子光谱应该是连续的。而事实是，原子光谱既稳定又是不连续的、线状的。

当原子光谱实验事实被发现，当谱线之间定量关系的规律被找到，而现有理论又不能解释的时候，按照科学研究方法的三个步骤，搜集事实和建立定律都已完成，剩下的就是创立学说来解释实验事实和定律了。科学界在等待有关原子结构的新理论来解释实验事实和定律。这个等待自1885年巴尔麦起，直到1913年丹麦人玻尔(Niels Henrik David Bohr)提出原子理论，才成功地解释了氢原子光谱的成因和规律。

1.2.2　玻尔理论

依据经典力学对宏观物体运动用固定轨道来描述的方法，参照太阳系的行星在固定轨道上绕太阳运动，玻尔提出原子核外有以原子核为核心的固定圆形轨道，原子中的电子可以在这些固定圆形轨道上运动，玻尔把这些轨道称为原子轨道，即行星模型。

原子轨道离核越近，电子能量越低；离核越远，电子能量越高。

考虑到绕核高速旋转的电子将不断以电磁波的形式发射能量进而导致原子不稳定的观点与事实不符，玻尔假定电子在这种固定原子轨道绕核运动时不会释放能量，即定态假设。常态时，电子位于最低能量的轨道，体系能量最低，玻尔称这种最低能量状态为基态。其余较高能量状态为激发态。

考虑到原子在被激发时产生的原子光谱，玻尔提出当原子被激发时，核外电子将从低能量原子轨道跃迁到高能量原子轨道，即从基态跃迁至激发态。高能量原子轨道的电子不稳定，会重新回到基态或者较低能量原子轨道。电子从较高能量的原子轨道回到较低能量的原子轨道，将会导致能量的释放，释放能量的大小就是跃迁前后两个原子轨道的能量差，即跃迁规则。这个能量将以光子的形式释放出来，进而导致产生原子光谱。

考虑到原子光谱是不连续的，玻尔必须认定这个释放的能量是不连续的。玻尔假定这份能量是不连续的，是量子化的。这是玻尔理论中最核心的点睛部分，被誉为革命性的假设。

当玻尔提出这份能量是不连续的，是量子化的时候，他其实已经站在了其他巨人的肩上。这个巨人，就是普朗克!

1900年，普朗克(Max Karl Ernst Ludwig Planck)提出被誉为物理学上的一次革命的量子化理论。他认为：物质吸收或发射能量是不连续的，是量子化的，即能量只能以最小单位一份一份地吸收或发射。

能量的最小单位称为能量子，由于能量子是以光的形式传播出去的，因此能量子又叫光量子，简称光子。

光子能量的大小与光的频率成正比：

$$E = h\upsilon \tag{1-4}$$

式中，E 为光子的能量；υ 为光子的频率；h 为普朗克常数，值为 6.626×10^{-34} J·s。

由上式可见，物质以光的形式吸收或发射的能量只能是光量子能量的整数倍，因此称这种能量是量子化的。

这种观点与经典的电磁理论是相对立的(经典电磁理论认为能量的吸收或发射是连续

的)。原因在于量子化的概念只有在微观领域才有意义，量子化是微观领域的重要特征，宏观领域用量子化去衡量没有意义。

注意：量子化的概念只有在微观领域才有意义。原子、电子就是微观领域。玻尔把普朗克的量子论应用在了他的原子理论里。

玻尔提出，在这些原子轨道中运动的电子的角动量 M 是量子化的，是 $\frac{h}{2\pi}$ 的整数倍：

$$M = n\frac{h}{2\pi} = mvr \qquad (1-5)$$

式中，n 为正整数，$n=1$，2，3，…，称为量子数；m 为电子质量；v 为电子运动速度；r 为电子运动轨道的半径。这种符合量子化条件的轨道称为稳定轨道，具有一定能量的轨道就是一个能级。

当电子从较高的能级(即离核较远的轨道)跃迁到较低的能级(即离核较近的轨道)时，原子会以光子的形式释放出能量。

光的频率取决于光子的能量，光子的能量大小取决于两个能级间能量之差：

$$E_2 - E_1 = \Delta E = h\upsilon \qquad (1-6)$$

不仅如此，玻尔还依据经典力学中离心力等于向心力的基本原理，提出了计算原子核外电子运动速度、各定态轨道的半径和能量的公式。

$$v = \frac{2k\pi Ze^2}{nh} \qquad (1-7)$$

$$r = Bn^2 \qquad (1-8)$$

$$E = -A\frac{1}{n^2} \qquad (1-9)$$

式中，k 为静电力恒量，值为 $8.988\times10^9\ \mathrm{N\cdot m^2\cdot C^{-2}}$；$Z$ 为核电荷数；e 为电子电量；n 为量子数(正整数，$n=1$，2，3，…)；h 为普朗克常数；B 为常数，值为 52.9 pm，当 $n=1$ 时，$r=52.9$ pm，此值常称为玻尔半径，用 a_0 表示；A 为常数，值为 13.6 eV (2.179×10^{-18} J)。

1.2.3 玻尔理论对氢原子光谱的解释

玻尔理论成功地解释了氢原子光谱产生的原因及规律。

1.2.3.1 为什么是线状光谱

在通常情况下，氢原子的电子处于基态，不会释放出能量，因此，氢原子不会发光。但当氢原子受到激发(如电弧、真空放电等)时，核外电子获得能量就被激发到较高能量的轨道(或能级)。处于激发态的电子不稳定，它会迅速跳回到能量较低的轨道，并将多余的能量以光子的形式放出。由于轨道能量是量子化的，即不连续的，故产生的光子的频率或波长也是不连续的，这就定性解释了氢光谱产生的原因和为什么会是线状光谱。

1.2.3.2 各个线系的定量关系

玻尔理论解释了氢原子光谱各个线系产生的原因及定量关系，如图 1-7 所示。

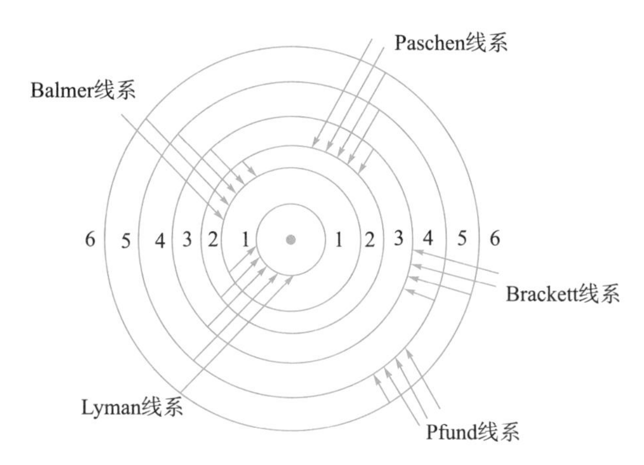

图 1—7 氢原子光谱各个线系的产生

可见，电子由高能级回到第一能级 n_1将产生莱曼线系(Lyman 线系)，电子由高能级回到第二能级 n_2将产生巴尔麦线系(Balmer 线系)；电子由高能级回到第三能级 n_3将产生帕邢线系(Paschen 线系)，电子由高能级回到第四能级 n_4将产生布喇线系(Brackett 线系)；电子由高能级回到第五能级 n_5将产生芬德线系(Pfund 线系)。

通过玻尔理论公式计算的各线系谱线波长与实验结果吻合。如电子由 n_3能级跳回到 n_2能级所产生的谱线为巴尔麦线系的 α 谱线，即 H_α；电子由 n_4能级跳回到 n_2能级所产生的谱线为巴尔麦线系的 β 谱线，即 H_β；等等。H_α的计算如下：

$n_1=2$ 能级：

$$E_1=-13.6\times\frac{1}{2^2}=-3.4\ \text{eV}=-0.5448\times10^{-18}\ \text{J}$$

$n_2=3$ 能级：

$$E_2=-13.6\times\frac{1}{3^2}=-1.5\ \text{eV}=-0.2421\times10^{-18}\ \text{J}$$

二者能级差：

$$E_2-E_1=\Delta E=0.3027\times10^{-18}\ \text{J}=h\upsilon$$

$$\upsilon=4.571\times10^{14}\ \text{s}^{-1}$$

$$\lambda=\frac{c}{\upsilon}=655.836\ \text{nm}$$

H_α的实验值为 656.281 nm，二者非常相近。

同样，可计算出 H_β的$\lambda=486.133$ nm(实验值为 486.133 nm)。

1.2.3.3 论证里德堡公式

里德堡公式是经验公式，依据玻尔理论的公式可以推导出里德堡公式。

如果 n_1、n_2代表氢原子的两个轨道，其能量分别为 E_1、E_2，且 $n_1<n_2$，$E_1<E_2$，则

$$E_1=-A\frac{1}{n_1^2}$$

$$E_2 = -A\frac{1}{n_2^2}$$

$$E_2 - E_1 = A\left(\frac{1}{n_1^2} - \frac{1}{n_2^2}\right) = h \times \upsilon$$

$$\frac{1}{\lambda} = \frac{\upsilon}{c} = \frac{A}{h \times c}\left(\frac{1}{n_1^2} - \frac{1}{n_2^2}\right)$$

式中，

$$\frac{A}{h \times c} = 109690.0\ \text{cm}^{-1} \approx R_H$$

玻尔理论对当时的实验现象(氢原子光谱)及研究成果(里德堡公式)都能够很好地给予解释，这使得玻尔理论在提出之后获得了巨大的成功。但是，随着新实验现象的发现，玻尔理论逐渐显现出其局限性和不足。它的局限性表现在，只能定量解释氢原子光谱，不能定量解释多电子原子、分子或固体光谱；它的不足表现在，不能解释随后的一些实验现象，如对氢光谱谱线用精密分光镜观察，发现每一条谱线都包含有几条波长相差甚微的谱线等。这种局限性是由于玻尔没有能够认识到微观粒子的运动特性。微观粒子的运动特性是显著区别于宏观物体的，适合于宏观物体的牛顿力学并不能正确地描述微观粒子的运动。那么，微观粒子的运动有什么样的特殊性呢?

1.3 微观粒子的运动特性——波粒二象性

1.3.1 光的波粒二象性

历史上，物理学对于光的本质的探讨漫长而充满争论。从 17 世纪初笛卡儿(René Descartes)开始，许多物理界的著名科学家如牛顿、惠更斯(Christiaan Huygens)、托马斯·杨(Thomas Young)、菲涅耳(Augustin-Jean Fresnel)等参与其中，至 20 世纪初，前后共经历了三百多年的时间。他们的观点有两个，彼此对立。一个观点是所谓的波动说，认为光是电磁波，具有波的性质，衍射、干涉等，可用波长、频率等进行描述，称为波动性。另一个观点是所谓的粒子说，认为光是粒子流，具有粒子的性质，可以被吸收、发射等，可用动量来描述，称为粒子性。三百多年间，一段时间可能因为某个实验支持波动说，波动说占据上风，另一段时间可能因为某个实验支持粒子说，粒子说占据上风。这两种观点，谁也没有强势到否定对方的程度，就这样争论不休，直到 20 世纪初。

1905 年 3 月，爱因斯坦(Albert Einstein)在德国《物理年报》上发表了题为“关于光的产生和转化的一个推测性观点”的论文，他认为光既具有干涉、衍射等波的性质，又具有被吸收、发射、有动量等粒子的性质，称光具有波粒二象性。

依据光的波粒二象性，对光的强度和光的能量进行简单的讨论。

1. 光的强度

如果从粒子性考虑，光的强度 I 等于光子的密度 ρ 和光子的能量 ε 的乘积，后者等于普朗克常数 h 和光的频率 υ 的乘积：

$$I = \rho \times \varepsilon = \rho \times h \times \upsilon$$

如果从波动性考虑，光的强度与光的振幅方程 ψ 的平方成正比：

$$I = \frac{\psi^2}{4 \times \pi}$$

光有波粒二象性，则

$$I = \rho \times h \times \upsilon = \frac{\psi^2}{4 \times \pi} \quad (1-10)$$

式(1−10)表明，当光的频率 υ 一定时，光子的密度 ρ 与光的振幅方程 ψ 的平方成正比。

2. 光的能量

光子的能量为

$$E = h\upsilon$$

作为粒子的光子，其动量等于光子的质量和光速的乘积：

$$P = m \times c$$

由爱因斯坦的质能公式：

$$E = m \times c^2$$

得：

$$P = m \times c = \frac{E}{c} = \frac{h \times \upsilon}{c}$$

$$P = \frac{h}{\lambda} \quad (1-11)$$

式(1−11)左侧表示光的粒子性(具有一定的动量)，右侧表示光的波动性(具有一定的频率和波长)。显然，光的波动性和粒子性通过普朗克常数定量地联系起来了。因此，式(1−11) 就是光的波粒二象性的数学表达式。

爱因斯坦的光子学说被广泛接受，自此，关于光本质的争论画上了句号。

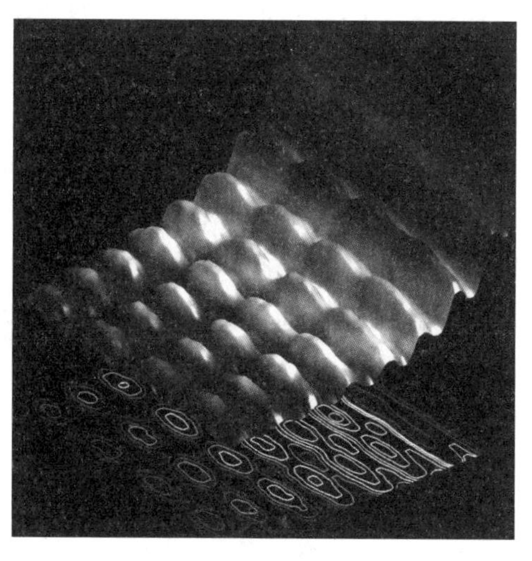

2015 年瑞士洛桑联邦理工学院科学家拍摄到有史以来第一张光既像波，又像粒子流的照片。

1.3.2 微观粒子的波粒二象性

光具有波粒二象性，那么其他微观粒子是否也具有波粒二象性？物理学界关于光的本性的长久争论给物理学界带来许多遗产，其中之一，就是启发了一个叫作德·布洛伊(Louis Victor，Duc de Broglie)的巴黎人。他看到19世纪物理学界对光的认识是波动性具有压倒性优势，认为光是波，这其实是只看到了光的波动性，而忽略了光的粒子性。德·布洛伊脑海中有了疑问：现在，物理学界普遍认可的那些实物如子弹、岩石等，是否也只看到了其粒子性而忽略了其波动性？当这种异想天开的问题出现的时候，重大的观念就产生了。德·布洛伊认为，自然界应该是并且必须是对称的，光的两重性应该和实物的两重性相匹配。也就是说，光具有波粒二象性，实物也应该具有波粒二象性。沿着这个思路，德·布洛伊提出大胆的假说：一切实物粒子都具有波粒二象性。

利用爱因斯坦光的波粒二象性公式［式(1-11)］，具有一定质量 m 和一定速度 v 的实物粒子的波长可由下式求得：

$$\lambda = \frac{h}{P} = \frac{h}{m \times v} \qquad (1-12)$$

显然，只要实物在运动，就一定对应一个波长，称为实物波波长(也称德·布洛伊波长)。按照德·布洛伊的假说，波粒二象性是个普遍现象。对于没有静止质量的光子来说是这样，对于具有静止质量的电子、质子乃至宏观物体也是如此。

但是，要说宏观物体的运动具有波动性，好像与人们的观察有着巨大的差异。因此，德·布洛伊进一步完善他的观点：波动性显著与否取决于实物粒子与其对应的实物波波长的相对大小。当波长远远大于实物大小(直径)时，该实物运动就显露出明显的波动性；当波长远远小于实物大小(直径)时，该实物运动就不能显露出波动性，或波动性不明显。

例如电子运动，电子质量为 9.1×10^{-31} kg，运动速度为 5.9×10^{5} m·s^{-1}，按照式(1-12)计算出电子运动的波长为1200 pm。电子的直径约为 10^{-3} pm，电子波长显著大于电子直径，故波动性很明显。

再如子弹运动，考虑子弹的质量 $m=10^{-2}$ kg，速度 $v=10^{3}$ m·s^{-1}，按照式(1-12)计算出子弹运动的波长为 6×10^{-35} m。可看出，子弹的波长远远小于子弹的大小，故其波动性几乎没有表现出来。

上面的例子表明，微观粒子的运动能够表现出波动性，而宏观物体的运动不能表现出波动性。因此，德·布洛伊的假说归结为一句话：宏观物体运动不具有波粒二象性，微观粒子运动具有波粒二象性。

路易·维克多·德·布洛伊(Louis Victor，Duc de Broglie，1892—1987)，法国理论物理学家，法国科学院院士，1929年获诺贝尔物理学奖。

对德·布洛伊假说的证明，人们首先想到的是电子。电子有静止质量，有一定的速度，具有动量，所以有粒子性。需要证明的是波动性。由德·布洛伊公式计算的电子波长数值正好在X射线的波长范围内，因此人们设想利用已知的X射线衍射的实验方法来得到电子的衍射图，从而证明电子的波动性。

1927年，美国贝尔实验室的戴维森(Clinton Joseph Davisson)和革尔麦(Lester Halbert Germer)通过电子衍射实验证实了电子的波动性(图1—8)。他们发现，当电子射线穿过镍单晶片时，也能像单色光通过小圆孔一样发生衍射现象。通过对电子衍射图的分析、计算，得出电子衍射波的波长数值与按德·布洛伊公式计算的电子波长数值一致，从而证实了德·布洛伊假说。

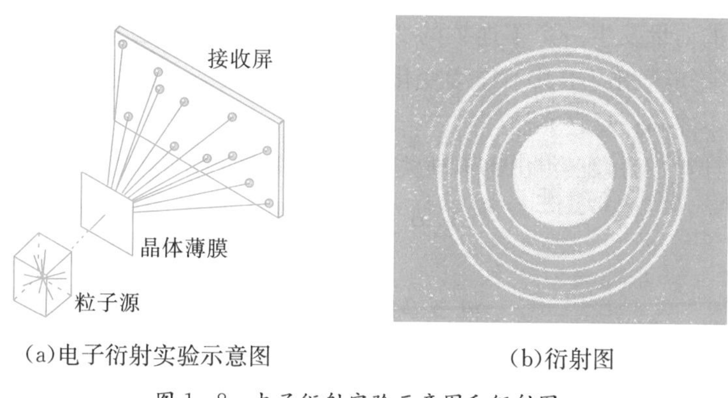

(a)电子衍射实验示意图　　(b)衍射图

图1—8　电子衍射实验示意图和衍射图

1.3.3　海森堡不确定性关系

微观粒子具有波粒二象性，宏观物体不具有波粒二象性，这意味着宏观物体和微观粒子的运动特性是不一样的。对宏观物体的运动而言，因为能够同时准确地测定其位置和速度，所以可以借助牛顿定律用运动轨道的概念来描述，那么对于微观粒子呢？比如对电子运动状态的描述。玻尔理论像牛顿定律描述宏观物体运动那样用运动轨道的概念来描述电子在核外的运动，那么，电子在核外运动的速度和位置能够同时准确地测定吗？

1927年，德国人海森堡(Werner Heisenberg)提出了测不准关系，称为海森堡不确定性关系，即不可能同时准确地测定微观粒子运动的速度和空间位置。

海森堡认为，人们无法在完全不对观测对象施加影响的前提下完成测量。比如，要测定某对象的位置，需要将光或某种电磁波照到这个对象上，一部分光波被此对象反射回来，由此指明其位置。但是，当这个对象小到微观粒子时，观测者施予的影响哪怕是一个光子，也会对这个对象造成不可忽略的改变，进而导致无法同时获取这一对象的全部信息。

图1—9显示了光子与电子的碰撞，当光子照到电子时，由于光子与电子具有相近的能量，它们的碰撞将会改变电子的速度，即改变电子的动量。

设想用一个γ射线显微镜来观察一个电子的位置，因为γ射线显微镜的分辨本领受到波长的限制，所用光的波长越短，显微镜的分辨率越高，测定的电子位置越准确。但是波长越短，光子的能量就越大，与电子碰撞时导致电子速度改变的程度就越大，此时对它的速度进行测量也就越不准确。同样，如果此时测定的是电子的运动速度，则速度测定越准确，此时的位置测定就越不准确。

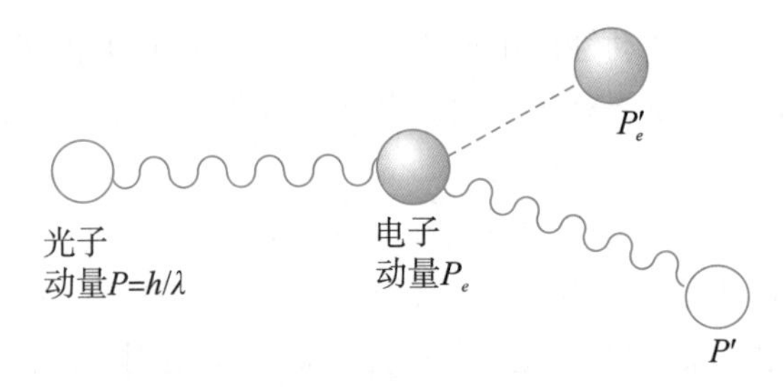

图 1—9　光子与电子的碰撞改变了电子的动量

海森堡在提出测不准关系的论文里写道："在位置被测定的一瞬，即当光子正被电子偏转时，电子的动量发生一个不连续的变化，因此，在确知电子位置的瞬间，关于它的动量我们就只能知道相应于其不连续变化的大小的程度。于是，位置测定得越准确，动量的测定就越不准确；反之亦然。"

经过推理计算，海森堡得出测不准关系的数学表达式：

$$\Delta P \times \Delta x \geqslant \frac{h}{4\pi} \tag{1-13}$$

$$m \times \Delta v \times \Delta x \geqslant \frac{h}{4\pi} \tag{1-14}$$

式中，P 为粒子的动量；x 为粒子的位置坐标；m 为粒子的质量；v 为粒子的速度；Δx 为粒子位置的不准量；Δv 为粒子速度的不准量；ΔP 为粒子动量的不准量；h 为普朗克常数。

因为 $\Delta P(\Delta v)$、Δx 都是不准确量，二者的乘积为一常数，这意味着 Δx 越小，位置测得越准，则 Δv 就越大，速度就测得越不准；反之亦然。

例如电子，由于原子半径的大小数量级为 10^{-10} m，则电子位置的不准确量 $\Delta x \leqslant 10^{-11}$ m，其位置的测得值才有意义。则由测不准原理可得：

$$\Delta v \geqslant \frac{h}{4 \times \pi \times m \times \Delta x} = \frac{6.62 \times 10^{-34}}{4 \times 3.14 \times 9.11 \times 10^{-31} \times 10^{-11}} = 5.7 \times 10^{6}\ \mathrm{m \cdot s^{-1}}$$

由经典物理学估计原子内电子的速度一般在 $10^4 \sim 10^7\ \mathrm{m \cdot s^{-1}}$ 范围内，而测量误差达到了 $10^6\ \mathrm{m \cdot s^{-1}}$，因此可知电子的速度(在其位置测定准确的情况下)是测不准的。

再如宏观物体，若百米飞人博尔特(Usain Bolt)的质量为 93.9 kg，速度为10.44 $\mathrm{m \cdot s^{-1}}$ (100 m纪录为 9.58 s)，如果位置测量不准确量 $\Delta x = 10^{-6}$ m(已经很准确了)，则：

$$\Delta v \geqslant \frac{h}{4 \times \pi \times m \times \Delta x} = \frac{6.62 \times 10^{-34}}{4 \times 3.14 \times 93.9 \times 10^{-6}} = 5.6 \times 10^{-25}\ \mathrm{m \cdot s^{-1}}$$

速度不准确量非常小。这表明速度是可以准确测定的。即宏观物体的位置和速度可以同时准确测定。按牛顿经典力学，宏观物体运动的位置和速度是可以准确测定的，故宏观物体的运动都有确定的轨道。

但对于微观粒子而言，由于不能同时准确地测定其速度和位置，故用经典力学的运动轨道的概念来衡量微观粒子的运动就失去了意义。显然，玻尔理论中关于核外电子运动有固定轨道的观点是不符合电子这样的微观粒子运动的客观规律的。

既然核外电子的运动不能用经典力学来描述，那么应该用什么理论来描述核外电子的运动呢?

1.4　核外电子运动状态的描述

电子具有波粒二象性，符合测不准原理，没有确定的运动轨道，那么电子的运动是否有规律可循呢?

要寻求电子运动的规律，就必须了解电子的运动。电子运动的粒子性可以通过计算其速度和测得的质量来加以描述，但电子运动的波动性人们却知之甚少。当时关于电子运动的波动性人们只有一个成功的实验——电子衍射实验。科学家们通过大量的电子衍射实验发现，虽然电子射线束中的电子数目不同，但只要其他条件(如电场强度、电子运动速度、金属片与屏幕间的距离等)相同，则各条衍射环纹的相对深浅及衍射环纹间的距离相同。即不论采用众多电子的射线束还是使用一个接一个地相继来到底片上的单个电子都能产生相同的衍射环纹。

图 1－8(a)明确地显示出单个电子打在屏幕上就是一个小黑点，体现出的是电子运动的粒子性；由图 1－8(b)可以看出，无数的电子打在屏幕上才能够显示出衍射环纹，才能体现出电子运动的波动性。所以，电子运动的波动性是粒子性的统计结果。这意味着在核外空间，单个电子出现体现的是其粒子性，当电子无数次出现的时候，就会体现出波动性。

设想用高速照相机摄取氢原子核外一个电子在核外空间的位置，可以得到在不同瞬间拍摄的千万张照片，如图 1－10 所示。

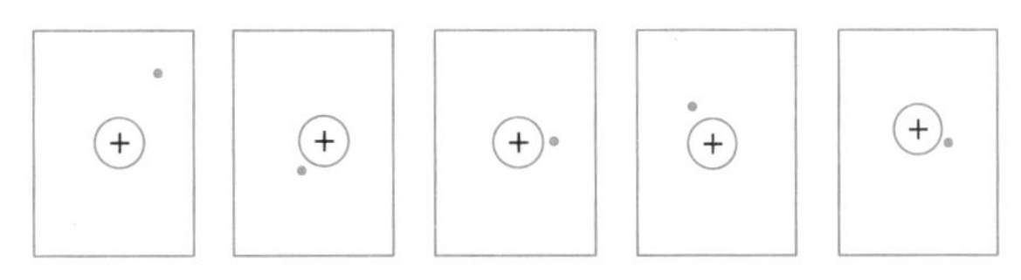

图 1－10　氢原子核外一个电子在核外空间的位置

单独考查图 1－10 中电子的位置，每一张都体现了电子运动的粒子性，毫无规律。

如果把千百张照片重叠在一张图上，就会得到一个统计结果，体现出电子运动的波动性(图 1－11)。

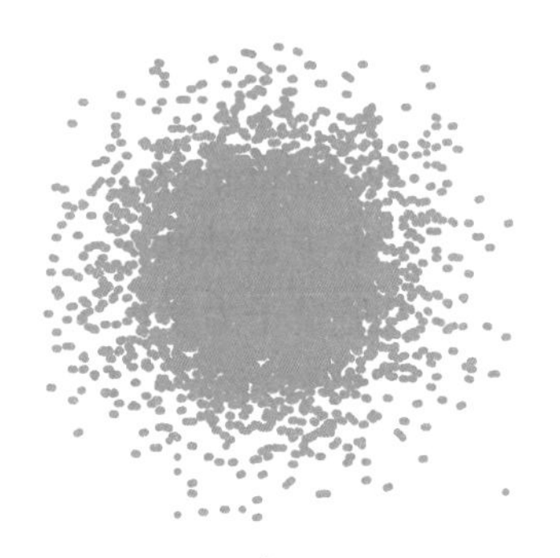

图 1－11　氢原子电子云

由图 1－11 可以看出，一个小黑点表示电子的一次出现，小黑点较密的地方，电子出现的概率较大；小黑点较稀疏的地方，电子出现的概率较小。离核越近，小黑点越密；离核越远，小黑点越稀。总体而言，氢原子核外的一个电子在核外一个球形空间内经常出现。这些密密麻麻的小黑点像一团带负电的云，把整个原子核包围起来，如同云雾一样，所以称这种图像为电子云。哪一个区域电子云密集，就表明哪一个区域电子出现的概率大，即电子云可以表示核外电子运动的概率密度。

在这里，氢原子核外电子的运动状态通过统计的方法，用电子云形象地描述出来了。

推而广之，核外电子的运动虽然不能同时准确地测定其位置和速度，但是可以通过统计的方法得到它在某一空间范围内出现的概率来加以描述。因此，电子在核外的运动状态可以用电子在核外某一空间范围内出现的概率来描述。由于电子云图形可以表示核外电子运动的概率密度分布图，因此，核外电子的运动状态可以用电子云图形来描述。虽然图 1－11 这样的照片是假想的，并且对多电子原子而言，这种拍照片的方式还不能得到某个电子的电子云的图像，但是上面的结论非常重要，核外每一个电子的运动状态都对应了一个特定的电子云，都可以用电子云来描述。

由于电子云图像表示的是核外电子运动的概率密度分布图，所以现在的问题是，如何得到电子在核外某一空间范围内出现的概率或者单位体积的概率密度。

再看看式(1－10)。对光子而言：

$$I = \rho \times h \times \upsilon = \frac{\psi^2}{4 \times \pi}$$

它表明，当光的频率 υ 一定时，光子的密度 ρ 与光的振幅方程的平方 ψ^2 成正比。

把这个结论应用于同样具有波粒二象性的电子，意味着什么?

对电子而言，ρ 就是电子在空间任意单位体积里出现的概率，即概率密度。既然电子在核外的运动状态可以用 ρ(电子在核外空间出现的概率密度)分布规律来描述，而 ρ 与 ψ^2 成正比，故电子在核外空间出现的概率密度分布规律可以用波的振幅方程 ψ(波动方程)来描述。

沿着这条道路，人们创立了物理学的一个分支学科——量子力学。

1.4.1 波函数和原子轨道

量子力学认为，电子在核外的运动状态可以用一定的函数式——波函数(ψ)来描述。之所以称为波函数，是因为 ψ 函数式是用来描述波的性质的。按照这个思路，只要求到了 ψ，就可以知道核外电子的运动状态。

1926 年，奥地利人薛定谔(Erwin Schrödinger)根据德·布洛伊关于微观粒子具有波粒二象性的观点，首先提出了描述核外电子运动状态的数学函数式，建立了著名的微观粒子运动方程——薛定谔方程。该方程是量子力学的基本方程，其地位类似于经典力学的基本方程($F=ma$)，它是一个二阶偏微分方程，其具体形式为

$$\frac{\partial^2 \psi}{\partial x^2} + \frac{\partial^2 \psi}{\partial y^2} + \frac{\partial^2 \psi}{\partial z^2} + \frac{8\pi^2 m}{h^2}(E - V)\psi = 0 \qquad (1-15)$$

式中，ψ 是波函数，是描述原子核外电子运动状态的一种数学表达式；x、y、z 是空间

坐标；E 是体系总能量；V 是体系势能；m 是电子质量；h 是普朗克常数；π 是数学常数。

在薛定谔方程中，包含着体现微粒性的物理量 m、E、V，也包含着体现波动性的物理量 ψ，以及与此状态相适应的能量 E。

对一个特定的原子而言，通过解其薛定谔方程，可以得到许多的 ψ，每一个 ψ 代表核外一个电子的一种运动状态，通过对 ψ 函数式作图，可以得到这个特定电子的电子云图形。

在此定性讨论薛定谔方程解 ψ。

从薛定谔方程中求出 ψ 的具体函数形式，即为方程的解。它是包含 n、l、m 三个常数项及 x、y、z 三个变量的函数，通常用 $\psi(x,y,z)_{n,l,m}$ 表示。

考虑到并不是每一个薛定谔方程的解都合理，都能表示电子运动的一个稳定状态，为了得到一个合理的解，就要求 n、l、m 三个常数不是任意的常数，而是要符合一定的取值条件。在量子力学中把这类特定常数称为量子数，分别称 n 为主量子数，l 为角量子数，m 为磁量子数。其取值分别为

$$n=1,\ 2,\ 3,\ \cdots,\ n$$

$$l=0,\ 1,\ 2,\ \cdots,\ n-1$$

$$m=0,\ \pm1,\ \pm2,\ \cdots,\ \pm l$$

通过一组特定的 n、l、m 可得到一个相应的波函数 $\psi(x,y,z)_{n,l,m}$。每一个 $\psi(x,y,z)_{n,l,m}$ 即表示原子中核外电子的一种运动状态。

例如，当 $n=1$，$l=0$，$m=0$ 时，对应的波函数为 $\psi(x,y,z)_{1,0,0}$；当 $n=2$，$l=1$，$m=0$ 时，对应的波函数为 $\psi(x,y,z)_{2,1,0}$。

通常把 $l=0$ 的状态称为 s 态，把 $l=1$ 的状态称为 p 态，把 $l=2$ 的状态称为 d 态，把 $l=3$ 的状态称为 f 态。由此下列波函数简写为

$$\psi(x,y,z)_{1,0,0} \longrightarrow \psi_{1s}$$

$$\psi(x,y,z)_{2,1,0} \longrightarrow \psi_{2p}$$

$$\psi(x,y,z)_{3,2,0} \longrightarrow \psi_{3d}$$

$$\psi(x,y,z)_{4,3,2} \longrightarrow \psi_{4f}$$

可以看出，上述简写的波函数只表示出了 n，l 的数值，而没有表示出 m。原因后面解释。

现在我们知道了一定条件下的波函数表示一种电子的运动状态，量子力学借用经典力学中描述运动物体的“轨道”概念，把波函数 ψ 叫作原子轨道，或原子轨道函数(轨函)，即波函数与原子轨道是同义语。所以 ψ_{1s} 称为 1s 轨道，ψ_{2p} 称为 2p 轨道，ψ_{3d} 称为 3d 轨道，ψ_{4f} 称为 4f 轨道。需要指出的是，原子轨道的概念已完全没有经典力学中那种固定轨道的含义，它只不过是代表原子中电子运动状态的一个函数，即代表原子核外电子的一种运动状态。

波函数 ψ 没有明确的物理意义，但波函数绝对值的平方 $|\psi|^2$ 却有明确的物理意义。由式(1-10)可以知道，$|\psi|^2$ 表示电子在核外空间单位体积内出现的概率，即概率密度。考虑到电子云图像可以表示核外电子运动的概率密度，因此，$|\psi|^2$ 的空间图像就是电子

云的图像。前面提到，通过拍照的方式不能得到多电子原子中各个电子的电子云图像，但是通过解薛定谔方程得到 ψ，进而对 $|\psi|^2$ 作图，可以得到多电子原子中每个电子的电子云图像。

1.4.2 波函数和电子云的空间图像

电子云是用统计的方法描述电子在核外空间某处出现的概率所得的图形，而 $|\psi|^2$ 可以通过解薛定谔方程得到。因为每个电子都对应了特定的波函数 ψ 和 $|\psi|^2$，如 ψ_{1s}、ψ_{2p}、ψ_{3d}、ψ_{4f}，$|\psi_{1s}|^2$、$|\psi_{2p}|^2$、$|\psi_{3d}|^2$、$|\psi_{4f}|^2$ 等，所以通过对 ψ 和 $|\psi|^2$ 作图，可以得到各个不同电子的电子云图像。由于 $|\psi|^2$ 的图像就是该状态下电子云的空间图像，所以在核外空间处于不同运动状态的电子有不同的电子云图像。

要对 ψ 和 $|\psi|^2$ 作图，首先需有一些准备工作。由于原子体系是一个球形体系，且 $\psi(x,y,z)_{n,l,m}$ 是三维空间函数，难以用图形表示，因此，将波函数的空间坐标由三维直角坐标系 (x,y,z) 转换为球极坐标 (r,θ,φ)，这样比较容易求解，如图 1−12 所示。

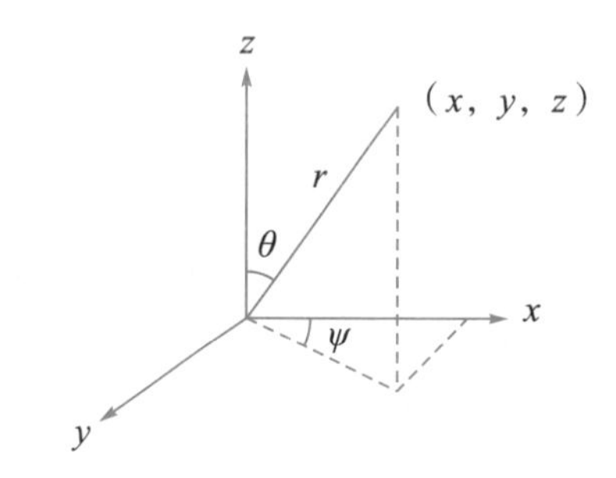

图 1−12　直角坐标系与球极坐标的关系

即

$$\psi(x,y,z)_{n,l,m} \rightarrow \psi(r,\theta,\varphi)_{n,l,m}$$

然后，利用变数分离法，将 $\psi(r,\theta,\varphi)_{n,l,m}$ 分解成两个函数，即波函数随角度 θ、φ 变化和随半径 r 变化的两个函数式。

$$\psi(r,\theta,\varphi)_{n,l,m} = R_{n,l}(r) \cdot Y_{l,m}(\theta,\varphi)$$

式中，$R_{n,l}(r)$ 是反映波函数随 r 变化的函数，称为径向函数，由 n、l 决定；$Y_{l,m}(\theta,\varphi)$ 是反映波函数随 θ、φ 变化的函数，称为角度函数，由 l、m 决定。

以氢原子为例，解薛定谔方程得到的某一个波函数 $\psi_{2,1,0}$ 如下：

$$\psi_{2,1,0} = \frac{1}{4}\left(\frac{1}{2\pi}\right)^{1/2}\left(\frac{Z}{a_0}\right)^{5/2} r\mathrm{e}^{-Zr/2a_0}\cos\theta \tag{1-16}$$

利用变数分离法，得到径向函数和角度函数如下：

$$R_{2,1}(r) = \left(\frac{Z}{2a_0}\right)^{3/2}\left(\frac{Zr}{a_0\sqrt{3}}\right)\mathrm{e}^{-Zr/2a_0} \tag{1-17}$$

$$Y_{1,0}(\theta) = \left(\frac{3}{4\pi}\right)^{1/2}\cos\theta \tag{1-18}$$

有了径向函数和角度函数，就可以得到它们的图像。

1.4.2.1　径向分布函数

1. 波函数的径向分布图

径向函数 $R_{n,l}$ 是一个变量的函数，其值随 r 而变化。由 $R_{n,l}$—r 作图，可得在 n、l 不同时的一系列图像(图 1-13)。

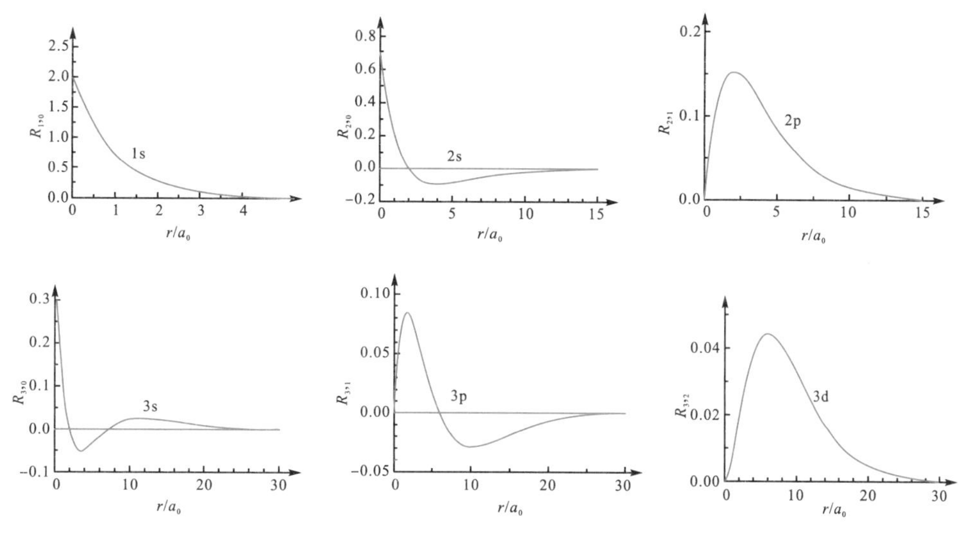

图 1-13　氢原子波函数径向分布图

图 1-13 中，a_0 是玻尔半径。波函数径向部分的图像可理解为在核外任意指定方向上，距核为 r 的某点波函数数值的相对大小。它反映的是波函数相对数值在距核不同 r 处的分布情况，只与量子数 n、l 有关。1s 态波函数的径向部分只为正值，而且离核越近，正值越大。但其他 s 态的径向函数数值随 r 值的不同可为正值或负值。波函数图像上有正值、负值，这是因为波函数是粒子波动性的反映，波函数在空间上具有起伏性，可以为正值、负值或零。

2. 电子云的径向分布图

$|R_{n,l}(r)|^2$ 为电子云径向分布函数，它表示在核外任意指定方向上，距核为 r 的某点电子出现的概率，即概率密度。它反映的是概率密度在距核不同 r 处的分布情况，与量子数 n、l 有关。由 $|R_{n,l}(r)|^2$—r 作图，可得到电子云径向分布图(图 1-14)。

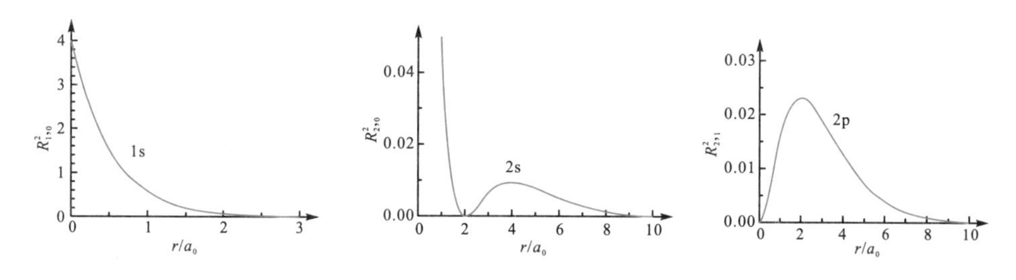

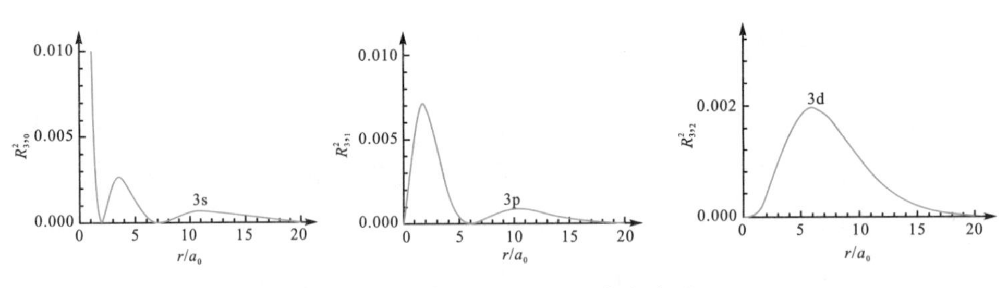

图 1—14　氢原子电子云径向分布图

3. 概率径向分布图

考虑一个与核距离为 r，厚度为 $\mathrm{d}r$ 的薄层球壳。由于以 r 为半径的球面的面积为 $4\pi r^2$，球壳薄层的体积为 $4\pi r^2\mathrm{d}r$，概率密度为 $|\psi|^2$，故这个球壳中电子出现的概率为 $4\pi r^2|\psi|^2\mathrm{d}r$。将 $4\pi r^2|\psi|^2\mathrm{d}r$ 除以厚度 $\mathrm{d}r$，即得单位厚度球壳中电子出现的概率。令 $D(r)=4\pi r^2|\psi|^2$，则 $D(r)$称为概率径向分布函数。以 $D(r)$—r 作图，得到概率径向分布图(图 1—15)。

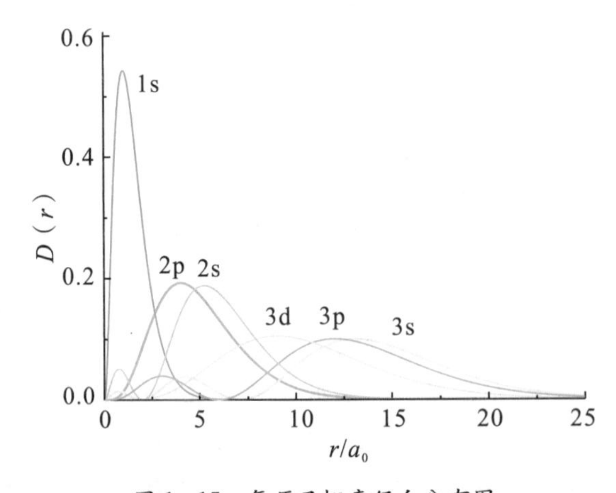

图 1—15　氢原子概率径向分布图

可以看出：①在 1s 的径向分布图中，当 $r=a_0=52.9$ pm 时，曲线有一高峰值，此时 $D(r)$最大，即电子在此处出现的概率最大。而对氢原子来说，此处正好是玻尔半径。所以从量子力学的角度来理解，玻尔半径就是电子出现概率最大的球壳离核的距离。②2s 有两个峰(一个小峰，一个主峰)，2p 有一个峰，但它们的概率最大的主峰的半径相似。③3s 有三个峰(两个小峰，一个主峰)，3p 有两个峰(一个小峰，一个主峰)，3d 有一个主峰，同样，它们的概率最大的主峰的半径相似。注意，这些主峰与核的距离以 1s 最近，2s、2p 次之，3s、3p、3d 相对最远。因此，从径向分布的意义上，核外电子可看作是近似按层分布的。而分层的决定因素是主量子数 n 值。④ns 比 np 多一个离核较近的小峰，np 比 nd 多一个离核较近的小峰，nd 比 nf 多一个离核较近的小峰，这些小峰都伸入($n-1$)层各峰的内部，而且伸入的程度各不相同，这种现象叫“钻穿”。

1.4.2.2　角度分布函数

角度函数 $Y_{l,m}(\theta,\varphi)$随 θ、φ 的变化作图就可得到角度分布图。表示波函数角度关系

的图形有两种：一是原子轨道角度分布函数$Y_{l,m}(\theta,\varphi)$的图形；二是电子云角度分布函数$|Y_{l,m}(\theta,\varphi)|^2$的图形。由于$Y_{l,m}(\theta,\varphi)$只与量子数$l$、$m$有关，与$n$无关，所以只要$l$、$m$的状态相同，它们的角度分布函数就应该相同。如对$l=1$的$n$p状态，$m$取值不同分别有$np_x$、$np_y$、$np_z$，分别表示角度分布图在空间取向的不同。其中，如$2p_z$、$3p_z$、$4p_z$等角度分布图的形状都是相同的，统称$p_z$。相应有s、$p_x$、$p_y$、$p_z$、$d_{xy}$、$d_{xz}$、$d_{yz}$、$d_{z^2}$、$d_{x^2-y^2}$等。

以p_z为例讨论原子轨道和电子云的角度函数分布图。

由解薛定谔方程可得p_z的角度分布函数：

$$Y_{1,0}(\theta)=\left(\frac{3}{4\pi}\right)^{\frac{1}{2}}\cos\theta=R\cos\theta \tag{1-19}$$

(1)p_z原子轨道角度函数分布见表1－3。

表1－3　p_z原子轨道角度函数分布

θ	0°	30°	60°	90°	120°	150°	180°
Y_{p_z}	1.0R	0.87R	0.50R	0	−0.50R	−0.87R	−1.0R
$\|Y_{p_z}\|^2$	1.0R'	0.75R'	0.25R'	0	0.25R'	0.75R'	1.0R'

由表1－3取值作图，然后将所得半圆形绕z轴旋转360°，其在空间围成的曲面就是p_z轨道的角度分布图。s、p、d原子轨道的角度分布图如图1－16所示。

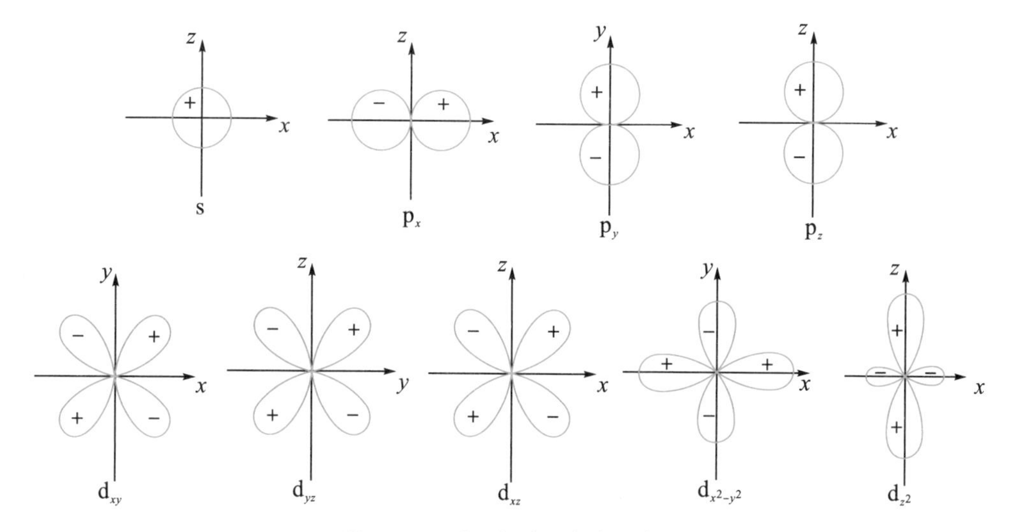

图1－16　原子轨道的角度分布图

(2)p_z电子云角度函数分布见表1－3。

s、p、d电子云的角度分布图如图1－17所示。

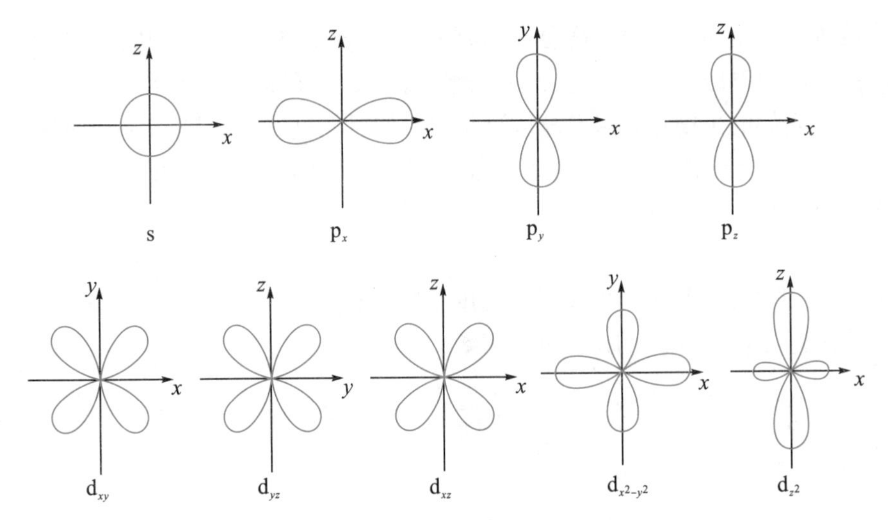

图 1—17　电子云的角度分布图

原子轨道角度分布图和电子云角度分布图的形状是类似的，主要区别有两点：①电子云的角度分布比原子轨道的角度分布要“瘦”一些，这是由于角度分布函数值小于 1；②原子轨道的角度分布有正、负值之分，而电子云的角度分布均为正值。

1.4.2.3　电子云的空间分布图

我们已经知道了波函数分成两部分所得到的图形，显然，径向分布图和角度分布图都只能部分地反映波函数或电子云的图形。事实上，电子云的空间分布图是综合考虑其相应的径向部分和角度部分而得的。

氢原子部分电子云的径向部分(图 1—14)和角度部分(图 1—17)合成得到电子云的完整图形，如图 1—18 所示。

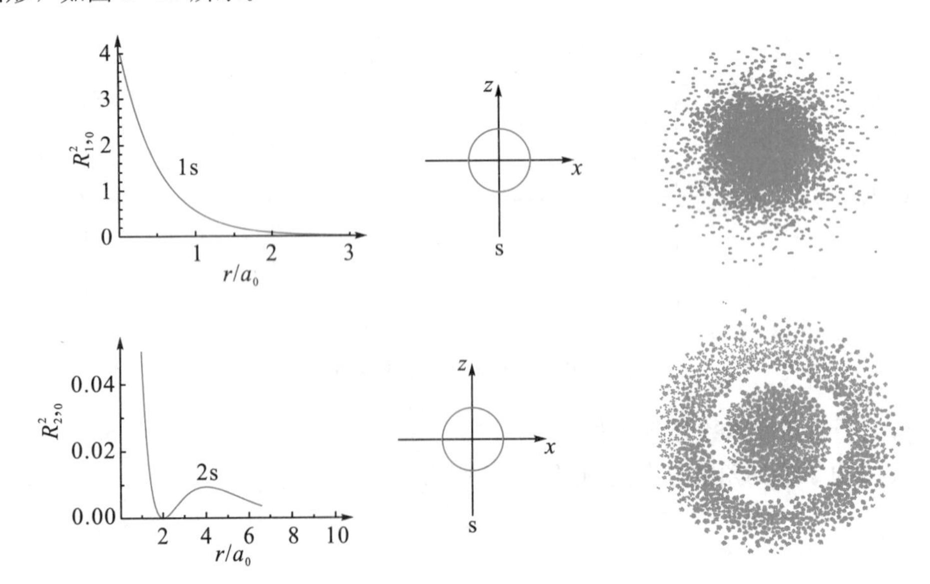

(a) 电子云的径向分布图　(b) 电子云的角度分布图　(c) 合成的电子云的完整图形

图 1—18　电子云的径向部分和角度部分及合成的电子云的完整图形

由图1—18可以看出，s电子云的角度分布图都是球形，所以其电子云形状相同，都是球形的。1s电子云的径向分布图显示，离核越近，电子出现的概率密度越大，因此，1s电子云的小黑点越密集。2s电子云的径向分布图显示，2s电子有两个概率密度较大区域，因此，2s电子云有两个小黑点密度区域。同样方法，可以得到其他电子的电子云分布图。

通常使用的是电子云轮廓图如图1—19所示。

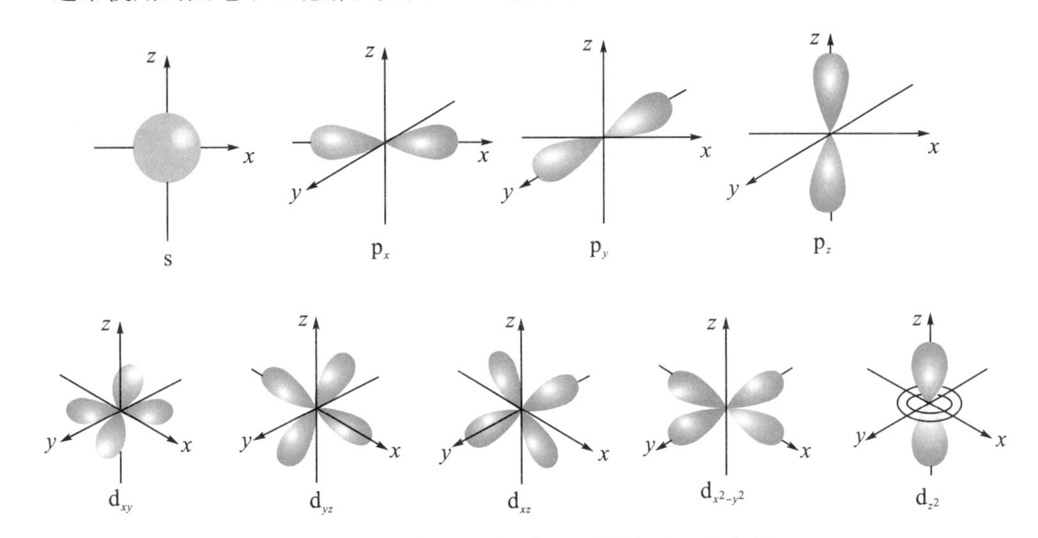

图1—19 几种电子云轮廓图(图片提供：朱宇萍)

由图1—19可以看出：

s电子云：当$n=1$时，只有s电子云，它是球形对称的。

p电子云：当$n=2$时，除有s电子云外，还有p电子云，它是沿着某一坐标轴的方向上电子出现的概率较大，而在其他两个坐标轴的方向上电子出现的概率为零。p电子云呈无柄哑铃形，它在核外空间有p_x、p_y、p_z三个不同的取向。

d电子云：当$n=3$时，除有s、p电子云外，还有d电子云。d电子云形似四角花瓣，它在核外空间有五个不同的取向，分别是d_{xy}、d_{xz}、d_{yz}、d_{z^2}、$d_{x^2-y^2}$。

f电子云：当$n=4$时，除有s、p、d电子云外，还有f电子云。f电子云形似六角花瓣，它在核外空间有七个不同的取向。

通过电子云图形，核外电子的运动状态清晰地被描述出来了。

以上讨论都是针对氢原子核外电子运动状态的薛定谔方程所得到的解。

1.4.3 四个量子数

我们知道，三个量子数n、l、m取值一定时，通过解薛定谔方程就可以得到一个相应的波函数，而一个波函数是原子核外电子的一种运动状态(即一个原子轨道)，因此，由三个确定的量子数组成的一套参数即可决定核外电子运动的一个原子轨道。由此人们化繁为简，就用三个量子数来描述核外电子运动的原子轨道。除此之外，还有一个量子数也用来描述电子在原子轨道中的运动，这就是自旋量子数m_s。下面分别讨论这四个量子数。

1.4.3.1 主量子数(n)

n 的取值为1，2，3，…，n。n 的取值不同，在光谱学上有不同的符号，见表1-4。

表1-4 n 不同的取值对应的光谱符号

符号	K	L	M	N	O	P	Q
n	1	2	3	4	5	6	7

物理意义：由波函数径向分布图，我们知道核外电子可看成是分层分布的，而分层的决定因素是主量子数。因此，得到以下两点结论：①主量子数是描述原子中电子出现的概率最大区域离核的远近的物理量，或者说它是决定电子层数的，即决定原子轨道的大小的物理量；②主量子数还是决定电子能量的主要因素。如氢原子各电子层中电子能量的计算公式：

$$E=-A\frac{1}{n^2}$$

一般而言，n 值越大，电子离核越远，能量越高，即：

$$E_{1s}<E_{2s}<E_{3s}<\cdots$$
$$E_{2p}<E_{3p}<E_{4p}<\cdots$$
$$E_{3d}<E_{4d}<E_{5d}<\cdots$$
$$E_{4f}<E_{5f}<E_{6f}<\cdots$$

1.4.3.2 角量子数(l)

l 的取值为0，1，2，…，$n-1$。l 不同的取值对应的光谱符号见表1-5。

表1-5 l 不同的取值对应的光谱符号

符号	s	p	d	f	g
l	0	1	2	3	4

第一个物理意义：它表示原子轨道(或电子云)的形状。

例如，当 $l=0$ 时，s电子云为球形分布；当 $l=1$ 时，p电子云为无柄哑铃形；当 $l=2$ 时，d电子云为四角花瓣形；当 $l=3$ 时，f电子云为六角花瓣形。

从 n、l 的关系可看出，一个 n 值对应 n 个 l 值，见表1-6。

表1-6 n 与 l 的对应数值

n	1	2		3			4			
l	0	0	1	0	1	2	0	1	2	3
能级	1s	2s	2p	3s	3p	3d	4s	4p	4d	4f

第二个物理意义：表示同一电子层具有不同的分层。

同一电子层中各分层，对于单电子体系来说，$E_{ns}=E_{np}=E_{nd}=E_{nf}$，即各分层能量相同，如氢原子即是如此；但对于多电子原子体系来说，由于各电子之间的相互作用，各分层的能量不一样，一般是当 n 相同时，l 值越大，能量越高(后面在介绍钻穿效应时解释)，即 $E_{ns}<E_{np}<E_{nd}<E_{nf}$。

第三个物理意义：是多电子原子中电子能量的次要决定因素。

这样，由于不同 n、l 组成的分层能量不同，从能量的角度看，这些分层也称为能级，即 n 电子层中有 n 个能级。电子层中有分层，是由于氢原子光谱的谱线均包含有 n 条波长相差甚微的谱线。

1.4.3.3 磁量子数(m)

磁量子数决定原子轨道或电子云在空间的伸展方向。

当 n、l 相同时，原子轨道或电子云的能量相同、形状相同，但在空间的伸展方向不同，这一点差异通过 m 的取值表现出来。

m 的取值为 0，±1，±2，…，±l。

显然，当 l 一定时，m 有$(2l+1)$个不同的取值，这表明每种相同状态的原子轨道或电子云有$(2l+1)$个空间取向。又因为每种取向即是一个原子轨道(有一组 n、l、m 值)，所以每种相同形状的原子轨道或电子云有$(2l+1)$个，即每个分层有$(2l+1)$个原子轨道。

当 $l=0$ 时，s电子云呈球形，无所谓伸展方向，故 m 只有一个取值，为 0。

当 $l=1$ 时，$m=0$，$+1$，-1。m 有三个取值，说明 p 原子轨道或电子云有三个不同的伸展方向，即三个 p 轨道：$p_x(+1)$、$p_y(-1)$、$p_z(0)$。

当 $l=2$ 时，$m=0$，$+1$，-1，$+2$，-2。m 有五个取值，说明 d 原子轨道或电子云有五个不同的伸展方向，即五个 d 轨道：$d_{xy}(-2)$、$d_{xz}(+1)$、$d_{yz}(-1)$、$d_{z^2}(0)$、$d_{x^2-y^2}(+2)$。

当 $l=3$ 时，$m=0$，$+1$，-1，$+2$，-2，$+3$，-3。m 有七个取值，说明 f 原子轨道或电子云有七个不同的伸展方向，即七个 f 轨道(不介绍)。

n、l 相同的分层属同一能级，故同一能级中原子轨道能量相同。能量相同的原子轨道称为简并轨道或等价轨道。相应的这些空间运动状态通常称为简并状态。如 $2p_x$、$2p_y$、$2p_z$ 互称简并轨道，$3d_{xy}$、$3d_{xz}$、$3d_{yz}$、$3d_{z^2}$、$3d_{x^2-y^2}$ 互称简并轨道。这也是前面说 $\psi(x,y,z)_{n,l,m}$ 可以简化为 $\psi(x,y,z)_{n,l}$ 的原因。

综上所述，n、l、m 三个量子数可决定一个特定原子轨道的大小、形状和伸展方向。

例如，$n=2$，$l=0$，$m=0$，组成的原子轨道位于第二电子层，为 2s 轨道，呈球形分布。再如，$n=3$，$l=1$，$m=0$，组成的原子轨道位于第三电子层，为 $3p_z$ 轨道，沿 z 轴方向呈哑铃形分布。

1.4.3.4 自旋量子数(m_s)

1921 年，斯特恩(Otto Stern)和吉尔兰奇(Walter Gerlach)精密观察强磁场存在下的原子光谱，发现大多数谱线其实是由靠得很紧的两条谱线组成的。1925 年，乌仑贝赫(George Uhlenbeck)和戈德斯密特(Goudsmit)提出电子自旋的假设：电子除绕核做高速运动外，还有自身的旋转作用。电子自旋用自旋量子数 m_s 描述，其取值为$\pm\frac{1}{2}$。这说明电子的自旋具有两个方向，顺时针方向和反时针方向。习惯上有：

$$m_s=+\frac{1}{2}\text{，顺时针方向，符号}\uparrow$$

$$m_s=-\frac{1}{2}\text{，逆时针方向，符号}\downarrow$$

由以上讨论可知，n、l、m、m_s四个量子数说明了电子的空间运动状态和自旋运动状态，即四个量子数决定了核外电子完整的运动状态。

核外任意一个电子的运动状态就由四个量子数来描述。其中，n 决定电子所处原子轨道大小(即电子层)，是电子能量的主要决定因素；l 决定电子所处原子轨道或电子云的形状，也是电子能量的次要决定因素；m 决定电子所处原子轨道在空间的伸展方向；m_s决定电子自旋的方向。

例如，一套量子数 $n=2$，$l=1$，$m=0$，$m_s=\frac{1}{2}$，描述的电子位于第二电子层($n=2$)，在 z 轴($m=0$)方向呈哑铃形($l=1$)分布的空间内顺时针$\left(m_s=\frac{1}{2}\right)$绕核运动。再如，$n=3$，$l=2$，$m=1$，$m_s=-\frac{1}{2}$，描述的电子位于第三电子层($n=3$)，在 x、z 轴($m=1$)方向呈四角花瓣形($l=2$)分布的空间内逆时针$\left(m_s=-\frac{1}{2}\right)$绕核运动。

1.5 基态原子电子组态

1.5.1 近似能级图

除氢外，其他元素的原子核外电子数目都不止一个，称为多电子原子。其电子在核外应该处于一个怎样的运动状态？我们已经知道了原子核外有不同的电子层，有不同的原子轨道，这些电子应该处在哪些轨道上运动呢？要解决这个问题，首先应该了解这些原子轨道本身，即了解各能级之间的关系，具体而言，就是能量关系。

1.5.1.1 多电子原子的能级

依据前面的讨论，原子轨道的能量大小取决于 n、l。

当 l 相同(电子云形状相同)时，n 越大，电子层数越大，离核越远，能量越高；当 n 相同时(同一电子层内)，l 越大，能量越高。

由于 n 是决定电子能量的主要因素，l 是决定电子能量的次要因素，故各个原子轨道的能量顺序由低到高可排列如下：

1s、2s、2p、3s、3p、3d、4s、4p、4d、4f、5s、5p、…

但实验得到的原子轨道能量排列顺序与此不同，鲍林(Linus Carl Pauling)根据光谱实验，提出了多电子原子中原子轨道的近似能量顺序，称为近似能级图(图1－20)。

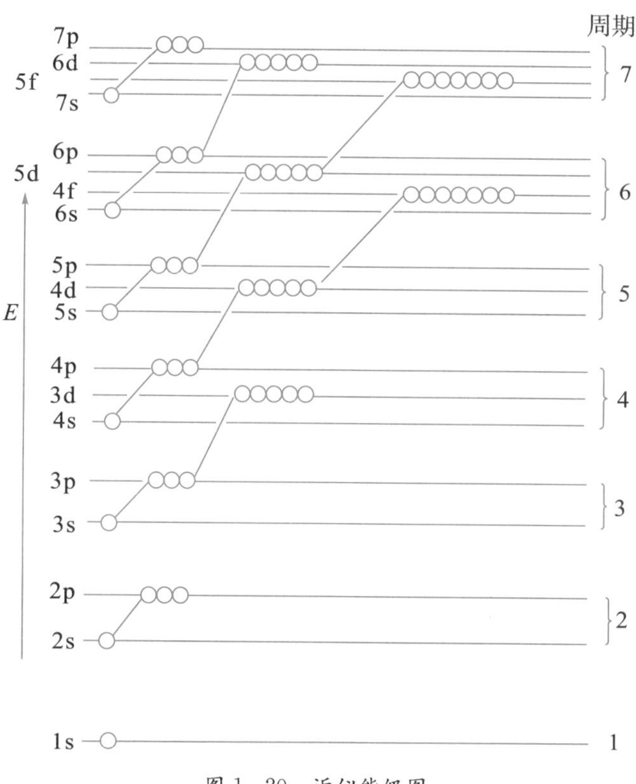

图1－20　近似能级图

由图1－20可以看出：

(1) 图中一个小圆圈代表一个原子轨道，s分层只有一个圆圈，表示s分层只有一个原子轨道；同理，p分层有3个原子轨道，d分层有5个原子轨道，f分层有7个原子轨道。从纵坐标(能量)可以看出同分层原子轨道能量相同，是简并轨道。

(2) 图中是按原子轨道的能量高低排列的，而不是按原子轨道离核远近排列的。在图中把能量相近的原子轨道划为一组，称为能级组。通常共分为7个能级组。能级组内各能级之间能量的差异较小，而能级组间能量的差异较大。从第一能级组到第七能级组，各相邻能级组之间的能量差逐渐减小。从第四能级组开始，同一能级组内包含有不同电子层的能级。

(3) 角量子数 l 相同的能级，其能量顺序由主量子数 n 决定，n 越大，能量越高，如 $E_{2p}<E_{3p}<E_{4p}<E_{5p}<\cdots$。主量子数 n 相同、角量子数 l 不同的能级，其能量随 l 的增大而升高，如 $E_{4s}<E_{4p}<E_{4d}<E_{4f}$。主量子数 n 和角量子数 l 同时变化时，从图1－20可看出，能级的能量次序出现了交错。归纳起来有两种类型：

$$n\geqslant 4 \text{ 时：} E_{ns}<E_{(n-1)d}<E_{np}$$

$$n\geqslant 6 \text{ 时：} E_{ns}<E_{(n-2)f}<E_{(n-1)d}$$

这种现象称为能级交错。

为了解释能级交错现象，提出了屏蔽效应和钻穿效应。

1.5.1.2 屏蔽效应

对氢原子而言，核电荷 $Z=1$，核外一个电子只有核的吸引，其能量为：

$$E=-\frac{13.6Z^2}{n^2} \qquad (1-20)$$

但对多电子原子来说，核外电子不仅要受到原子核的吸引，还要受到核外其他电子的排斥。具体说，核外任意一个电子将受到 Z 个正电荷组成的核的吸引，以及$(Z-1)$个电子的排斥。

以锂(Li)原子为例：锂核电荷为 3 个单位的正电荷，核外 3 个电子，其中两个电子离核较近，处于 1s 状态，一个电子离核较远，处于 2s 状态。离核较远的电子的受力情况如图 1－21 所示。

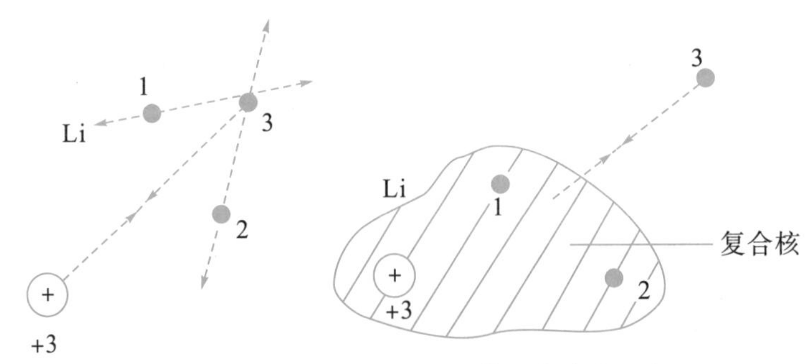

（a）锂原子体系示意图　（b）锂原子体系复合核示意图

图 1－21　锂原子体系示意图和锂原子体系复合核示意图

由图 1－21 可看出，离核较远的电子受核吸引，受另外两个电子排斥。由于电子处于不停的高速运动中，因此要精确地确定其余两个电子对这个电子的作用是很困难的。近似处理，认为其余两个电子与核合在一起组成一个复合核，然后考虑这个复合核对选定电子的吸引作用。

可以看出，这实际上是把多电子原子体系近似看成是单电子体系。由于复合核中包含其他电子，因而所带正电荷就要比原来的核电荷少，这等于削弱了核对所选电子的吸引作用。这种由于其他电子对某一电子的排斥作用而抵消了一部分核电荷的吸引力的作用称为屏蔽作用。屏蔽作用的结果是使得被屏蔽电子受核的吸引作用减弱，被屏蔽电子离核更远，能量增高。其他电子的屏蔽作用对某一电子产生的效果叫屏蔽效应。

被其他电子屏蔽后的核电荷称为有效核电荷，用符号 Z^* 表示。Z^* 与核电荷 Z 的关系为

$$Z^*=Z-\sigma \qquad (1-21)$$

式中，σ 称为屏蔽常数，它代表了其他电子对所选电子的排斥作用，相当于其他电子将核电荷抵消的部分。

一般来说，屏蔽常数 σ 的大小主要与内层电子有关，考虑内层电子对外层或同层电子的屏蔽，分析影响屏蔽常数 σ 的因素如下：

（1）内层电子数越多，σ 越大。

（2）内层电子离核越近，σ 越大。

(3) 内层电子的电子云越集中，空间体积越小，电子云密度越大，对核的屏蔽能力越强。s、p、d、f 电子云，相对体积越来越大，电子云密度越来越小，对核的屏蔽能力越来越弱。因此，角量子数 l 越大，σ 越小，即内层电子的 σ 的大小顺序是 s>p>d>f。

(4) 被屏蔽电子的电子云形状越集中，空间体积越小，越不容易被屏蔽。即角量子数 l 越小，该电子受屏蔽作用越小，σ 越小。因此，被屏蔽电子的 σ 的大小顺序是 s<p<d<f。

斯莱特(John Clarke Slater)根据光谱数据归纳出一套估算屏蔽常数 σ 的经验规则，称为斯莱特规则。

(1) 将原子中的电子按如下状态分为轨道组：1s；2s、2p；3s、3p；3d；4s、4p；4d；4f；5s、5p；5d；5f；等等。即 ns 和 np 同组，nd、nf 各自单独一组，按电子层依次排列。

(2) 外层电子对内层电子没有屏蔽作用，即位于被屏蔽电子右边各组，对被屏蔽电子的 $\sigma=0$。

(3) 同一组内电子间的 $\sigma=0.35$，其中 1s 轨道上电子间的 $\sigma=0.30$。

(4) 被屏蔽电子为 ns 或 np 电子时，主量子数为 $(n-1)$ 的各电子对它的 $\sigma=0.85$，而主量子数小于 $(n-1)$ 的各电子对它的 $\sigma=1.00$。

(5) 被屏蔽电子为 nd 或 nf 电子时，位于它左边的各电子对它的 $\sigma=1.00$。

例 1-1　计算铝(Al)原子其他电子对一个 3p 电子的 σ 值。

解：铝原子核外电子的排布为

轨道	1s	2s	2p	3s	3p
电子数	2e	2e	6e	2e	1e

3p 轨道上的一个电子受其他电子的屏蔽作用的 σ 如下：

3s 轨道上 2 个电子对 3p 电子而言是同组：$\sigma=0.35\times2$；

2s、2p 轨道上 8 个电子对 3p 电子而言是 $(n-1)$ 组：$\sigma=0.85\times8$；

1s 轨道上 2 个电子对 3p 电子而言是小于 $(n-1)$ 组：$\sigma=1.00\times2$。

则 3p 电子的 σ 为

$$\sigma_{3p}=0.35\times2+0.85\times8+1.00\times2=9.5$$

由于复合核的出现，实际上把多电子体系看成了单电子体系，在这样的体系中，所选定的电子处于有效核电荷的作用下，故其能量计算公式与单电子体系的氢原子类似：

$$E_{3p}=-\frac{13.6Z^{*2}}{n^2}=-\frac{13.6\,(Z-\sigma)^2}{n^2} \tag{1-22}$$

例 1-2　计算钪(Sc)原子中一个 3s 电子和一个 3d 电子的能量。

解：钪原子核外电子的排布为

轨道	1s	2s	2p	3s	3p	3d	4s
电子数	2e	2e	6e	2e	6e	1e	2e

3s 轨道上的 1e 受其他电子的屏蔽作用的 σ 如下：

3s 轨道上的 1e 和 3p 轨道上的 6e 为同组：$\sigma=0.35$；

2s 轨道上的 2e 和 2p 轨道上的 6e 为 $(n-1)$ 组：$\sigma=0.85$；

1s 轨道上的 2e 为小于 $(n-1)$ 组：$\sigma=1.00$。

则 3s 电子的 σ 为

$$\sigma_{3s}=0.35\times7+0.85\times8+1.00\times2=11.25$$

其能量为

$$E_{3s}=-\frac{13.6\,(Z-\sigma)^2}{n^2}=-143.7\ \text{eV}\qquad(Z=21,\ n=3)$$

3d 轨道上的 1e 受其他电子的屏蔽作用的 σ 如下：

1s、2s、2p、3s、3p 轨道上的 18e 都位于 3d 电子的左边：$\sigma=1.00$。

故 3d 电子的 σ 为

$$\sigma_{3d}=1.00\times18=18$$

其能量为

$$E_{3d}=-\frac{13.6\,(Z-\sigma)^2}{n^2}=-13.6\ \text{eV}\qquad(Z=21,\ n=3)$$

1.5.1.3 钻穿效应

钻穿效应也称穿透效应，可利用氢原子的概率径向分布图来说明。由图 1－15 可以看出，ns 比 np 多一个离核较近的小峰，np 比 nd 多一个离核较近的小峰，nd 比 nf 多一个离核较近的小峰，这些小峰都伸入内层各峰的内部，从而更靠近原子核。这种外层电子钻到内部空间而靠近原子核的现象称为钻穿作用。由于小峰的数目以及小峰伸入内部空间的程度各不相同，故钻穿能力为

$$ns>np>nd>nf$$

再由于钻穿作用使电子离核更近，受其他电子的屏蔽作用更小，受核的吸引更强，其本身能量更低，即钻穿作用越显著，电子能量越低，故能量关系为

$$E_{ns}<E_{np}<E_{nd}<E_{nf}$$

这种由于电子的钻穿作用不同而使其能量发生变化的现象称为钻穿效应。

钻穿效应实际上是回避屏蔽效应，它不同程度地使核对该电子的吸引作用得到增强，使有效核电荷增大，电子的能量降低。与屏蔽作用的结果相反，某电子的钻穿作用不仅是对其他电子屏蔽作用的回避，而且也形成对其他电子的屏蔽作用。

1.5.1.4 对能级交错的解释

屏蔽效应和钻穿效应的结果就是能级交错。例如，对于 $E_{ns}<E_{(n-1)d}<E_{np}(n\geqslant4)$，一方面，$n$s 电子的钻穿能力强，其小峰已深入核附近，使 ns 电子能有效回避其他电子的屏蔽作用，导致 E_{ns} 降低；另一方面，$(n-1)$d 电子的钻穿能力很弱，电子云结构弥散，受其他电子的屏蔽作用显著，使得 $E_{(n-1)d}$ 升高。两者综合的结果即是 $E_{ns}<E_{(n-1)d}<E_{np}$。同理可以解释 $E_{ns}<E_{(n-2)f}<E_{(n-1)d}<E_{np}(n\geqslant6)$。

能级交错也可以通过计算来解释。

例1-3　计算钾原子的E_{4s}、E_{3d}。

钾原子核外电子的排布为

轨道	1s	2s	2p	3s	3p	3d	4s
电子数	2e	2e	6e	2e	6e	0e	1e

4s轨道上的1e受其他电子的屏蔽作用的σ如下：

3s、3p为$(n-1)$组：$\sigma=0.85$；其余为小于$(n-1)$组：$\sigma=1.00$。则4s电子的σ为

$$\sigma_{4s}=0.85\times8+1.00\times10=16.80$$

4s电子的能量为

$$E_{4s}=-\frac{13.6\,(Z-\sigma)^2}{n^2}=-4.11\ \text{eV}\qquad(Z=19,\ n=4)$$

如果3d轨道上有1e，则受其他电子的屏蔽作用的σ如下：

1s、2s、2p、3s、3p轨道上的18e都位于3d电子的左边，则$\sigma=1.00$。故3d电子的σ为

$$\sigma_{3d}=1.00\times18=18$$

3d电子的能量为

$$E_{3d}=-\frac{13.6\,(Z-\sigma)^2}{n^2}=-1.51\ \text{eV}\qquad(Z=19,\ n=3)$$

显然可得：$E_{4s}<E_{3d}$。

以上是用屏蔽效应和钻穿效应解释了鲍林近似能级图中出现的能级交错现象。

应该指出的是，鲍林近似能级图是在假定所有不同元素的能级高低次序都是一样的情况下得到的。但事实上，原子轨道能级的高低次序不是一成不变的，与鲍林假定所得的能级图稍有不同。虽然如此，本教材在以后的讨论中仍以鲍林近似能级图为依据，进行更准确的能级图的讨论，在后续课程中也许会涉及。

1.5.2　核外电子排布的原则和构造原理

通过前面的讨论，我们知道了原子核外电子所处的状态，即原子轨道的大小、能量、形状及空间伸展方向、自旋等问题，但并未涉及多电子原子核外电子如何排布的问题。面对核外的各种不同的原子轨道，核外电子是任意分布在核外各种可能的原子轨道中，还是遵循某种规律而处于某一特定状态？根据光谱实验结果和对元素周期律的分析，人们得到核外电子排布的三个原则：能量最低原理、保里不相容原理和洪特规则。

1.5.2.1　能量最低原理

自然界一个最普遍的规律：能量越低越稳定。原子中的电子也是如此。电子在原子中所处的状态总是要尽可能使整个体系的能量最低，这样的体系最稳定。如果核外电子排布使原子体系处于最低能量状态，则此最低能量状态称为基态。如果核外电子排布使原子体系不是处于最低能量状态，则不是最低能量的状态称为激发态。因此，基态时原

子核外电子的排布总是尽可能分布到能量最低的轨道，然后按近似能级图依次向能量较高的轨道顺次分布。例如氢原子的一个电子通常都处于能量最低的 1s 能级中。但是，并不是原子中的电子都能处于能量最低的 1s 能级，这里涉及每一个原子轨道中最多能容纳多少电子的问题。

1.5.2.2 保里不相容原理

1925 年，瑞士人保里(Wolfgang Ernst Pauli)根据元素在周期系中的位置和光谱分析的结果提出了一个新的假设：在同一个原子中没有四个量子数完全相同的电子，或者说，在同一个原子中没有运动状态完全相同的电子。

例如，氦(He)原子，1s 轨道上有两个电子，其中一个电子的量子数是 $n=1$，$l=0$，$m=0$，$m_s=+\frac{1}{2}$，则另一个电子的量子数是 $n=1$，$l=0$，$m=0$，$m_s=-\frac{1}{2}$。即在同一个原子轨道里，两个电子必须是自旋相反，否则就违反了保里不相容原理。

由保里不相容原理可得出以下三个推论：

(1) 每个原子轨道最多只能容纳两个自旋相反的电子。

(2) s、p、d、f 各分层最多能容纳的电子数分别是 2、6、10、14。

(3) 每个电子层中的原子轨道数为 n^2，则每个电子层最多能容纳的电子数为 $2n^2$。

应该指出，保里不相容原理并不是从量子力学理论推导而来的，它只是一个假设，适合量子力学，违背保里不相容原理的原子轨道是不存在的。

1.5.2.3 洪特规则

1925 年，德国科学家洪特(Friedrich Hund)从大量光谱实验数据中总结出来的规律：电子分布到能量相同的等价轨道时，总是尽可能以自旋相同的方向单独占据能量相同的轨道。或者简单说，在等价轨道中，自旋相同的单电子越多，体系越稳定。

例如，C 原子 2p 轨道有两个电子时，这两个电子应该单独占据 $2p_x$、$2p_y$、$2p_z$ 中任意两个轨道并且有相同的自旋方向，如图 1-22 所示。

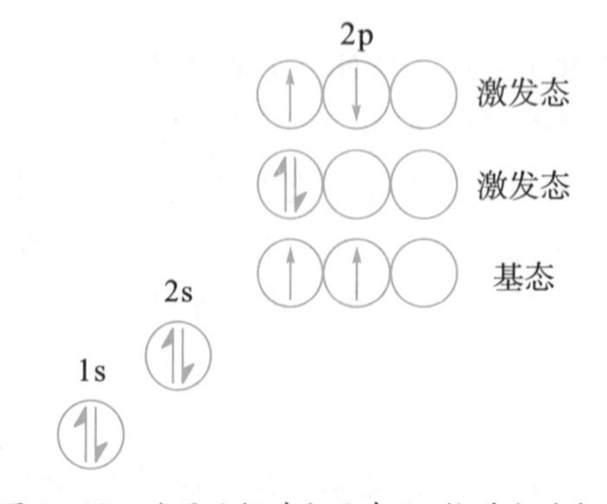

图 1-22　碳原子核外电子在 2p 轨道上的分布

图 1－22 中，上面两种 2p 轨道排布都不符合洪特规则。如果从能量最低原理的角度考虑，符合洪特规则的排布能量最低是基态，不符合洪特规则的排布能量较高是激发态。

作为洪特规则的特例，等价轨道全充满、半充满、全空的状态是比较稳定的，即下列状态比较稳定：

全充满：p^6、d^{10}、f^{14}

半充满：p^3、d^5、f^7

全空：p^0、d^0、f^0

洪特规则是一个经验规律，后来由量子力学证明。

1.5.2.4　构造原理

应用鲍林近似能级图以及能量最低原理，可以得到大多数基态原子电子填入原子轨道的顺序，该顺序称为构造原理，如图 1－23 所示。

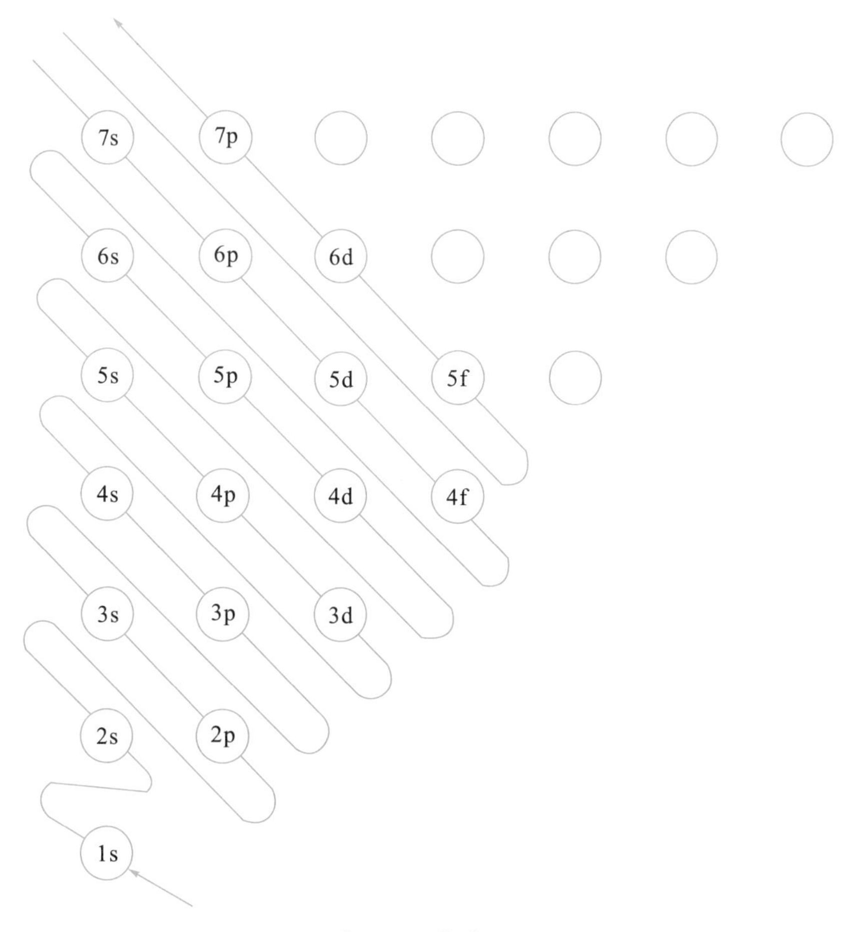

图 1－23　构造原理

注意，这里强调的是大多数基态原子的电子排布，也就是说，有例外的情况。一般情况下，符合构造原理的排布就是基态，不符合构造原理的排布就是激发态。根据构造原理，再结合保里不相容原理和洪特规则，可以得到大多数原子核外电子的排布情况。

1.5.3 基态原子电子组态

在能量最低原理、保里不相容原理和洪特规则三原则的指导下，讨论各个原子核外电子的排布情况。

核外电子的排布情况通常可以用三种方式表示：量子数、画图、核外电子排布式。

以氮原子核外七个电子的排布为例。N 原子核外电子排布为

1s：2e；2s：2e；2p：3e。

（1）用量子数表示：可以分别写出七个电子的量子数。

$$n=1,\ l=0,\ m=0,\ m_s=+\frac{1}{2}$$

$$n=1,\ l=0,\ m=0,\ m_s=-\frac{1}{2}$$

$$n=2,\ l=0,\ m=0,\ m_s=+\frac{1}{2}$$

$$n=2,\ l=0,\ m=0,\ m_s=-\frac{1}{2}$$

$$n=2,\ l=1,\ m=0,\ m_s=+\frac{1}{2}$$

$$n=2,\ l=1,\ m=1,\ m_s=+\frac{1}{2}$$

$$n=2,\ l=1,\ m=-1,\ m_s=+\frac{1}{2}$$

（2）画图表示：用方框或圆圈表示原子轨道，设想有能量为纵坐标，上、下箭头代表电子及自旋情况。

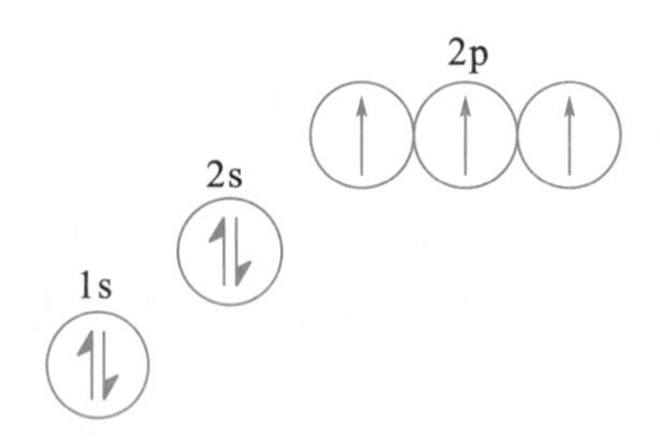

（3）写核外电子排布式：依电子层数按顺序写出电子所填原子轨道，并在原子轨道右上角写充填的电子数。

N：$1s^2 2s^2 2p^3$

核外电子排布式是最常见的表示方法。其他例子如下：

K：$1s^2 2s^2 2p^6 3s^2 3p^6 4s^1$

Cr：$1s^2 2s^2 2p^6 3s^2 3p^6 3d^5 4s^1$

对铬而言，有两点要注意：①电子的填充顺序是 4s3d，书写顺序是 3d4s，即书写顺序是按电子层数由小到大；②是 $3d^5 4s^1$ 而不是 $3d^4 4s^2$，这是由于洪特规则的特例，d 轨道半满时相对更稳定，为了到达 3d 半满，4s 上的一个电子转移到了 3d 轨道上。

类似的例子如下：

$$Cu：1s^2 2s^2 2p^6 3s^2 3p^6 3d^{10} 4s^1$$

这是由于洪特规则的特例，d 轨道全满时相对更稳定，为了到达 3d 全满，4s 上的一个电子转移到了 3d 轨道上。

为了避免电子排布式过长，作为一种简化方式，通常可把内层已达稀有气体电子层结构的部分以稀有气体符号加方框表示。例如：

N：[He] $2s^2 2p^3$

K：[Ar] $4s^1$

Cr：[Ar] $3d^5 4s^1$

再进一步，把带方框的稀有气体符号也简化了：

N：$2s^2 2p^3$

K：$4s^1$

Cr：$3d^5 4s^1$

这种电子排布式称为原子的价电子层结构，即最高能级组中价电子能级上的电子结构。原子参加化学反应时能用于成键的电子称为价电子。化学反应时仅价电子层的电子排布发生变化，因而元素的化学性质主要取决于元素原子的价电子层结构。所以使用价电子层结构既简单明了，又能反映该元素原子结构的特征。

可以看出，目前核外电子排布的三种表示方法，写量子数最准确但复杂不常用，画图形象直观，在讨论原子成键时会比较多地用到，写核外电子排布式是最常见的表示方法。

所有元素原子的核外电子排布式见表 1−7。

表 1−7 基态原子的电子组态

1	氢	H	$1s^1$	41	铌	Nb	[Kr] $4d^3 5s^2$	81	铊	Tl	[Xe] $6s^2 6p^1$
2	氦	He	$1s^2$	42	钼	Mo	[Kr] $4d^5 5s^1$	82	铅	Pb	[Xe] $6s^2 6p^2$
3	锂	Li	[He] $2s^1$	43	锝	Tc	[Kr] $4d^5 5s^2$	83	铋	Bi	[Xe] $6s^2 6p^3$
4	铍	Be	[He] $2s^2$	44	钌	Ru	[Kr] $4d^6 5s^2$	84	钋	Po	[Xe] $6s^2 6p^4$
5	硼	B	[He] $2s^2 2p^1$	45	铑	Rh	[Kr] $4d^7 5s^2$	85	砹	At	[Xe] $6s^2 6p^5$
6	碳	C	[He] $2s^2 2p^2$	46	钯	Pd	[Kr] $4d^{10}$	86	氡	Rn	[Xe] $6s^2 6p^6$
7	氮	N	[He] $2s^2 2p^3$	47	银	Ag	[Kr] $4d^{10} 5s^1$	87	钫	Fr	[Rn] $7s^1$
8	氧	O	[He] $2s^2 2p^4$	48	镉	Cd	[Kr] $4d^{10} 5s^2$	88	镭	Ra	[Rn] $7s^2$
9	氟	F	[He] $2s^2 2p^5$	49	铟	In	[Kr] $5s^2 5p^1$	89	锕	Ac	[Rn] $6d^1 7s^2$
10	氖	Ne	[He] $2s^2 2p^6$	50	锡	Sn	[Kr] $5s^2 5p^2$	90	钍	Th	[Rn] $6d^2 7s^2$
11	钠	Na	[Ne] $3s^1$	51	锑	Sb	[Kr] $5s^2 5p^3$	91	镤	Pa	[Rn] $5f^2 6d^1 7s^2$
12	镁	Mg	[Ne] $3s^2$	52	碲	Te	[Kr] $5s^2 5p^4$	92	铀	U	[Rn] $5f^3 6d^1 7s^2$
13	铝	Al	[Ne] $3s^2 3p^1$	53	碘	I	[Kr] $5s^2 5p^5$	93	镎	Np	[Rn] $5f^4 6d^1 7s^2$

续表1−7

14	硅	Si	[Ne] $3s^2 3p^2$	54	氙	Xe	[Kr] $5s^2 5p^6$	94	钚	Pu	[Rn] $5f^6 7s^2$
15	磷	P	[Ne] $3s^2 3p^3$	55	铯	Cs	[Xe] $6s^1$	95	镅	Am	[Rn] $5f^7 7s^2$
16	硫	S	[Ne] $3s^2 3p^4$	56	钡	Ba	[Xe] $6s^2$	96	锔	Cm	[Rn] $5f^7 6d^1 7s^2$
17	氯	Cl	[Ne] $3s^2 3p^5$	57	镧	La	[Xe] $5d^1 6s^2$	97	锫	Bk	[Rn] $5f^9 7s^2$
18	氩	Ar	[Ne] $3s^2 3p^6$	58	铈	Ce	[Xe] $4f^1 5d^1 6s^2$	98	锎	Cf	[Rn] $5f^{10} 7s^2$
19	钾	K	[Ar] $4s^1$	59	镨	Pr	[Xe] $4f^3 6s^2$	99	锿	Es	[Rn] $5f^{11} 7s^2$
20	钙	Ca	[Ar] $4s^2$	60	钕	Nd	[Xe] $4f^4 6s^2$	100	镄	Fm	[Rn] $5f^{12} 7s^2$
21	钪	Sc	[Ar] $3d^1 4s^2$	61	钷	Pm	[Xe] $4f^5 6s^2$	101	钔	Md	[Rn] $5f^{13} 7s^2$
22	钛	Ti	[Ar] $3d^2 4s^2$	62	钐	Sm	[Xe] $4f^6 6s^2$	102	锘	No	[Rn] $5f^{14} 7s^2$
23	钒	V	[Ar] $3d^3 4s^2$	63	铕	Eu	[Xe] $4f^7 6s^2$	103	铹	Lr	[Rn] $6d^1 7s^2$
24	铬	Cr	[Ar] $3d^5 4s^1$	64	钆	Gd	[Xe] $4f^7 5d^1 6s^2$	104	𬬻	Rf	[Rn] $6d^2 7s^2$
25	锰	Mn	[Ar] $3d^5 4s^2$	65	铽	Tb	[Xe] $4f^9 6s^2$	105	𬭊	Db	[Rn] $6d^3 7s^2$
26	铁	Fe	[Ar] $3d^6 4s^2$	66	镝	Dy	[Xe] $4f^{10} 6s^2$	106	𬭳	Sg	[Rn] $6d^4 7s^2$
27	钴	Co	[Ar] $3d^7 4s^2$	67	钬	Ho	[Xe] $4f^{11} 6s^2$	107	𬭛	Bh	[Rn] $6d^5 7s^2$
28	镍	Ni	[Ar] $3d^8 4s^2$	68	铒	Er	[Xe] $4f^{12} 6s^2$	108	𬭶	Hs	[Rn] $6d^6 7s^2$
29	铜	Cu	[Ar] $3d^{10} 4s^1$	69	铥	Tm	[Xe] $4f^{13} 6s^2$	109	鿏	Mt	[Rn] $6d^7 7s^2$
30	锌	Zn	[Ar] $3d^{10} 4s^2$	70	镱	Yb	[Xe] $4f^{14} 6s^2$	110	𫟼	Ds	[Rn] $6d^8 7s^2$
31	镓	Ga	[Ar] $4s^2 4p^1$	71	镥	Lu	[Xe] $5d^1 6s^2$	111	𬬭	Rg	[Rn] $6d^{10} 7s^1$
32	锗	Ge	[Ar] $4s^2 4p^2$	72	铪	Hf	[Xe] $5d^2 6s^2$	112	鿔	Cn	[Rn] $6d^{10} 7s^2$
33	砷	As	[Ar] $4s^2 4p^3$	73	钽	Ta	[Xe] $5d^3 6s^2$	113	鿭	Nh	[Rn] $7s^2 7p^1$
34	硒	Se	[Ar] $4s^2 4p^4$	74	钨	W	[Xe] $5d^4 6s^2$	114	𫓧	Fl	[Rn] $7s^2 7p^2$
35	溴	Br	[Ar] $4s^2 4p^5$	75	铼	Re	[Xe] $5d^5 6s^2$	115	镆	Mc	[Rn] $7s^2 7p^3$
36	氪	Kr	[Ar] $4s^2 4p^6$	76	锇	Os	[Xe] $5d^6 6s^2$	116	𫟷	Lv	[Rn] $7s^2 7p^4$
37	铷	Rb	[Kr] $5s^1$	77	铱	Ir	[Xe] $5d^7 6s^2$	117	鿬	Ts	[Rn] $7s^2 7p^5$
38	锶	Sr	[Kr] $5s^2$	78	铂	Pt	[Xe] $5d^9 6s^1$	118	鿫	Og	[Rn] $7s^2 7p^6$
39	钇	Y	[Kr] $4d^1 5s^2$	79	金	Au	[Xe] $5d^{10} 6s^1$				
40	锆	Zr	[Kr] $4d^2 5s^2$	80	汞	Hg	[Xe] $5d^{10} 6s^2$				

多电子原子核外电子排布的原理(三原则)是由实验事实总结而来的，所以绝大多数原子核外电子的排布与这些原理是一致的，但也有个别元素原子核外电子的排布与此不相符，此时以实验事实为准。

铬原子的电子组态，微观粒子的运动图像一样呈现出奇妙和辉煌。

1.6 元素周期系

1.6.1 元素性质呈现周期性的内因

最早提到元素性质呈现周期性的是俄国化学家门捷列夫，他于1896年提出了元素周期律：单质的性质以及各元素的化合物的形态和性质与元素的原子量的数值呈周期性的关系。

当时讨论元素的性质涉及最高正负化合价、金属性与非金属性等，化合物的性质则涉及氢化物、最高氧化物及其水合物的酸碱性等。

1913年，英国人莫斯莱(Henry Gwyn Jeffreys Moseley)提出原子序数及核电荷数后，元素周期律表示成元素的性质随核电荷数的递增而呈现周期性的变化。

随着对原子核外电子排布的研究人们发现，原子的电子层结构具有周期性：随着原子序数(核电荷)的递增，原子最外电子层结构和最外层电子数呈周期性变化。

$$\text{最外电子层结构：} n\mathrm{s}^1 n\mathrm{p}^0 \longrightarrow n\mathrm{s}^2 n\mathrm{p}^6$$

$$\text{最外层电子数：} 1 \longrightarrow 8$$

这种原子电子层结构具有的周期性与元素周期律相一致。

这不难理解，因为元素化学性质主要取决于价电子层结构和价电子数，而最外层电子结构又取决于核电荷数和核外电子排布。因此，元素性质的周期性正是原子电子层排布周期性的必然反映。故原子电子层结构的周期性是元素周期律的内因。

1.6.2 元素周期表

把所有元素按元素性质递变的周期性制作成表，就得到元素周期表。下面展示的是门捷列夫制作的第一份英文版本的元素周期表。

THE PERIODICITY OF THE ELEMENTS

The Elements	Their Properties in the Free State: t [1]	a [2]	d [3]	A/d [4]	The Composition of the Hydrogen and Organo-metallic Compounds: RH_m or $R(CH_3)_m$ [5]	Symbols and Atomic Weights: R	A [6]	The Composition of the Saline Oxides: R_2O_n [7]	The Properties of the Saline Oxides	d′ [8]	$\frac{(2A+n'16)}{d'}$ V [9]	[10]	Small Periods or Series [11]
Hydrogen	<−200°	—	<0·05>	20	m = 1	H	1	1 = n		0·917	19·6	<−20	1
Lithium	180°	—	0·59	12		Li	7	1†		2·0	15	−9	2
Beryllium	(900°)	—	1·64	5·5		Be	9	— 2		3·06	16·3	+2·6	
Boron	(1300°)	—	2·5	4·4	3 — —	B	11	— — 3		1·8	39	10	
Carbon	>(2500°)	—	<2·0 >	6	4 — — —	C	12	— — — 4		>1·0	<88	<19	
Nitrogen	−203°	—	<0·7 >	20	3 — —	N	14	1 — 3* — 5*		1·64	66	<5	
Oxygen	<−200°	—	<1·0 >	16	2 —	O	16			—	—	—	
Fluorine	—	—	—	—	1	F	19			—	—	—	
Sodium	96°	071	0·98	23	1	Na	23	1†	Na_2O	2·6	24	−22	3
Magnesium	500°	027	1·74	14	2 —	Mg	24	— 2†		3·6	22	−3	
Aluminium	600°	023	2·6	11	3 — —	Al	27	— — 3	Al_2O_3	4·0	26	+1·3	
Silicon	(1200°)	008	2·3	12	4 — — —	Si	28	— — 3 4		2·65	45	5·2	
Phosphorus	44°	128	2·2	14	3 — —	P	31	1 — 3* 4* 5*		2·39	59	6·2	
Sulphur	114°	067	2·07	15	2 —	S	32	— 2 — 4* 5* 6*		1·96	82	8·7	
Chlorine	−75°	—	1·3	27	1	Cl	35½	1 — 3 — 5* — 7*		—	—	—	
Potassium	58°	084	0·87	45		K	39	1†		2·7	35	−55	4
Calcium	(800°)	—	1·6	25		Ca	40	— 2†		3·15	36	−7	
Scandium	—	—	(2·5)	(18)		Sc	44	— — 3†		3·86	35	(0)	
Titanium	(2500°)	—	(5·1)	(9·4)		Ti	48	— — 3 4		4·2	38	(+5)	
Vanadium	(2000°)	—	5·5	9·2		V	51	— 2 3 4 5		3·49	52	6·7	
Chromium	(2000°)	—	5·5	8·0		Cr	52	— 2 3 — — 6*		2·74	78	9·5	
Manganese	(1500°)	—	7·5	7·3		Mn	55	— 2† 3 4 — 6* 7*		—	—	—	
Iron	1400°	012	7·8	7·2		Fe	56	— 2† 3 — — 6*		—	—	—	
Cobalt	(1400°)	013	8·6	6·8		Co	58½	— 2† 3 4		—	—	—	
Nickel	1350°	017	8·7	6·8		Ni	59	— 2† 3		—	—	—	
Copper	1054°	029	8·8	7·2		Cu	63	1† 2†	Cu_2O	5·9	24	9·8	5
Zinc	432°	—	7·1	9·2	2 —	Zn	65	— 2†		[illegible]	[illegible]	[illegible]	
Gallium	30°	—	5·96	12	3 — —	Ga	70	— — 3	Ga_2O_3	(5·1)	(36)	(4·0)	
Germanium	200°	—	5·47	13	4 — — —	Ge	72	— 2 — 4		4·7	44	4·5	
Arsenic	500°	006	5·7	13	3 — —	As	75	— — 3 — 5*		4·1	56	6·0	
Selenium	217°	—	4·8	16	2 —	Se	79	— — — 4 — 6*		—	—	—	
Bromine	−7°	—	3·1	26	1	Br	80	1 — — — 5* — 7*		—	—	—	
Rubidium	39°	—	1·5	57		Rb	85	1†		—	—	—	6
Strontium	(600°)	—	2·5	35		Sr	87	— 2†		4·3	48	−11	
Yttrium	—	—	(3·4)	(26)		Y	89	— — 3†		5·05	45	(−2)	
Zirconium	(1500°)	—	4·1	22		Zr	90	— — — 4		5·7	43	−0·2	
Niobium	—	—	7·1	13		Nb	94	— — 3 — 5*		4·7	57	+6·2	
Molybdenum	—	—	8·6	12		Mo	96	— 2 3 4 — 6*		4·4	65	6·8	
						(1)							
Ruthenium	(2000°)	010	12·2	8·4		Ru	103	— 2 3 4 — 6 — 8		—	—	—	
Rhodium	(1900°)	008	12·1	8·6		Rh	104	— 2 3 4 — 6		—	—	—	
Palladium	1500°	012	11·4	8·3		Pd	106	1† 2 — 4		—	—	—	
Silver	950°	019	10·5	10		Ag	108	1†	Ag_2O	7·5	31	11	7
Cadmium	320°	031	8·6	13	2 —	Cd	112	— 2†		8·15	31	2·5	
Indium	176°	046	7·4	14	3 — —	In	113	— 2 3	In_2O_3	7·18	38	2·7	
Tin	230°	023	7·2	16	4 — — —	Sn	118	— 2 — 4		6·95	43	2·8	
Antimony	432°	012	6·7	18	3 — —	Sb	120	— — 3 4 5		6·5	49	2·6	8
Tellurium	455°	017	6·4	20	2 —	Te	125	— — — 4 — 6*		5·1	68	4·7	
Iodine	114°	—	4·9	26	1	I	127	1 — 3 — 5* — 7*		—	—	—	
Cæsium	27°	—	1·88	71		Cs	133	1†		—	—	—	
Barium	—	—	3·75	36		Ba	137	— 2†		5·1	60	−6·0	
Lanthanum	(600°)	—	6·1	23		La	138	— — 3†		6·5	50	+1·3	
Cerium	(700°)	—	6·6	21		Ce	140	— — 3 4		6·74	50	2·0	
Didymium	(800°)	—	6·5	22		Di	142	— — 3 — 5		—	—	—	
						(14)							
Ytterbium	—	—	(6·9)	(25)		Yb	173	— — 3		9·18	43	(−2)	10
						(1)							
Tantalum	—	—	10·4	18		Ta	182	— — — — 5		7·5	59	4·6	
Tungsten	(1500°)	—	19·1	9·6		W	184	— — — 4 — 6		6·9	67	8	
						(1)							
Osmium	(2500°)	007	22·5	8·5		Os	191	— — 3 4 — 6 — 8		—	—	—	
Iridium	2000°	007	22·4	8·6		Ir	193	— — 3 4 — 6		—	—	—	
Platinum	1775°	005	21·5	9·2		Pt	196	— 2 — 4		—	—	—	
Gold	1045°	014	19·3	10		Au	198	1 — 3	Au_2O	(12·5)	(33)	(13)	11
Mercury	−39°	—	13·6	15	2 —	Hg	200	1† 2†		11·1	39	4·5	
Thallium	294°	031	11·8	17	3 — —	Tl	204	1† — 3	Tl_2O_3	(9·7)	(47)	(4·3)	
Lead	326°	029	11·3	18	4 — — —	Pb	206	— 2† — 4		8·9	53	4·2	
Bismuth	268°	014	9·8	21	3 — —	Bi	208	— — 3 — 5		—	—	—	
						(5)							
Thorium	—		11·1	21		Th	232	— — — 4		9·86	54	2·0	12
						(1)							
Uranium	(800°)	—	18·7	13		U	240	— — — 4 — 6		(7·2)	(80)	(9)	

各种形式的元素周期表层出不穷，图 1－24 展示了其中的两种。

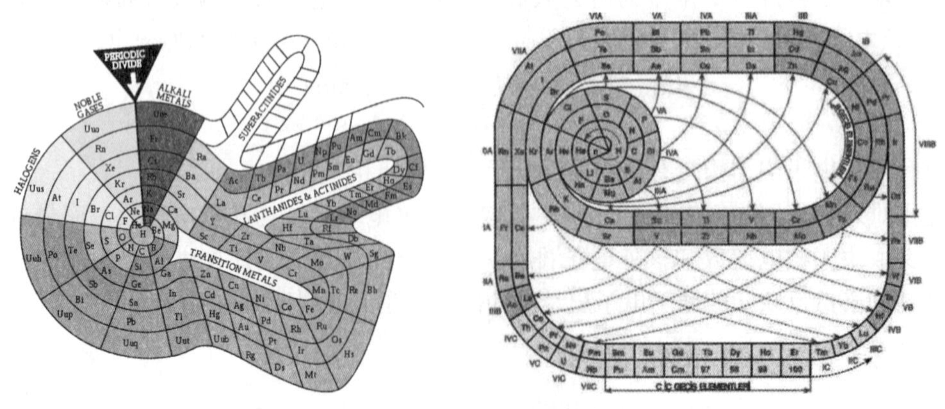

图 1－24　两种元素周期表

目前较为常见的维尔纳长式周期表如图 1－25 所示。

元素周期表

周期	1 IA	2 IIA	3 IIIB	4 IVB	5 VB	6 VIB	7 VIIB	8 VIII	9	10	11 IB	12 IIB	13 IIIA	14 IVA	15 VA	16 VIA	17 VIIA	18 0	电子层	18族电子数
1	1 H 氢																	2 He 氦	K	2
2	3 Li 锂	4 Be 铍											5 B 硼	6 C 碳	7 N 氮	8 O 氧	9 F 氟	10 Ne 氖	L K	8 2
3	11 Na 钠	12 Mg 镁											13 Al 铝	14 Si 硅	15 P 磷	16 S 硫	17 Cl 氯	18 Ar 氩	M L K	8 8 2
4	19 K 钾	20 Ca 钙	21 Sc 钪	22 Ti 钛	23 V 钒	24 Cr 铬	25 Mn 锰	26 Fe 铁	27 Co 钴	28 Ni 镍	29 Cu 铜	30 Zn 锌	31 Ga 镓	32 Ge 锗	33 As 砷	34 Se 硒	35 Br 溴	36 Kr 氪	N M L K	8 18 8 2
5	37 Rb 铷	38 Sr 锶	39 Y 钇	40 Zr 锆	41 Nb 铌	42 Mo 钼	43 Tc 锝	44 Ru 钌	45 Rh 铑	46 Pd 钯	47 Ag 银	48 Cd 镉	49 In 铟	50 Sn 锡	51 Sb 锑	52 Te 碲	53 I 碘	54 Xe 氙	O N M L K	8 18 18 8 2
6	55 Cs 铯	56 Ba 钡	57-71 La-Lu 镧系	72 Hf 铪	73 Ta 钽	74 W 钨	75 Re 铼	76 Os 锇	77 Ir 铱	78 Pt 铂	79 Au 金	80 Hg 汞	81 Tl 铊	82 Pb 铅	83 Bi 铋	84 Po 钋	85 At 砹	86 Rn 氡	P O N M L K	8 18 32 18 8 2
7	87 Fr 钫	88 Ra 镭	89-103 Ac-Lr 锕系	104 Rf 𬬻*	105 Db 𬭊*	106 Sg 𬭳*	107 Bh 𬭛*	108 Hs 𬭶*	109 Mt 鿏*	110 Ds 𫟼*	111 Rg 𬬭*	112 Cn 鿔*	113 Nh 鿭*	114 Fl 𫓧*	115 Mc 镆*	116 Lv 𫟷*	117 Ts 鿬*	118 Og 鿫*	Q P O N M L K	8 18 32 32 18 8 2

镧系	57 La 镧	58 Ce 铈	59 Pr 镨	60 Nd 钕	61 Pm 钷	62 Sm 钐	63 Eu 铕	64 Gd 钆	65 Tb 铽	66 Dy 镝	67 Ho 钬	68 Er 铒	69 Tm 铥	70 Yb 镱	71 Lu 镥
锕系	89 Ac 锕	90 Th 钍	91 Pa 镤	92 U 铀	93 Np 镎	94 Pu 钚	95 Am 镅*	96 Cm 锔*	97 Bk 锫*	98 Cf 锎*	99 Es 锿*	100 Fm 镄*	101 Md 钔*	102 No 锘*	103 Lr 铹*

图1-25 维尔纳长式周期表

本教材后续内容涉及元素周期表时都使用维尔纳长式周期表。

1.6.3 原子的电子层结构和周期的划分

元素周期表中的周期与元素周期律的周期一致，本质上都体现了原子电子层结构的周期性。原子电子层结构的周期性变化为 $ns^1np^0 \longrightarrow ns^2np^6$，显然，主量子数 n=周期数，见表1-8。

表1-8 原子电子层结构的周期性变化

周期数	电子层结构	原子轨道
一	$1s^1 \longrightarrow 1s^2$	1s
二	$2s^1 2p^0 \longrightarrow 2s^2 2p^6$	2s2p
三	$3s^1 3p^0 \longrightarrow 3s^2 3p^6$	3s3p
四	$4s^1 4p^0 \longrightarrow 4s^2 4p^6$	4s3d4p
五	$5s^1 5p^0 \longrightarrow 5s^2 5p^6$	5s4d5p
六	$6s^1 6p^0 \longrightarrow 6s^2 6p^6$	6s4f5d6p
七	$7s^1 7p^0 \longrightarrow 7s^2 7p^6$	7s5f6d7p

可以看出，每周期包含的原子轨道与近似能级图能级组的划分是一致的。

1.6.4 原子的电子层结构和族的关系

从门捷列夫排列的元素周期表来看，族是指这样一类元素：处于不同周期但性质相似。即处于不同周期的性质相似的一类元素构成一族。由于元素性质取决于其价电子层结构和价电子数目，故从原子电子层结构的观点看，则是价电子层结构相似的一类元素构成一族。

对主族元素而言，族数=ns+np 轨道上的电子数；对副族元素而言，族数=ns+(n−1)d 轨道上的电子数(第 8 副族和镧系、锕系元素有较多例外)。

1.6.5 原子的电子层结构和元素周期表的分区

依据元素原子最后一个电子填入的能级，在元素周期表中划分出不同的区(图 1−26)。

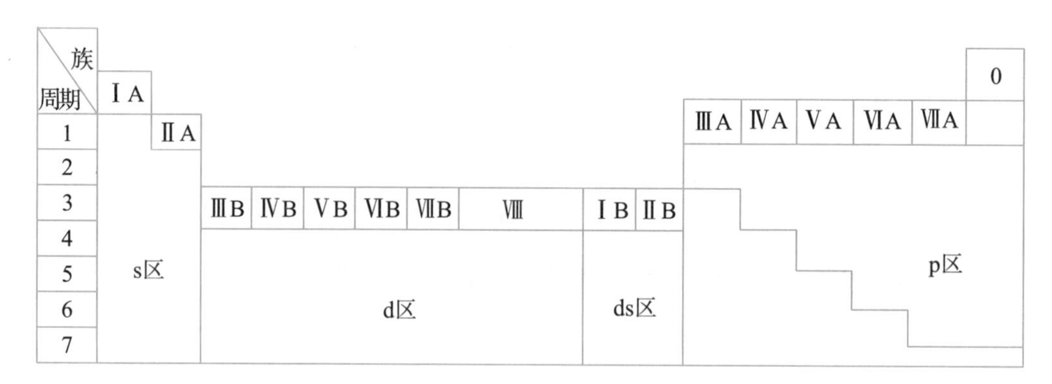

图 1−26 元素周期表的分区

各区的价电子构型通式如下：

$$\text{s 区：} ns^{1-2}$$

$$\text{p 区：} ns^2np^{1-6}$$

$$\text{d 区：} (n-1)d^{1-9}ns^{1-2}$$

$$\text{ds 区：} (n-1)d^{10}ns^{1-2}$$

$$\text{f 区：} (n-2)f^{1-14}(n-1)d^{0-2}ns^2$$

d 区中 ns^1 和 f 区中 $(n-1)d^{1-2}$ 的出现，是因为洪特规则的特例，等价轨道全充满、半充满、全空的状态是比较稳定的。

1.7 元素周期性

由于原子电子层结构的周期性，元素原子的性质也呈现周期性。原子的性质也称为原子参数，包括原子半径、电离能、电子亲合能、电负性等。

1.7.1 原子半径

1.7.1.1 原子半径定义

原子是一个球体，因而具有半径。但是从电子云角度看，电子在原子核外各处都有出现的可能性，仅概率不同而已，所以原子没有一个明确的界面。并且除稀有气体外，对于任何元素来说，原子总是以一定作用力即以一定的化学键的方式存在于单质或化合物中。而从量子力学观点考虑，原子形成化学键时总是会发生一定程度的原子轨道的重叠。因此，严格说来，原子半径有不确定的含义。同时，要给出任何情况下均适用的原子半径是不可能的。通常讲的原子半径，是根据相邻原子的平均核间距测定的。根据原子间作用力的不同，原子半径可以分为以下三种。

1. 共价半径

同种元素的两个原子以共价单键连接时，它们核间距离的一半叫作原子的共价半径。

如氯分子中两个氯原子以共价单键结合，实验测得两个氯原子的核间距为 198 pm，则氯原子的半径为 99 pm。

同一元素常因两个原子以共价单键、双键或三键的不同键合方式而有不同的共价半径。

如氧(O)，共价单键 66 pm，共价双键 55 pm，共价三键 51 pm。

可以看出，共价键数目越多，半径越短。

2. 金属半径

金属单质中金属原子以金属键连接，它们核间距的一半叫作金属半径。

如铜单质，实验测得铜原子的核间距为 256 pm，则铜原子半径为 128 pm。

由于金属单质通常是金属晶体，金属晶体有不同的紧密堆积方式，不同的堆积方式原子间的结合程度有差异，核间距也会有差异，故同一金属原子处于不同紧密堆积状态时半径值就有差异。故在金属半径数值的测定中一般以配位数为 12 的紧密堆积方式为标准，其他的堆积方式都加以一定的校正系数，用以修正。(参见第 4 章 4.3 节)

若同种元素(一般是金属元素)既能以共价键成键又能以金属键成键，则通常其金属半径大于共价半径达 10%～15%。

如铜，金属半径为 128 pm，共价半径为 117 pm。

3. 范氏半径

当两个原子之间没有形成化学键而只靠分子间作用力互相接近时，两个原子核间距的一半叫作范德华半径，简称范氏半径。

如稀有气体在低温下形成单原子分子晶体时，就是范式半径。如氖的范式半径为 112 pm。

一般而言，金属元素可有金属半径、共价半径，甚至范氏半径；非金属元素有共价半径、范氏半径；稀有气体主要有范氏半径，极少有共价半径。

金属半径、共价半径和范氏半径，由于原子间结合力、核间距不同，半径也就不同。

通常，共价半径因为结合力最强，半径最短；范式半径因为结合力最弱，半径最长；金属半径介于两者之间。同一元素的不同半径的关系为

范式半径>金属半径 >共价半径。

1.7.1.2 原子半径在元素周期表中的递变规律

元素周期表中各元素的原子半径(共价半径，稀有气体是范式半径)数据见表 1-9。

表 1-9 原子半径(单位：pm)

Ⅰ	Ⅱ	Ⅲ	Ⅳ	Ⅴ	Ⅵ	Ⅶ	Ⅷ			Ⅰ	Ⅱ	Ⅲ	Ⅳ	Ⅴ	Ⅵ	Ⅶ	0
H																	He
32																	93
Li	Be											B	C	N	O	F	Ne
123	89											82	77	70	66	64	112
Na	Mg											Al	Si	P	S	Cl	Ar
154	136											118	117	110	104	99	154
K	Ca	Sc	Ti	V	Cr	Mn	Fe	Co	Ni	Cu	Zn	Ga	Ge	As	Se	Br	Kr
203	174	144	132	122	118	117	117	116	115	117	125	126	122	121	117	114	169
Rb	Sr	Y	Zr	Nb	Mo	Tc	Ru	Rh	Pd	Ag	Cd	In	Sn	Sb	Te	I	Xe
216	191	162	145	134	130	127	125	125	128	134	148	144	140	141	137	133	190
Cs	Ba	La	Hf	Ta	W	Re	Os	Ir	Pt	Au	Hg	Tl	Pb	Bi	Po	At	Rn
235	198	169	144	134	130	123	126	127	130	134	144	148	147	146	146	145	214

La	Ce	Pr	Nd	Pm	Sm	Eu	Gd	Tb	Dy	Ho	Er	Tm	Yb	Lu
169	165	164	164	163	162	185	162	161	160	158	158	158	170	158

分析影响原子半径的因素，显然与电子离核的远近有关。电子离核的远近既与电子运动离核的远近有关，又与原子核所带正电荷有关，同时还与核外电子所带负电荷有关。即原子半径与电子层数、核电荷数和核外电子数有关，具体如下：

(1) 电子层数：电子层数越大，电子离核越远，原子半径越大。

(2) 核电荷数：核电荷数越大，对核外电子吸引力越大，核外电子离核越近，原子半径越小。

(3) 核外电子数：核外电子数越大，相互排斥作用越大，外层电子离核越远，原子半径越大。

原子半径在元素周期表中的变化规律如下：

同周期从左至右，电子层数不变，核电荷数增大，核外电子数增大。由于核外电子数的增加不足以完全屏蔽核电荷数的增加，因此，核电荷数增大使半径减小的因素强过核外电子数增大使半径增大的因素，故原子半径在同一周期中从左至右一般减小(稀有气体元素除外)。

观察主族元素(s 区和 p 区)，从左至右，原子半径逐渐减小。稀有气体元素在其周期中原子半径最大，因为是范式半径。考查原子半径减小的幅度，从锂到氟，原子半径平

均减小 8.4 pm；从钠到氯，原子半径平均减小 8.0 pm；从钾到溴，原子半径平均减小 12.0 pm；从铷到碘，原子半径平均减小 13.0 pm；从铯到砹，原子半径平均减小 13.0 pm。因此，主族元素原子半径大致平均减小 10 pm。

观察副族过渡元素(d 区和 ds 区)，原子半径亦是逐渐减小，但铜族和锌族逐渐增大。这在于铜族$(n-1)d^{10}ns^1$和锌族$(n-1)d^{10}ns^2$的价电子构型都达到了 d^{10}，d^{10}结构全满，对核的屏蔽作用较强，导致原子半径有所增加。同样的方法考查原子半径减小的幅度，可知副族过渡元素原子半径大致平均减小 4 pm(不考虑铜族和锌族)。

观察副族镧系和锕系元素(f 区)，从左至右，原子半径逐渐减小，例外发生在铕(f^7)和镱(f^{14})。原因仍然在于 f^7 半满和 f^{14} 全满结构，对核的屏蔽作用较强，导致原子半径有所增加。同样的方法考查原子半径减小的幅度，可知镧系和锕系原子半径大致平均减小 1 pm。

显然，我们看到这种原子半径减小幅度的差异，主族元素原子半径减小幅度最大，d 区元素原子半径减小幅度次之，f 区元素原子半径减小幅度最小。这是由它们价电子构型的不同决定的。

主族元素价电子构型：$ns^{1-2}np^{1-6}$

d 区元素价电子构型：$(n-1)d^{1-9}ns^{1-2}$

f 区元素价电子构型：$(n-2)f^{1-14}(n-1)d^{0-2}ns^2$

可以看出，主族元素价电子充填在最外层 $nsnp$，d 区元素价电子充填在次外层 $(n-1)$d，f 区元素价电子充填在内层$(n-2)$f。

原子半径在同一周期中从左至右之所以减小，在于从左至右电子层数不变，随着核电荷数的增加，核外电子数也增加，由于核外电子数的增加不足以完全屏蔽核电荷数的增加，因此，核电荷数增加使原子半径减小。核电荷数增加程度越大，原子半径减小程度越大；核电荷数增加程度越小，原子半径减小程度越小。考虑核外电子的屏蔽作用，增加的核外电子对核电荷屏蔽能力越强，核电荷数增加越少，则原子半径减少程度越小；增加的核外电子对核电荷屏蔽能力越弱，核电荷数增加越多，则原子半径减少程度越大。

由前面屏蔽效应部分的分析以及斯莱特规则可知，电子离核越近，屏蔽能力越强。按照斯莱特规则，可以简单计算核外增加一个电子分别填在 s 区和 p 区、d 区和 f 区对最外层电子的屏蔽常数：

(1) 电子填在 s 区、p 区，即填在 ns、np 轨道，对外层 s、p 电子的 $\sigma=0.35$；

(2) 电子填在 d 区，即填在$(n-1)$d 轨道，对外层 s 电子的 $\sigma=0.85$；

(3) 电子填在 f 区，即填在$(n-2)$f 轨道，对外层 s 电子的 $\sigma=1.00$。

可见，电子屏蔽能力大小的顺序为

f 区 >d 区>s 区和 p 区

相邻元素核电荷数增加幅度的顺序为

s 区和 p 区>d 区>f 区

相邻元素原子半径减小幅度的顺序为

s 区和 p 区>d 区>f 区

f 区元素原子半径减小幅度特别小。我们称镧系元素的原子半径随原子序数的增加而缓慢减小的现象为镧系收缩。

同族：同族自上而下，核电荷数增加，核外电子数增加，电子层数增大。使原子半径增大的因素显著地强于使原子半径减小的因素，故同族元素从上至下原子半径一般增大。

对主族元素而言，第二周期元素与同族其他元素相比，原子半径特别小。这在于第二周期只有 s、p 轨道，第三周期开始有 d 轨道，导致第三周期元素原子半径显著增大。

第二周期元素原子半径特别小这一事实，将对原子的性质以及原子的成键产生重大而深远的影响。

对副族元素而言，从上而下原子半径本应增大，但是由于受到镧系收缩的影响，第六周期的过渡元素原子半径随之变小，与第五周期过渡元素原子半径基本相等。

1.7.2 电离能

原子可以失去核外电子，用电离能衡量此过程。

定义：使一个基态的气态原子失去一个电子形成+1 价气态阳离子所需的能量，叫作元素的第一电离能(表 1−10)。过程如下：

$$M_{(g)} \longrightarrow M^{+}_{(g)} + e^{-}$$

电离势用符号 I 表示，单位为 eV 或 $kJ \cdot mol^{-1}$。

相应的，使+1 价气态阳离子失去一个电子形成+2 价气态阳离子所需的能量叫作元素的第二电离能。类似有第三电离能、第四电离能等。

表 1−10　元素的第一电离能(单位：$kJ \cdot mol^{-1}$)

Ⅰ	Ⅱ	Ⅲ	Ⅳ	Ⅴ	Ⅵ	Ⅶ	Ⅷ			Ⅰ	Ⅱ	Ⅲ	Ⅳ	Ⅴ	Ⅵ	Ⅶ	0
H																	He
1312																	2372
Li	Be											B	C	N	O	F	Ne
520	900											801	1086	1402	1314	1681	2081
Na	Mg											Al	Si	P	S	Cl	Ar
496	738											578	787	1012	1000	1251	1521
K	Ca	Sc	Ti	V	Cr	Mn	Fe	Co	Ni	Cu	Zn	Ga	Ge	As	Se	Br	Kr
419	590	631	658	650	653	717	759	758	737	746	906	579	762	944	941	1140	1351
Rb	Sr	Y	Zr	Nb	Mo	Tc	Ru	Rh	Pd	Ag	Cd	In	Sn	Sb	Te	I	Xe
403	550	616	660	664	685	702	711	720	805	731	868	558	709	832	869	1008	1170
Cs	Ba	La	Hf	Ta	W	Re	Os	Ir	Pt	Au	Hg	Tl	Pb	Bi	Po	At	Rn
376	503	538	654	761	770	760	840	880	870	890	1007	589	716	703	812	912	1037

La	Ce	Pr	Nd	Pm	Eu	Gd	Tb	Dy	Ho	Er	Tm	Yb	Lu
538	528	523	530	536	547	592	564	572	581	589	597	603	524

电离能用于衡量元素原子失去电子成为阳离子的倾向。一般使用第一电离能数据，元素的第一电离能越小，则该元素原子越易失去电子，金属性越强；反之亦然。

电离能的影响因素主要有原子核电荷数、原子半径和原子的电子层结构。具体如下：

（1）原子核电荷数越大，核对电子的吸引力越强，电离能越大。

（2）原子半径越大，核对电子的吸引力越弱，电离能越小。

（3）原子的电子层结构越稳定，电子越稳定，电离能越大。

电离能在元素周期表中的变化规律如下：

同周期：在同一周期，从左至右，核电荷数增加，原子半径减小，电离能逐渐增大。

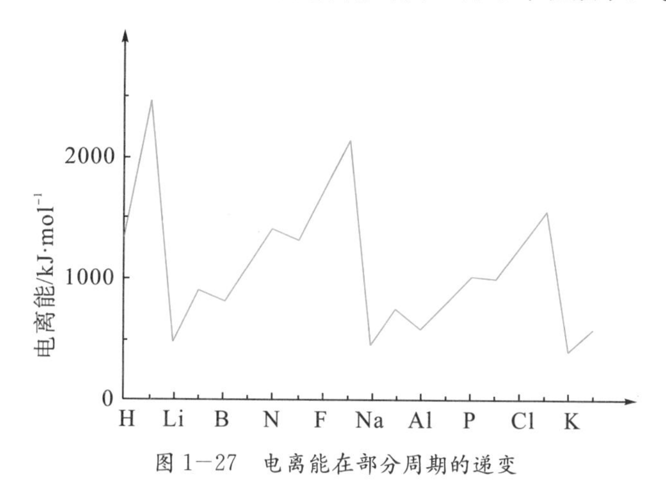

图 1－27　电离能在部分周期的递变

从表 1－10 和图 1－27 可以看出，同周期的递变有一些例外。如第二周期中：$I_{1(B)}<I_{1(Be)}$，$I_{1(O)}<I_{1(N)}$。原因在于其电子层结构不同，B 价电子构型是 $2s^2 2p^1$，Be 价电子构型是 $2s^2 2p^0$。B 易于失去一个电子变成 $2s^2 2p^0$ 全空稳定结构（洪特规则），导致电离能减小；而 Be 因为已是 $2s^2 2p^0$ 全空稳定结构，难以失去电子，导致电离能增大，最终导致 $I_{1(B)}<I_{1(Be)}$。同样，O 价电子构型是 $2s^2 2p^4$，N 价电子构型是 $2s^2 2p^3$。O 易于失去一个电子变成 $2s^2 2p^3$ 半满稳定结构（洪特规则），导致电离能降低；而 N 因为已是 $2s^2 2p^3$ 半满稳定结构，难以失去电子，导致电离能增大，最终导致 $I_{1(O)}<I_{1(N)}$。同周期其他的例外大致都是相同的解释。

同族：在同一族中，从上至下，核电荷数增加，原子半径增大，使电离能减小的因素起主要作用，故电离能逐渐减小。

部分元素逐级电离能数据见表 1－11。

表 1－11　部分元素逐级电离能（单位：$kJ \cdot mol^{-1}$）

原子序数	元素符号	I_1	I_2	I_3	I_4	I_5
1	H	1312				
2	He	2372	5250			
3	Li	520	7298	11815		
4	Be	900	1757	14849	21007	
5	B	801	2427	3660	25026	32827

从表 1－11 可以看出，各级电离势之间的关系为 $I_1<I_2<I_3<I_4<\cdots$。这是由于失去电子的阳离子的原子核对电子的有效吸引力增强，离子半径相应减小，要再失去电子就更加困难。

通过对各级电离势数据的分析，可以判断金属元素通常所处的化合状态。如锂，其第一电离能数值不大，而第二电离能数值相对增大许多，这表明锂原子在与其他元素原子化合时易于失去一个电子，难于失去第二个电子，从而形成+1 价阳离子。铍，其第一、二电离能数值不大，而第三电离能数值相对增大许多，这表明铍原子在与其他元素原子化合时易于失去两个电子，难于失去第三个电子，从而形成+2 价阳离子。

元素逐级电离能数值的突跃变化也间接证明了核外电子的分层排布。原子易于失去外层电子，从而达到并保持稀有气体稳定结构。

1.7.3 电子亲合能

原子可以得到电子，用电子亲合能来衡量此过程。

定义：使一个基态的气态原子得到一个电子形成－1 价气态阴离子所放出的能量，叫作元素的第一电子亲合能(表 1－12)。过程如下：

$$M_{(g)}+e^- \longrightarrow M^-_{(g)}$$

电子亲合能常用符号 E 表示，单位为 eV 或 kJ · mol^{-1}。相应也有第二电子亲合能、第三电子亲合能等。

表 1－12　元素的第一电子亲合能(单位：kJ · mol^{-1})

Ⅰ	Ⅱ	Ⅲ	Ⅳ	Ⅴ	Ⅵ	Ⅶ	Ⅷ			Ⅰ	Ⅱ	Ⅲ	Ⅳ	Ⅴ	Ⅵ	Ⅶ	0
H 72.9																	He (－21)
Li 59.8	Be (－240)											B 23	C 122	N (－58)	O 141	F 322	Ne (－29)
Na 52.9	Mg (－230)											Al 44	Si 120	P 74	S 200.4	Cl 348.7	Ar (－35)
K 48.4	Ca (－156)	Sc	Ti (37.7)	V (90.4)	Cr 63	Mn	Fe (56.2)	Co (90.3)	Ni (123.1)	Cu 123	Zn (－87)	Ga 36	Ge 116	As 77	Se 195	Br 324.5	Kr (－39)
Rb 46.9	Sr	Y	Zr	Nb	Mo 96	Tc	Ru	Rh	Pd	Ag	Cd (－58)	In 34	Sn 121	Sb 101	Te 190.1	I 295	Xe (－40)
Cs 45.5	Ba (－52)	La	Hf	Ta 80	W 50	Re 15	Os	Ir	Pt 205.3	Au 222.7	Hg	Tl 50	Pb 100	Bi 100	Po (180)	At (270)	Rn (－40)

注：括号内数据是理论值。

电子亲合能用于衡量元素的原子得到电子成为阴离子的倾向。元素原子的电子亲合能越大，表明该原子获得电子的能力越强，则该元素的非金属性越强。

影响电子亲合能的因素主要有核电荷数、原子半径和原子的电子层结构。

(1) 原子核电荷数越大，核对电子的吸引力越强，电子亲合能越大。

(2) 原子半径越大，核对电子的吸引力越弱，电子亲合能越小。

(3) 原子的电子层结构越稳定，电子越稳定，电子亲合能越小。

由表1－12可以看出，绝大部分元素的电子亲合能为正值，表明得到一个电子放出能量。个别元素的电子亲合能为负值，表明得到一个电子要吸收能量，这种情况都发生在元素原子的电子层结构较稳定的全空结构(碱土金属)、半满结构(氮)和全满结构(锌族和稀有气体)。

电子亲合能在周期表中的变化规律如下：

同周期：在同一周期，从左至右，元素的第一电子亲合能增大。

例外在于核外电子排布的稳定性，如Be、N等。

同族：在同一族，从上至下，元素的第一电子亲合能减小。

例外是同族元素电子亲合能最大值不是出现在第二周期的元素(N、O、F等)，而是出现在第三周期的元素(Cl、S、P等)。这是由于第二周期的元素原子半径相对很小，原子内电子密度较大，对获得电子有相对较大的排斥，这使得其获得电子时放出的能量相对较小，结果就是第二周期元素电子亲合能小于同族第三周期元素电子亲合能。

第二周期元素电子亲合能在同族递变中显示出的特殊性会带来其性质的特殊性，以后在元素部分学习时会有深刻的体会。

需要注意的是，元素第二电子亲合能及后续电子亲合能都为负值，表明该过程吸收能量。如硫元素，$E_1=200.4\ \text{kJ}\cdot\text{mol}^{-1}$，$E_2=-590\ \text{kJ}\cdot\text{mol}^{-1}$。这在于元素第二电子亲合能是在阴离子的基础上获得电子，该过程将受到负电荷的排斥，因此要获得电子需要吸收能量以克服这种排斥。

电子亲合能的数据测定困难导致数据不全，影响了它的应用。

1.7.4　电负性

元素原子在相互化合时将导致其核外电子的运动状态发生改变。这种改变，既可能是因为得失电子，也可能是因为仅仅发生了电子云的改变(比如偏移)而未发生电子得失。就得失电子而言，由于元素原子都具有电离能和电子亲合能，可以得电子和失电子，所以谁得谁失就要综合比较其得失电子的能力，即既要比较电离能，还要比较电子亲合能。由于电离能和电子亲合能都只能从得或失单方面反映原子得失电子的能力，实际使用中会比较复杂。而对仅仅发生了电子云的改变而未发生电子得失的情况，电离能和电子亲合能就显得无能为力。显然，在原子相互化合时，必须把原子得电子和失电子的能力综合起来考虑。

1932年，鲍林首先提出电负性的概念。电负性指的是在共价双原子分子中原子对共用电子对的吸引力，或者元素的原子在分子中吸引电子的能力。鲍林指定元素氟(F)的电负性为4.0，并由此求得其他元素的电负性，因此，电负性是相对值。电负性用χ表示，鲍林提出的电负性用χ_P表示(表1－13)，下标P代表鲍林。

1934年，马利肯(Robert Sanderson Mulliken)提出分子中原子吸引电子的趋向与原子保持外层电子的能力(用I_1来量度)和原子吸引更多电子的能力(用E_1来量度)有关，并进而提出元素电负性为

$$\chi_M=\frac{1}{2}(I_1+E_1)$$

式中，下标M代表马利肯。显然，χ_M是绝对值，但由于E_1的数据不全，影响了它的应用。

1957年，阿莱(A. L. Allred)和罗周(E. G. Rochow)提出建立在原子核与成键电子之间静电吸引力基础上的电负性标度。即用核与一个成键电子之间的静电吸引力来描述一个原子吸引电子的能力，以及表示电负性的大小。如果核与电子之间的平均距离为r(共价单键)，电子所受的有效核电荷为$Z^* e$，则核与一个成键电子间的吸引力为

$$F=\frac{Z^* e^2}{r^2}=\chi_{AR} \tag{1-23}$$

式中，下标AR代表阿莱和罗周。为了获得与χ_P相近的电负性，阿莱与罗周以31种元素的Z^*/r^2值对χ_P作图，得到一条直线，其方程式为

$$\chi_{AR}=3590\times\frac{Z}{r^2}+0.744 \tag{1-24}$$

式中，r的单位为pm。利用式(1-24)计算出一套与χ_P很接近的电负性。

表1-13　元素的电负性(χ_P)

Ⅰ	Ⅱ	Ⅲ	Ⅳ	Ⅴ	Ⅵ	Ⅶ		Ⅷ		Ⅰ	Ⅱ	Ⅲ	Ⅳ	Ⅴ	Ⅵ	Ⅶ
H																
2.1																
Li	Be											B	C	N	O	F
1.0	1.5											2.0	2.5	3.0	3.5	4.0
Na	Mg											Al	Si	P	S	Cl
0.9	1.2											1.5	1.8	2.1	2.5	3.0
K	Ca	Sc	Ti	V	Cr	Mn	Fe	Co	Ni	Cu	Zn	Ga	Ge	As	Se	Br
0.8	1.0	1.3	1.5	1.6	1.6	1.5	1.8	1.9	1.9	1.9	1.6	1.6	1.8	2.0	2.4	2.8
Rb	Sr	Y	Zr	Nb	Mo	Tc	Ru	Rh	Pd	Ag	Cd	In	Sn	Sb	Te	I
0.8	1.0	1.2	1.4	1.6	1.8	1.9	2.2	2.2	2.2	1.9	1.7	1.7	1.8	1.9	2.1	2.5
Cs	Ba	La	Hf	Ta	W	Re	Os	Ir	Pt	Au	Hg	Tl	Pb	Bi	Po	At
0.7	0.9	1.0	1.3	1.5	1.7	1.9	2.2	2.2	2.2	2.4	1.9	1.8	1.9	1.9	2.0	2.2

电负性在元素周期表中的变化规律：同一周期从左至右，电负性增大；同一族从上至下，主族元素电负性递减，副族元素电负性递增。

电负性越大，非金属性越强；电负性越小，金属性越强。在元素周期表中，氟(F)的非金属性最强，铯(Cs)的金属性最强。一般而言，金属元素的电负性小于2，非金属元素的电负性大于2。

元素电负性在元素原子之间的化合中起着至关重要的作用，下一章将见证这一点。

习　题

1. 解释原子光谱为什么是线状光谱。

2. 微观粒子的运动有何特征？宏观物体的运动为何没有这样的特征？

3. 填充下列量子数。

n	l	m
3		2
	4	3
2	0	
3	1	

4. 为什么原子的最外层上最多只能容纳8个电子，次外层上最多只能容纳18个电子？

5. 在氢原子中，3d和4s轨道哪一个能量高？在钪原子中，3d和4s轨道哪一个能量高？

6. 写出下列各元素原子的核外电子排布式，并指出其元素名称，所在元素周期表的周期、族、区。

Be、Rb、Cr、Ag、As、Fe、Cl、Xe

7. 已知某离子M^{2+}的3d轨道有五个电子，写出该元素的名称和元素符号、价电子构型、在元素周期表中的位置。

8. 有第四周期的A、B、C、D四种元素，其原子序数依次增大，价电子数依次为1、2、2、7。已知A与B的次外层电子数为8，C与D的次外层电子数为18。推断：

(1) 哪些是金属元素？

(2) 哪一个元素的氢氧化物碱性最强？

(3) B和D形成化合物的化学式。

9. 原子半径在同周期的递变规律是什么？原子半径在同族的递变规律是什么？有何特点？

第 2 章　分子结构

分子是参与化学反应的基本单元，物质的性质主要决定于分子的性质，而分子的性质又主要是由分子的组成和内部结构所决定的。因此，探索分子的组成和内部结构对于了解物质的性质以及化学反应的规律都具有重要意义。对分子结构的讨论涉及以下内容：①分子中直接相邻的原子间较强的相互作用力，即化学键；②分子的空间构型；③分子与分子之间存在的一种较弱的相互作用力，即分子间力；④分子结构与物质性质(主要是物理性质)的关系。

2.1　化学键

由两个或多个原子结合形成分子的客观存在使得人们相信分子中原子有一种较强的结合力，靠着这种结合力，两个或多个原子结合在一起，形成单质、化合物等分子。化学键的定义，正是这种分析和认识的必然体现。分子中直接相邻的两个或多个原子间较强的相互作用力称为化学键。这种较强的相互作用力可以通过能量来加以衡量。一般认为，当分子体系能量低于单个原子体系能量约 40 $kJ \cdot mol^{-1}$ 以上时，即形成了化学键，如：

$$\text{反应物原子 } A+B \longrightarrow \text{产物分子 } AB\ (A—B)$$

$$\text{反应物原子 } A+A+\cdots \longrightarrow \text{产物分子 } A_n\ (A—A—\cdots)$$

反应物总能量与产物总能量差值大于 40 $kJ \cdot mol^{-1}$ 是原子间形成化学键的条件。

能量能够用于判断化学键能否形成，但是化学键的本质是什么呢？或者说，把原子连接在一起形成分子的作用力从何而来？

要回答这个问题，需要建立化学键理论。

目前为化学界普遍接受的化学键理论主要有两个，一个是离子键理论，另一个是共价键理论。更准确地说，还有一个金属键理论，但是金属键理论也可归于共价键理论的范畴。

不管是离子键理论、共价键理论，还是金属键理论，对它们的提出，从逻辑关系来讲，都基于一个共同的起点，这个起点就是元素原子的性质。元素原子电离能数值的大小表明了原子失去电子的难易程度，元素原子电子亲合能数值的大小表明了原子得到电子的难易程度，元素原子电负性数值的大小表明了原子彼此相遇在都可能得失电子的情况下得失电子的相对难易程度。

当原子彼此相遇形成分子时，是得电子、失电子，还是其他方式？这是一个值得好好思考的问题。正是对这个问题的不同回答，使得上述不同化学键理论得以建立。而上述化学键理论的建立，也直接导致了化学键的分类：离子键、共价键和金属键。

2.2　离子键理论

当两个原子彼此相遇时，如果一个原子电离能很小易于失去电子，另一个原子电子亲合能很大易于得到电子，此时，电离能很小的原子失去电子成为阳离子，电子亲合能很大的原子得到电子成为阴离子，然后，阴、阳离子通过静电作用力结合在一起。这种电离能和电子亲合能数值大小的比较也可以用电负性数值大小的比较来替代，即电负性很大的原子得到电子成为阴离子，电负性很小的原子失去电子成为阳离子。此时，这种阴、阳离子间的静电作用力，称为离子键。

这种电负性很小的原子与电负性很大的原子通过得、失电子成为阴、阳离子进而获得静电作用力形成化学键的想法并不是通过逻辑推理得到的结果，虽然这个推理成立。千万要记住，任何化学理论都必须面对一个最后的裁判，这个裁判就是实验事实。更为常见的是，先有实验事实，然后才建立理论。

离子键理论建立的实验事实就是，许多化合物在溶液中或熔融状态下都能够导电。液态物质要导电，必然存在能够自由移动的阴、阳离子，而原子要成为离子，必然要得到或者失去电子。最先认识到这一点的是一个德国人，叫科塞尔(Kossel)，他于 1916 年提出了离子键理论。

2.2.1　离子键的形成

科塞尔在考查大量实验事实后得出结论——任何元素的原子都要使最外层满足 8 电子稀有气体元素原子的稳定结构，并以此为出发点提出离子键理论。该理论认为，当电负性很小的活泼金属原子与电负性很大的活泼非金属原子相遇时，活泼金属原子失去电子成为阳离子，活泼非金属原子得到电子成为阴离子，阴、阳离子通过静电作用力结合在一起，形成稳定化合物。这种阴、阳离子之间的静电作用力就叫离子键，以离子键形成的化合物叫作离子型化合物。

以氯化钠(NaCl)的形成为例，讨论离子键的形成。

当 Na(s)与 Cl_2(g)相遇时，由于 Na 的电离能较低，易于失去一个电子：

$$Na(1s^2 2s^2 2p^6 3s^1) \longrightarrow Na^+(1s^2 2s^2 2p^6 3s^0) + e^-$$

而 Cl 的电子亲合能很大，易于得到一个电子：

$$Cl(1s^2 2s^2 2p^6 3s^2 3p^5) + e^- \longrightarrow Cl^-(1s^2 2s^2 2p^6 3s^2 3p^6)$$

可以看出，钠离子的电子构型($2s^2 2p^6$)是稀有气体氖的结构，氯离子的电子构型($3s^2 3p^6$)是稀有气体氩的结构，原子得失电子之后形成稀有气体的稳定结构，可以看作是原子得失电子的原因之一。

形成的阳离子 Na^+ 和阴离子 Cl^- 通过静电作用力彼此靠拢达到平衡时，两个相反电荷的离子便紧紧结合起来，使体系能量达到最低。NaCl 体系的能量关系如图 2－1 所示。

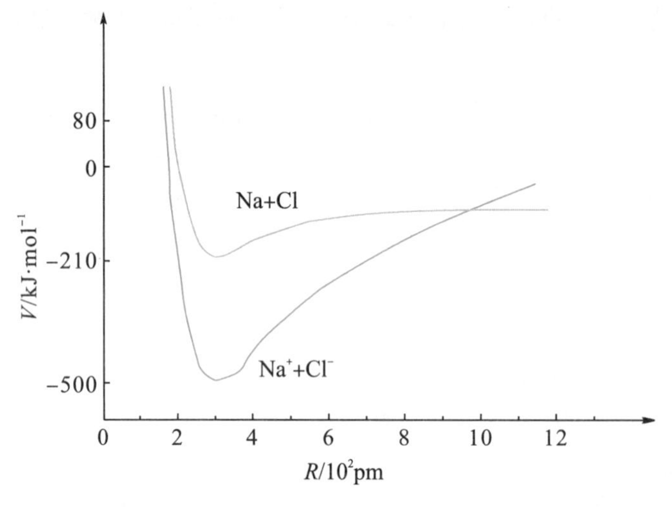

图 2－1　NaCl 体系能量变化图

从图 2－1 可以看出，当钠离子和氯离子相互靠近时，阴、阳离子之间有吸引力，同时，钠离子和氯离子的核外电子之间、两个核之间存在排斥力。当距离较大时，阴、阳离子的吸引力起主要作用，随着距离的减小，阴、阳离子之间的吸引力增大，体系能量降低。如果距离小到一定程度，阴、阳离子核外电子之间的排斥力和核之间的排斥力起主要作用，此时，随着距离的减小，排斥力增大，体系能量开始升高。当体系的吸引作用和排斥作用处于动态平衡时，体系能量达到最低。此时，阴、阳离子形成稳定的离子键。

2.2.2　离子键的性质

1. 离子键的本质

如果把阴、阳离子近似看作球形电荷(点电荷)，根据库仑定律，两种相反电荷的离子间的静电引力与离子电荷的乘积成正比，与离子间距离的平方成反比。

$$F = \frac{q_1 \times q_2}{\varepsilon \times d^2} \qquad (2-1)$$

式中，q_1、q_2是阴、阳离子电荷；ε 是介电常数；d 是核间距(阴、阳离子核间的距离)，等于阴、阳离子半径之和($r_1 + r_2$)。

从这个公式可以看出，离子键的强弱决定于离子电荷和半径。更进一步，离子型化合物的性质决定于所含离子的电荷和半径。

考虑到常态下离子型化合物是晶体，因此，阴、阳离子的静电作用并不止于一对阴、阳离子之间，而是遍及整个晶体的所有阴、阳离子。

以氯化钠晶体为例，如果氯离子和钠离子的核间距为 d，考虑以一个氯离子为中心，则这个氯离子将与周围相距 d 的 6 个钠离子相互吸引，与相距$\sqrt{2}d$ 的 12 个氯离子产生排斥，与相距$\sqrt{3}d$ 的 8 个钠离子产生吸引……如此无限延伸下去，如图 2−2 所示。

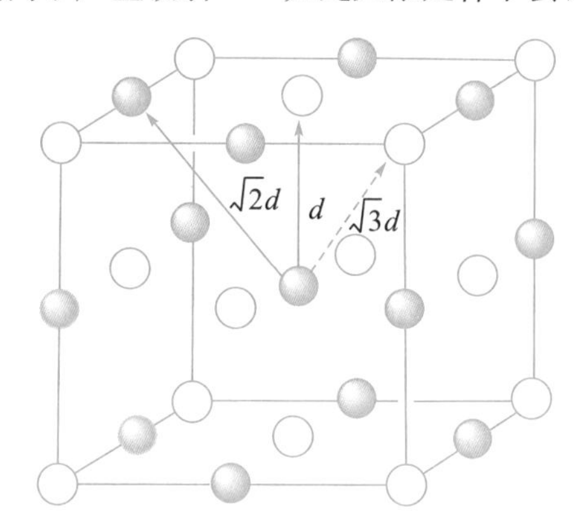

图 2−2 氯化钠晶体的静电作用

整个氯化钠晶体中阴、阳离子的静电作用力是所有这些阴、阳离子之间的静电吸引力和排斥力的总和。

2. 离子键没有方向性

离子键没有方向性，是指某个离子与相反电荷离子可以在任何方向形成离子键，不存在一个特定方向的问题。离子的电荷是球形分布的，因此，只要条件许可，它可以在空间任何方向上施展其电性作用，即它可以在空间任何方向上与带有相反电荷的离子互相吸引，进而形成离子键。

3. 离子键没有饱和性

离子键没有饱和性，是指某个离子与多少个相反电荷离子形成离子键没有数目上的限制，或者说数目不定。只要空间条件许可，每一个离子可以同时与多个带相反电荷的离子互相吸引，形成离子键。

例如，考查图 2−2 中氯化钠晶体一个氯离子以离子键结合的钠离子的数目。首先，这个氯离子周围有 6 个钠离子，这表明这个氯离子以离子键结合 6 个钠离子。同时，离这个氯离子较远的地方有更多的钠离子，它们一样与这个氯离子产生静电作用力，形成离子键，只是因为距离更远，静电作用更小而已。然后，更远的空间，更多的钠离子，更多的离子键，更弱的离子键，不定的数目，无限的数目，无穷无尽。

2.2.3 离子的特征

离子可分为单原子离子(简称离子)和多原子离子(简称复杂离子)。对单原子离子而言，涉及离子半径、离子电荷和离子电子构型三方面的性质。对复杂离子而言，还要涉及空间结构。

1. 离子半径

与原子半径类似，离子半径也没有确定的含义。

当阴、阳离子通过离子键形成离子型化合物时，阴、阳离子间保持着一定的平衡距离，阴、阳离子核间的距离称为核间距，可视为阴、阳离子半径之和，表示为

$$d=r_{+}+r_{-}$$

这个表达式是近似的，因为实际上阴、阳离子并非刚好接触，而是彼此保持一定距离，或者相互有一定的重叠。因此，离子半径表示的实际上是离子作用范围的大小，可看作是离子的有效半径(阴、阳离子在相互作用时所表现的半径)，通常也称为离子半径。

核间距可以通过 X 射线衍射实验测得，进而得到离子半径。

由于同一离子的离子半径在不同类型的晶体结构中因作用力不同而有差异，并且温度也会影响离子半径的大小，因此目前测定的离子半径是在统一温度下，以 NaCl 晶体构型为标准，对其余晶体构型的离子半径做一定的校正。

1926 年，戈尔德施密特(W. M. Goldschmidt)和瓦萨斯耶那(J. A. Wasastjerna)最早利用“阴离子接触法”，即假定某些氟化物和氧化物离子晶体中阴离子彼此接触，进而测得阴离子之间的平均核间距，得到氟离子(F^{-})的半径为 133 pm、氧离子(O^{2-})的半径为 132 pm。再以此为基础，测出八十余种离子的半径，并在 1926 年 5 月出版了世界上第一张离子半径表。

但是，戈尔德施密特和瓦萨斯耶那的离子半径数据受到了鲍林的质疑。在鲍林看来，这套数据的问题显而易见，氟离子(F^{-})和氧离子(O^{2-})的核外电子排布相同，都是 $1s^22s^22p^6$，氟离子核电荷数比氧离子多，半径却更大，这显然是说不通的。鲍林认为，具有相同电子构型的离子，其半径应该随着核电荷数的递增成比例地减小。

1927 年，鲍林用核电荷数和屏蔽常数推算出的一套离子半径数据，目前得到较多的应用(表 2-1)。

表 2-1　鲍林离子半径

离子	半径/pm	离子	半径/pm	离子	半径/pm	离子	半径/pm
H^{-}	208	Al^{3+}	50	Ti^{3+}	69	Cu^{+}	96
Li^{+}	60	Si^{4-}	271	Ti^{4+}	68	Zn^{2+}	74
Be^{2+}	31	Si^{4+}	41	V^{2+}	66	Ga^{3+}	62
B^{2+}	20	P^{3-}	212	V^{5+}	59	Ge^{4+}	53
C^{4-}	260	P^{5+}	34	Cr^{3+}	64	As^{3+}	47
C^{4+}	15	S^{2-}	184	Cr^{6+}	52	Br^{-}	195
N^{3-}	171	S^{6+}	29	Mn^{2+}	80	Rb^{+}	148
N^{5+}	11	Cl^{-}	181	Mn^{7+}	46	Sr^{2+}	113
O^{2-}	140	Cl^{7+}	26	Fe^{2+}	75	Ag^{+}	126

续表2－1

离子	半径/pm	离子	半径/pm	离子	半径/pm	离子	半径/pm
F^-	133	K^+	133	Fe^{3+}	60	Sn^{4+}	71
Na^+	95	Ca^{2+}	99	Co^{2+}	72	I^-	216
Mg^{2+}	65	Sc^{3+}	81	Ni^{2+}	70	Ba^{2+}	135

1976 年，桑诺(R. D. Shanon)提出了目前比较完整的离子半径数据。

从原子结构的观点可得出原子半径与离子半径的关系：阳离子的半径小于其原子半径，阴离子的半径大于其原子半径。

2. 离子电荷

离子电荷可以从两个方面来认识。

对简单离子来说，离子电荷就是核电荷的正电荷与其核外电子负电荷的代数和。如 Na^+、Ag^+ 的电荷为＋1，Cl^- 的电荷为－1。

这个电荷被称为形式电荷，因为它并不能代表该离子在静电作用中能显示出来的电荷值。例如，Na^+、Ag^+ 的正电荷相同并不意味着它们表现出来的正电场相同，否则就不能解释 NaCl 和 AgCl 性质的显著差异。

离子在静电作用中表现出来的电荷称为离子有效电荷。

离子有效电荷与离子形式电荷有关，离子形式电荷越高，有效电荷越高；离子有效电荷也与离子半径有关，离子半径越小，离子有效电荷越高；离子有效电荷还与离子电子构型有关。

3. 离子电子构型

离子电子构型是离子处于基态时的电子层结构，简称离子构型。离子构型有如下类型：

(1) 0 电子构型：$1s^0$。

H^+ 是 0 电子构型。

(2) 2 电子构型：$1s^2$。

第二周期阳离子 Li^+、Be^{2+} 是 2 电子构型。

(3) 8 电子构型：$(n-1)s^2(n-1)p^6$。

包括 s 区表现族价阳离子，Na^+、Ba^{2+} 等；第三周期 p 区表现族价阳离子，Al^{3+}；d 区ⅢB－ⅦB 表现族价阳离子，V^{5+}、Mn^{7+} 等；p 区阴离子，F^-、S^{2-} 等。

(4) 18 电子构型：$(n-1)s^2(n-1)p^6(n-1)d^{10}$。

包括 ds 区表现族价阳离子，Cu^+、Zn^{2+} 等；p 区过渡元素后表现族价阳离子，Sn^{4+}、As^{5+} 等。

(5) (9－17)电子构型：$(n-1)s^2(n-1)p^6(n-1)d^{1-9}$。

包括 d 区表现非族价阳离子，V^{3+}、Mn^{2+} 等；ds 区表现非族价阳离子，Cu^{2+} 等。

(6) (18＋2)电子构型：$(n-1)s^2(n-1)p^6(n-1)d^{10}ns^2$。

包括 p 区表现非族价阳离子，Sn^{2+}、As^{3+} 等。

离子构型对阳离子有效正电荷有明显的影响。这在于阳离子的有效核电荷与阳离子电荷的一致性，两者共同表现为离子的有效正电荷。离子的有效核电荷受屏蔽效应影响，核外电子的屏蔽作用越小，阳离子有效核电荷越大，阳离子有效正电荷越大。

离子核外电子的屏蔽作用大小与离子电子构型有关。第1章讨论能级交错时的结论是，核外电子屏蔽作用的大小顺序：s电子>p电子>d电子>f电子。上述常见离子构型中，主要涉及s电子、p电子和d电子。显然，离子的d电子数越多，屏蔽作用越小，离子有效核电荷越大，离子有效正电荷越大。因此，不同离子构型的阳离子有效正电荷的大小顺序：

18或(18+2)电子构型>(9−17)电子构型>8电子构型>2电子构型

例如，Na^+(半径为95 pm)和Cu^+(半径为96 pm)，形式电荷相同，半径相近。Na^+是8电子构型，Cu^+是18电子构型，Cu^+的有效正电荷显著大于Na^+。由此，它们的离子化合物(比如氯化物)存在有效正电荷的差异，从而有离子键强弱的差异，进而显示出性质的显著差异。

2.2.4 离子键强弱的度量

离子键的强弱用晶格能来度量。

1. 晶格能的定义

晶格能是指1 mol的离子型化合物中阴、阳离子由相互远离的气态结合成离子晶体时所释放出的能量。

以氯化钠为例：

$$Na^+(g)+Cl^-(g) \longrightarrow NaCl(s)$$

晶格能用符号U表示，氯化钠的晶格能$U=786\ kJ \cdot mol^{-1}$。

2. 晶格能的测定

晶格能不能通过实验直接测定，但是可以通过实验方法间接测定或者理论估算。

间接测定晶格能最常用的方法是由玻恩(Max Born)和哈伯(Fritz Haber)提出的玻恩-哈伯循环。

玻恩和哈伯把晶格能过程分解成下面三个过程：

$$Na^+(g)+Cl^-(g) \xrightarrow{a} Na(g)+Cl(g) \xrightarrow{b} Na(s)+\frac{1}{2}Cl_2(g) \xrightarrow{c} NaCl(s)$$

由能量守恒定律，晶格能应该等于a、b、c三个过程能量之和。

a过程包括钠电离能的逆过程($-I_{Na}$)、氯电子亲合能的逆过程($-E_{Cl}$)。

b过程包括钠升华能的逆过程、氯分子离解能的逆过程(离解能的一半)。

c过程为氯化钠的生成热(参见5.2.4)。

上述能量都可以通过实验测定，由此得到氯化钠的晶格能。

常见离子晶体的晶格能见表2−2。

表 2—2　常见离子晶体的晶格能

NaCl 型晶体	NaI	NaBr	NaCl	NaF	BaO	SrO	CaO	MgO
离子电荷	1	1	1	1	2	2	2	2
核间距/pm	318	294	279	231	277	257	240	210
晶格能/$kJ \cdot mol^{-1}$	686	732	786	891	3041	3204	3476	3916

从表 2—2 可以看出，离子电荷越高、离子半径越小，离子键越强，晶格能越大。离子晶体结构类型的不同会导致离子半径的不同，所以利用上述结论进行比较时，需要有相同的晶体结构(参见 4.2.2)。

3. 晶格能与离子型化合物性质的关系

晶格能的大小反映了形成离子型化合物时放出能量的多少，对应离子键的强弱。晶格能越大，离子键越强，形成离子晶体时放出的能量越多，离子晶体越稳定。离子晶体越稳定，反映在物理性质上，就是熔点、沸点越高，硬度越大。

常见离子型化合物的晶格能及物理性质见表 2—3。

表 2—3　常见离子型化合物的晶格能及物理性质

NaCl 型晶体	NaI	NaBr	NaCl	NaF	BaO	SrO	CaO	MgO
晶格能/$kJ \cdot mol^{-1}$	686	732	786	891	3041	3204	3476	3916
熔点/K	933	1013	1074	1261	2196	2703	2843	3073
硬度(莫氏标准)	—	—	—	—	3.3	3.5	4.5	6.5

需要说明的是，同类型化合物常常因为晶格类型不同，其熔、沸点递变不具规律性。

晶格能大小还会影响离子型化合物的其他物理性质，如溶解度、溶解热等。

2.3　共价键理论

离子键能够很好地说明离子型化合物的形成和特性，但是离子键的形成有一个大前提，就是在电负性大的非金属原子和电负性小的金属原子之间才会发生电子得失。显然，离子键理论不能说明由相同原子组成的单质分子(如 H_2、Cl_2)以及由电负性相近的元素组成的化合物分子(如 HCl)的形成。

1916 年，美国化学家路易斯(Gilbert Newton Lewis)为了说明这类分子的形成，提出了共价键理论。共价键理论认为，分子中的每个原子都应具有稳定的稀有气体原子的电子层结构，但这种结构的获得不是通过电子转移，而是靠原子间电子对的共用。这种分子中原子间通过共用电子对结合而形成的化学键称为共价键。如氢分子 H∶H(两个氢原子同时满足 $1s^2$)，氯化氢分子 H∶Cl(H 满足 $1s^2$，Cl 满足 $2s^2 2p^6$)，Cl∶Cl(两个氯原子同时满足$2s^2 2p^6$)。但是路易斯的理论很粗浅，不能说明两个根本性的问题：①为什么两个相互排斥的电子可以相互接近组成电子对？②电子对为什么能使两个原子结合成为分子？对于后来发现的一些事实，路易斯的理论也不能解释。例如，最外层电子数低于8或者超过8也相当稳定的化合物，如平面三角形的BCl_3分子和三角双锥形的PCl_5分子等。

1927年，德国人海特勒(W. H. Heitler)和伦敦(F. W. London)把量子力学的方法应用于处理最简单的氢分子结构，初步得到了共价键存在的本质原因，建立了价键理论(Valence-Bond Theory，VB法)。1930年，鲍林发展价键理论提出了杂化轨道理论。1932年，美国人马利肯和德国人洪特提出了分子轨道理论(Molecular Orbital Theory，MO法)。至此，共价键理论得以较为圆满地建立。

2.3.1 共价键的键参数和分子的性质

2.3.1.1 键参数

表征化学键性质的物理量统称键参数，主要有键能、键长、键角、键的极性等。键参数可由实验直接或间接测定，也可理论求得。利用键参数可以说明分子的某些性质。

1. 键能

定义：在标准状态(101.3 kPa，298 K)下，将1 mol理想气态分子AB拆开成为理想气态的A原子和B原子所需的能量叫作AB分子的离解能。

离解能常用符号D(A—B)表示，单位是$kJ\cdot mol^{-1}$。

如标准状态下：

$$H_2(g) \longrightarrow H(g)+H(g) \qquad D(H—H)=436\ kJ\cdot mol^{-1}$$

对于双原子分子，离解能就是键能$\Delta_b H^{\ominus}_{298}$(A—B)。

$$D(H—H)=\Delta_b H^{\ominus}_{298}(H—H)=436\ kJ\cdot mol^{-1}。$$

对于多原子分子，离解能与键能在概念上有区别。

如氨，氨分子中有三个等价的N—H键，但每个键的离解能是不一样的：

$$NH_3(g) \longrightarrow NH_2(g)+H(g) \qquad D_1=435.1\ kJ\cdot mol^{-1}$$

$$NH_2(g) \longrightarrow NH\ (g)+H(g) \qquad D_2=397.5\ kJ\cdot mol^{-1}$$

$$NH(g) \longrightarrow N\ (g)+H(g) \qquad D_3=338.9\ kJ\cdot mol^{-1}$$

总反应：

$$NH_3(g) \longrightarrow N\ (g)+3H(g) \qquad D=D_1+D_2+D_3=1171.5\ kJ\cdot mol^{-1}$$

在氨分子中N—H键的键能就是三个等价键的平均离解能：

$$\Delta_b H^{\ominus}_{298}(N—H)=\frac{1}{3}(D_1+D_2+D_3)=390.5\ kJ\cdot mol^{-1}$$

即对多原子分子，键能为平均离解能。

显然，在不同分子中同一化学键的离解能不一定相同，由此求得的键能也就不一定相同。例如，

$$H_2O：\Delta_b H^{\ominus}_{298}(O—H)=462.75\ kJ\cdot mol^{-1}$$

$$HCOOH：\Delta_b H^{\ominus}_{298}(O—H)=431.0\ kJ\cdot mol^{-1}$$

一般而言，不同分子中同一种键的键能相差不大，这使得实际应用时使用平均键能

成为可能。所谓平均键能是同一种键在不同分子中键能的平均值。常见共价键键能数据见表 2−4。

表 2−4　常见共价键键能(298.15 K)

共价键	键能/kJ · mol^{-1}	共价键	键能/kJ · mol^{-1}
H—H	436.4	C—S	255
H—N	393	C═S	477
H—O	460	N—N	193
H—S	368	N═N	418
H—P	326	N≡N	941
H—F	568	N—O	176
H—Cl	432	N—P	209
H—Br	366	O—O	142
H—I	298	O═O	499
C—H	414	O—P	502
C—C	347	O═S	469
C═C	620	P—P	197
C≡C	812	P═P	489
C—N	276	S—S	268
C═N	615	S═S	352
C≡N	891	F—F	157
C—O	351	Cl—Cl	243
C═O	745	Br—Br	196
C—P	263	I—I	151

键能用于说明化学键的牢固程度。一般而言，键能越大，化学键越牢固。从表 2−4 可以看出，单键、双键和三键键能数据的逐渐增大，表明键数越多，键能越大，键越稳定。

2. 键长

由于原子半径具有不确定的因素，因此分子中两个原子间的距离也具有不确定性。

定义：分子中两个原子核间的平均距离称为键长，也称键距或核间距。

常见共价键键长数据见表 2−5。

表 2-5　常见共价键键长

共价键	键长/pm	共价键	键长/pm
C—C	154	C≡N	116
C=C	134	N—N	146
C≡C	120	N=N	125
C—N	147	N≡N	109.8
C=N	132		

对比分析表 2-4 和表 2-5 的数据，可以得到键长与键能的关系：键数越多，键长越短，键能越大。

显然，共价键键长和原子共价半径相关。原子共价半径越大，形成的共价键键长越长，键能越小。表 2-4 中，HX 的键能数据 HF→HI 逐渐减小，正好对应了 F→I 原子半径逐渐增大，HF→HI 键长逐渐增大。需要注意的是，表 2-4 中 X_2的键能数据。Cl_2→I_2键能数据逐渐减小，对应了 Cl→I 原子半径逐渐增大，Cl_2→I_2键长逐渐增大。但 F_2的键能数据小于 Cl_2，是例外。原因在于 F 的原子半径特别小，F—F 键长特别短，两个氟原子核外电子之间的距离太近以至于有一定程度的相互排斥，使得共价键不稳定，键能减小。

在用共价键理论解释分子成键时，键长将起到重要的作用。比如实验测得 CO 分子中的碳氧原子之间的键长与 C≡O 键长相近，那么，用共价键理论解释 CO 分子成键时，就需要把氧原子和碳原子之间的成键解释为三键，如果解释为单键或双键都与实验事实不符。

3. 键角

定义：分子中键与键的夹角称为键角。

如 H_2O 分子中两个 O—H 键之间的夹角为 104.5°，即键角∠HOH=104.5°。

显然键角是反映分子空间结构的重要因素。

一般而言，如果知道一个分子的键长、键角数据，那么这个分子的空间构型就确定了。例如，H_2O 分子为“V”字形；NH_3 分子的三个键角∠HNH=107°，则其分子空间构型为三角锥形等。

对于原子数目在 4 或 4 以上的多原子分子来说，每三个原子可以构成一个面，4 个原子可以构成两个面，因此还存在二面角。二面角是两个面之间的夹角，如过氧化氢的二面角∠HOOH=94°，其分子结构如下：

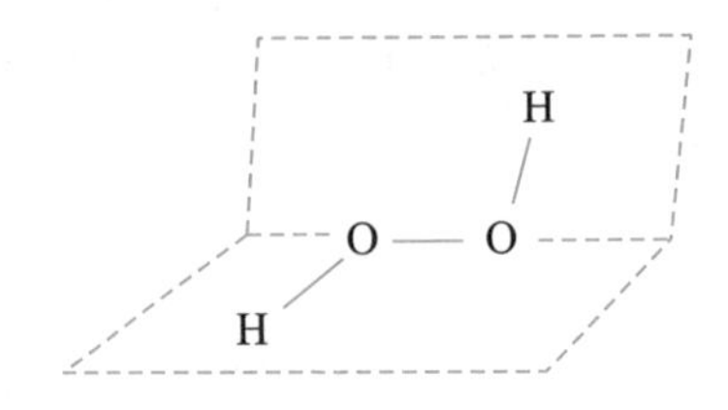

键角可由理论或实验得到。

4. 键的极性

设想某体系正、负电荷分别集中于一点：正电荷重心与负电荷重心，称为该体系的极，分别是正极和负极。当该体系呈电中性，则认为正、负极所带电荷绝对值相等。如果该体系正、负电荷重心不重合，在物理学上就称为具有一个偶极子，体系就具有一定的极性。所以，极性指的是体系正电荷重心与负电荷重心重合与否，正、负电荷重心重合则非极性，不重合则有极性。

一个化学键虽然从总体看是电中性的，但它包含有带正电的核电荷和带负电荷的电子，因此涉及一个电荷分布的问题。根据化学键的正电荷重心与负电荷重心重合与否，把化学键分为极性键和非极性键。

极性键：正、负电荷重心不重合的化学键。

非极性键：正、负电荷重心重合的化学键。

在单质分子中两个原子间形成的化学键，如 H_2、O_2、N_2 等，正、负电荷重心是重合的，都在两个原子的中间，故形成的化学键是非极性的。而由不同元素的原子彼此化合形成的化学键，如 HCl、H_2O 等，由于电负性数值不同，共用电子对偏向电负性大的原子，如 HCl 分子中的共用电子对偏向 Cl 原子，这时对成键的两个原子来说，电荷分布是不对称的，电负性较大的 Cl 原子一端带部分负电荷，电负性较小的 H 原子一端带部分正电荷，此时，在键的两端出现了正、负极，则这种键就是极性的。

通常从成键原子的电负性数值就可以大致判断共价键的极性及其大小。如果成键的两个原子的电负性数值相等，则形成的键是非极性键；如果成键的两个原子的电负性数值不相等，则形成的键是极性键。同时，两个元素的原子的电负性差值越大，所形成的键的极性就越大。如卤化氢分子中 H—X 键的极性大小顺序为：H—F>H—Cl>H—Br>H—I。

2.3.1.2　分子的性质

1. 分子的极性

在任何一个分子中都可以找到一个正电荷重心和一个负电荷重心，根据正、负电荷重心重合与否，可以把分子分为极性分子和非极性分子。

极性分子：正、负电荷重心不重合的分子。

非极性分子：正、负电荷重心重合的分子。

例如，H_2、N_2、O_2 等分子没有极性，而 HCl、CO、HF 等分子有极性。

（1）极性大小的度量。

物理学中，把大小相等、符号相反、彼此相距一定距离的两个电荷（$+q$ 和 $-q$）组成的体系称为偶极子，两极间的距离称为偶极长，用 d 表示。

体系极性大小可以用偶极矩来度量。

偶极矩定义为偶极长与偶极一端电荷的乘积，用 μ 表示，即

$$\mu = q \times d \tag{2-2}$$

偶极矩是一个矢量。物理学规定其方向是由负极向正极，化学习惯方向是由正极向

负极。由于一个电子的电荷为 1.6×10^{-19} C，偶极长 d 相当于原子间的距离，其数量级为 10^{-10} m，故 μ 的数量级为 10^{-30} C·m。通常把 3.33×10^{-30} C·m 作为偶极矩的单位，称为“德拜”，以 D 表示。

偶极矩的数值由实验测定。

常见分子的偶极矩数据见表 2−6。

表 2−6　常见分子的偶极矩数据

分子	偶极矩(D)	分子	偶极矩(D)
H_2	0	H_2O	1.85
P_4	0	H_2S	1.10
S_8	0	NH_3	1.48
O_2	0	NF_3	0.24
O_3	0.54	SO_2	1.60
HF	1.92	CO	0.12
HCl	1.08	CO_2	0
HBr	0.78	CH_4	0
HI	0.38	BCl_3	0

(2)极性分子与非极性分子的判断。

分子是否有极性，由偶极矩实验数据决定。如果偶极矩为零，则分子没有极性，是非极性分子；如果偶极矩不为零，则分子有极性，是极性分子。

此外，分子是否有极性也可以通过理论分析来得到结论。

①双原子分子。对简单的双原子分子来说，分子的极性与键的极性是一致的。如果是两个相同的原子，则由于电负性相同，化学键非极性，故分子也没有极性，如 H_2、N_2、O_2等。如果是两个不相同的原子，则由于电负性不相同，化学键具有极性，故分子也有极性，如 HCl、CO、HF 等。

②多原子分子。对于相对较为复杂的多原子分子来说，有两种情况：

a. 如果组成分子的原子相同，则键无极性，该分子是没有极性的非极性分子，如 S_8分子、P_4分子等。但是 O_3分子是个例外，目前对于臭氧具有一定偶极矩的解释还未能得到一致认可。作为一种观点，可以认为在臭氧的“V”字形结构中，中间一个氧原子的电子云(杂化轨道)分布和两边两个氧原子的电子云(p 轨道)分布略有不同，这导致臭氧分子的负电荷重心和正电荷重心不重合，详见 2.3.3 第 5 部分的相关内容。

b. 如果组成分子的原子不相同，则键有极性，该分子是否有极性将取决于分子的空间构型。例如 CO_2分子，C—O 键有极性，但因为 CO_2分子具有直线型结构 O═C═O，键的极性相互抵消，分子的正、负电荷重心重合，故 CO_2分子是非极性分子。再如 SO_2分子，S—O 键有极性，且 SO_2分子具有“V”字形结构，键的极性不能相互抵消，分子的正、负电荷重心不重合，故 SO_2分子是极性分子。类似的例子有 H_2O、CH_4、BF_3等。

（3）偶极矩的应用。

①判断分子有无极性及极性大小。

若 $\mu=0$，则 $d=0$，表明分子正、负电荷重心重合，分子没有极性；若 $\mu\neq0$，则 $d\neq0$，表明分子正、负电荷重心不重合，分子有极性。对同类型的分子而言，μ 越大，分子极性越强。如 H_2O、H_2S，都是“V”字形结构，其偶极矩 H_2O 为 $1.85D$，H_2S 为 $1.10D$，则 H_2O 的极性大于 H_2S。同样，对于卤化氢而言，分子偶极矩的大小顺序与 H—X键的极性大小顺序是一致的。

②推断分子的空间构型。

如果分子的偶极矩等于零，则分子将是对称性好、键的极性可以相互抵消的空间构型；如果分子的偶极矩不等于零，则分子将是对称性较差、键的极性不能相互抵消的空间构型。比如，实验测定：BCl_3分子 $\mu=0.0D$，NH_3分子 $\mu=1.48D$。则 BCl_3是非极性分子，其空间构型可能是对称性好、键的极性可以相互抵消的平面三角形，而不可能是对称性较差、键的极性不能相互抵消的三角锥形。同理，NH_3是极性分子，其空间构型不可能是平面三角形，可能是三角锥形。

③计算化合物中原子的电荷分布。

以 HCl 为例说明。实验测定 $\mu_{HCl}=3.57\times10^{-30}\,C\cdot m=1.08D$，$d_{HCl}=1.27\times10^{-10}\,m$。假定 H 与 Cl 在 HCl 分子中彼此都成为离子，则 H^+ 带一个单位正电荷：$+q=1.6\times10^{-19}\,C$；Cl^-带一个单位负电荷：$-q=1.6\times10^{-19}\,C$，则此时偶极矩应是

$$\mu_{HCl}=1.6\times10^{-19}\times1.27\times10^{-10}=20.30\times10^{-30}\ C\cdot m=6.09D$$

实测偶极矩值与假定偶极矩值之比就是 HCl 分子中 H、Cl 各自的离子性百分率：

$$\frac{3.57\times10^{-30}}{20.30\times10^{-30}}=0.176=17.6\%。$$

HCl 分子中键的离子性实际上只有 17.6%，这也说明 HCl 分子中 H 原子和 Cl 原子各自所带电荷值分别为

$$H原子：\delta_+=+0.176\ C$$

$$Cl原子：\delta_-=-0.176\ C$$

2. 分子的磁性

有的物质有磁性，有的物质没有磁性。按照物理学的观点，有电流或运动的电荷，其周围就有磁场。磁场是电流或运动的电荷周围所存在的特殊物质。一个分子是否有磁性就看分子中有无运动的电荷。

分子中运动的电荷有三种情况：电子自旋、电子绕核旋转和原子核的运动。

对于一般化合物来说，电子自旋产生的磁场是主要的，电子绕核旋转和原子核的运动产生的磁场可以忽略。一个电子自旋会产生一个小磁场，但是一对自旋相反的电子，由于各自的小磁场强度相等、方向相反，相互抵消，就不显磁性。因此，只有未成对的成单电子运动时才会产生一个小磁场，才显磁性。由此可看出分子有无磁性是与分子中有无未成对电子有关的。分子的磁性主要是由分子中未成对电子产生的磁场引起的。

按物质的磁性可把物质分成三类。

（1）抗磁性物质。

分子中不含未成对电子的物质，它的净磁场为零，不显磁性。可以将这类物质放在外磁场中，由于外磁场的诱导会产生一个对着外磁场方向的小磁场，对外磁场有微弱的抵抗力，可以把外磁场的一部分磁力线推开，所以这类物质也称为抗磁性物质。撤去外磁场则磁化立即消失。

（2）铁磁性物质。

分子中有未成对电子的物质，它的净磁场不等于零。若这种物质磁场很强，会像磁铁一样，未成对电子由于自旋能够自发地排列起来，形成的小磁场也整齐排列。这类物质在磁化过程中，其自身磁场的方向与外磁场的方向一致，当外磁场增加到一定程度时，就发生磁性饱和现象；而在外磁场撤去之后，能保持一定程度的磁性。由于这类物质呈现出强磁性，通常称为铁磁性物质，简称铁磁质。

（3）顺磁性物质。

分子中有未成对电子的物质，它的净磁场不等于零。但这种物质磁场很小，使得物质的小磁场不会自发地整齐排列。在外磁场作用下，可以被微弱磁化，其小磁场会整齐排列。其磁场的方向与外磁场的方向一致，即这类物质顺着外磁场的方向产生一个磁矩，因此这类物质称为顺磁性物质。

需要说明的是，铁磁性物质和顺磁性物质在外磁场作用下也会产生诱导磁矩，方向与外磁场方向相反，因此它们也表现出一定的抗磁性，但由于顺磁性远远超过抗磁性，宏观上表现出的是顺磁性。

由于分子磁性主要与分子内部所含未成对电子数有关，所以电子绕核旋转和原子核的运动对磁性的贡献可以忽略。若只考虑分子内未成对电子的自旋磁矩，顺磁性物质的磁矩与其分子内未成对电子数的关系如下：

$$\mu_m=\sqrt{n(n+2)}$$

式中，μ_m为磁矩，单位为玻尔磁子 B. M.；n 为分子中的未成对电子数。由于此式只考虑分子内未成对电子的自旋磁矩，故也称为纯自旋式。通过实验测定 μ_m可推知分子内的未成对电子数，或由分子内未成对电子数可推求 μ_m。

2.3.2 价键理论

价键理论是最重要的共价键理论之一。

1. H_2分子共价键的形成和本质

海特勒和伦敦用量子力学处理两个氢原子体系时发现：

（1）如果两个氢原子的成单电子自旋方向相同，当这两个原子相互靠拢时，在两个氢原子之间会发生排斥：两个原子核之间电子出现的概率几乎为零，此时称为排斥态（图 2-3）。

排斥态的能量高于两个单独存在的氢原子体系，而且两个原子越靠近，能量越高，如图 2-4 所示。显然，这种状态下两个氢原子不会有稳定的结合。即此时，电子自旋方向相同的两个氢原子相互靠拢不能形成化学键，不能形成分子。原子靠拢到一定程度，又会分开。

(2)如果两个氢原子的成单电子自旋方向相反，当这两个原子相互靠拢时，两个氢原子的原子轨道会发生重叠：两个原子核之间电子出现的概率很大，并且当核间距约为 74 pm时，两个原子轨道重叠的程度最大，此时称为基态(图 2—3)。基态时能量低于两个孤立的氢原子能量之和，约为-435 kJ・mol^{-1}，根据化学键生成的能量关系，可以判定此时两个氢原子相互结合形成了稳定的共价键，生成了氢分子(图 2—4)。

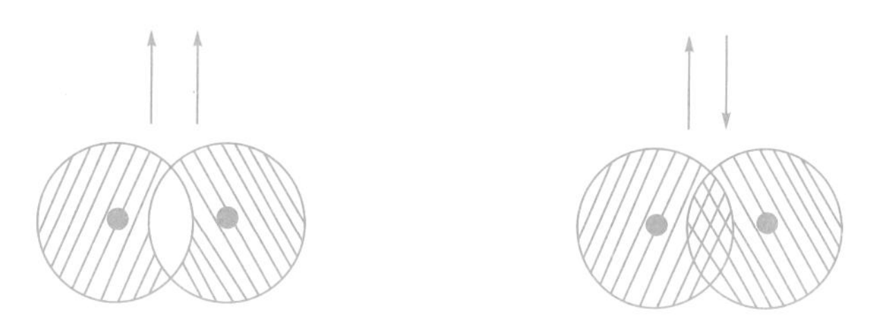

图 2—3　两个氢原子体系的两种状态(左为排斥态，右为基态)

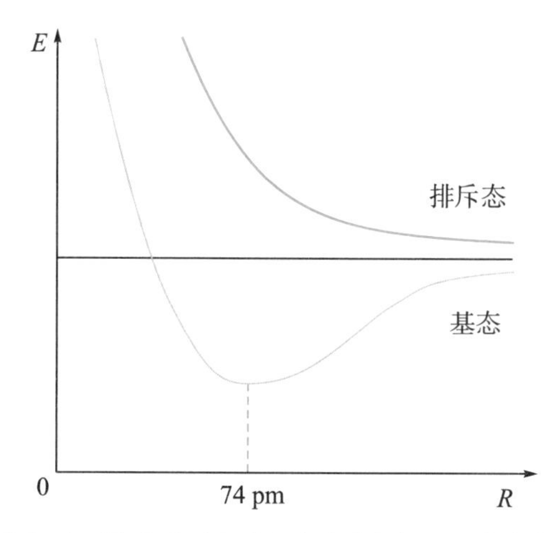

图 2—4　H_2分子形成过程中能量与核间距的关系图

由此，海特勒和伦敦两人解释了氢分子生成的原因，即共价键的本质：在稳定的氢分子中，氢原子之所以能形成共价键是因为自旋相反的两个电子的原子轨道互相重叠，电子云密集在原子核之间，导致体系能量降低。

电子云密集在原子核之间之所以能使体系能量降低，是因为电子云降低了两个原子核之间的正电排斥作用，增大了两个原子核对电子云密集区域的吸引力。

以上是海特勒和伦敦用量子力学处理氢分子体系所得的结论。

2. 价键理论基本要点

鲍林在海特勒和伦敦两人处理氢分子体系所得结论的基础上，把相同的处理方法推广到其他体系，从而创立了价键理论，其基本要点如下：

(1) 具有自旋相反的成单电子的原子相互接近时，自旋相反的成单电子可以互相配对形成共价键。

(2) 成键电子的原子轨道重叠越多，两个核间电子云密集程度越大，形成的共价键越稳定(称为原子轨道最大重叠原理)。

(3) 相互重叠的原子轨道的符号必须相同，即同号区域的原子轨道才能重叠(称为对称性匹配规则)。

形成共价键，互相结合的原子没有得失电子，而是共用电子，在分子中并不存在离子而只有原子，故共价键也称原子键。

3. 共价键的特点

共价键与离子键有显著区别，其特点如下：

(1) 共价键的饱和性。

共价键的形成条件之一是原子中必须有成单电子，且成单电子的自旋方向必须相反。由于一个原子的一个成单电子只能与另一个成单电子配对，形成一个共价单键，因此一个原子有几个成单电子(包括被激发而产生的成单电子)便可与几个自旋相反的成单电子配对形成共价键。

如氢原子($1s^1$)只有一个电子，则它与其他原子只能形成一个共价键，如 H_2 和 HCl 分子。再如碳原子($2s^2 2p^2$)有两个成单 2p 电子，所以能够与其他原子形成两个共价键，如 C_2 分子。但同时，如果碳原子的 $2s^2$ 电子被激发一个到 2p 轨道，就会有 4 个成单电子，此时，碳原子将能够与其他原子形成四个共价键，如 CH_4 分子等。

因为一个原子的成单电子数目是一定的，故每个原子成键的总数或以单键连接的原子数目是一定的，此结论称为共价键的饱和性。原子的成单电子数目就是原子形成共价键的数目，也是原子的化合价。

(2) 共价键的方向性。

根据原子轨道最大重叠原理，在形成共价键时，成键电子的原子轨道重叠越多，两个核间电子云密集程度越大，形成的共价键越稳定，因此，原子间总是尽可能沿着原子轨道最大重叠的方向成键。

考查一下原子轨道。除 s 轨道成球形对称外，p、d、f 轨道都有一定的伸展方向，故在形成共价键时，除 s 轨道之间可以在任何方向上都达到最大重叠外，p、d、f 轨道参与的轨道重叠只有沿着一定的方向才能发生最大重叠，因此，共价键有方向性。例如 p_x 轨道，以 x 轴为对称轴并分布在 x 轴上，如果其他原子要与 p_x 形成共价键，则只有沿着 x 轴方向才能与 p_x 达到最大重叠。具体实例如氯化氢中氯的 $2p_x$ 轨道和氢的 1s 轨道的重叠，如图 2-5 所示。显然，只有(a)才能达到最大重叠，(b)和(c)都不能达到最大重叠。因此，氢原子 1s 轨道只有沿着 x 轴方向才能与氯原子 $2p_x$ 轨道形成共价键。

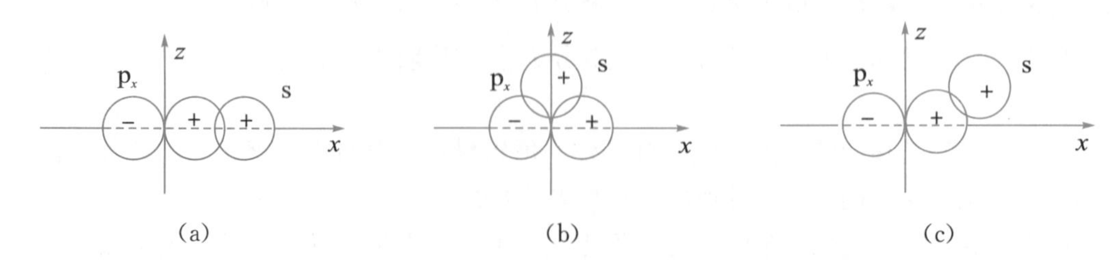

图 2-5 氯化氢分子成键时原子轨道重叠程度示意图

具体而言，共价键的方向性是指一个原子与其周围原子形成共价键有一定的角度。共价键的方向性将对键角产生最直接的影响，进而成为分子空间构型的决定性因素。

(3) 成键类型。

原子轨道有不同的形状和伸展方向，不同原子轨道重叠成键时，在满足对称性匹配规则的前提下，s 轨道和 p 轨道涉及的原子轨道重叠方式有两种。

①沿着对称轴的方向发生重叠，如图 2−6 所示。

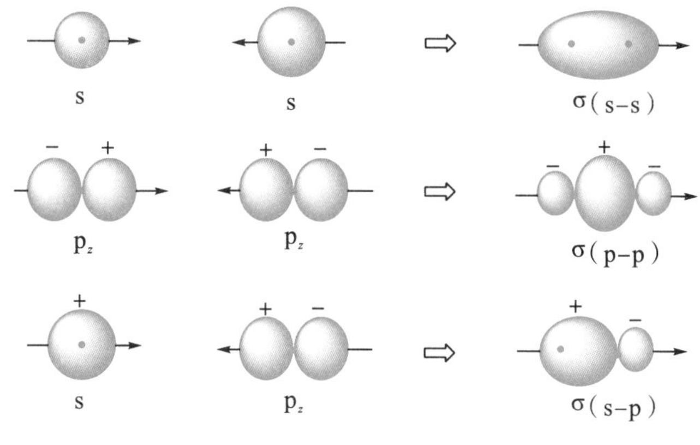

图 2−6　σ 键

可以看出，轨道重叠部分沿着键轴(两个核间连线)呈对称性分布。这种形似“头碰头”的轨道重叠方式生成的共价键称为 σ 键。其特征是沿着对称轴的方向，轨道重叠部分沿着键轴呈对称性分布。

②沿着与对称轴垂直的方向发生重叠，如图 2−7 所示。

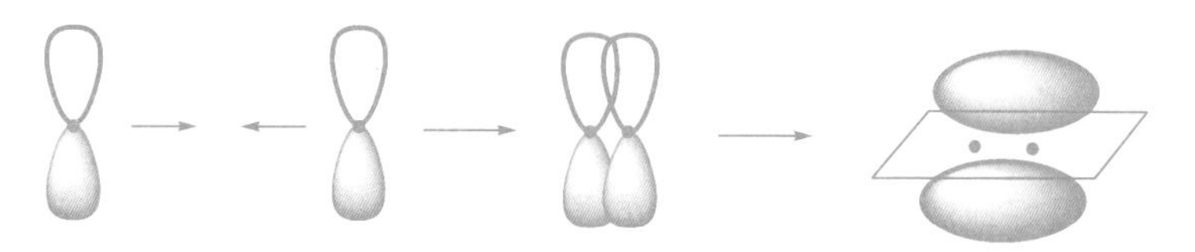

图 2−7　π 键

可以看出，轨道重叠部分是通过一个键轴的平面呈对称分布的，该平面上电子出现的概率密度为零。这种形似“肩并肩”的轨道重叠方式生成的共价键称为 π 键。其特征是沿着与对称轴垂直的方向，轨道重叠部分通过一个键轴的平面呈对称性分布。

σ 键和 π 键的区别：σ 键在原子轨道的对称轴上发生重叠，能够达到原子轨道最大重叠，体系能量最低，因此，σ 键的键能大，稳定性高；而 π 键的轨道重叠不是发生在原子轨道的对称轴上，没有达到原子轨道的最大重叠，因此，π 键的键能小于 σ 键的键能，π 键的稳定性低于 σ 键。由此，π 键电子活动性较高，是化学反应的积极参加者。

d 轨道和 f 轨道的伸展方向更多，涉及原子轨道的重叠方式更多，除了 σ 键和 π 键，还有其他的成键。

4. 价键理论的应用

价键理论能够很好地解释一些双原子分子的形成。

H_2 分子：H 原子的价电子构型是 $1s^1$，1s 轨道上有一个成单电子。两个 H 原子具有成单电子的 1s 轨道发生 s−s 重叠，生成一个 σ 键。

HCl 分子：Cl 原子的价电子构型是 $3s^2 3p^5$，3p 轨道上有一个成单电子。H 原子的 1s

轨道和 Cl 原子具有成单电子的 3p 轨道发生 s−p 重叠，生成一个 σ 键。

O_2分子：O 原子的价电子构型是 $2s^2 2p^4$，2p 轨道上有两个成单电子。两个 O 原子具有成单电子的两个 2p 轨道分别发生 p−p 重叠，生成一个 σ 键，一个 π 键。如图 2−8 所示，p_x-p_x形成 σ 键，p_z-p_z形成 π 键。

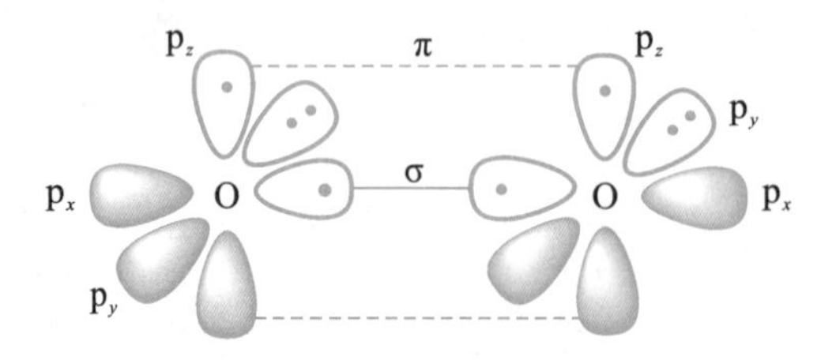

图 2−8　氧分子的成键

N_2分子：N 原子的价电子构型是 $2s^2 2p^3$，2p 轨道上有三个成单电子。两个 N 原子具有成单电子的三个 2p 轨道分别发生 p−p 重叠，生成一个 σ 键，两个 π 键。如图 2−9 所示，p_x-p_x形成 σ 键，p_y-p_y和 p_z-p_z分别形成 π 键。

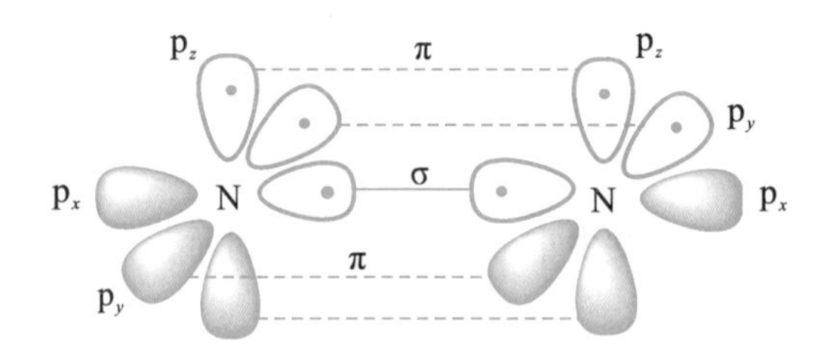

图 2−9　氮分子的成键

价键理论能够很好地解释许多双原子分子的形成，以及实测键长、键能数据。如氧分子实测键长为双键键长，氮分子实测键长为三键键长，上述解释通过氧分子双键的形成和氮分子三键的形成说明了实验数据。

价键理论很好地说明了共价键的形成过程和本质，并能很好地阐明共价键的方向性、饱和性等特点，但它不能说明含有三个或三个以上原子的多原子分子的空间构型以及一些分子的成键情况。如甲烷分子(CH_4)的空间构型实验测定是正四面体，价键理论不能说明这个结构从何而来。为此，在价键理论基础上，鲍林于 1931 年提出了杂化轨道理论，较好地解释了一些分子的空间构型。

2.3.3　价键理论的发展——杂化轨道理论

鲍林面对的问题是类似甲烷这样的多原子分子的实测空间结构用价键理论不能解释。甲烷分子结构如图 2−10 所示。

实验测得键长 109 pm，键能 413 kJ · mol^{-1}，键角 109.5°。四个 C—H 键的键长都相同，表明这四个键有相同的成键。键角∠HCH 都相同，表明空间结构是一个正四面体。

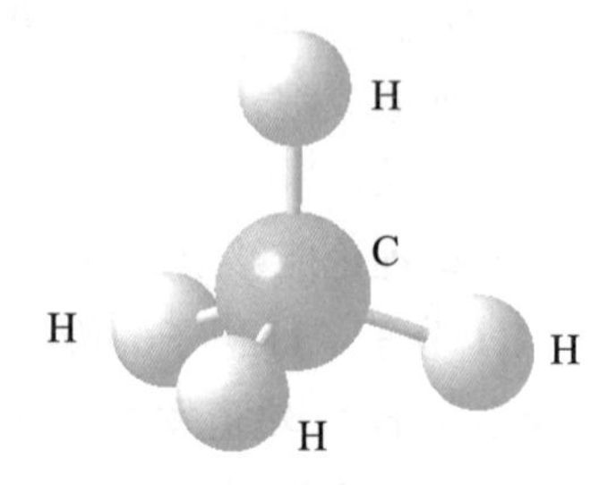

图 2−10　甲烷分子结构

键长和键能数据说明了碳原子和氢原子形成的是单键。碳原子形成了四个单键，这意味着碳原子需要有四个成单电子，考虑到碳原子的价电子构型是 $2s^22p^2$，2p 轨道上只有两个成单电子，因此，2s 轨道上的一个电子必须激发到 2p 轨道上去才能得到四个成单电子，如下：

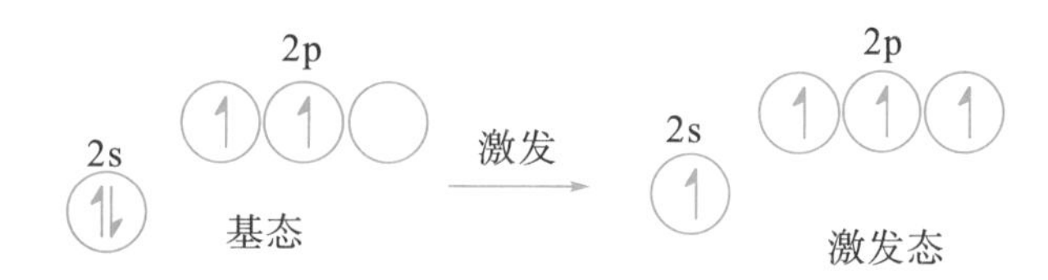

但是，激发态的一个 s 电子球形分布于核上，三个 2p 电子分别分布于 x、y、z 轴上，四个氢原子的 1s 电子与碳原子的四个激发态原子轨道成键，无论如何也不可能形成正四面体结构。

同时，考虑到甲烷的四面体结构，如果价键理论正确，则意味着碳原子在与四个氢原子形成甲烷分子时，必然在正四面体四个顶角方向上有原子轨道，如下：

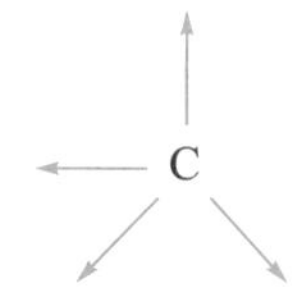

只有这样，甲烷分子才可能是正四面体结构。因此，碳原子在与氢原子形成甲烷分子时，原来的四个激发态原子轨道 2s、$2p_x$、$2p_y$、$2p_z$ 必须变成在四面体四个顶角方向上的原子轨道。

这就是鲍林思索的问题。

也许某一天，鲍林脑子灵光一闪，电子运动具有波粒二象性，而就波动性而言，波是可以叠加的。波是可以叠加的！原子轨道是可以叠加的！叠加意味着重新组合！思索在这一刻得到突破，一切都豁然开朗。

莱纳斯·卡尔·鲍林(Linus Carl Pauling，1901—1994)，美国著名化学家，量子化学和结构生物学的先驱者之一。1954 年因在化学键理论方面的贡献获得诺贝尔化学奖，1962 年因积极参与公共政治活动获得诺贝尔和平奖。

1. 杂化和杂化轨道

鲍林指出，原子轨道在重叠形成共价键之前，由于原子的相互影响，若干不同类型能量相近的原子轨道可以混合起来，重新组合成一组新轨道。这种原子轨道重新组合的过程叫杂化，所形成的新轨道叫杂化轨道。

显然，杂化的条件是原子轨道能量相近，这意味着在鲍林近似能级图中或构造原理中相邻的原子轨道才能杂化。

那为什么要杂化呢？鲍林指出，杂化的目的是使形成的杂化轨道的形状更为集中，能够更充分地进行轨道重叠，重叠程度更大，使得成键能力增强，形成的共价键更稳定。

比如 s 轨道和 p_x 轨道进行杂化，生成的杂化轨道如下：

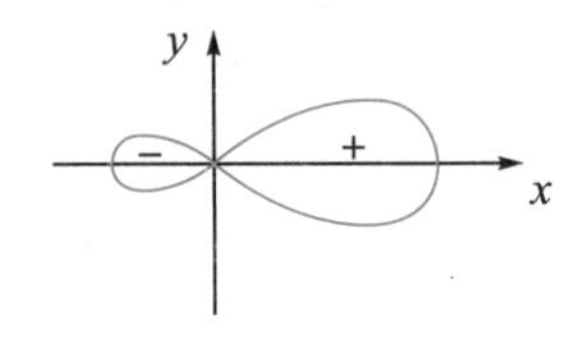

可以看出，杂化轨道的形状是正号区域变得很大，负号区域变得很小，当杂化轨道用正号部分去和其他原子的原子轨道进行重叠时，重叠程度会更大，成键能力得到增强，形成的共价键更稳定。

2. s 轨道与 p 轨道的杂化类型

在此讨论 s 轨道与 p 轨道的杂化类型。

(1) sp 杂化：同一原子的一个 *n*s 轨道和一个 *n*p 轨道在能量相近时进行杂化，生成两个杂化轨道，这种杂化叫 sp 杂化，生成的杂化轨道叫 sp 杂化轨道。

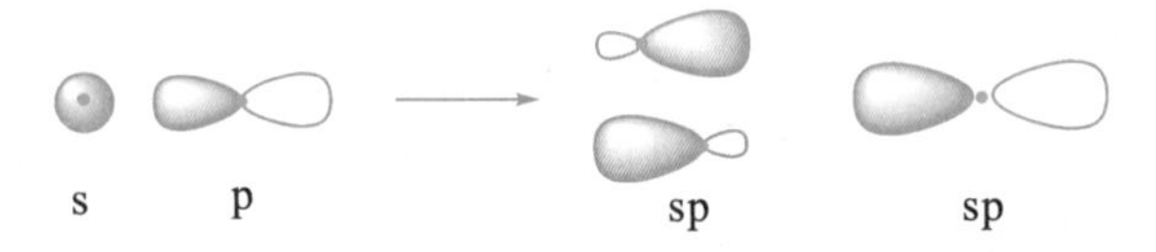

上图左边是一个 s 轨道和一个 p 轨道，中间是两个单独的 sp 杂化轨道，右边是一个原子上的两个 sp 轨道(彼此夹角 180°)。

两个 sp 杂化轨道的成分相同(都含有$\frac{1}{2}$的 s 轨道和$\frac{1}{2}$的 p 轨道)、形状相同、能量相同、成键能力相同，不同的是空间伸展方向不同。这种含有相同成分、成键能力相同的杂化轨道叫等性杂化轨道，生成等性杂化轨道的过程叫等性杂化。

两个 sp 杂化轨道的伸展方向相反，故两个 sp 杂化轨道之间的夹角为 180°，即两个 sp 杂化轨道呈直线形分布。杂化轨道的空间伸展方向不同的原因在于，杂化轨道成键时，要满足化学键间最小排斥原理(这样体系能量更低，更稳定)，由于键角越大化学键之间的排斥作用越小，因此，杂化轨道彼此间都尽可能地取最大夹角，这必然导致杂化轨道有不同的伸展方向。特别要注意的是，没有参与杂化的另外两个 p 轨道与 sp 杂化轨道垂直，互为 90°夹角。

可以看出，参加杂化的原子轨道数目等于生成的杂化轨道数目，生成的杂化轨道的能量、形状和伸展方向都与参加杂化的原子轨道不同。一般而言，杂化轨道的能量介于参加杂化的不同原子轨道之间。

（2）sp^2杂化：同一原子的一个 ns 轨道和两个 np 轨道在能量相近时进行杂化，生成三个杂化轨道，这种杂化叫 sp^2杂化，生成的杂化轨道叫 sp^2杂化轨道。

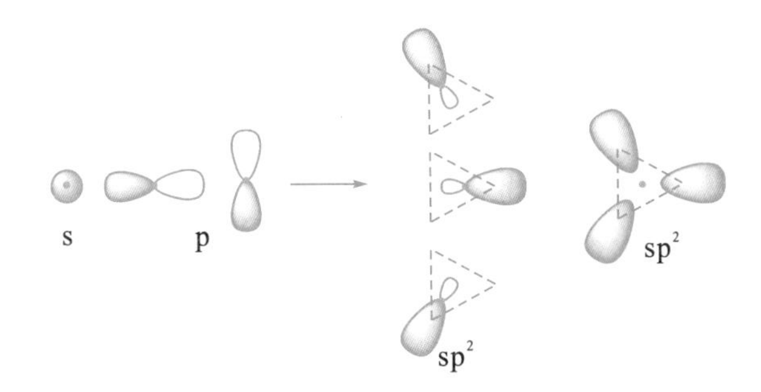

可以看出，三个 sp^2杂化轨道之间的夹角为 120°（满足化学键间最小排斥取最大夹角），呈平面三角形分布。显然，每个 sp^2杂化轨道的成分相同，都含有$\frac{1}{3}$的 s 轨道和$\frac{2}{3}$的 p 轨道。同样需要特别注意的是，没有参与杂化的另外一个 p 轨道与 sp^2杂化轨道构成的平面垂直，夹角为 90°。

（3）sp^3杂化：同一原子的一个 ns 轨道和三个 np 轨道在能量相近时进行杂化，生成四个杂化轨道，这种杂化叫 sp^3杂化，生成的杂化轨道叫 sp^3杂化轨道。

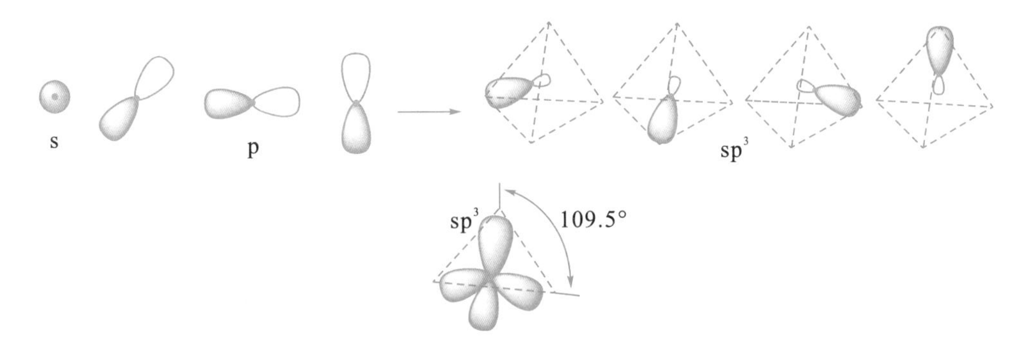

可以看出，四个 sp^3杂化轨道之间的夹角为 109.5°（满足化学键间最小排斥取最大夹角），呈正四面体分布。显然，每个 sp^3杂化轨道的成分相同，都含有$\frac{1}{4}$的 s 轨道和$\frac{3}{4}$的 p 轨道。

3. 杂化轨道理论对一些分子结构的解释

例 2-1　$BeCl_2$分子的空间结构实验测定为直线形，∠ClBeCl = 180°，键长显示 Cl—Be键是单键。

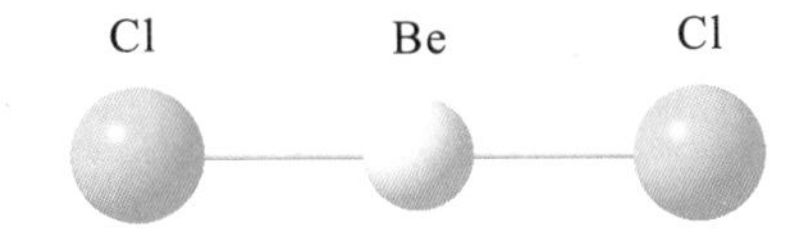

杂化轨道理论的解释：Be 原子的价电子构型是 $2s^2$，由于在 $BeCl_2$分子中 Be 原子形成了两个共价键，因此，在成键时其一个 2s 电子被激发到 2p 轨道，形成两个成单电子，然

后具有成单电子的一个 2s 轨道和一个 2p 轨道进行 sp 杂化，生成两个 sp 杂化轨道，在两个 sp 杂化轨道中各有一个成单电子，再分别与 Cl 原子的 3p 轨道上的成单电子相互重叠生成两个共价单键。由于 sp 杂化轨道呈直线形分布，故 $BeCl_2$ 为直线形结构，键角为 180°。过程如下：

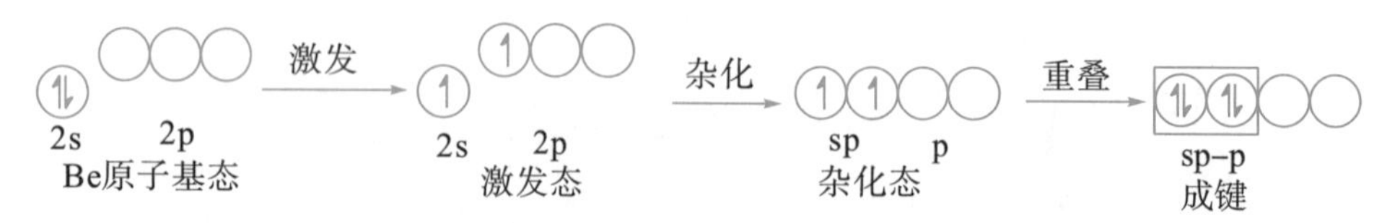

例 2−2　乙炔分子的空间结构实验测定为直线形，∠HCC=180°，键长显示 C—C 键是三键，C—H 键是单键。

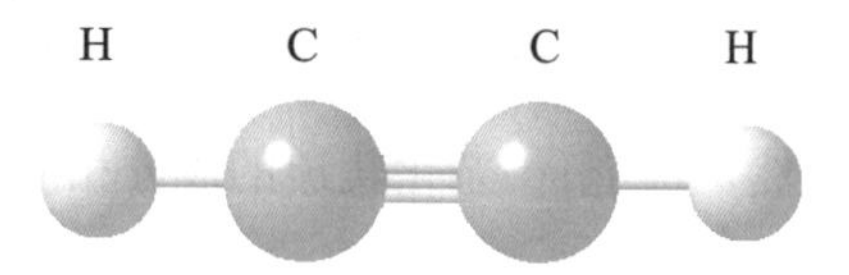

杂化轨道理论的解释：C 原子的价电子构型是 $2s^2 2p^2$，由于在乙炔分子中两个 C 原子都形成了四个共价键，因此，在成键时两个 C 原子的一个 2s 电子都被激发到 2p 轨道，各自形成四个成单电子，然后各自进行 sp 杂化，各自生成两个 sp 杂化轨道，两个 C 原子用各自的一个 sp 杂化轨道彼此结合形成一个 σ 键，用各自的另一个 sp 杂化轨道分别结合两个氢原子。然后两个 C 原子用各自没有参与杂化的另外两个 p 轨道相互重叠形成两个 π 键。由于 sp 杂化轨道呈直线形分布，故乙炔分子为直线形结构，键角为 180°。过程如下：

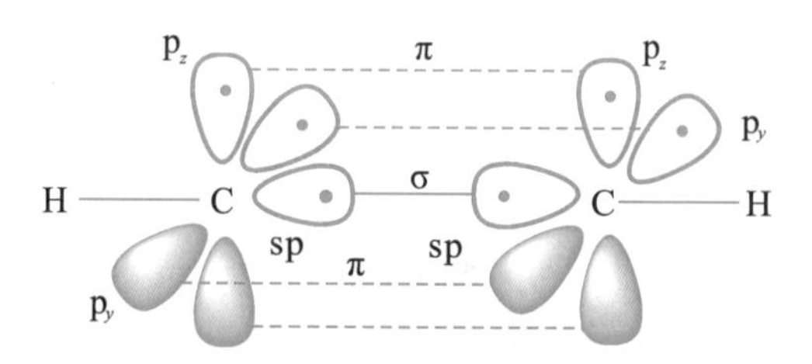

例 2−3　BF_3 分子的空间结构实验测定为平面三角形，∠FBF=120°，键长显示 F—B 键是单键。

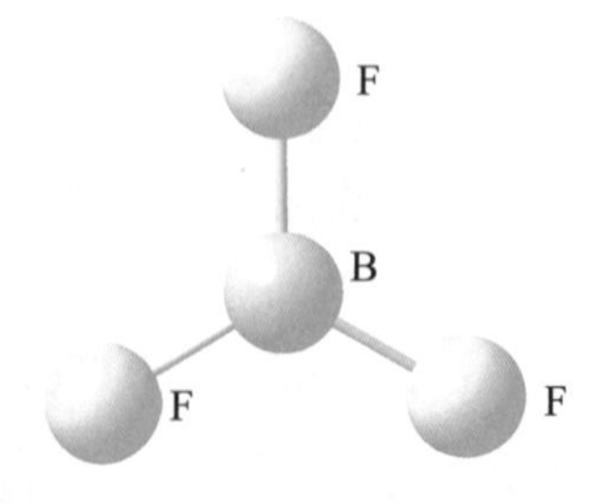

杂化轨道理论的解释：B 原子的价电子构型是 $2s^2 2p^1$，由于在 BF_3 分子中 B 原子形成了三个共价键，因此，在成键时其一个 2s 电子被激发到 2p 轨道，形成三个成单电子，然后具有成单电子的一个 2s 轨道和两个 2p 轨道进行 sp^2 杂化，生成三个 sp^2 杂化轨道，在三

个 sp^2杂化轨道中各有一个成单电子，再分别与 F 原子的 2p 轨道上的成单电子相互重叠生成三个共价单键。由于 sp^2杂化轨道呈平面三角形分布，故 BF_3分子为平面三角形结构，键角为 120°。过程如下：

例 2-4　乙烯分子的空间结构实验测定如下图所示，∠HCC=∠HCH=120°，键长显示 C—C 键是双键，C—H 键是单键。

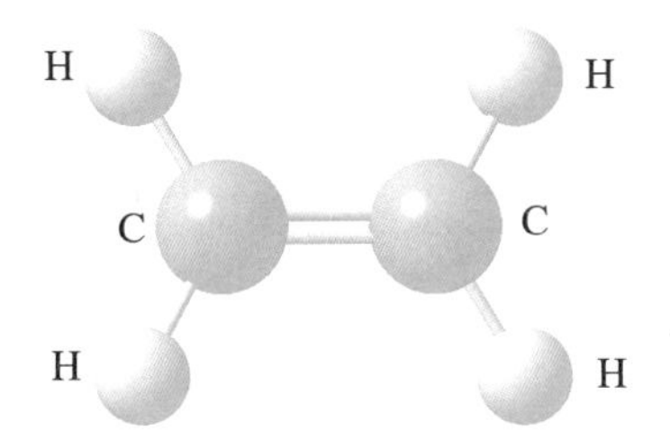

杂化轨道理论的解释：C 原子的价电子构型是 $2s^2 2p^2$，由于在乙烯分子中两个 C 原子都形成了四个共价键，因此，在成键时两个 C 原子的一个 2s 电子都被激发到 2p 轨道，各自形成四个成单电子，然后各自进行 sp^2 杂化，各自生成三个 sp^2 杂化轨道，两个 C 原子用各自的一个 sp^2杂化轨道彼此结合形成一个 σ 键，用各自的另两个 sp^2 杂化轨道分别结合四个氢原子。然后两个 C 原子用各自没有参与杂化的另外一个 p 轨道相互重叠形成一个 π 键。由于 sp^2杂化轨道呈平面三角形分布，故乙烯分子的键角都是 120°，如下：

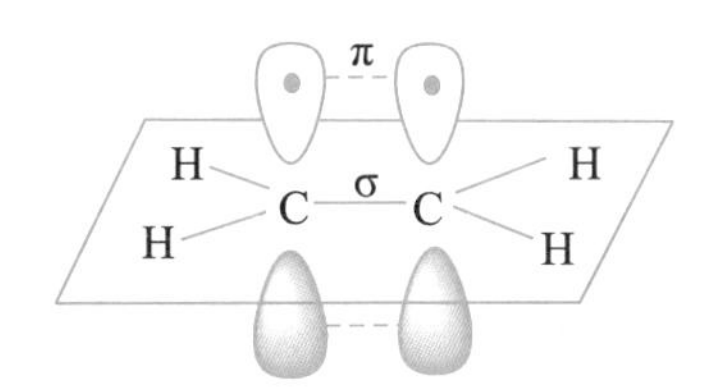

例 2-5　CH_4分子的空间构型实验测定为正四面体结构，其中∠HCH=109.5°，键长显示 C—H 键是单键。

杂化轨道理论的解释：C 原子的价电子构型是 $2s^2 2p^2$，由于在甲烷分子中 C 原子形成了四个共价键，因此，在成键时其一个 $2s^2$ 电子被激发到 2p 轨道，形成四个成单电子，然后一个 2s 轨道和三个 2p 轨道进行 sp^3杂化，生成四个 sp^3杂化轨道，在四个 sp^3杂化轨道中各有一个成单电子，再分别与四个 H 原子的 1s 轨道上的成单电子相互重叠生成四个共价单键。由于四个 sp^3 杂化轨道呈正四面体分布，故 CH_4 分子为正四面体结构，∠HCH=109.5°。过程如下：

以上实例表明，分子内键角是180°的相关原子的成键可以用sp杂化来解释，分子内键角是120°的相关原子的成键可以用sp^2杂化来解释，分子内键角是109.5°的相关原子的成键可以用sp^3杂化来解释。对于分子内键角接近上述角度的相关原子的成键，也可以对应相应杂化类型，对其成键进行解释。

4. 不等性杂化

实验测定NH_3分子为四面体结构，键角∠HNH=107.3°；H_2O分子为“V”字形结构(或称角形结构)，∠HOH=104.5°。杂化轨道理论在解释这类分子结构时提出了不等性杂化的概念。

NH_3分子结构：

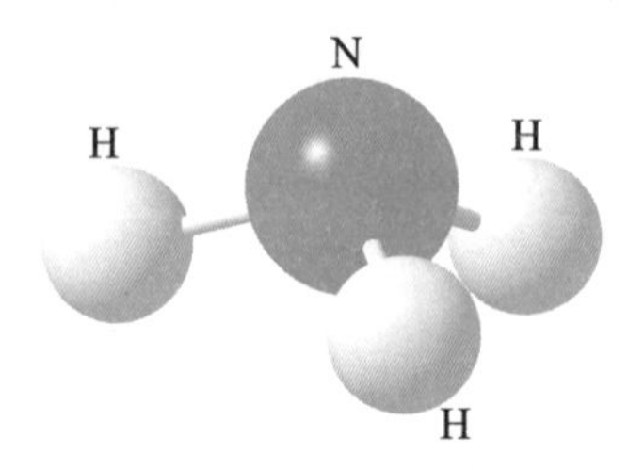

杂化轨道理论的解释：由于在氨分子中N原子形成了三个共价键，而N原子的价电子构型是$2s^2 2p^3$，已经有三个成单p电子，因此，不需要再激发2s电子。NH_3分子中N原子的2s轨道不经过激发而直接与三个p轨道进行sp^3杂化，杂化后生成四个杂化轨道。这四个杂化轨道中有一个杂化轨道被一对不参与成键的电子所占据，另外三个杂化轨道与氢原子的1s电子成键。过程如下：

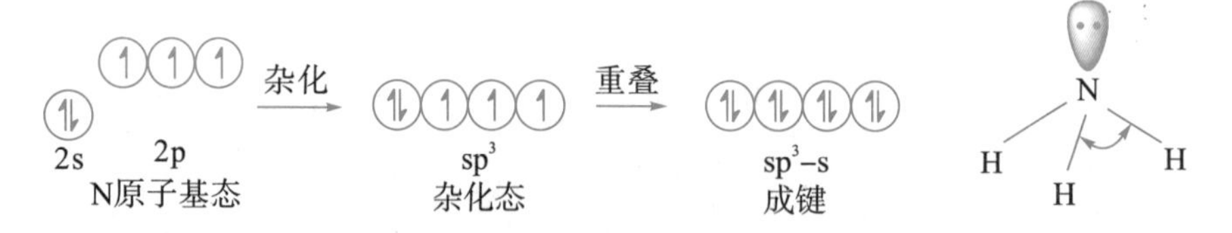

注意：分子中没有参与成键的电子对称为孤电子对，孤电子对与参与成键的成键电子对相区别：①成键电子对由于受两个核的吸引，因此，成键电子对离核更远，能量更高，而孤电子对离核更近，能量更低；②成键电子对由于受两个核的吸引，因此，成键电子对结构更紧密，体积更小，而孤电子对结构更松散，体积更大。由于孤电子对更靠近原子核，体积相对更大，因此孤电子对对其他的成键电子对的排斥作用更为显著，结果就是其他三个成键电子对由于受到这对孤电子对的排斥，由sp^3杂化应该形成的键角109.5°因受排挤而变小到107.3°。

上述对氨分子成键的解释提出了不等性杂化的概念。在氨分子成键过程中，N原子的四个sp^3杂化轨道不是完全等性的。它们的差异表现在：①成分不同。被2s孤电子对占据的杂化轨道的成分相对含有较多的s电子成分，而其他三个杂化轨道的成分相同。②能量不同。被2s孤电子对占据的杂化轨道由于不成键，只受氮原子核的吸引，因此，相对于其他三对成键电子，孤电子对更靠近原子核，能量更低。

这种由于有孤电子对的占据而形成不完全等同的杂化轨道的过程就称为不等性杂化。由不等性杂化生成的杂化轨道称为不等性杂化轨道。

氨分子中孤电子对的存在使得氨分子能够以配位键再结合一个氢离子，从而使得 N 原子形成的四个键都是成键电子对，故铵根离子 NH_4^+ 的结构为正四面体。

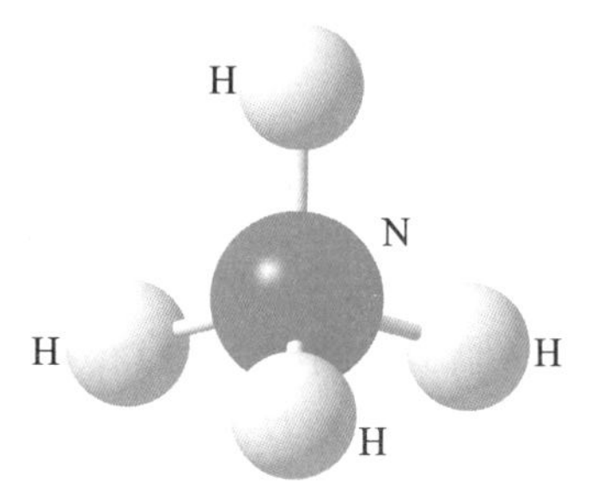

H_2O 分子结构：

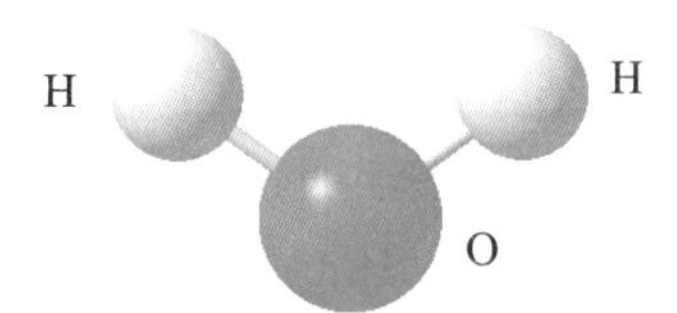

杂化理论认为，O 原子的价电子构型是 $2s^2 2p^4$，有两个成单 p 电子，由于在水分子中 O 原子形成了两个共价键，因此，H_2O 分子中 O 原子的 2s2p 轨道不经过激发而直接进行 sp^3 杂化，有两个杂化轨道被不参与成键的 2s 成对电子和 2p 成对电子所占据，另外两个杂化轨道与氢原子的 1s 电子成键。过程如下：

水分子中 O 原子也是不等性 sp^3 杂化。与氨分子 N 原子有一对孤电子对相比，水分子 O 原子有两对孤电子对，因此，两对成键电子受到孤电子对的排斥作用就更为显著，这使得 sp^3 杂化轨道的键角 109.5°受较大排挤而变小为 104.5°。

水分子中孤电子对的存在使得水分子能够以配位键再结合一个氢离子，从而使得 O 原子形成的三个键都是成键电子对，故水合氢离子 H_3O^+ 的结构为三角锥形。

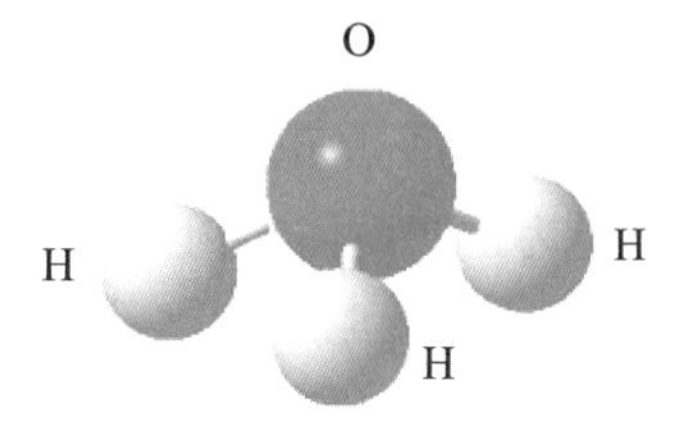

H_2SO_4 分子和 SO_4^{2-} 离子结构：

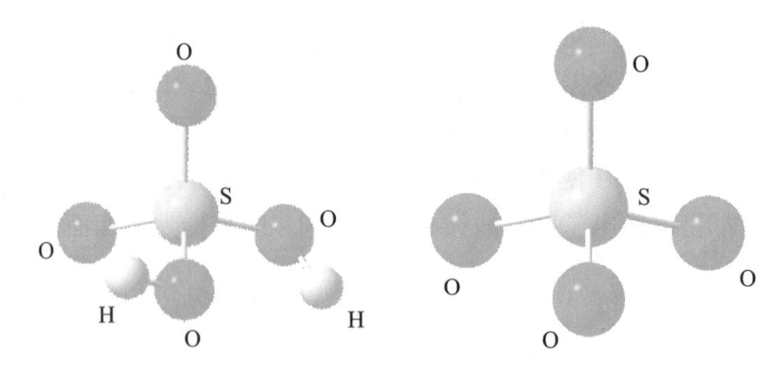

H_2SO_4分子中硫氧部分空间构型实验测定为四面体结构，键长显示两个O—H键是单键，相当于水分子里H、O原子的结合。S原子结合四个O原子，两个是羟基O原子，另两个是端基O原子。结合羟基O原子的两个S—O键键长为154 pm，是单键，结合端基O原子的两个S—O键键长为143 pm，是双键，键角∠OSO约为109.5°。

杂化轨道理论的解释：S原子的价电子构型是$3s^2 3p^4$，进行不等性sp^3杂化，生成的四个sp^3杂化轨道中，两个sp^3杂化轨道具有成单电子，两个sp^3杂化轨道具有成对电子。两个具有成单电子的sp^3杂化轨道分别与两个羟基O原子结合形成σ键。两个具有成对电子的sp^3杂化轨道分别与两个端基O原子结合，此时，由于S原子用于成键的是成对电子，这意味着O原子要有空轨道才能彼此形成配位键，此时的O原子2p轨道要发生重排，由$2p_x^2 2p_y^1 2p_z^1$变为$2p_x^2 2p_y^2 2p_z^0$，空出一个$2p_z$轨道，与S原子形成σ配位键。然后，由于S原子的3d轨道是空的，O原子的两对电子$2p_x^2 2p_y^2$又可以与之形成两个配位键，这个配位键属于π键性质，发生在S原子的d轨道和O原子的p轨道上，因此被称为d−pπ配键。

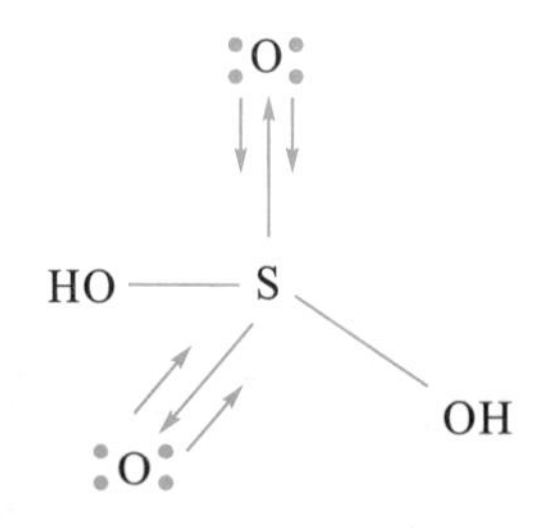

这样，S原子与O原子之间就形成了三个键，一个是σ配位键，两个是d−pπ配键。这两个d−pπ配键是在S原子提供成对电子给O原子形成σ配位键的基础上形成的，相当于S原子给了O原子电子，然后O原子又把电子反馈回去。因此，也称反馈d−pπ配键。但是，这样的反馈是不完全的，导致d−pπ配键是不完全成键，从键能角度考虑，d−pπ配键只相当于半个正常键。所以总体来看，S原子与O原子之间虽然键数是三，但从键能和键长看都相当于双键。

H_2SO_4分子中，S原子结合了两个羟基O原子和两个端基O原子。由于S原子的四个键不等同，因此，SO_4部分的空间结构不是正四面体。

SO_4^{2-}离子的空间构型实验测定为正四面体结构，S原子结合四个端基O原子。其中∠HCH=109.5°，四个S—O键键长均为双键键长。

杂化轨道理论的解释：SO_4^{2-}离子的两个负电荷也参与到S原子的sp^3杂化中，导致生成的四个sp^3杂化轨道都具有成对电子。此时，四个O原子的2p轨道发生重排，空出一个2p

轨道与 S 原子形成 σ 配位键。然后，S 原子和 O 原子的两对 2p 电子之间再形成两个d－pπ配键。同样的，S 原子与 O 原子之间虽然键数是三，但从键能和键长看都相当于双键。简而言之，硫酸结合的两个羟基 O 原子变成了端基结合的两个 O 原子，就变成了酸根。

由于 S 原子结合了四个端基 O 原子，四个键等同，因此，SO_4^{2-} 的空间结构是正四面体。

亚硫酸 H_2SO_3、卤素含氧酸 HXO_n、磷酸 H_3PO_4 及其酸根的成键方式与硫酸及其酸根的成键方式相同。

5. 共轭大 π 键

共轭大 π 键这种成键是在解释类似苯分子的空间结构时提出来的。

苯分子结构：

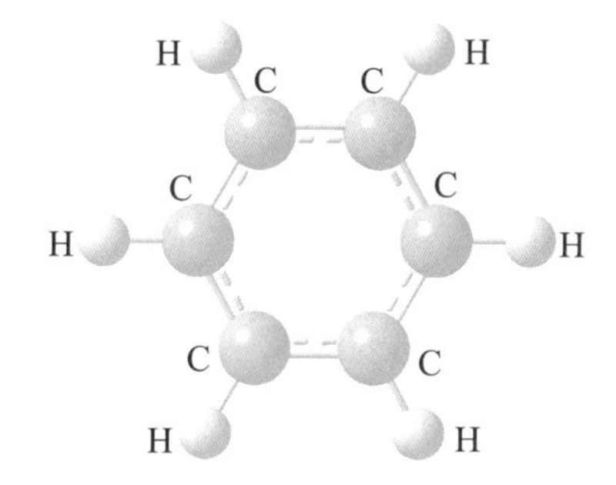

实验测得苯分子键参数，键角几乎都是 120°，六个 C—H 键键长是单键键长，六个 C—C 键具有几乎相同的键长(140 pm)，介于 C—C 单键 154 pm 和 C═C 双键134 pm 之间。键长数据表明：其一，苯环上六个碳原子有相同的成键；其二，键长比 C═C 双键长意味着碳原子之间成键能力弱于双键；其三，键长比 C—C 单键短意味着碳原子之间成键能力强于 C—C 单键。

显然，从键角 120°考虑，C 原子应该进行 sp^2 杂化。C 原子在成键时一个 2s 电子被激发到 2p 轨道，然后进行 sp^2 杂化，生成三个 sp^2 杂化轨道。两个 sp^2 杂化轨道用于 C 原子之间的相互结合形成 σ 键，另一个 sp^2 杂化轨道结合一个氢原子。然后六个 C 原子用各自没有参与杂化的共计六个 p 轨道相互重叠形成一个 π 键。

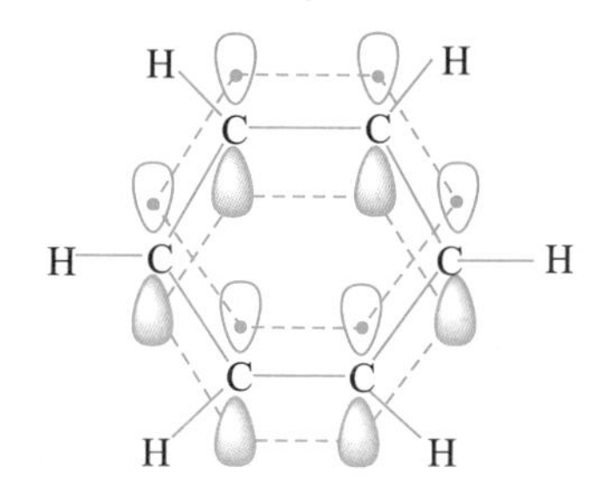

苯环中六个碳原子的 p 轨道重叠形成的 π 键区别于前面介绍的正常 π 键，被称为共轭大 π 键，即三个或三个以上原子形成的 π 键。

相对于正常 π 键中的成键电子属于两个原子，苯环中参与形成共轭大 π 键的六个电子属于整个参与形成共轭大 π 键的六个碳原子所共有。即参与共轭体系的所有 π 电子的运动不局限在两个碳原子之间，而是扩展到组成共轭体系的所有碳原子之间。如果把正常 π 键的成键电子固定在两个成键原子之间的现象叫作定域，那么共轭大 π 键的电子的运动扩展到组成共轭体系的这种现象叫作离域。因此，共轭大 π 键也叫离域大 π 键或非定域大 π 键，简称大 π 键。

从上面苯环共轭大 π 键的形成可以看出，共轭大 π 键的形成条件：①这些原子都在同一平面上；②这些原子有相互平行的 p 轨道；③p 轨道上的电子总数小于 p 轨道数的 2 倍(即 p 轨道上没有全部充满电子)。

共轭大 π 键的表示方法：Π_n^m，其中 n 表示参与形成大 π 键的原子个数，m 表示参与形成大 π 键的电子个数，描述成 n 中心(轨道)m 电子大 π 键。

如苯分子中的共轭大 π 键是 Π_6^6，是 6 中心 6 电子大 π 键。

显然，共轭大 π 键成键能力弱于正常 π 键。这就解释了苯环上碳原子之间的键长，碳原子之间形成一个正常 σ 键和一个共轭大 π 键，从键数看是双键，但由于共轭大 π 键成键能力弱，只相当于半个正常 π 键，所以碳原子之间的键长介于 C—C 单键和 C═C 双键之间。

O_3分子结构：

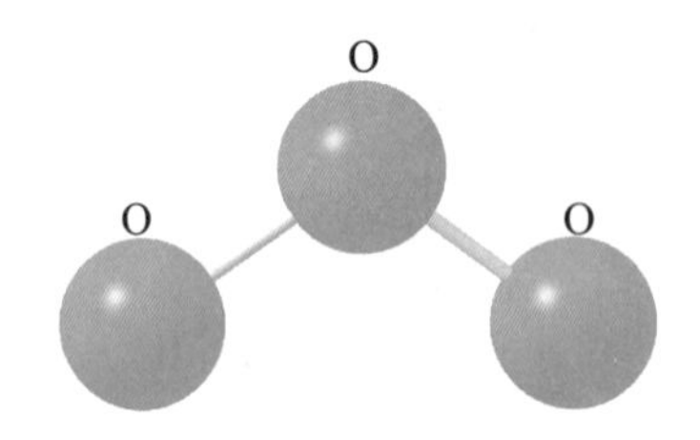

O_3分子的空间构型实验测定为“V”字形，键角∠OOO＝117°，键长为 127.8 pm。键长介于 O—O 单键 149 pm 和 O═O 双键 120.8 pm 之间。O—O 键长数据表明，键长比O═O双键长意味着氧原子之间成键能力弱于双键，键长比 O—O 单键短意味着氧原子之间成键能力强于 O—O 单键。

杂化轨道理论的解释：O 原子的价电子构型是 $2s^2 2p^4$，中心 O 原子的 $2s^2 2p_x^1 2p_y^1$ 轨道采取不等性 sp^2 杂化，生成三个 sp^2 杂化轨道。两个具有成单电子的 sp^2 杂化轨道与另两个 O 原子的成单 p 电子相互结合形成 σ 键，另一个具有成对电子的 sp^2 杂化轨道不成键，成为孤对电子。考查中心 O 原子没有参与杂化的两个 $2p_z^2$ 电子和另外两个 O 原子的另一个成单 p 电子，它们相互平行没有全部充满电子，符合形成共轭大 π 键的条件，因此，形成一个 3 中心 4 电子的大 π 键 Π_3^4。

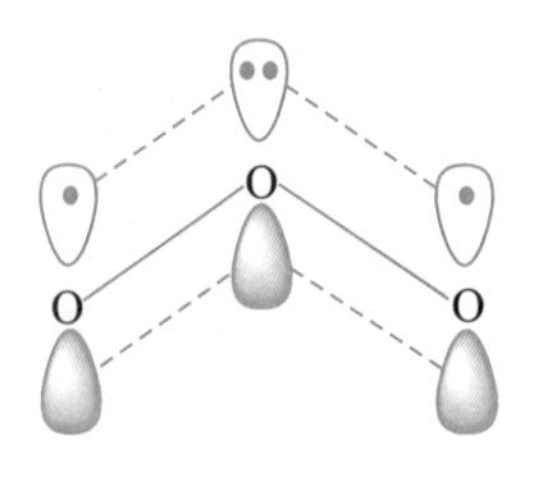

O_3分子的成键能够解释其偶极矩不为零、具有极性这一事实。三个氧原子的孤电子对不同，中心氧原子的孤电子对是sp^2杂化轨道的电子，另两个氧原子的孤电子对是2p电子，它们电子云的形状不同，分布有差异，导致整个分子的负电荷重心有所偏移，不能与正电荷重心重合。

杂化轨道理论作为价键理论的重要补充，很好地解释了一些分子的空间构型。从上面的实例可以看出，杂化轨道理论主要是针对实验测定的分子键参数(键长、键角)数据来解释分子的空间构型。根据键长数据来阐述成键的键数和类型，根据键角来选择对应的杂化类型，解释成键过程。

对于没有键参数实验数据的分子，也可以用杂化轨道理论来进行预测。比如同族元素同类型分子的成键大致相同，如SO_2与O_3(OO_2)的成键相似，SiH_4与CH_4的成键相似等。但是同族元素同类型分子并不是都有相同的成键，比如H_2O与H_2S，NH_3和PH_3，它们的成键就有很大的不同，不能用H_2O分子或NH_3分子成键的不等性sp^3杂化来解释H_2S分子或者PH_3分子的成键和结构。所以，对于没有键参数实验数据的分子，杂化轨道理论只能预测，不能做结论。分子的空间结构必须由实验数据来做结论。

2.3.4　价层电子对互斥模型

对于简单分子或离子空间结构的预测，自1940年西奇维克(Sidgwick)和鲍维尔(Powell)在总结实验事实的基础上提出了一种简单的理论模型，到1960年经吉列斯比(R. J. Gillespie)和尼霍尔姆(Nyholm)加以发展变得成熟，这就是价层电子对互斥模型(Valence Shell Electron Pair Repulsion，VSEPR)。

1. 基本要点

(1) 在AX_n共价型分子中，n个X如何分布在中心原子A的周围，取决于中心原子A价电子层中电子对的互相排斥作用。分子的立体结构总是采取中心原子A的价电子层中电子对排斥最小的那种结构。

如NH_3分子，三个H原子如何分布在N原子周围，取决于N原子价电子层中电子对的相互排斥作用。显然，N原子的价电子层结构是$2s^2 2p^3$，在与三个H原子结合后，通过共用电子，达到了$2s^2 2p^6$，即N原子价电子层中电子数为8，电子对数为4。NH_3分子的这四对电子，有三对是成键电子对，有一对是孤电子对。即中心原子A价电子层中电子对包括成键电子对和未成键电子对。NH_3分子的这四对电子如何分布在N原子周围将决定NH_3分子的空间构型。NH_3分子的这四对电子分布在N原子周围时排斥力最小的构型将是NH_3分子的空间构型。

(2) 中心原子的各对价电子对为了达到彼此之间排斥力最小，需要相互尽量远离，由此可以得到中心原子的价电子对分布的理想模型，如图2－11所示。

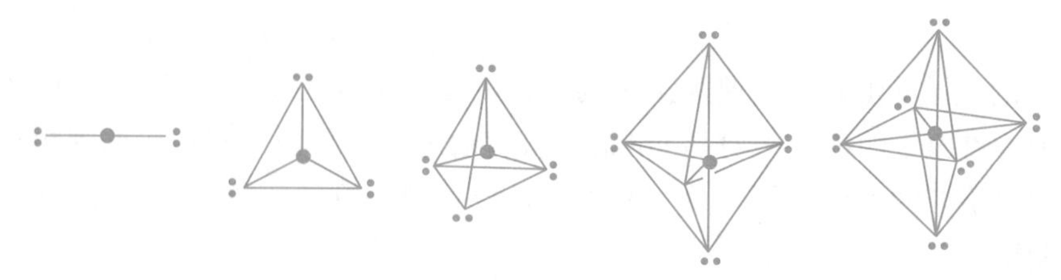

图 2-11　中心原子的价电子对分布的理想模型

可以看出，两对价电子间的夹角为 180°、呈直线形分布时，电子对之间的距离最远，电子对之间的排斥力最小。接下来，三对价电子彼此之间的夹角为 120°、呈平面三角形分布，四对价电子彼此之间的夹角为 109.5°、呈四面体分布，五对价电子彼此之间的夹角为 90°或 120°、呈三角双锥形分布，六对价电子彼此之间的夹角为 90°、呈正八面体分布等，都会使电子对之间的距离最远，电子对之间的排斥力最小。

（3）价电子对分布的理想模型并不一定是分子的空间构型，这是因为：其一，孤电子对太小，在分子空间结构中不能显示出来；其二，孤电子对所处位置不同，将导致分子空间构型的不同，此时，要由排斥力最小原则确定分子的稳定结构。

（4）影响中心原子价电子排斥力大小的因素。中心原子价电子对既有成键电子对，也可能有孤电子对，它们之间的排斥作用是不一样的，所以电子对的性质是影响排斥力大小的因素之一。显然，电子对之间的夹角也会影响电子对之间的排斥力大小。除此之外，排斥力的大小还受到一些次要因素影响，归纳如下：

①电子对之间的夹角越小，排斥力越大；

②孤电子对－孤电子对≫孤电子对－成键电子对>成键电子对－成键电子对；

③三键－三键>三键－双键>双键－双键>双键－单键>单键－单键；

④$\chi_w-\chi_w>\chi_w-\chi_s>\chi_s-\chi_s$（$\chi$ 表示 X 的电负性，χ_w 弱，χ_s 强）；

⑤处于中心原子的全充满价层的键合电子之间的排斥力大于处于中心原子的未充满价层的键合电子之间的排斥力。

2. 判断 AX_n 分子立体构型的步骤

（1）确定在中心原子 A 的价电子层中总的电子对数。

中心原子 A 的价电子数和配体 X 提供的电子数的总和除以 2。

注意：

①作为配体的氧族原子不提供共用电子。

如 CH_4：C 原子价电子对数$=\frac{1}{2}\times(4+4)=4$；

SO_2：S 原子价电子对数$=\frac{1}{2}\times(6+0)=3$。

②如果讨论的物种是离子，则应加上或减去与电荷相应的电子数。

如 PO_4^{3-}：P 原子价电子对数$=\frac{1}{2}\times(5+0+3)=4$；

NH_4^+：N 原子价电子对数$=\frac{1}{2}\times(5+4-1)=4$。

③如果出现一个剩余的单电子，则把单电子看作电子对。

ClO_2：Cl原子价电子对数$=\frac{1}{2}\times(7+0)=3.5\approx4$

（2）根据中心原子总的电子对数，由排斥力最小原则，得出中心原子的价电子对分布的理想模型。

（3）确定A的价电子层中的孤电子对数。

孤电子对数等于总的电子对数减去n值。

（4）由电子对之间排斥力最小原则，确定排斥力最小的稳定结构。

3. 应用实例

价层电子对互斥模型最主要的应用就是预测分子空间构型。

（1）SO_2分子。

S原子的价电子对数$=\frac{1}{2}\times(6+0)=3$，三对电子的理想分布是平面三角形，孤电子对数为1，所以SO_2分子的空间构型为“V”字形，由于孤电子对排斥作用更强，键角$\angle SOS<120°$。

（2）PO_4^{3-}离子。

P原子的价电子对数$=\frac{1}{2}\times(5+0+3)=4$，四对电子的理想分布是正四面体，孤电子对数为0，所以PO_4^{3-}离子的空间构型就是正四面体，键角$\angle OPO=109.5°$。

（3）NH_3分子。

N原子的价电子对数$=\frac{1}{2}\times(5+3)=4$，四对电子的理想分布是正四面体，孤电子对数为1，所以NH_3分子的空间构型为四面体，由于孤电子对排斥作用更强，键角$\angle HNH=107°<109.5°$。

相同类型分子PH_3分子有相似结构，但是键角$\angle HPH=93.5°<107°$，这在于中心原子$N(2s^2 2p^6)$的价电子层全充满，其键合电子之间的排斥力大于未充满价电子层的中心原子$P(3s^2 3p^6 3d^0)$的键合电子之间的排斥力，导致NH_3分子键角更大。

（4）SO_2Cl_2分子。

SO_2Cl_2分子中的O原子和Cl原子都视为X原子，即SX_4分子。S原子的价电子对数$=\frac{1}{2}\times(6+0+2)=4$，四对电子的理想分布是正四面体，孤电子对数为0，所以SO_2Cl_2分子的空间构型应为正四面体，但是，由于S═O双键排斥能力强于S—Cl单键，键角大小顺序为

$$\angle OSO>109.5°>\angle OSCl>\angle ClSCl$$

所以，SO_2Cl_2分子的空间构型为四面体。

相同类型分子SO_2F_2与SO_2Cl_2有相似结构，但是键角$\angle FSF=98°$和$\angle ClSCl=102°$有差别，这是因为Cl原子的电负性相对F原子的电负性更弱，排斥力更大。

（5）ClF_3分子。

Cl原子的价电子对数$=\frac{1}{2}\times(7+3)=5$，五对电子的理想分布是三角双锥形，孤电子

对数为 2，三对成键电子对和两对孤电子对在三角双锥形中的分布不同，导致 ClF_3 分子有三种可能的结构：

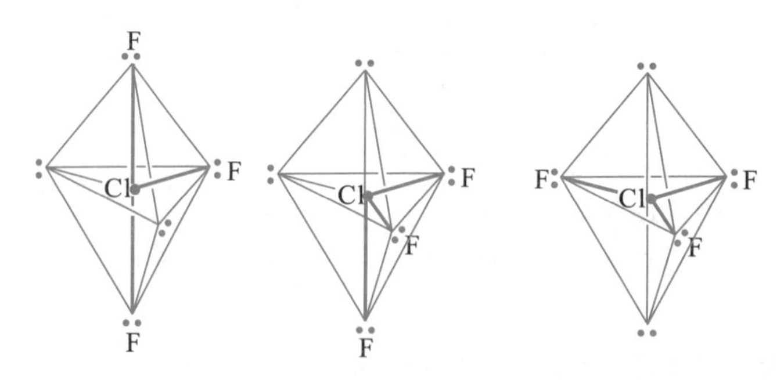

可以看出，左为“T”字形，中间为四面体，右为平面三角形。此时，需要由电子对之间排斥力最小原则，确定排斥力最小的稳定结构。

三角双锥形的角度分别是 90°、120°、180°，这意味着键角也会大致如此。考虑到键角越小排斥力越大，最小角度电子对的排斥力大小将决定整个分子的排斥力大小。显然，对 ClF_3 分子而言，90°键角的电子对排斥力是整个分子排斥力的决定因素。由此，分析三种可能构型中最小角度 90°时的电子对之间排斥作用的数目，结果见表 2−7。

表 2−7　电子对之间排斥作用的数目

ClF_3的三种可能构型	左	中	右
90°孤电子对−孤电子对	0	1	0
90°孤电子对−成键电子对	4	3	6
90°成键电子对−成键电子对	2	2	0

可以看出，左、中相比，左排斥力更小；左、右相比，左排斥力更小。结论就是，左边结构的排斥力最小，是最稳定结构。所以 ClF_3 分子结构为“T”字形。

价层电子对互斥模型能够很好地预测分子的空间构型，但不涉及解释分子结构的成键。

2.3.5　分子轨道理论

分子轨道理论也是最重要的共价键理论之一。

分子轨道理论是用量子力学处理分子所得的结果。在第 1 章中，用量子力学处理原子得到了原子核外电子排布的规律。现在，量子力学处理的对象由原子变成了分子，但是处理问题的方式是一样的：电子都是在核外轨道运动，遵循核外电子排布三原则，等等。

2.3.5.1　分子轨道理论的基本内容

（1）分子中电子不从属于某些特定的原子，而是在遍及整个分子的范围内运动。每个电子的运动状态可用波函数 ψ 来描述。波函数 ψ 在此称为分子轨道。

（2）分子轨道是由原子轨道线性组合而成的，参与线性组合的原子轨道数就是组合成的分子轨道数。

（3）每一个分子轨道有一定的能量及图像，按分子轨道的能量大小可以排列出分子轨道的近似能级图。

（4）分子轨道中电子的排布遵从能量最低原理、保里不相容原理、洪特规则。

（5）电子在分子轨道中自旋相反配对，即形成共价键。根据分子轨道对称性的不同，存在 σ 键和 π 键。

（6）键级（等于成键电子数与反键电子数之差的一半）表示键的强度。

2.3.5.2　分子轨道的形成

当两个原子轨道 ψ_a、ψ_b 组合成两个分子轨道 ψ_1、ψ_2 时，由于 ψ_a、ψ_b 有正、负之分，则 ψ_a、ψ_b 有两种组合方式：两个波函数的符号相同对应相加组合，两个波函数的符号相反对应相减组合。表示如下：

$$\psi_1 = c_1(\psi_a + \psi_b)$$

$$\psi_2 = c_2(\psi_a - \psi_b)$$

式中，c_1、c_2 为常数。

ψ_1 表示波函数的相加组合，可理解为波函数同号，即皆为正或皆为负。此时，ψ_a、ψ_b 代表的波处于同一相位内，互相组合时，两个波峰叠加起来得到振幅更大的波。

ψ_2 表示波函数的相减组合，可理解为波函数异号，即为正、负或负、正。此时，ψ_a、ψ_b 代表的波处于不同相位内，互相组合时，两个波峰由于干涉作用相互抵消，得到振幅很小的峰。

通常由两个符号相同的波函数叠加（即原子轨道相加重叠）所形成的分子轨道 ψ_1，由于在两核间概率密度增大，其能量较原子轨道低，称为成键分子轨道。而由两个符号相反的波函数叠加（即原子轨道相减重叠）所形成的分子轨道 ψ_2，由于在两核间概率密度减小，其能量较原子轨道高，称为反键分子轨道。即成键分子轨道填入电子将有利于成键，反键分子轨道填入电子将不利于成键。

1. 原子轨道组合成分子轨道的方式

（1）s−s 重叠。

两个 s 轨道以“头碰头”的方式组合，可得到两个分子轨道。过程如下：

两个 s 轨道相加组合得到的分子轨道能量低于原子轨道，为成键分子轨道。由于电子一旦填入将形成共价键，而此共价键的电子云将以键轴为对称轴，形成 σ 键（分子轨道理论在这里借用了价键理论的概念），故称该成键分子轨道为 σ 成键分子轨道，用 σ_s 表示。两个 s 轨道相减组合得到的分子轨道能量高于原子轨道，对应称为 σ 反键分子轨道，用 σ_s^* 表示。

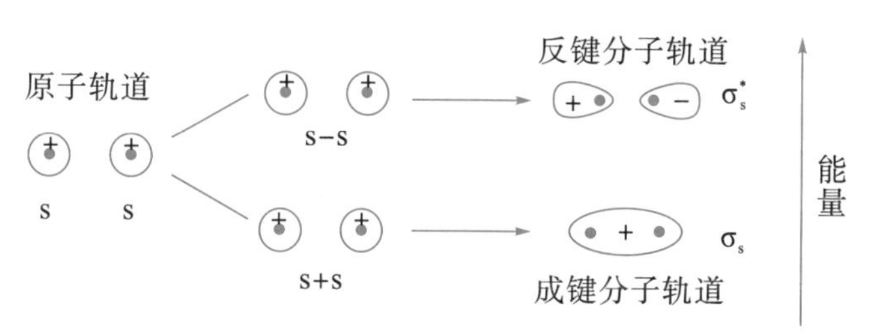

（2）p—p 重叠。

两个 p 轨道有两种组合方式：“头碰头”“肩并肩”。

当两个 p 轨道以“头碰头”的方式组合时，形成成键分子轨道和反键分子轨道。过程如下：

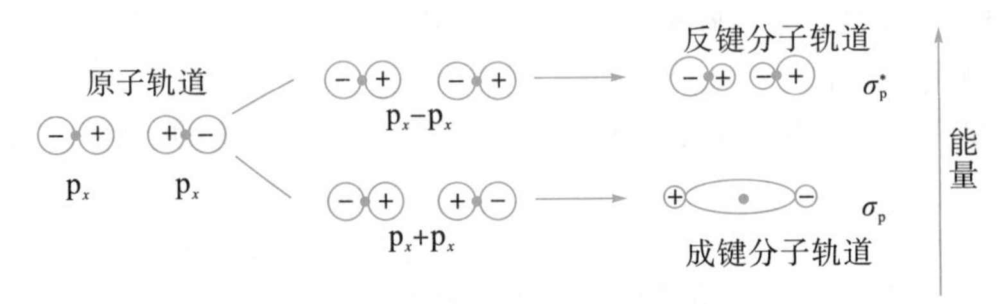

同样，由于电子一旦填入将形成共价键，而此共价键的电子云将以键轴为对称轴，形成 σ 键，故该分子轨道仍然是 σ 成键分子轨道和 σ 反键分子轨道，分别用 σ_p 和 σ_p^* 表示。

当两个 p 轨道以“肩并肩”的方式组合时，形成成键分子轨道和反键分子轨道。过程如下：

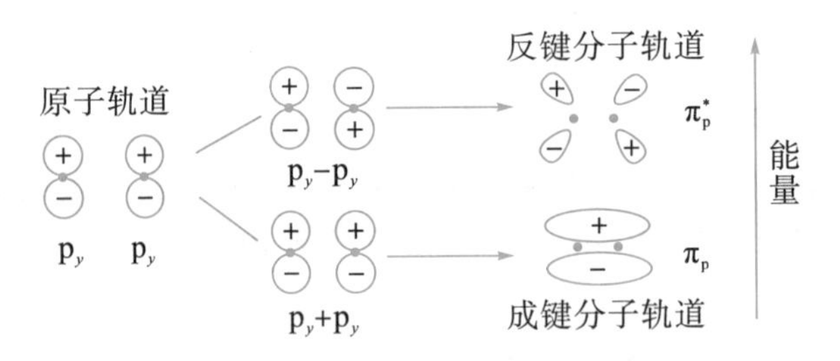

此时，电子填入形成的共价键，其电子云将以通过键轴的平面为对称，形成 π 键，故称此分子轨道为 π 成键分子轨道和 π 反键分子轨道，分别用 π_p 和 π_p^* 表示。

（3）s—p 重叠。

当一个 s 轨道和一个 p 轨道沿着键轴发生重叠时，形成两个分子轨道：σ 成键分子轨道和 σ 反键分子轨道，分别用 σ_{sp} 和 σ_{sp}^* 表示。过程如下：

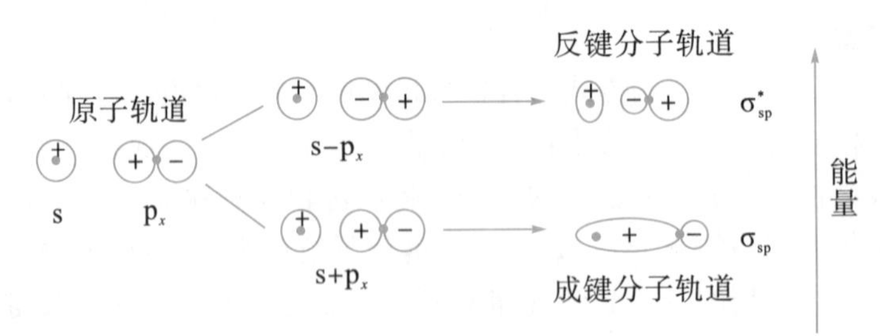

其他重叠方式如 p—d、d—d 等，在此不作介绍。

2. 原子轨道组合成分子轨道的条件

（1）能量近似原则。

只有能量相近的原子轨道才能组合成分子轨道，而且原子轨道的能量越相近越好。这个原则对于不同类型的原子轨道之间能否组成分子轨道很重要。例如，氢、氯、氧、钠各原子的价电子原子轨道的能量如下：

$$H：E_{1s}=-1318\ kJ\cdot mol^{-1}$$
$$Cl：E_{3p}=-1259\ kJ\cdot mol^{-1}$$
$$O：E_{2p}=-1322\ kJ\cdot mol^{-1}$$
$$Na：E_{3s}=-502\ kJ\cdot mol^{-1}$$

由于氢原子的 1s 轨道、氯原子的 3p 轨道和氧原子的 2p 轨道能量都相近，因此，它们彼此之间相互化合时，原子轨道可以组合成分子轨道，进而形成相应的分子。而钠原子的 3s 轨道与氢原子的 1s 轨道、氯原子的 3p 轨道和氧原子的 2p 轨道等的能量相差较远，因此，钠原子在与这三个原子化合时，原子轨道不能组合成分子轨道。不能组合成分子轨道，意味着不能形成共价键，因此，钠原子在与这三个原子化合时，只能以得失电子的方式形成离子键，进而形成离子型化合物。

（2）原子轨道最大重叠原理。

原子轨道发生重叠时，重叠程度越大，成键分子轨道能量越低，形成的化学键越稳定。

（3）对称性匹配规则。

相互重叠的原子轨道的对称性必须相同，即重叠部分正、负号必须相同，只有同号区域的原子轨道才能重叠。

2.3.5.3　同核双原子分子的分子轨道能级图

每个分子轨道都有相应的能量，分子轨道的能级顺序目前来自光谱实验。把分子中各分子轨道按能级高低排列起来，可得分子轨道能级图。第二周期元素所形成的同核双原子分子的分子轨道能级图如图 2－12 所示。

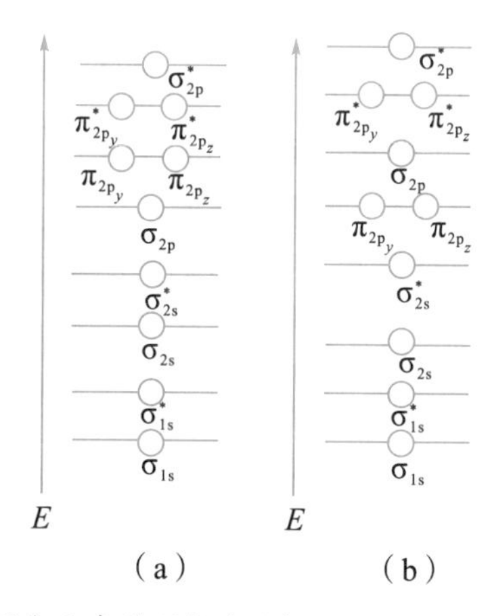

图 2－12　第二周期元素所形成的同核双原子分子的分子轨道能级图

从图 2－12 可以看出，第二周期元素所形成的同核双原子分子的分子轨道能级顺序有两种情况，差异体现在 σ_{2p} 和 π_{2p} 的能级顺序上。

图 2－12 中(a)表明的分子轨道能级顺序为

$$\sigma_{1s}、\sigma_{1s}^{*}、\sigma_{2s}、\sigma_{2s}^{*}、\sigma_{2p}、\pi_{2p_y}、\pi_{2p_z}、\pi_{2p_y}^{*}、\pi_{2p_z}^{*}、\sigma_{2p}^{*}$$

其中，π_{2p_y}、π_{2p_z} 和 $\pi_{2p_y}^{*}$、$\pi_{2p_z}^{*}$ 分别是等价轨道，第二周期元素同核双原子分子 O_2、F_2 分子

是这种顺序。

图 2-12 中(b)表明的分子轨道能级顺序为

$$\sigma_{1s}、\sigma_{1s}^*、\sigma_{2s}、\sigma_{2s}^*、\pi_{2p_y}、\pi_{2p_z}、\sigma_{2p}、\pi_{2p_y}^*、\pi_{2p_z}^*、\sigma_{2p}^*$$

其中，π_{2p_y}、π_{2p_z} 和 $\pi_{2p_y}^*$、$\pi_{2p_z}^*$ 分别是等价轨道，第二周期元素同核双原子分子 N_2、C_2、B_2、Be_2、Li_2 分子是这种顺序。

分析这两种顺序，由于 σ 键原子轨道重叠程度更大，成键能力更强，故 σ_{2p} 的能量应该比 π_{2p} 低，从原子轨道最大重叠原理考虑就应该如此。所以，O_2、F_2 分子的分子轨道能级顺序是正常的。与之对应，N_2、C_2、B_2、Be_2、Li_2 分子的分子轨道能级顺序就是反常的。发生这种反常的原因在于原子的 2s 和 2p 轨道存在能量差异。第二周期元素原子 2s-2p轨道能量差见表 2-8。

表 2-8　第二周期元素原子 2s-2p 轨道能量差

分子	Li	Be	B	C	N	O	F
2s-2p 轨道能量差/ $kJ \cdot mol^{-1}$	178	263	444	511	560	1438	1968

对于 Li、Be、B、C、N 等原子，2s 和 2p 轨道能量相差较小，使得 2s 和 2p 轨道之间有一定的相互作用，进而导致形成的分子轨道 σ_{2p} 能量升高，以至于能量高过 π_{2p}。

对于上述分子轨道能级图应注意：

其一，原子轨道重叠形成的成键分子轨道能量低于原子轨道，当成键分子轨道填入一对电子时，将使体系能量降低，从而形成化学键；反键分子轨道能量高于原子轨道，当反键分子轨道填入一对电子时，将使体系能量升高，从而抵消成键轨道填入电子使能量降低的部分，即当成键分子轨道和反键分子轨道都填满电子时，体系能量基本不变，从能量的角度考虑，对成键没有贡献，即不能形成化学键。

其二，图 2-12 表示的是分子轨道的能量高低顺序，不代表能量值。分子轨道的能量受组成分子轨道的原子轨道的影响，而原子轨道的能量与原子的核电荷数有关，因此，核电荷数的大小将影响分子轨道的能量。即不同原子的原子轨道所形成的同类型的分子轨道的能量是不同的。

2.3.5.4　部分同核双原子分子中分子轨道的排布

电子在分子轨道中的排布遵从能量最低原理、保里不相容原理和洪特规则。举例如下：

(1) H_2 分子。

分子轨道排布式为

$$(\sigma_{1s})^2$$

键级为成键电子数与反键电子数之差的一半，即

$$键级=\frac{2-0}{2}=1$$

表明氢分子中形成了一个 σ 键。

分子轨道理论能够很好地解释 H_2^+ 离子的存在，这在于 σ_{1s} 分子轨道仍然有一个电子，体系能量仍然会降低，其键级为 0.5，形成所谓的单电子键。显然，分子轨道理论并没有受到共价键电子配对观点的束缚，只要体系能量降低，就能形成分子。

(2) He_2 分子。

分子轨道排布式为

$$(\sigma_{1s})^2(\sigma_{1s}^*)^2$$

氦分子 σ_{1s}^* 填入的一对电子导致体系能量升高，抵消了 σ_{1s} 填入一对电子导致的体系能量降低，体系能量基本不变，键级 $=\frac{2-2}{2}=0$，没有形成共价键，不能形成 He_2 分子。$(\sigma_{1s})^2$ 和 $(\sigma_{1s}^*)^2$ 不参与形成化学键，其电子称为非键电子，对应的轨道称为非键轨道。

(3) Li_2 分子。

分子轨道排布式为

$$(\sigma_{1s})^2(\sigma_{1s}^*)^2(\sigma_{2s})^2$$

简化为

$$KK(\sigma_{2s})^2$$

其中，KK 代表 $(\sigma_{1s})^2(\sigma_{1s}^*)^2$ 部分。σ_{2s} 填入一对电子形成一个 σ 键，键级 $=\frac{4-2}{2}=\frac{2-0}{2}=1$。

(4) Be_2 分子。

分子轨道排布式为

$$KK(\sigma_{2s})^2(\sigma_{2s}^*)^2$$

键级 $=\frac{2-2}{2}=0$，没有形成共价键，不能形成 Be_2 分子。

(5) B_2 分子。

分子轨道排布式为

$$KK(\sigma_{2s})^2(\sigma_{2s}^*)^2(\pi_{2p_y})^1(\pi_{2p_z})^1$$

按洪特规则两个电子以自旋平行的方式分占两个等价轨道 π_{2p_y} 和 π_{2p_z}，分别形成两个单电子 π 键，单电子 π 键成键能力弱于正常 π 键，两个单电子 π 键相当于一个正常 π 键，键级 $=\frac{4-2}{2}=1$。B_2 分子中存在成单电子，这意味着 B_2 分子具有磁性，实验证实了 B_2 分子确实是顺磁性分子。

(6) C_2 分子。

分子轨道排布式为

$$KK(\sigma_{2s})^2(\sigma_{2s}^*)^2(\pi_{2p_y})^2(\pi_{2p_z})^2$$

形成两个 π 键，键级 $=\frac{6-2}{2}=2$。

(7) N_2 分子。

分子轨道排布式为

$$KK(\sigma_{2s})^2(\sigma_{2s}^*)^2(\pi_{2p_y})^2(\pi_{2p_z})^2(\sigma_{2p})^2$$

形成一个 σ 键，两个 π 键，键级 $=\frac{8-2}{2}=3$。

(8) O_2分子。

分子轨道排布式为

$$KK(\sigma_{2s})^2(\sigma_{2s}^*)^2(\sigma_{2p})^2(\pi_{2p_y})^2(\pi_{2p_z})^2(\pi_{2p_y}^*)^1(\pi_{2p_z}^*)^1$$

$(\sigma_{2p})^2$形成一个σ键，$\pi_{2p_y}^*$和$\pi_{2p_z}^*$的各一个电子不能完全抵消π_{2p_y}和π_{2p_z}各两个电子导致的能量降低，分别由$(\pi_{2p_y})^2$和$(\pi_{2p_y}^*)^1$以及$(\pi_{2p_z})^2$和$(\pi_{2p_z}^*)^1$形成两个三电子π键，表示成 $O\genfrac{}{}{0pt}{}{\cdot\cdot\cdot}{\cdot\cdot\cdot}O$。三电子$\pi$键成键能力弱于正常$\pi$键，两个三电子$\pi$键相当于一个正常$\pi$键，键级$=\frac{8-4}{2}=2$。$O_2$分子中存在成单电子，同样意味着$O_2$分子具有磁性，实验证实了$O_2$分子确实是顺磁性分子。

在O_2分子基础上得失电子，将可以分别形成超氧离子O_2^-、过氧离子O_2^{2-}和二氧基阳离子O_2^+，键级分别为1.5、1和2.5。

(9) F_2分子。

分子轨道排布式为

$$KK(\sigma_{2s})^2(\sigma_{2s}^*)^2(\sigma_{2p})^2(\pi_{2p_y})^2(\pi_{2p_z})^2(\pi_{2p_y}^*)^2(\pi_{2p_z}^*)^2$$

$(\sigma_{2p})^2$形成一个σ键，键级$=\frac{8-6}{2}=1$。

(10) Ne_2分子。

分子轨道排布式为

$$KK(\sigma_{2s})^2(\sigma_{2s}^*)^2(\sigma_{2p})^2(\pi_{2p_y})^2(\pi_{2p_z})^2(\pi_{2p_y}^*)^2(\pi_{2p_z}^*)^2(\sigma_{2p}^*)^2$$

不能形成共价键，键级$=\frac{8-8}{2}=0$，表明稀有气体不能形成双原子分子。

键级的大小能够说明两个相邻原子间成键的强度。同周期元素组成的双原子分子，键级越大，键越稳定，键长越短，键能越大，分子越稳定。表2-9为第二周期元素所形成的同核双原子分子数据。

表2-9 第二周期元素所形成的同核双原子分子数据

分子	分子轨道排布式	键级	键长/pm	键能/ $kJ\cdot mol^{-1}$
Li_2	$KK(\sigma_{2s})^2$	1	267	105
B_2	$KK(\sigma_{2s})^2(\sigma_{2s}^*)^2(\pi_{2p_y})^1(\pi_{2p_z})^1$	1	159	293
C_2	$KK(\sigma_{2s})^2(\sigma_{2s}^*)^2(\pi_{2p_y})^2(\pi_{2p_z})^2$	2	124	602
N_2	$KK(\sigma_{2s})^2(\sigma_{2s}^*)^2(\pi_{2p_y})^2(\pi_{2p_z})^2(\sigma_{2p})^2$	3	110	941
O_2	$KK(\sigma_{2s})^2(\sigma_{2s}^*)^2(\sigma_{2p})^2(\pi_{2p_y})^2(\pi_{2p_z})^2(\pi_{2p_y}^*)^1(\pi_{2p_z}^*)^1$	2	121	493
F_2	$KK(\sigma_{2s})^2(\sigma_{2s}^*)^2(\sigma_{2p})^2(\pi_{2p_y})^2(\pi_{2p_z})^2(\pi_{2p_y}^*)^2(\pi_{2p_z}^*)^2$	1	142	155

部分无机小分子的分子轨道排布如下：

CO：

$$KK(\sigma_{2s})^2(\sigma_{2s}^*)^2(\pi_{2p_y})^2(\pi_{2p_z})^2(\sigma_{2p})^2$$

CO分子的排布顺序与N_2分子一致，但分子轨道能量有差异。并且CO分子的电子数与N_2分子的电子数相同，因此，两者有相同的排布和相同的成键，形成一个σ键，两个

π 键，键级为 3。CO 分子和 N_2 分子具有相同的分子轨道排布顺序，并且电子数相同，因而有相同的电子排布，这样的分子叫作等电子体。等电子体分子的性质非常相似。

NO：

$$KK(\sigma_{2s})^2(\sigma_{2s}^*)^2(\sigma_{2p})^2(\pi_{2p_y})^2(\pi_{2p_z})^2(\pi_{2p_y}^*)^1$$

NO 分子的排布顺序与 O_2 分子一致，但分子轨道能量有差异。NO 分子少一个电子，形成一个 σ 键，一个 π 键，一个三电子 π 键，键级为 2.5。显然，NO 分子有成单电子，分子有顺磁性。NO 分子如果失去一个电子变成亚硝酰离子 NO^+，因为失去的是反键轨道 $\pi_{2p_y}^*$ 上的电子，键级成为 3，更加稳定，没有了成单电子，具有抗磁性。

可以看出，分子轨道理论的键级数值和价键理论的键数大致对应。如 N_2 分子键级是 3，价键理论描述 N_2 分子成键为三键。再如 O_2 分子，虽然分子轨道理论描述为三键(一个 σ 键和两个三电子 π 键)，但是键级是 2，价键理论描述 O_2 分子为双键。

由上述共价键理论(价键理论、分子轨道理论)的介绍可以看出，共价键理论是一个复杂而庞大的知识体系，之所以如此，在于分子结构的复杂性和多样性。无论是价键理论还是分子轨道理论，都只能部分解释分子的结构和性质。目前还未能建立一个能够解释所有分子结构和性质的理论。或许，指望一个能够解释所有分子结构和性质的理论是不现实的。知识无涯而人生有涯，这是人类的无奈，也是人类的希望。

2.4　金属键理论

无论是金属单质还是金属合金，在性质上都表现出与共价化合物、离子化合物显著的区别，这其实意味着金属单质或者金属合金中金属原子间的化学键显著地区别于共价键和离子键。

一般意义上的定义：金属键是金属晶体中金属原子间的较强相互作用。

但是，金属键的本质是什么呢？离子键理论和共价键理论分别针对电负性差异大和差异小的原子间的成键进行了阐述，其理论适用的范围非常广泛。因为两个原子结合，各自都有电负性数值，电负性数值差异或者大或者小，二者必居其一，所以离子键理论和共价键理论几乎包含了所有原子间的成键。这意味着金属键也会被包含在这两个理论的某一个范围之内。考虑到金属单质的电负性差值为零，金属合金不同金属原子间的电负性数值相差很小，可以认为金属键属于共价键的范畴。因此，共价键的两大理论——价键理论和分子轨道理论，都可以用于描述金属键的成键。考虑到金属单质和金属合金显著地区别于共价分子，两个理论在应用于金属键时都会做适当的修正，以便合理地解释金属及其合金的性质。由此，产生了金属键的两个化学键理论：自由电子理论和能带理论。

2.4.1　自由电子理论

自由电子理论是价键理论应用于金属成键的结果，也称为改性共价键理论。

非金属元素原子具有较多价电子，彼此可通过共用电子对成键。但是大多数金属元素原子的价电子数都少于 4 个，有的甚至是 1 个、2 个。而实验证实，在金属晶体中，每个原子都要被 8 个或 12 个相邻原子包围。以钠为例，钠晶体中每个钠原子周围结合有 8 个钠原子。由于钠原子的价电子数是 1，因此很难想象钠晶体通过正常共价键结合。

自由电子理论认为：因为金属元素电负性小，外层价电子数少，价电子与核的联系比较松弛，所以一些金属原子容易失去电子而形成金属阳离子，而一些金属阳离子又随时可结合其他原子失去的电子成为金属原子，这意味着在金属晶体中极其频繁地发生着这样的电子得失。从整体看，金属原子上脱离下来的电子不是属于某个特定的金属原子的，而是可能从这个金属原子转移到另一个金属原子，再转移到下一个金属原子。这种转移，其实就是电子的运动，即电子不是局限在某些特定的金属原子或金属离子附近运动，而是可以在整个金属晶体中自由运动，这样的电子叫自由电子。

金属晶体就是由金属原子、金属离子、自由电子构成的，如图 2—3 所示。

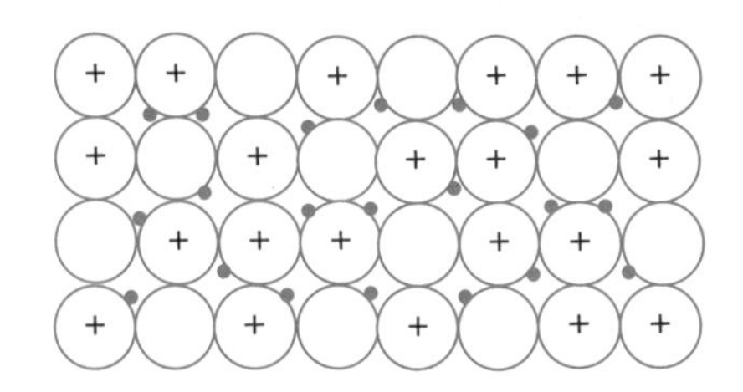

图 2—13　金属晶体示意图

自由电子理论认为，正是由于自由电子不停地运动，从而把金属原子或金属离子结合在一起，这种相互作用就叫金属键，即由多个原子共用一些能够自由流动的自由电子所形成的化学键。

这里可以看到，金属键的本质是金属原子和金属离子对自由电子的共用，这与价键理论阐述的共用电子是一脉相传的。

金属键与共价键的相同之处：都是靠共用电子把原子结合在一起。

金属键与共价键的区别：①共用电子数目的不同，共价键是两个原子共用一对电子，金属键是较多原子共用较少的电子。②共用电子活动范围的不同，共价键的共用电子对为两个原子所共用，即共用电子对只能在两个成键原子的范围内运动，因此，成键电子对也称为定域电子；而金属键的共用电子不是成对电子，而是数目不定的自由电子，且自由电子不属于某些特定的原子，而属于整个金属晶体，即自由电子在整个金属晶体范围内运动，因此，这些自由电子也称为不定域电子。

金属键的特点：在金属晶体中，每个原子在空间范围允许的条件下，将与尽可能多的原子形成金属键，所以金属键没有方向性和饱和性。这使得金属结构总是按最紧密的方式堆积起来，以便拥有更多的共用电子。

金属键的强度：通常用金属的原子化热(升华热)来度量金属键的强弱。升华热的定义为单位物质的量(1 mol)的金属由结晶态转变为气态自由原子所需的能量，即如下过程：

$$M(s) \longrightarrow M(g)$$

部分金属的原子化热见表 2—10。

表 2—10　部分金属的原子化热

金属	Na	Cs	Cu	Zn
原子化热/ $kJ \cdot mol^{-1}$	109	79	339	131

分析影响金属键强弱的因素，可以解释上述数据的不同。考虑到金属键的共价键的本质，金属键的强弱影响因素应该有原子半径和价电子数。原子半径越小，金属键越强(对应共价键键长越短，共价键越强)，价电子数越多，金属键越强(对应共价键电子云重叠程度越大，共价键越强)。表 2—10 中钠和铯的价电子数相同，其原子化热的差异体现了原子半径的影响；铜和锌的原子半径相近，其原子化热的差异体现了价电子数的影响，锌的价电子只有外层 s 电子，铜的价电子除了外层 s 电子还包括次外层 d 电子。

自由电子理论对金属的一些物理性质作出很好的解释。

金属较大的比重、密度：在金属晶体中，金属原子和金属离子采取紧密堆积结构，使得金属单质具有较大的比重、密度。

金属光泽：金属中自由电子可以吸收可见光，然后再把大部分光发射出去，因而金属具有金属光泽并对辐射能有良好的发射性能。

导电性：在外加电场作用下，金属的自由电子沿着外加电场定向移动，从而导电。金属原子和金属离子的振动对流动的电子起到阻碍作用，金属阳离子对电子的吸引一样会阻碍电子的流动，从而构成金属的电阻。温度升高，金属原子和金属离子的振动加速，对电子流动的阻碍加剧，电阻升高。

导热性：当外界施予部分金属表面以热量时，受热的金属原子和金属离子的振动得到加强，并通过自由电子的运动而把热量传递到邻近金属原子和金属离子，使热运动扩展开来，很快使得金属整体的温度相同。

良好的机械加工性能：金属紧密堆积结构允许在外力下使一层原子在相邻的一层原子上滑动而不破坏金属键，这使得金属有很好的延展性，能够进行机械加工(图 2—14)。

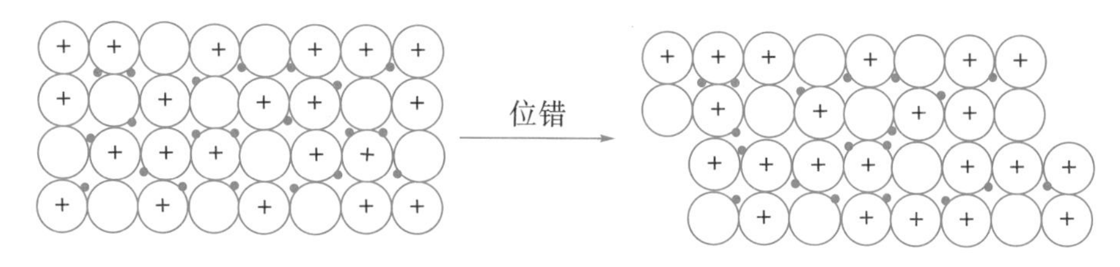

图 2—14　金属的延展性

2.4.2　能带理论

金属键的能带理论是把分子轨道理论应用于金属晶体的形成所得的结果，要点如下：

(1) 金属原子成键时价电子必须是离域的，所有的价电子应该为整个金属晶体的原子所共有。

(2) 在金属晶体中，金属原子的原子轨道可以组成分子轨道。但金属晶体的分子轨道与分子的分子轨道有区别，以锂为例。

气态时，锂分子：Li_2 $[(\sigma_{1s})^2(\sigma_{1s}^*)^2(\sigma_{2s})^2]$。

固态时，锂晶体：能带理论认为，对于金属晶体，可看成一个大分子 Li_n，那么它应有 n 个分子轨道，如图 2－15 所示。

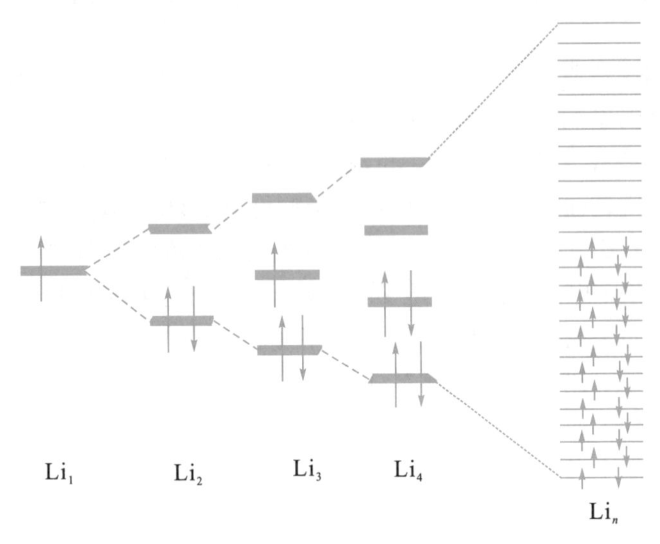

图 2－15　锂分子和锂晶体的分子轨道

因为分子轨道众多，所以相邻两个分子轨道间的能量相差很小。一般共价分子分子轨道的能量差约为 10^{-18} J，而金属晶体中，分子轨道的能量差约为 10^{-41} J。这些个别的分子轨道称为能级，n 个能级构成能带。在 Li_n 的分子轨道中，有一半$\left(\frac{n}{2}个\right)$分子轨道将为成对电子所充满，另一半$\left(\frac{n}{2}个\right)$分子轨道则是空的。由于能级之间的能量差异很小，故电子从低能级向高能级跃迁并不需要太大的能量。

(3) 依原子轨道不同，金属晶体中可以有不同的能带。如锂晶体，有 1s 能带、2s 能带，如图 2－16 所示。

由充满电子的原子轨道能级所形成的低能量能带叫满带。由未充满电子的原子轨道能级所形成的高能量能带叫导带。从满带顶到导带底之间的能量差叫禁带。依金属晶体不同，禁带宽度各不相同，通常情况下，禁带宽度较大，电子不能从低能带向高能带跃迁。在导带内，由于能级之间的能量差很小，电子在获得外来很小能量的情况下，可以在带内相邻能级中自由运动。如外加电场，自由电子运动，因此而导电。即具有导带的金属晶体可以导电。

(4) 金属中相邻的能带有时可以互相重叠。如金属铍，1s、2s 能带都是满带，2p 能带是空带。但 2s 能带和 2p 能带有部分重叠，这使得 2s 能带和 2p 能带之间的禁带消失，如图 2－17 所示。

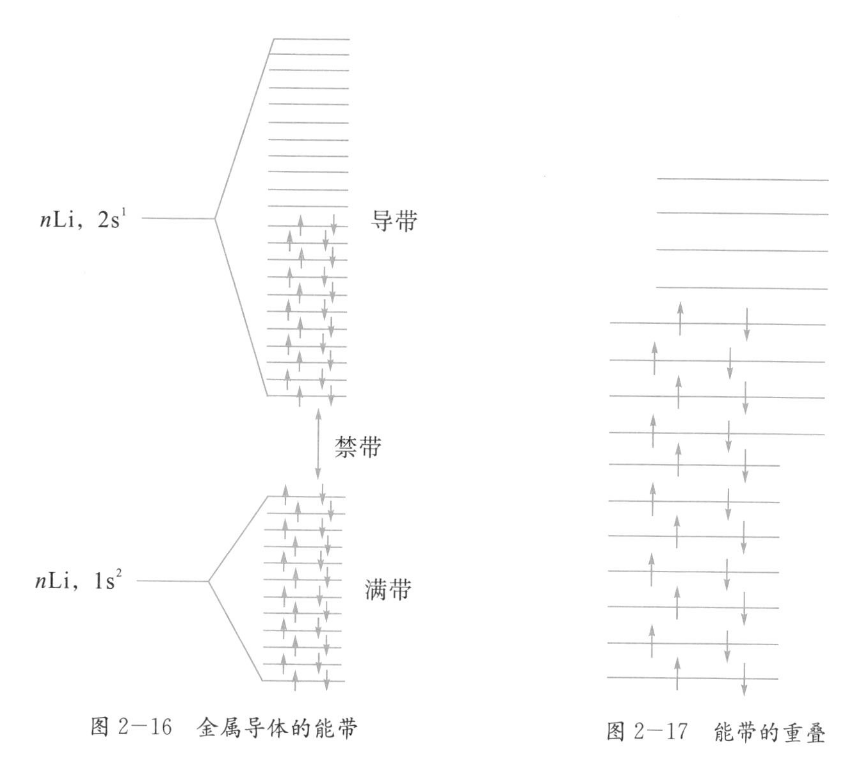

图 2—16　金属导体的能带

图 2—17　能带的重叠

可以看出，这实际上又形成了导带。

利用能带理论，可以将固体区分为导体、半导体以及绝缘体。具体而言，是依据固体中能带的充填情况(满带、导带、禁带宽度)进行区分。

导体：存在导带，或满带与空带相互重叠。

半导体：没有导带，一般情况下不导电。但因满带与空带的禁带宽度较小，通常＜3 eV，当光照或加热时，满带中的电子获得能量可以跃迁到空带上，使原来的满带和空带都成为导带，从而可以导电。一旦失去外来能量，跃迁的电子又重新回到原来的能带，形成满带和空带，不能导电。比如硅晶体的禁带宽度为 1.1 eV，锗晶体的禁带宽度为0.6 eV，它们都是良好的半导体。

绝缘体：没有导带，不能导电。同时，因满带与空带的禁带宽度较大，通常＞5 eV，当光照或加热时，满带中的电子获得能量，但不足以使其跃迁到空带上，从而一样不能导电。比如金刚石的禁带宽度为 6.0 eV，为绝缘体。

导体、半导体、绝缘体的能带情况如图 2—18 所示。

能带理论能够很好地说明金属的一些物理性质。

导电性：一般金属具有良好的导电性，这在于其能带中具有导带。在外电场作用下，导带中的电子受到激发，能量升高，进入同一能带的空轨道，并沿电场的正极方向移动，同时，原来由电子占据的能级因失去电子而成为带正电的空穴，沿电场的负极方向移动，从而导电。

导热性：在外界提供热源时，电子受激发运动一样起到传递热能的作用，所以金属具有良好的导热性。

金属光泽：电子吸收光能发生跃迁，然后再将其能量以光的形式发射出去。能带理论对于非金属固体单质和化合物的导电性能也能做出较好的解释。

良好的机械加工性能：当对金属晶体施予机械应力时，由于能带中的电子的自由移动，局部的金属键被破坏，其他部位的金属键又可以生成，这意味着机械加工不能破坏金属结构，从而使金属具有良好的机械加工性能。

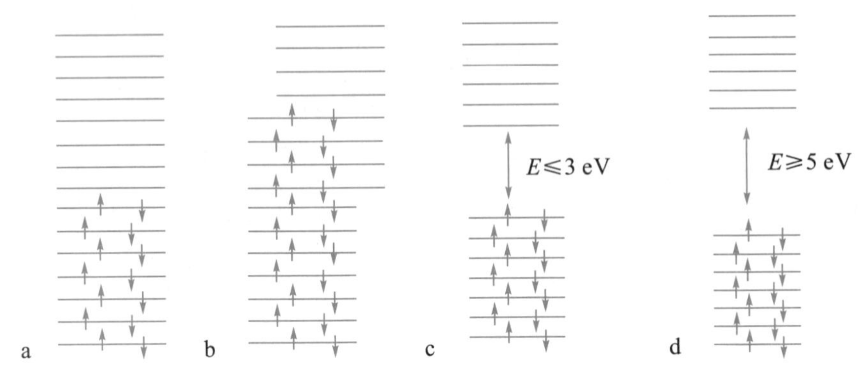

图 2-18　导体(a、b)、半导体(c)、绝缘体(d)的能带情况

2.5　键型过渡和离子极化

2.5.1　键型过渡

离子键、共价键、金属键是三种典型的化学键，但是从化学键的本质，即作用力的性质来看，离子键的本质是静电作用力，共价键和金属键的本质是原子轨道或者电子云的重叠。近代实验研究表明，离子键和共价键其实是共存的，离子键中有共价键成分，共价键中有离子键成分。

例如电负性最小的碱金属铯离子(Cs^+)和电负性最大的卤素氟离子(F^-)之间形成的离子型化合物氟化铯(CsF)，静电作用导致的体系能量下降值占总能量下降值的 92%。在氟化铯晶体中，同时存在着氟离子电子云与铯离子电子云之间的重叠，由此导致的体系能量下降值占总能量下降值的 8%。所以，氟化铯的化学键中离子键的成分占了 92%，共价键的成分占了 8%。即氟化铯的离子键中，离子性为 92%，共价性为 8%。

再如典型的共价键氢分子(H_2)，电子云重叠导致的体系能量下降值占总能量下降值的约 95%，另外约 5%的能量降低来自静电作用。即氢分子的共价键中，共价性为 95%，离子性为 5%。前面介绍偶极矩应用时计算 HCl 分子的电荷分布，得到 HCl 分子中离子性为 17.6%，则其共价性为 82.4%，亦是一例。

化学键中离子性和共价性的相对大小用离子性百分数来表示。鲍林研究发现：形成化学键的两个元素的电负性差值越大，键的离子性就越大。对于 AB 型化合物，单键离子性百分数与电负性差值之间的关系见表 2-11。

表 2-11　单键离子性百分数与电负性差值之间的关系

电负性差值	离子性百分数/%	电负性差值	离子性百分数/%
0.2	1	1.8	55
0.4	4	2.0	63
0.6	9	2.2	70
0.8	15	2.4	76
1.0	22	2.6	82
1.2	30	2.8	86
1.4	39	3.0	89
1.6	47	3.2	92

可以看出，当电负性差值约为 1.7 时，单键的离子性和共价性各占约 50%。当电负性差值大于 1.7 时，单键以离子性为主，此时化学键为离子键，对应化合物为离子型化合物；当电负性差值小于 1.7 时，单键以共价性为主，此时化学键为共价键，对应化合物为共价型化合物。

典型的共价键只有电子云的重叠，没有静电作用；典型的离子键只有静电作用，没有电子云的重叠。但这是理想的情况，实际上并不存在。从共价键到离子键，电子云重叠的成分减少，静电作用的成分增多；从离子键到共价键，静电作用的成分减少，电子云重叠的成分增多。显然，共价键和离子键之间存在一个过渡。

共价键向离子键过渡是通过键的极性增大来实现的。这个过渡的起点是非极性键。首先，形成化学键的两个原子电负性相同时形成非极性共价键，正、负电荷重心重合，没有静电作用。但是由于瞬时偶极(详见 2.6)的存在，两个原子间仍然具有一定的静电作用，这是非极性分子的共价键中仍有一定离子性的原因。如氢分子共价键中离子性为 5%。然后，形成化学键的两个原子的电负性不相同时形成极性共价键，正、负电荷重心不重合，彼此间有了更大的静电作用力，共价键中有了更多的离子键成分。随着形成化学键的两个原子电负性差值越来越大，键的极性越来越强，正、负电荷重心的电荷值越来越大，静电作用力越来越大，离子键的成分越来越多。最终，当两个原子的电负性差值超过 1.7，离子键的成分超过了共价键，共价键就过渡成了离子键。显然，极性共价键极性的极致就是离子键，离子键具有最大的极性。

离子键过渡到共价键是通过离子极化来实现的。

2.5.2　离子极化

离子与分子一样，存在一个正电荷重心和一个负电荷重心，也存在一个二者是否重合的问题。离子在外加电场作用下，其正电荷重心和负电荷重心受到外加电场的吸引，会发生相对位置的改变，导致一定程度的变形。这种情况不仅发生在有外加电场时，也发生在阴、阳离子相互靠拢时，此时就涉及所谓的离子极化。

2.5.2.1 离子的极化作用和变形性

极化作用：一种离子使异号离子极化而变形的作用。

变形性：被异号离子极化而发生电子云变形的性能。

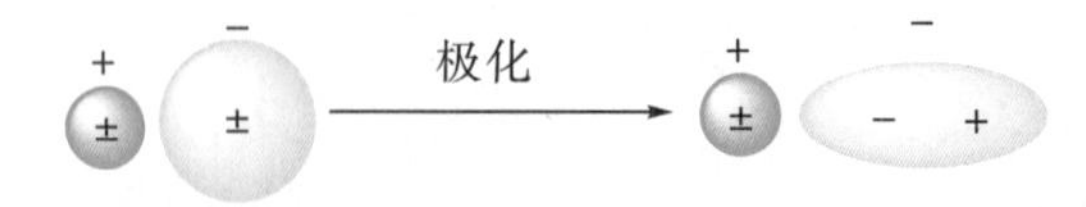

上图中，阳离子的正电场影响阴离子的电子云，使阴离子的电子云发生了变形。阳离子表现出极化作用，阴离子表现出变形性。

显然，阴、阳离子都同时具有极化作用和变形性。

离子极化作用有赖于离子的电场强度，电场强度越大，极化作用越强。离子的变形性有赖于离子的体积，体积越大，越有利于变形。一般而言，阳离子的体积较小，电场相对较强，其极化作用相对较强，而变形性相对较弱；阴离子的体积较大，电场相对较弱，其极化作用相对较弱，而变形性相对较强。

一般情况下，考虑离子间相互作用时，只考虑阳离子对阴离子的极化作用。

但是如果阳离子也具有较强的变形性时，阴离子的电场会反过来诱导阳离子，产生所谓的附加极化，使阳离子发生变形。

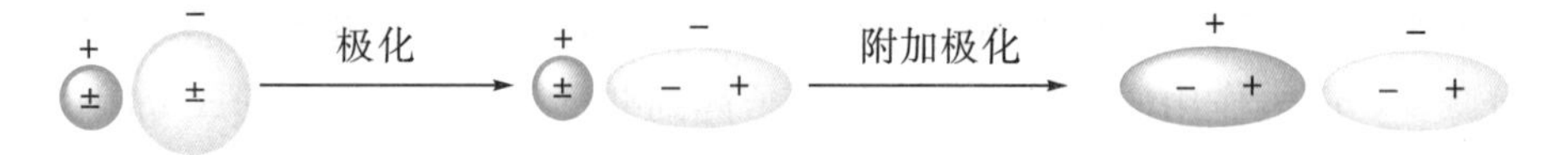

显然，阳离子的变形性越显著，这种附加极化效应越显著。

极化作用和附加极化作用使阴、阳离子在正、负电荷静电作用力之外产生了额外的吸引力，使得两个离子靠得更近，甚至发生电子云的互相重叠。

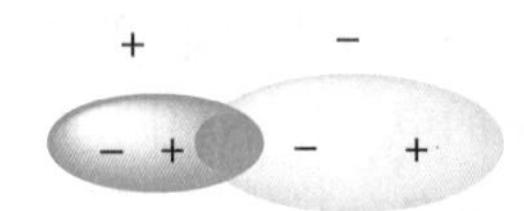

2.5.2.2 阴、阳离子极化作用和变形性强弱的规律

离子极化作用有赖于离子的电场强度，离子的变形性有赖于离子的体积，一般分析，可以得到阴、阳离子极化作用和变形性强弱的一般规律。

1. 阳离子

（1）离子形式电荷越大，半径越小，极化作用越强。

（2）阳离子有效正电荷对应了阳离子的有效核电荷，而阳离子的有效核电荷与阳离子的价电子构型有关。因此，不同价电子构型的阳离子极化作用的强弱依次为

18 或(18+2)电子构型的离子>(9−17)电子构型的离子>8 电子构型的离子

（3）对于相同电子层结构的离子而言，离子半径越小，极化作用越强；离子半径越大，变形性越强。

(4) 18、(18+2)和(9－17)电子层的离子有较强的变形性。这在于 d 电子云结构弥散，相对易于变形。

2. 阴离子

(1) 电子层结构相同的阴离子负电荷越大，变形性越强；半径越大，变形性越强。

(2) 一些复杂的无机阴离子，如酸根，极化作用、变形性都不显著，且复杂阴离子中心离子(即成酸元素)氧化数越大，变形性越弱。

常见阴离子的变形性顺序为

$$S^{2-} > O^{2-} > CO_3^{2-} > SO_4^{2-} > I^- > Br^- > Cl^- > CN^- > NO_3^- > F^- > ClO_4^-$$

2.5.2.3　离子极化对化学键型的影响

显然，离子极化对化学键型产生了影响。离子极化使得离子的电子云发生了变形，进而部分重叠，这就使得离子键中有了共价键的成分。极化作用越显著，电子云重叠程度越大，共价键的成分越多。当共价键的成分超过离子键的成分时，离子键就过渡到了共价键。在这个过渡中，核间距变短，极性减弱。

如卤化银的键型过渡：

AgF(离子型)、AgCl(过渡型)、AgBr(过渡型)、AgI(共价型)

就卤化银而言，Ag^+ 是 18 电子构型，具有很强的极化能力，同时也有很强的变形性，卤素离子具有变形性，所以银离子和卤素离子之间有极化作用。并且，随着 X^- 变形性的递变，Ag^+ 与 X^- 之间的极化作用也会发生相应的递变。

X^- 的体积递变：

$$F^- < Cl^- < Br^- < I^-$$

X^- 的变形性递变：

$$F^- < Cl^- < Br^- < I^-$$

Ag^+ 与 X^- 之间的极化作用递变：

$$AgF < AgCl < AgBr < AgI$$

Ag^+ 与 X^- 化学键中共价键成分的递变：

$$AgF < AgCl < AgBr < AgI$$

如果查表 2－11 的数据，由电负性差值数据对应单键离子性百分数，则氟化银的电负性差值为 4.0－1.9＝2.1，对应的单键离子性百分数约为 66％；氯化银的电负性差值为 3.0－1.9＝1.1，对应的单键离子性百分数约为 26％；溴化银的电负性差值为 2.8－1.9＝0.9，对应的单键离子性百分数约为 21％；碘化银的电负性差值为 2.5－1.9＝0.6，对应的单键离子性百分数为 9％。

从氟化银到碘化银，极化作用导致的键型过渡对应了其核间距的缩短越来越显著，在接下来离子极化对化合物性质的影响部分的晶格类型转变的讨论中将涉及。

2.5.2.4　离子极化对化合物性质的影响

离子极化的结果是导致键型过渡，实际上是使典型的离子型化合物向典型的共价型化合物过渡。由于离子型化合物的物理性质主要由较强的作用力离子键决定，而共价型化合物的物理性质主要由较弱的分子间力决定，因此，两者在物理性质上显示出差异。主要表现在以下四个方面。

1. 极化使化合物的溶解度降低

水分子是极性分子，因此，水是极性溶剂。根据相似相溶原理，极性溶质在水中溶解度更大。离子型化合物的极性显著大于共价型化合物，因此，离子型化合物在水中溶解度更大。离子极化导致离子型化合物向共价化合物过渡，键的极性减弱，必然导致其溶解度降低。例如下列化合物溶解度递变顺序：

$$AgF > AgCl > AgBr > AgI$$

$$CuF > CuCl > CuBr > CuI$$

$$ZnS > CdS > HgS$$

$$As_2S_3 > Sb_2S_3 > Bi_2S_3$$

锌族离子是18电子构型的离子，极化能力、变形性都很强，硫离子变形性很强，二者有很强的极化作用。并且，依 Zn^{2+}、Cd^{2+}、Hg^{2+} 的顺序，离子半径增大，变形性增强，硫化物极化作用增强。同样，砷、锑、铋三价离子是18+2电子构型的离子，极化能力、变形性都很强，依 As^{3+}、Sb^{3+}、Bi^{3+} 的顺序，离子半径增大，变形性增强，硫化物极化作用增强。

2. 极化使化合物的颜色加深

简单地说，物质显色的原理在于物质对可见光(波长 400～760 nm)的选择性吸收。

当可见光照射到物体上时，如果物体对光具有选择性吸收作用，一些波长的光被吸收，其余波长的光被反射，物体就呈现反射光组合所得到的颜色。例如某物体只吸收波长为 490～560 nm 的光(绿色)，反射光就由 400～750 nm 减去 490～560 nm 后剩下各波长的光组成，这些光共同作用于人眼，人眼就观察到红色。被吸收光的颜色与物质的颜色互称互补色(互补光)。颜色之间的互补关系见表 2－12。

表 2－12 物质吸收的可见光波长与颜色

吸收光波长 λ/nm	吸收可见光颜色	物质显色
400～435	紫	黄绿
435～480	蓝	黄
480～490	绿蓝	橙
490～500	蓝绿	红
500～560	绿	紫红
560～580	黄绿	紫
580～595	黄	蓝
595～605	橙	绿蓝
605～750	红	蓝绿

可以看出，随着物质吸收光波长的减小，物质的颜色会出现由绿、蓝、紫、红、橙到黄的变化。物质与可见光的吸收的关系还有如下四种情况：

无色透明：可见光通过不吸收

白色：完全反射可见光

黑色：完全吸收可见光

灰色：部分吸收各种波长的可见光

物质因吸收可见光而获得能量，组成物质的原子的核外电子将因此由基态跃迁到激发态。因此，物质如果具有与可见光能量相一致的核外电子能级差，就可以通过吸收可见光来实现电子在不同能级间的跃迁。并且，由能级能量与光波的关系$\left(E_2-E_1=h\nu=h\dfrac{c}{\lambda}\right)$可知，能级$E_2$与$E_1$的差值越大，电子吸收光的波长越短(能量越高)，物质显示的颜色就越趋向红色；能级E_2与E_1的差值越小，电子吸收光的波长越长(能量越低)，物质显示的颜色就越趋向紫色。

物质吸收可见光的原因很多，常见的有原子轨道电子的跃迁(参见3.3.2)、分子轨道电子的跃迁(参见13.2.1)、晶格缺陷和带隙跃迁(参见4.2.4)、电荷迁移。

极化使阴、阳离子的原子轨道发生重叠，导致阴离子原子轨道上的电子吸收可见光向阳离子的原子轨道发生跃迁。极化作用越显著，原子轨道发生重叠的程度越大，阴、阳离子原子轨道能量差越小，电子跃迁吸收可见光能量越小，化合物颜色越深。这种由于极化作用导致的显色被称为电荷迁移，是阴离子的电子吸收可见光迁移到阳离子的空轨道上去。如下列化合物颜色递变：

AgF(白)、AgCl(白)、AgBr(浅黄)、AgI(黄)

CuF_2(白)、$CuCl_2$(浅绿)、$CuBr_2$(深棕)

ZnS(白)、CdS(黄)、HgS(黑)

As_2S_3(黄)、Sb_2S_3(橙红)、Bi_2S_3(棕黑)

3. 极化使晶格类型发生转变

离子型化合物的晶体结构因阴、阳离子的半径不同而不同，第4章离子晶体部分会做详细介绍。极化使核间距减小，意味着阴、阳离子半径的减小，由此，将影响离子的晶体结构。见表2－13。

表2－13　卤化银核间距和晶体构型

	AgCl	AgBr	AgI
理论核间距/pm	126＋181＝307	126＋195＝321	126＋216＝342
实测核间距/pm	277	288	281
核间距减少值/pm	30	33	61
理论晶体结构	NaCl	NaCl	NaCl
实际晶体结构	NaCl	NaCl	ZnS

4. 极化使化合物的熔点和沸点降低

由于离子型化合物对应的离子晶体质点间作用力离子键显著强于共价型化合物对应的分子晶体质点间作用力分子间力，因此，极化导致离子键向共价键过渡，会使离子晶体向分子晶体转变，由此引起物理性质的变化，使化合物的熔、沸点降低。

如氯化亚铜和氯化钠的熔点，如果从晶格能考虑，两者阴离子相同，阳离子电荷相同，离子半径相近(Na^+半径为 95 pm，Cu^+半径为 96 pm)，应该有相近的熔点，但实际上氯化亚铜的熔点是 699 K，氯化钠的熔点是 1074 K。显然，从晶格能的角度不能解释。而从离子极化作用能够很好地解释这种差异，Cu^+为 18 电子构型的离子，极化能力和变形性都很强，氯化亚铜存在显著的离子极化作用，导致氯化亚铜成为共价化合物，熔点显著降低。而 Na^+为 8 电子构型的离子，极化能力弱，氯化钠的离子极化作用很弱，由极化导致的熔点降低很小。

离子极化在解释离子型化合物的物理性质上有许多应用，除了 s 区元素(碱金属和碱土金属)离子型化合物的物理性质主要由晶格能决定外，p 区、d 区和 ds 区元素离子型化合物的物理性质都与离子极化有关。但是离子极化的应用也有明显的不足，离子的极化能力和变形性没有明确的标度，应用时有例外，因此，离子极化一般只针对同系列化合物的性质做出定性的解释。

2.6 分子间力和氢键

2.6.1 分子间力

分子内的原子间存在化学键，化学键是原子间较强的相互作用力，键能为 100～800 $kJ \cdot mol^{-1}$。在分子间还存在一种较弱的相互作用力，称为分子间力。分子间力约小于化学键能一两个数量级，每摩尔只有几到几十千焦。分子间力的概念最早是在 1873 年由荷兰物理学家范德华(Johannes Diderik van der Waals)在研究实际气体对理想气体状态方程的偏差时提出来的，因此分子间力也称为范德华力。

一般而言，分子间力来自分子的偶极。首先讨论分子的偶极类型。

2.6.1.1 分子的偶极类型

根据分子偶极产生的原因分类，分子偶极可分为三种。

1. 固有偶极

对于极性分子而言，分子中始终存在一个正极、一个负极，这种极性分子的固有偶极叫作固有偶极(也称为永久偶极)。

显然，永久偶极的大小与分子极性的大小成正比。

2. 诱导偶极

对于非极性分子和极性分子来说，如果置于外加电场，也会产生偶极，如图 2－19 所示。

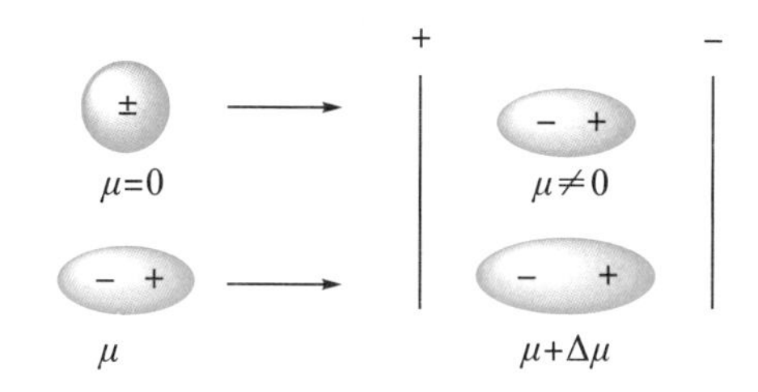

图 2—19　非极性分子(上)和极性分子(下)受外电场诱导产生偶极

可以看出，在外加电场的影响下，非极性分子变成了具有一定偶极的极性分子，而极性分子的偶极增大。这种在外加电场作用下所产生的偶极叫诱导偶极。

诱导偶极的大小与外加电场强度成正比。同时，诱导偶极与分子的变形性有关，分子越大，越容易变形，产生的诱导偶极越大。

3. 瞬时偶极

无论是非极性分子还是极性分子，分子内的原子核和电子都处在不停的运动中，这使得分子的正、负极始终在不断地改变着它们的相对位置。在某一瞬间，分子的正、负极会发生位移而与原来的位置不重合(对非极性分子而言，会产生极性；对极性分子而言，会改变极性)，此时产生的偶极称为瞬时偶极。

瞬时偶极与分子的变形性有关，分子越大，越容易变形，瞬时偶极越大。

一般情况下，非极性分子具有瞬时偶极，可受诱导产生诱导偶极；极性分子具有瞬时偶极、永久偶极，可受诱导产生诱导偶极，也可诱导别的分子产生诱导偶极。

2.6.1.2　分子间力的种类

分子三种偶极的相互作用，产生了三种分子间力。

1. 取向力

取向力是发生在固有偶极之间的作用力。

因为只有极性分子才具有固有偶极，因此，取向力发生在极性分子之间。当两个极性分子相互靠拢时，同极相斥，异极相吸，使分子发生相对的转向，称为取向。取向之后的分子靠静电引力相互吸引，达到平衡时体系能量降低而趋于稳定。过程如图 2—20 所示。

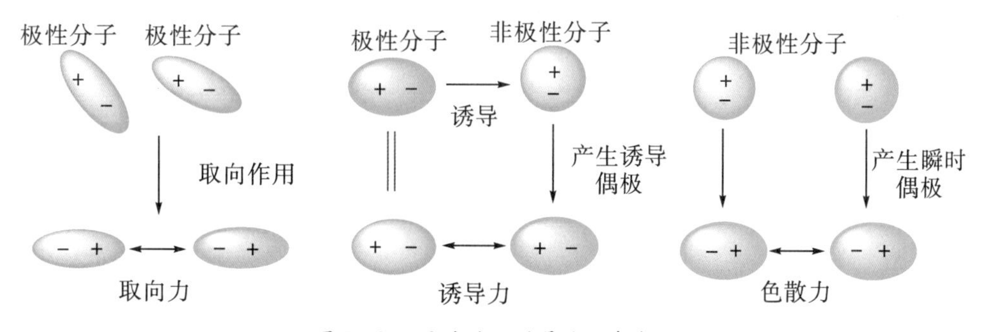

图 2—20　取向力、诱导力和色散力

取向力是由葛生(Keeson)于1912年提出来的，因此取向力也称为葛生力。

取向力的大小与分子的偶极矩成正比，与温度、分子间距离成反比。

2. 诱导力

诱导力是发生在诱导偶极与固有偶极之间的作用力。

极性分子有固有偶极，因此其偶极可以诱导别的分子，极性分子和非极性分子都可以被诱导产生诱导偶极。因此，诱导力可以发生在极性分子之间、极性分子与非极性分子之间。过程如图2−20所示。

诱导力是由德拜(Peter Joseph Wilhelm Debye)于1921年提出来的，因此诱导力也称为德拜力。

诱导力与分子的偶极矩成正比，与被诱导分子的变形性成正比，与分子间距离成反比。

3. 色散力

色散力是发生在瞬时偶极之间的相互作用力。

极性分子和非极性分子都具有瞬时偶极，因此，色散力发生在极性分子之间、极性分子与非极性分子之间、非极性分子之间。过程如图2−20所示。

色散力是伦敦(F. London)于1930年根据近代量子力学方法证明的，由于从量子力学导出的理论公式与光色散公式相似，因此把这种作用称为色散力，也称为伦敦力。

色散力与分子的变形性成正比，与分子间距离成反比。

2.6.1.3 分子间力的特点

分子间作用力是通过偶极之间的静电作用体现出来的，因此，分子间力的本质是静电作用力。其特点如下：

(1) 作用力约小于化学键能一两个数量级，每摩尔只有几到几十千焦。

(2) 是近距离作用力，作用范围约300～500 pm。

(3) 没有方向性和饱和性。

常见分子的分子间力构成见表2−14。

表2−14 常见分子的分子间力构成

分子	偶极矩/D	取向力 /kJ·mol^{-1}	诱导力 /kJ·mol^{-1}	色散力 /kJ·mol^{-1}	合计 /kJ·mol^{-1}
Ar	0	0	0	8.49	8.49
CO	0.12	0.0029	0.0084	8.74	8.75
HI	0.38	0.025	0.1130	25.86	25.98
HBr	0.79	0.686	0.5020	21.92	23.09
HCl	1.03	3.305	1.0040	16.82	21.13
NH_3	1.66	13.31	1.5480	14.94	29.58
H_2O	1.85	36.38	1.9290	9.00	47.28

由表2-14可以看出，对多数分子而言，色散力是主要的，诱导力次之，取向力只有在极性较大的分子中才会存在。

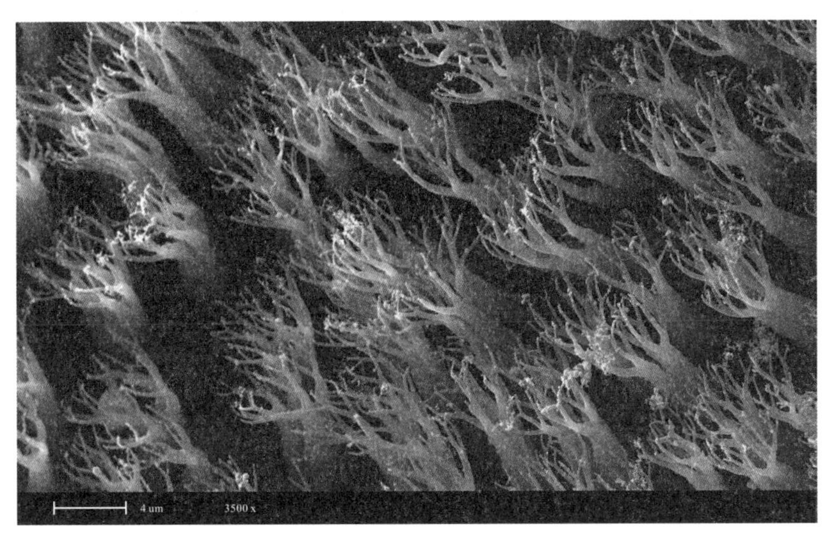

2000年，美国科学家用电镜放大观察壁虎的脚掌，发现壁虎的脚掌充满了小的毛状物体。由于这些物体比较硬，又称为“刚毛”。那些看似小钩子的刚毛末端实际上是开叉的，每根刚毛都分成了100～1000根更细的绒毛，这些绒毛的尺寸小到纳米级别。正是小绒毛分子与墙壁分子产生的范德华力，使壁虎能够在墙上自由行走。

2.6.1.4　分子间力的应用

分子间力发生在分子之间，因此，分子间力是决定共价化合物的诸如熔点、沸点、溶解度等物理性质的重要因素。

例如，卤素单质的熔点、沸点见表2-15。

表2-15　卤素单质的熔点、沸点

卤素单质	氟	氯	溴	碘
熔点/K	53.54	171.65	265.9	386.75
沸点/K	85.02	239.11	331.95	458.39

可以看出，卤素单质是非极性分子，分子间只有色散力，而色散力的大小主要由分子的变形性决定，变形性又取决于分子的体积，分子体积越大，分子变形性越大。分子体积的大小顺序是$I_2>Br_2>Cl_2>F_2$，所以分子间力的大小顺序是$I_2>Br_2>Cl_2>F_2$，熔点、沸点的高低顺序是$I_2>Br_2>Cl_2>F_2$。

物质的熔点、沸点数据与常温的关系将决定该物质在常温下的状态。如果熔点、沸点都高于常温，则该物质在常温下是固体，如碘；如果熔点、沸点都低于常温，则该物质在常温下是气体，如氟和氯；如果熔点低于常温，沸点高于常温，则该物质在常温下是液体，如溴。

再如，卤化氢的熔点、沸点见表2-16。

表 2-16　卤化氢的熔点、沸点

卤化氢	HF	HCl	HBr	HI
熔点/K	189.58	158.97	186.28	222.35
沸点/K	292.67	188.1	206.44	238.05

可以看出，卤化氢中熔点、沸点的变化为 HI>HBr>HCl，这在于卤化氢的分子间力以色散力为主，而卤化氢分子体积的大小顺序是 HI>HBr>HCl，所以，分子间力的大小顺序是 HI>HBr>HCl，熔点、沸点的高低顺序是 HI>HBr>HCl。

对同类型化合物而言，分子体积与分子量成正比，因此也可由分子量的大小来说明分子变形性的大小，进而说明分子间力的大小。

在卤化氢熔点、沸点递变中，氟化氢是例外。其实，不止卤化氢中氟化氢的熔点、沸点是例外，氧族氢化物中的水和氮族氢化物中的氨的熔点、沸点也是例外。氢化物的沸点递变如图 2-21 所示。

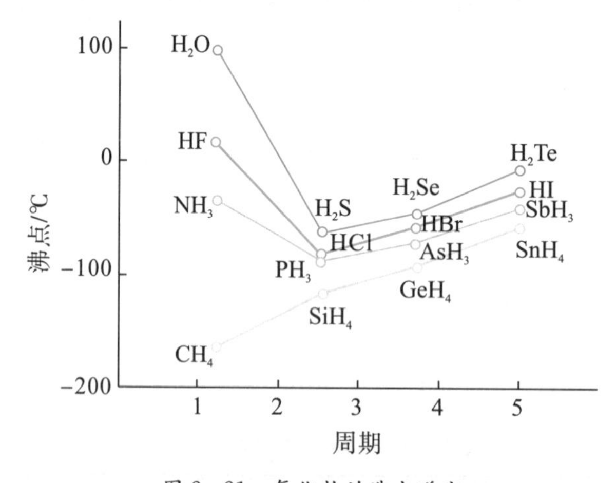

图 2-21　氢化物的沸点递变

如果单从分子间力考虑，HF、H_2O、NH_3分子的沸点应该与CH_4分子一样，在同族氢化物中处于最低，但事实却是它们的沸点最高。这意味着在 HF、H_2O、NH_3分子间，除了取向力、诱导力和色散力等分子间力外，还存在一种作用更强的分子间力。这种作用力就是氢键。

2.6.2　氢键

2.6.2.1　氢键的概念

研究发现，HF 这类分子之间发生了缔合。为了说明这种现象，鲍林在 1936 年出版的《化学键的本质》一书中正式提出了“氢键”这一概念。

以 HF 分子为例说明氢键的形成。

HF 分子中，H 原子和 F 原子以共价键结合。由于电负性差异较大，故共用电子对强烈偏向F原子，使H原子带上部分正电荷，F原子带上部分负电荷。因为H原子核外只有一个电子，这个电子发生偏离之后几乎成为一个质子。这种半径极小又带正电荷的H原子可以与另一个HF分子中带部分负电荷的F原子充分接近，产生吸引力，这种吸引力就是氢键。

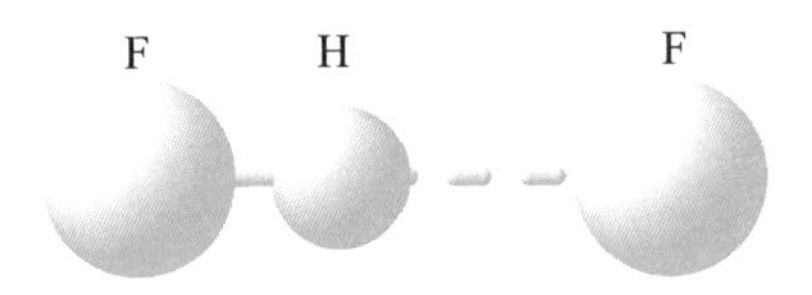

氢键用符号X—H…Y表示。X、Y分别表示电负性大、半径小的原子，如F、O、N原子，形成的氢键为O—H…O、O—H…N等。C、S、Cl、P甚至Br和I原子在某些情况下也能形成氢键，但通常键能较低。常见氢键的键能见表2-17。

表2-17　常见氢键的键能

X—H…Y	键能/kJ·mol^{-1}	代表性分子
F—H…F	28.1	$(HF)_n$
O—H…O	18.8	冰
O—H…O	25.9	甲醇、乙醇
N—H…F	20.9	NH_4F
N—H…O	20.9	CH_3CONH_2
N—H…N	5.4	NH_3

2.6.2.2　氢键的特点

(1) 氢键有方向性，即X—H…Y尽可能在一条直线上，使X、Y原子的电子云距离最远，排斥力最小。

(2) 氢键有饱和性，一个X—H只与一个Y形成氢键。

(3) 氢键的强弱与X、Y原子的电负性有关，它们的电负性越大，氢键越强。

氢键的本质目前没有定论，一般认为是静电作用力，但不能解释氢键的方向性和饱和性；也不是共价键，因X—H中H没有电子参与共用；不是分子间力，因其有方向性。由于从能量来考虑，氢键的键能与分子间力相当，故可把氢键看作是有方向性的分子间力。

2.6.2.3　氢键的种类

目前实验证实有两种氢键存在，即形成于分子间的分子间氢键和形成于分子内的分子内氢键。

1. 分子间氢键

分子间氢键的存在是分子发生缔合的主要原因，如$(HF)_n$、$(H_2O)_n$等，如图2-22所示。

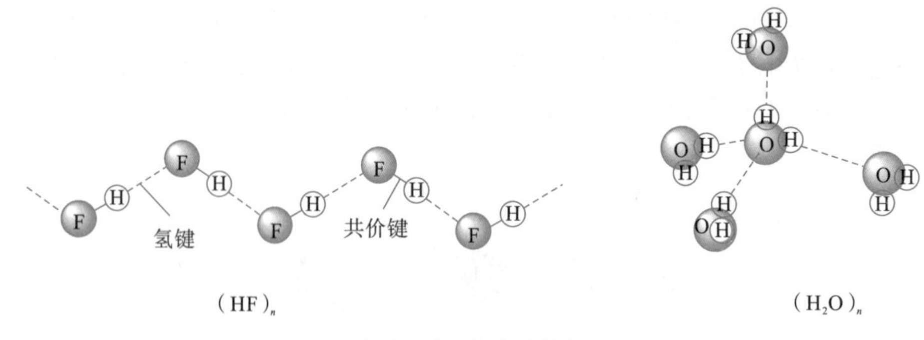

图 2—22　分子的缔合

分子间氢键的形成额外地增加了分子间的作用力，导致化合物的熔点、沸点升高。这是氟化氢、水和氨分子的熔点、沸点在其同族元素氢化物熔点、沸点递变中成为例外的原因。

2. 分子内氢键

分子内氢键的形成一般要求空间条件，即空间适宜时才可能形成分子内氢键。如硝基苯酚，硝基和羟基处于对位和间位，都不能形成分子内氢键，只有两者处于邻位时，才能形成分子内氢键(图 2—23)。

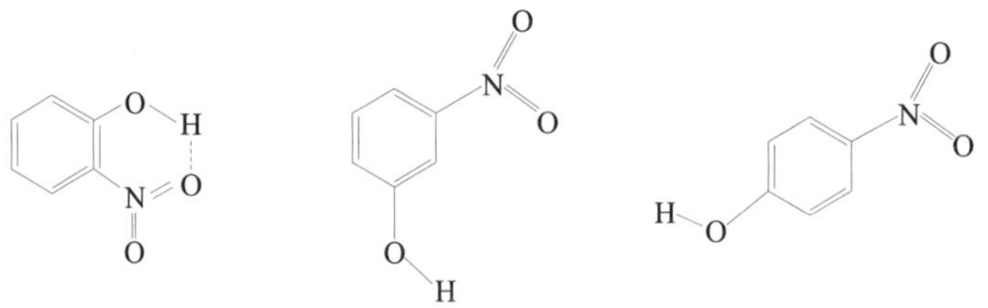

熔点　318 K　369 K　387 K

图 2—23　邻硝基苯酚的分子内氢键

可以看出，分子内氢键一般不容易在一条直线上。分子内氢键的形成使分子结合得更加紧密，分子的变形性变弱，削弱了分子间的作用力(色散力)，故分子内氢键的形成一般会使化合物的熔点、沸点降低，升华热、汽化热减小。

对于生物高分子而言，由于分子特别大，空间足够大，形成的氢键也会在一条直线上。如 DNA 的双螺旋是由两条 DNA 大分子的碱基通过氢键配对形成的(图 2—24)。

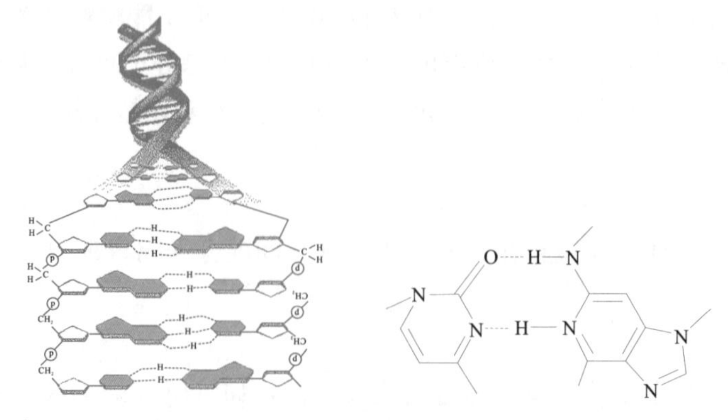

图 2—24　DNA 的双螺旋结构中局部的氢键

2013年11月22日，中科院国家纳米科学中心宣布，该中心科学家裘晓辉、程志海团队在国际上首次“拍”到氢键的“照片”，他们拍到的是8－羟基喹啉分子之间的氢键。这是世界上首次实现了氢键的空间成像，为“氢键的本质”这一化学界争论了80多年的问题提供了直观证据。

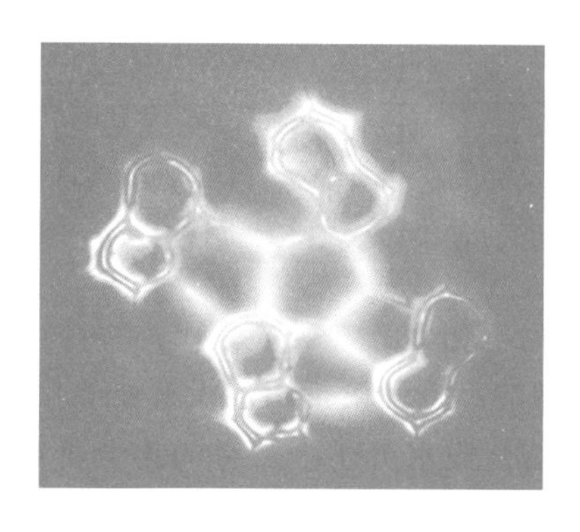
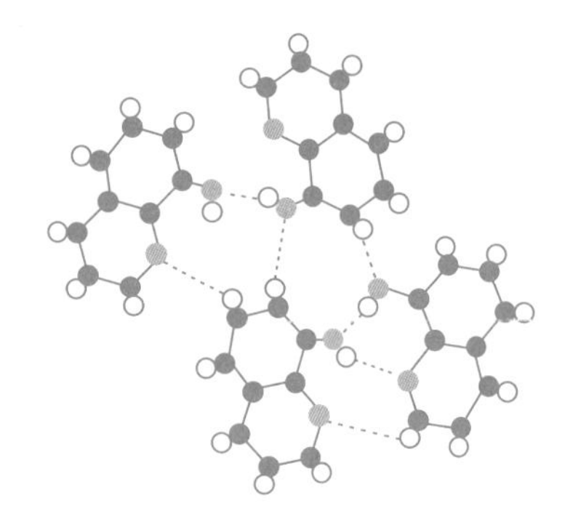

图2－25 8－羟基喹啉分子之间的氢键

习 题

1. 解释下列事实：

(1) CF_4是气体，CCl_4和CBr_4是液体，CI_4是固体。

(2) LiF的熔点高于LiI。

(3) CaO的熔点高于BaO。

(4) H_2O的沸点高于H_2S。

(5) $ZnCl_2$的熔点、沸点低于$CaCl_2$。

2. 使用价层电子对互斥模型推断下列分子或离子的空间构型：

$$CO_2、H_2O、NCl_3、CO_3^{2-}、ClO_3^-、PO_4^{3-}$$

3. 用杂化轨道理论讨论第2题中分子或离子空间构型的形成。

4. 表2－6中，NF_3和NH_3的偶极矩差异较大，试从分子的组成和结构来解释。

5. 实验测得BF_3分子的键角为120°，键长为130 pm(理论B—F键键长为152 pm)，试加以解释。

6. 实测O_2^+、O_2、O_2^-、O_2^{2-}的键长逐渐增加，使用分子轨道理论解释，并预测它们是否具有磁性。

7. 用分子轨道理论解释N_2和N_2^-稳定性的差异。

8. 用离子极化观点讨论CuCl和NaCl在水中溶解度的差异。

9. 判断下列各组物质的不同化合物分子之间存在的分子间力类型：苯和四氯化碳，甲醇和水，氨和水，溴化氢和氯化氢，氯化钠和水。

第3章　配位化合物

常见化合物的形成是以化合价理论为基础的。该理论指出，元素彼此化合时应满足对方的化合价。如一个氧原子与两个氢原子结合成水分子，二者的化合价都获得满足。这样的例子很多，无机化学中所涉及的大多数化合物都满足化合价理论。这些符合化合价理论的化合物一般称为简单化合物。在无机化合物中，除了简单化合物外，还存在一种相对比较复杂的化合物，它们的形成不符合化合价理论，这就是配位化合物，简称配合物。配合物以前也称为络合物，直到1979年，中国化学会无机化学专业委员会名词小组决定使用新名称。

3.1　配合物的基本概念

3.1.1　配合物的定义

人类对配合物的研究始于1798年，当时法国化学家塔斯尔特(B. M. Tassert)在实验室做了这样一个实验：把氨水($NH_3 \cdot H_2O$)加入到二氯化钴($CoCl_2$)溶液中，放置。塔斯尔特对这个溶液做了简单分析，在溶液中加入硝酸银($AgNO_3$)有白色沉淀，证明溶液中有自由的氯离子(Cl^-)存在，但在溶液中加入强碱却没有氨(NH_3)放出。没有氨放出，这说明溶液中已没有自由的氨分子。换句话说，氨分子在溶液中有了更紧密的结合。进一步的研究证实了这样一个事实：二价钴离子转变成了三价钴离子，后者与氨分子结合成了一个较复杂的离子$Co(NH_3)_6^{3+}$，产物的化学式为$[Co(NH_3)_6]Cl_3$。这是人类历史上第一次在实验室制得并加以研究的配合物。

但当时的化合价理论不能解释这种化合物的结合方式，因为Co^{3+}与Cl^-已经彼此满足了化合价，Co^{3+}如何与NH_3分子结合呢？直到20世纪30年代，随着共价键理论的建立，配位键的提出，人们才以配位键的结合方式解释了这类化合物的形成，并因此而提出了一类新的化合物——配合物。

需要说明的是，对配合物而言，最关键的结合是$Co(NH_3)_6^{3+}$中三价钴离子与氨分子的结合。而对三价钴离子与氨分子的结合，目前的化学键理论都可以给予解释。一方面，可以用离子键理论进行说明，把三价钴离子看作阳离子，氨分子看作阴离子，二者靠静电作用力结合；另一方面，也可以用共价键理论说明，既可以按照价键理论的观点把三价钴离子与氨分子的结合看作是其电子云的重叠(即所谓的配位键)，也可以按照分子轨道理论的观点把三价钴离子与氨分子的结合看作是其价电子在其分子轨道充填的结果。

显然，价键理论通过配位键解释三价钴离子与氨分子的结合暗合了配合物早期的配位理论，这使得这类化合物被按照价键理论的观点来定义，并引申出一系列相应的概念。

配合物的定义：配合物是由可以给出孤对电子或多个不定域电子的一定数目的离子或分子和具有接受孤对电子或多个不定域电子的空位的原子或离子按一定的组成和空间构型所形成的化合物。

如 $Co(NH_3)_6^{3+}$ 是由六个氨分子给出孤电子对与三价钴离子提供的能够接受孤电子对的空轨道以配位键结合而成的。

上述定义中的“多个不定域电子”通常指的是成键电子(π 键电子或者大 π 键电子)。这里所谓的不定域电子，是相对于属于一个原子的孤电子对而言的，属于两个或两个以上原子的成键电子对是离域的。如 $[PtCl_3(C_2H_4)]^-$ 中，C_2H_4 分子以其成对的 π 键电子来与 Pt^{2+} 的空轨道以配位键结合。

3.1.2　配合物的组成

以 $[Co(NH_3)_6]Cl_3$ 为例说明。Co^{3+} 称为中心离子(中心原子)；NH_3 称为配位体；NH_3 分子的数目 6 称为配位数；中心离子和配位体构成配合物的内界；相应的有内界离子，但一般称为配离子；与配离子结合的异号电荷的离子(Cl^-)构成配合物的外界，也称为外界离子；内界和外界结合成配合物。配位分子如 $Ni(CO)_4$ 没有外界。

3.1.2.1　中心离子(中心原子)

中心离子是配合物的形成体，提供接受孤电子对或不定域电子的空轨道。

要提供空的价电子轨道，意味着原子的价电子比较少。显然，金属原子的价电子少于非金属原子，所以金属原子易于提供空的价电子轨道。对于金属阳离子来说，价电子更少，更容易成为中心离子。所以，目前最常见的中心离子主要是金属离子，也有一定数目的金属原子。少数非金属元素原子或其阳离子也可以提供空的价电子轨道成为中心离子，如 SiF_6^{2-}。此外，极少量呈负化合价的金属离子也可以做中心离子，如 $Co(CO)_4^-$。

根据配合物中心离子的数目，把配合物分成两类：配合物中含有一个中心离子的单核配合物和含有两个或两个以上中心离子的多核配合物。如多核配合物$[Co_2(OH)_2(NH_3)_8]^{4+}$：

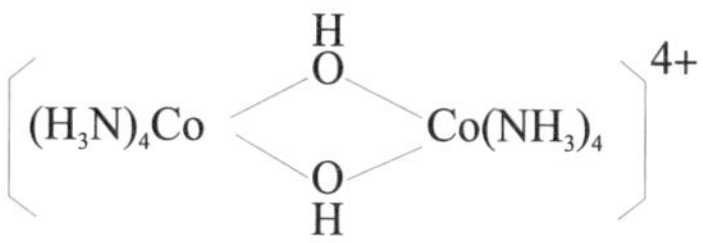

$$\left[(H_3N)_4Co\begin{matrix}H\\O\\ \\O\\H\end{matrix}Co(NH_3)_4\right]^{4+}$$

在多核配合物中，若中心离子直接键合，则称为原子簇配合物。如 $Mn_2(CO)_{10}$ 分子：

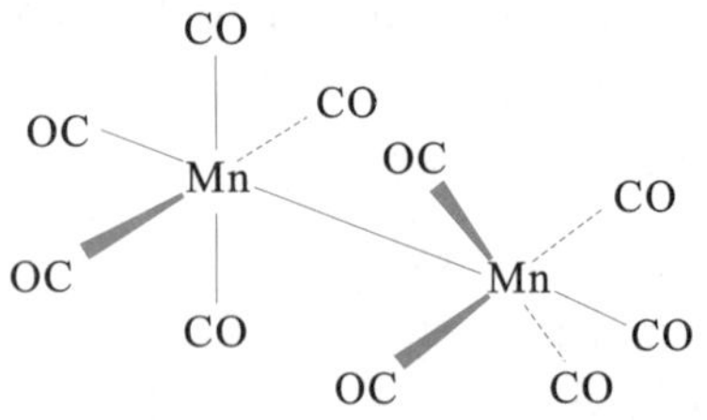

3.1.2.2 配位体

配位体是提供孤对电子或多个不定域电子的离子或分子。

在每个配位体中，直接提供孤电子对的原子称为配位原子。如 NH_3 分子作配位体时，其分子中的 N 原子上有一对孤电子对可以提供给中心离子，N 原子就是配位原子。

通常原子核外电子要成对才可能提供孤电子对，而核外电子排布要成对，对等价原子轨道来说，必须达到半满或半满以上。因此，作为配位原子的条件是价电子数较多。通常，能做配位原子的元素多为非金属元素，如 O、N、F、P、Cl、C 等，因为它们的价电子数较多，易于成对。

按照配位体能够提供的配位原子数目，可以把配位体分为两类。形成配合物时只有一个配位原子能够提供孤对电子的配位体称为单基配位体(或单齿配位体)。如 NH_3、H_2O、SCN^- 等，其中像 NH_3、H_2O 这样的配体都只有一个原子有孤对电子，像 SCN^- 这样的配体却含有两个具有孤电子对的原子 S、N，当它们作配体时，只能有一个原子做配位原子。对 SCN^- 而言，当 S 原子做配位原子时称为硫氰根 SCN^-，当 N 原子做配位原子时称为异硫氰根 NCS^-。形成配合物时有两个或两个以上的配位原子能够提供孤对电子的配位体称为多基配位体(或多齿配位体)。如乙二胺 $NH_2—CH_2—CH_2—NH_2$，两个 N 原子能够同时作为配位原子提供孤对电子给中心离子形成配合物。如 $Cu(en)_2^{2+}$：

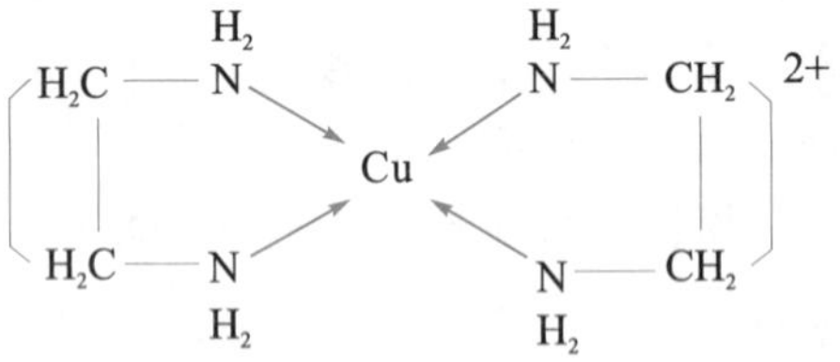

这里可以看到单基配位体和多基配位体的差异，具有孤电子对的原子的数目的差异，分子或离子体积大小的差异。多基配位体形成的具有环状结构的配合物通常称为螯合物，区别于单基配位体形成的简单配合物。

3.1.2.3 配位数

直接与中心离子配合的配位原子的数目叫配位数。

显然，配合物中，单齿配位体的配位数等于配位体的数目，多齿配位体的配位数等于配位体的数目乘以配位体配位原子的数目。如 $Ag(NH_3)_2^+$，配位数是 2；$Cu(en)_3^{2+}$，配位数是 6。

常见的配位数是 2、4、6、8，最常见的配位数是 4、6。

配位数的大小取决于中心原子和配位体的性质，包括以下三个方面。

1. 电荷

中心离子电荷越高，越易吸引配位体，配位数越大。

常见的中心离子电荷与配位数的定量关系见表 3-1。

表 3-1　常见的中心离子电荷与配位数的定量关系

中心离子电荷	+1	+2	+3	+4
配位数	2	4(6)	6(4)	6(8)

配位体的电荷越高，虽增大了中心离子与配位体间的吸引力，但也增大了配位体间的排斥力，结果使得配位数减小。如 $Zn(NH_3)_6^{2+}$、$Zn(CN)_4^{2-}$。

2. 半径

中心离子的半径越大，配位数越大，如 AlF_6^{3-}、BF_4^-。需要注意的是，若中心离子半径过大，反而会由于键长过长而削弱中心原子与配位体的结合，使得配位数降低。如 $CdCl_6^{4-}$、$HgCl_4^{2-}$，Cd^{2+} 的半径为 97 pm，Hg^{2+} 的半径为 110 pm。

配位体的半径越大，配位数越小，如 AlF_6^{3-}、$AlCl_4^-$。

3. 反应条件

经验表明，在形成配合物时，增大配位体的浓度，降低温度，将有利于生成高配位数的配合物。

3.1.3　配合物的命名

在配合物化学键理论建立起来之前，配合物的命名有一些约定俗成的方法。如以发现者的名字命名，如蔡斯盐 $K[PtCl_3(C_2H_4)]\cdot H_2O$；以产地命名，如普鲁士蓝 $Fe_4[Fe(CN)_6]_3\cdot xH_2O$；以配合物的特征命名，如以颜色来命名，如黄氯化钴 $[Co(NH_3)_6]Cl_3$、红氯化钴 $[Co(NH_3)_5(H_2O)]Cl_3$ 等。这些名称都是俗名。

在配合物化学键理论建立起来之后，有了配合物规范的系统命名法。

1. 配离子的命名

命名顺序：配位体数目、配位体名称、“合”、中心离子名称、中心离子化合价(加括号，用罗马数字Ⅰ、Ⅱ、Ⅲ、Ⅳ、Ⅴ、Ⅵ、Ⅶ表示)、离子。例如：

$PtCl_6^{2-}$：六氯合铂(Ⅳ)离子。

2. 含配阴离子的配合物

把配阴离子作为酸根，按一般盐的命名方法命名。例如：

$K_4[Fe(CN)_6]$：六氰合铁(Ⅱ)酸钾；

H_2SiF_6：六氟合硅(Ⅳ)酸。

3. 含配阳离子的配合物

把配阳离子作为阳离子，按一般盐的命名方法命名。例如：

$[Cu(NH_3)_4]SO_4$：硫酸四氨合铜(Ⅱ)；

$[Ag(NH_3)_2]OH$：氢氧化二氨合银(Ⅰ)。

4. 配位分子的命名

与配离子命名相似，只是最后没有“离子”。中心离子化合价若为0，则可不标出。例如：

$Ni(CO)_4$：四羰基合镍。

当配合物中配位体不止一个时，配位体命名的先后顺序为：阴离子配位体在前，中性分子配位体在后；无机配位体在前，有机配位体在后。不同配位体的名称之间还要用中圆点分开。例如：

$[Pt(NH_3)_2Cl_2]$：二氯·二氨合铂(Ⅱ)；

$K[Pt(C_2H_4)Cl_3]$：三氯·(乙烯)合铂(Ⅱ)酸钾。

此外，在命名配合物时还需要注意配位体名称的变化见表3-2。

表3-2　部分配位体的名称

配位体	名称	配位体	名称	配位体	名称
CO	羰基	SCN^-	硫氰根(硫作配位原子)	NO_2^-	硝基(氮作配位原子)
OH^-	羟基	NCS^-	异硫氰根(氮作配位原子)	NO_2^-	亚硝酸根(氧作配位原子)

3.2　配合物的异构现象与立体异构

配合物的组成和结构相对于简单化合物而言是非常复杂的，并因此而具有不同的异构现象。配合物的异构主要有结构异构和立体异构两大类，而立体异构又可分为几何异构和对映异构。

3.2.1　结构异构

(1) 概念：组成相同而配合物(包括配离子)结构不同的异构现象。

(2) 类型：

①配位体数目的不同产生的结构异构。如$[Co(NH_3)_5Cl]Cl_2 \cdot H_2O$(紫红色)和$[Co(NH_3)_5(H_2O)]Cl_3$(粉红色)。

②同一配位体由于配位原子不同而产生的结构异构。如$[Co(NH_3)_5NO_2]Cl_2$，配位体NO_2^-中，氧作配位原子时是红色，氮作配位原子时是黄色。

3.2.2　几何异构

概念：组成相同的配合物由于不同配位体在空间的几何排列不同而形成的异构现象。

可以看出，几何异构必须有两种或两种以上的配位体。比较常见的四配位配合物和六配位配合物的几何异构有如下类型。

1. 六配位配合物

六配位配合物具有八面体结构，六个配位体可能出现的几何异构有三种类型。

MA_4B_2：顺式和反式(图 3－1)。

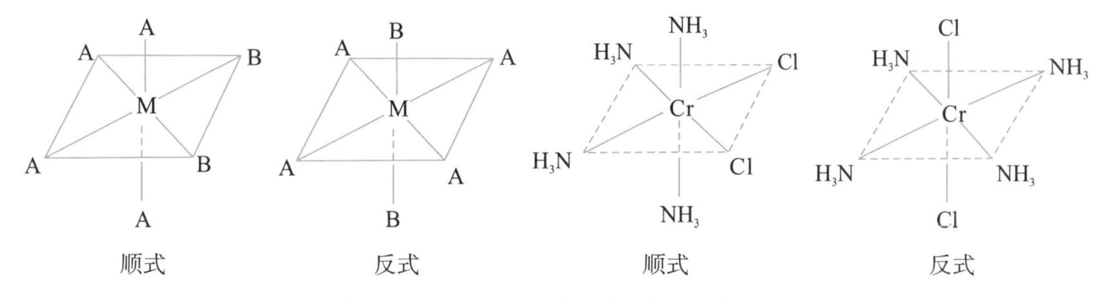

图 3－1　MA_4B_2 型配合物的顺式和反式异构

可见，两个 B 配位体相邻则为顺式，相对则为反式。

MA_3B_3：面式和经式(图 3－2)。

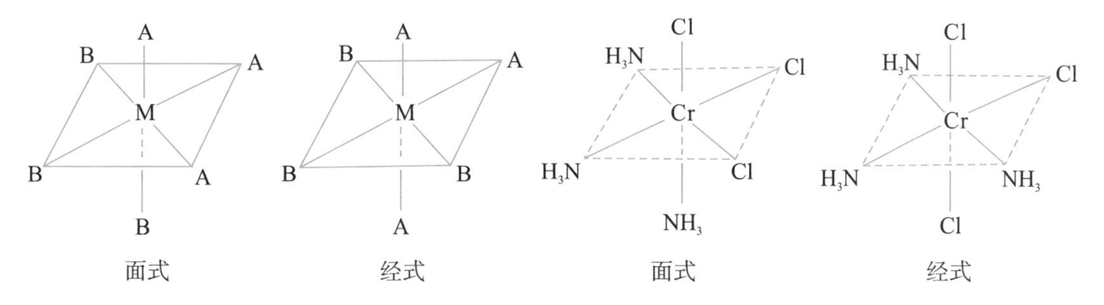

图 3－2　MA_3B_3 型配合物的面式和经式异构

可以看出，面式是三个相同配位体构成的面覆盖在八面体表面，故称面式。经式是三个相同配位体构成的面把八面体一分为二，相当于地球经线把地球一分为二，故命名为经式。

$MA_2B_2C_2$：三顺式、三反式和一反二顺式(图 3－3)。

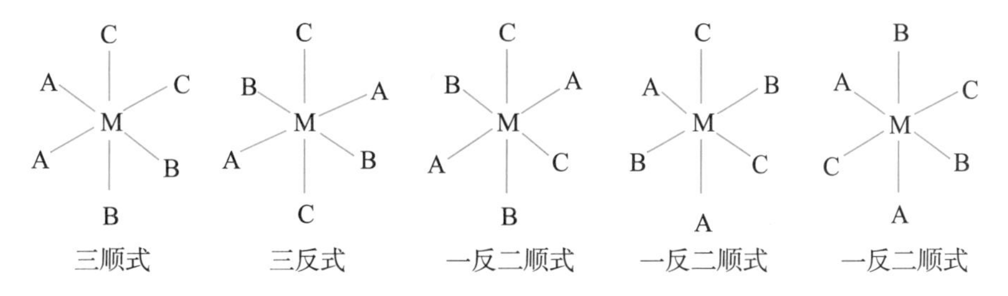

图 3－3　$MA_2B_2C_2$ 型配合物的三顺式、三反式和一反二顺式异构

可以看出，三顺式是三种相同配位体都处在相邻位置；三反式是三种相同配位体都处在相对位置；而一反二顺式则是一种配位体处于相对位置(反)，另两种配位体处于相邻位置(顺)。

2. 四配位配合物

四配位配合物有两种空间结构，分别是四面体和平面四边形。

四面体结构没有几何异构。

平面四边形结构的 MA_2B_2 型配合物有顺式和反式(图 3-4)。

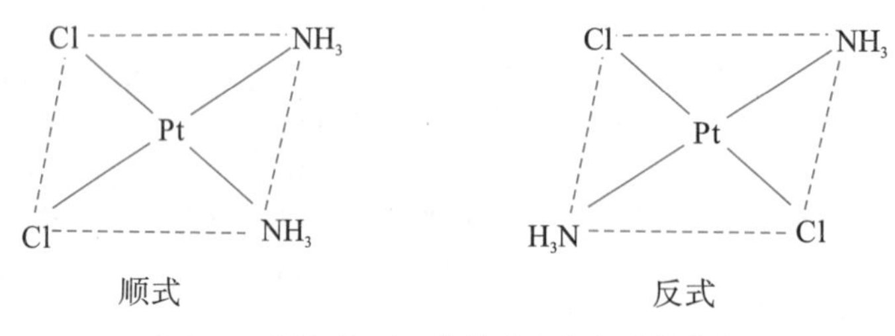

图 3-4　MA_2B_2 型配合物的顺式和反式异构

3.2.3　对映异构

概念：互为不可重合镜像的异构体。

注意：镜像、不可重合(图 3-5)。

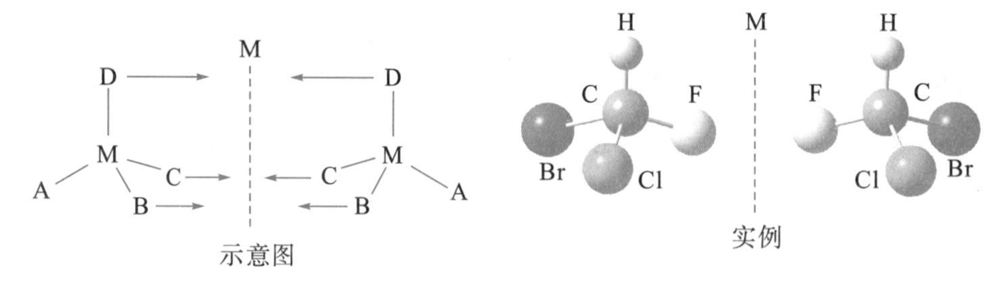

图 3-5　对映异构示意图和实例

注意图 3-5 中，A、B、C 各自左、右位置原子是不同的，因而不能重合。这种镜面对称但不可重合恰如镜中的左、右手，故对映异构也称为手性异构。

常见的对映异构有以下两种：

(1) 四个配位体完全不同时的四面体配合物(图 3-5)。

(2) 六配位八面体型的三顺式配合物(图 3-6)。

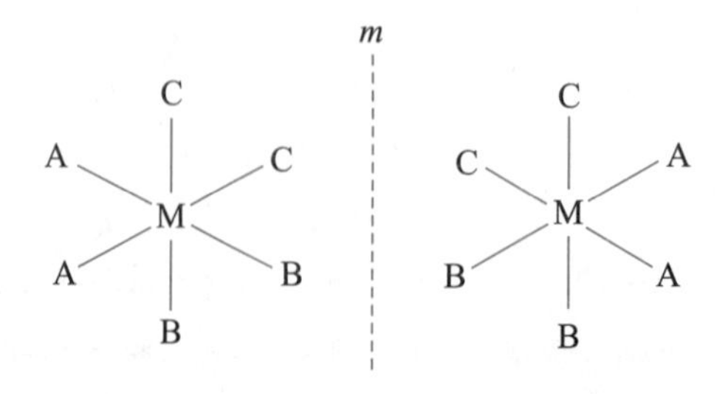

图 3-6　八面体三顺式配合物的对映异构

一对对映异构体在物理性质上没有差别，但是表现出光学上的差异。它们都能使偏振光发生旋转，旋转的角度相同，但方向相反。那么，什么是偏振光呢?

光波是电磁波，电场或磁场振动的方向与光前进的方向垂直，电场振动的平面与磁场振动的平面垂直，如图 3-7 所示。

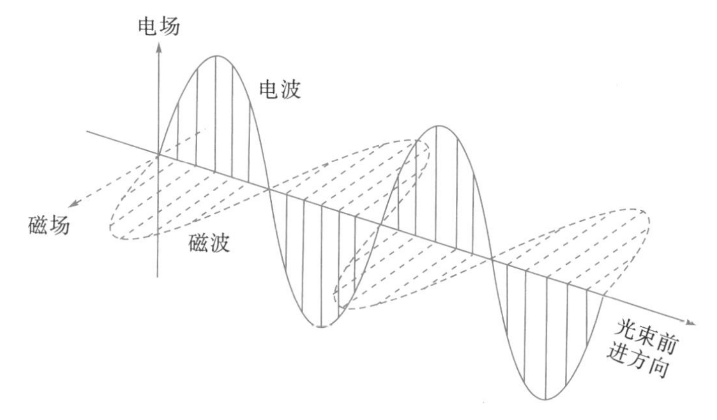

图 3-7　光波的前进与电磁波的振动

普通光：电场可以在一切可能的平面上振动。

偏振光：电场只能在一个平面上振动。也称为平面偏振光，简称偏光。

普通光通过偏振滤光片可变成偏振光，这在于偏振滤光片对入射光具有遮蔽和透过的功能，一部分光被挡住，只有振动方向与棱镜晶轴平行的光才能通过，如图 3-8 所示。

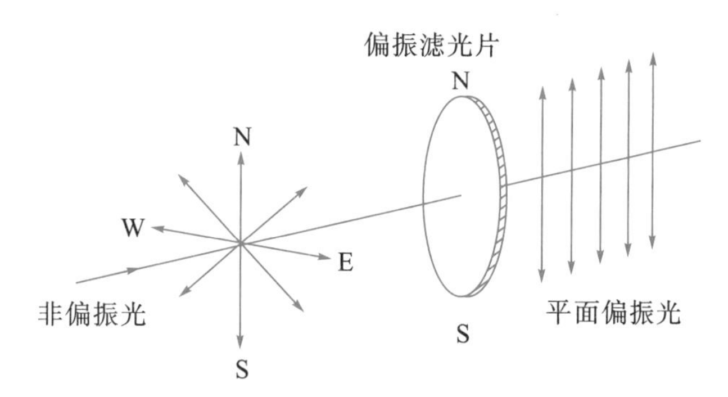

图 3-8　普通光通过偏振滤光片可变成偏振光

旋光物质：使偏振光振动平面旋转的物质，如图 3-9 所示。

旋光度：偏振光振动平面旋转的角度。

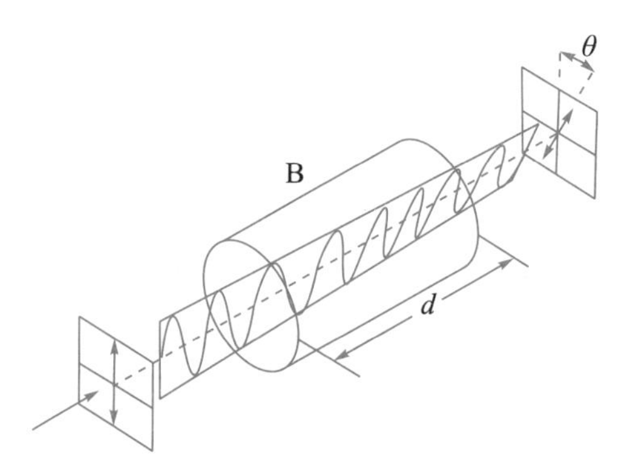

图 3-9　旋光物质使偏振光振动平面旋转

图 3−9 中，B 容器里装有旋光物质，偏振光通过时，振动平面发生了偏转，有一个偏转角度 θ(旋光度)。显然可以看出，偏转角度与旋光物质的本性有关，同时还与偏振光通过旋光物质的溶液浓度和距离 d 有关。

由于对映异构体能使偏振光发生旋转，角度相同，方向相反，故对映异构也称为旋光异构或光学异构。

3.3 配合物的化学键理论

1798 年，在塔斯尔特第一次在实验室制得配合物 [$Co(NH_3)_6$]Cl_3之后，人们一直力图解释这类化合物的形成。1898 年，瑞士化学家维尔纳(Alfred Werner)曾提出过配位理论，力图解释配合物的成键原因，但该理论不能从本质上解释配合物的形成。1916 年，科塞尔利用他提出的离子键理论解释配合物的形成，得到了配合物的静电理论，能够说明一些配合物的配位数、几何构型和稳定性，但不能说明配合物的磁学性质和光学性质。在价键理论建立起来之后，西季威克(Sidgwick)与鲍林把价键理论的内容应用于配合物的形成，形成了所谓的现代配位键理论(与维尔纳的相区别)，较好地说明了许多配合物的配位数、几何构型、磁性质和一些反应活性，但不能说明配合物与激发态有关的性质(如颜色和光谱)。1929—1932 年，培特(H. Bethe)和冯弗莱克(J. H. van Vleck) 在静电理论基础上提出了晶体场理论，较好地说明了许多配合物的颜色和磁性，但不能说明特殊价态配合物，不能用于羰基配合物、夹心配合物及烯烃配合物。1935 年，冯弗莱克把分子轨道理论处理配合物所得的结果应用于晶体场理论，得到配位场理论，用于描述羰基配合物、夹心配合物及烯烃配合物等配合物的形成。

在此，介绍现代配位键理论和晶体场理论。

3.3.1 现代配位键理论

3.3.1.1 配离子的形成

现代配位键理论要点有以下几个方面：

(1) 中心离子必须具有空轨道，以接受配位体的孤对电子或不定域电子。

(2) 为了增强成键能力，中心离子在成键过程中，其能量相近的价电子轨道发生杂化，杂化后的空轨道接受配位体的孤电子对以形成配合物。

(3) 配离子的空间结构、配位数以及稳定性主要取决于杂化轨道的数目和类型。

常见配离子的杂化类型见表 3−3。

表 3−3 常见配离子的杂化类型

配位数	杂化类型	空间构型	实例
2	sp	直线	$Ag(NH_3)_2^+$

续表3－3

配位数	杂化类型	空间构型	实例
3	sp^2	平面三角形	$Cu(CN)_3^{2-}$
4	sp^3	四面体	$Zn(NH_3)_4^{2+}$
4	dsp^2	平面四边形	$Ni(CN)_4^{2-}$
5	dsp^3	三角双锥	$Fe(CO)_5$
5	d^2sp^2	四方锥	SbF_5^{2-}
6	sp^3d^2	八面体	$Co(NH_3)_6^{2+}$
6	d^2sp^3	八面体	$Co(NH_3)_6^{3+}$

注意，杂化类型中 d 轨道在前面的都是次外层轨道，如 d^2sp^3 是 $(n-1)d^2nsnp^3$；杂化类型中 d 轨道在后面的都是外层轨道，如 sp^3d^2 是 $nsnp^3nd^2$。

可以看出，参与杂化的原子轨道数等于中心离子的配位数，杂化轨道的空间构型就是配离子的空间构型。前面曾介绍过常见的配位数是 4、6，这在于常见的中心离子的杂化类型是 sp^3、dsp^2、d^2sp^3、sp^3d^2。

下面以一些实例来说明配合物的成键。

FeF_6^{3-} 的结构：

Fe 原子的价电子构型为 $3d^6 4s^2$，Fe^{3+} 的价电子构型为 $3d^5 4s^0$，Fe^{3+} 利用外层 $4s^0 4p^0 4d^0$ 空轨道进行 sp^3d^2 杂化，为正八面体的构型。

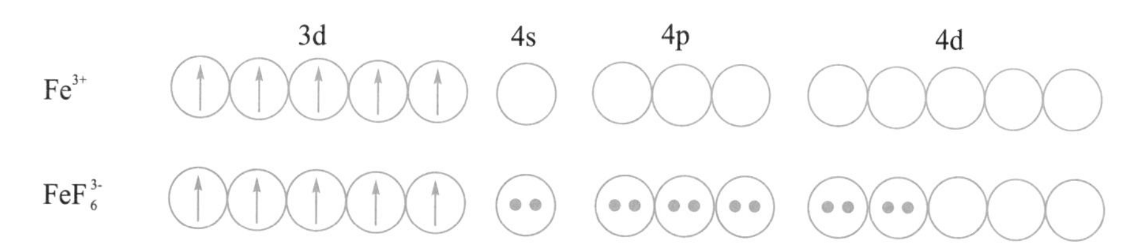

$Fe(CN)_6^{3-}$ 的结构：

Fe^{3+} 在进行重排之后利用两个次外层 d 轨道和外层 s、p 轨道发生 d^2sp^3 杂化，为正八面体的构型。

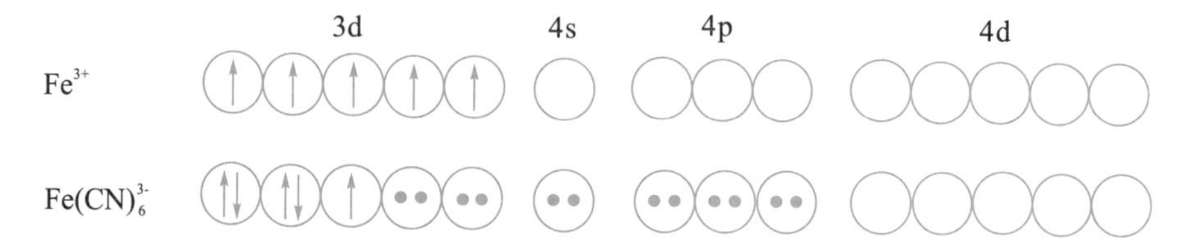

显然，这是两种不同类型的杂化。由此，把配合物分成两类。

一种是中心离子的结构不发生变化，仅使用其外层的空轨道与配位体结合，形成的配合物称为外轨型配合物。

另一种是中心离子的价电子轨道发生重排，空出次外层轨道参与和配位体的结合，形成的配合物称为内轨型配合物。

从理论上分析配合物形成内轨型或外轨型的原因，可以得到如下三方面的影响因素。

1. 配位原子的电负性

可以看出，内轨型配合物的成键电子相对而言更偏向中心离子，外轨型配合物的成键电子相对而言更偏向配位原子。造成成键电子偏向的原因是原子的电负性，成键电子将偏向电负性更大的原子。一般而言，中心离子是金属离子，电负性较小；配位原子是非金属原子，电负性较大。显然，可以得到一个推论：中心离子与配位原子的电负性相差较大时，成键电子偏向配位原子程度相对更大，易于形成外轨型配合物；中心离子与配位原子的电负性相差较小时，成键电子偏向配位原子程度相对更小，易于形成内轨型配合物。同时，由于不同金属原子电负性数值相差不大，尤其是常见的中心离子多是副族金属原子，它们的电负性数值很接近，而不同非金属原子电负性却相差较大，因此，决定中心离子和配位原子电负性差值大小的主要因素是配位原子的电负性。

一般情况下，电负性最大的O、F原子做配位原子时，中心离子与配位原子的电负性相差较大，易于形成外轨型配合物；电负性较小的C、P原子做配位原子时，中心离子与配位原子的电负性相差较小，易于形成内轨型配合物；而N、Cl原子则既可形成内轨型配合物，也可形成外轨型配合物。

2. 配位体对中心离子的影响

形成外轨型配合物时，中心离子的价电子层排布不发生变化；形成内轨型配合物时，中心离子的价电子层排布发生了变化。这种价电子层排布的变化，是中心离子核外电子排布由基态获得能量进而被激发的结果，是在成键时由于配位体向中心离子靠近而发生的。也就是说，正是由于配位体靠近中心离子，对中心离子施予影响而发生了价电子层的重排。因此，配位体对中心离子的影响大小将会决定形成的配合物是内轨型还是外轨型。显然，可以得到一个推论：若配位体对中心离子影响较大，则易于使中心离子价电子层发生重排，从而形成内轨型配合物；若配位体对中心离子影响较小，则难于使中心原子价电子层发生重排，从而形成外轨型配合物。

一般而言，对中心离子影响较大的配位体有CN^-、NO_2^-、NH_3等，对中心离子影响较小的是H_2O、F^-等。

3. 中心离子的电荷

中心离子的电荷是正电荷，它会对成键电子产生吸引，进而影响配合物的形成。中心离子电荷越高，越易使成键电子靠近自己，从而形成内轨型配合物。

上述三个因素，即配位原子的电负性、配位体对中心离子的影响、中心离子的电荷共同作用的结果，决定了配合物是内轨型还是外轨型。如FeF_6^{3-}，配位原子F电负性大，易于形成外轨型；配位体F^-对中心原子影响小，易于形成外轨型；Fe^{3+}电荷高，易于形成内轨型。三个因素中两个有利于形成外轨型，一个有利于形成内轨型，显然形成外轨型的因素起了主要作用，所以FeF_6^{3-}是外轨型。而$Fe(CN)_6^{3-}$，配位原子C电负性小，易于形成内轨型；配位体CN^-对中心离子影响大，易于形成内轨型；Fe^{3+}电荷高，易于形成内轨型。三个因素都有利于形成内轨型，所以$Fe(CN)_6^{3-}$是内轨型。

但是理论分析只能解释实验事实，配合物究竟是内轨型还是外轨型，必须通过实验确定。

由于形成内轨型或外轨型的最大区别是中心离子的价电子层是否发生重排，中心离子价电子层的重排将会导致中心离子价电子层中成单电子数的减少，并进而影响配合物的磁性，因此，判断配合物是内轨型还是外轨型的实验依据就是测定配合物的磁矩。分子磁矩与分子内部所含未成对电子数的定量关系在第2章中分子的磁性部分介绍过：

$$\mu_m = \sqrt{n(n+2)} \tag{3-1}$$

分子中的未成对电子数与磁矩的对应关系见表3-4。

表3-4 分子中的未成对电子数与磁矩的对应关系

未成对电子数	1	2	3	4	5
磁矩/B.M.	1.73	2.83	3.87	4.90	5.92

前面的实例 FeF_6^{3-} 为什么是 sp^3d^2 杂化呢？这在于实验测定 FeF_6^{3-} 的磁矩为5.90 B.M.，接近5个成单电子的5.92 B.M.。因为 Fe^{3+} 本身就有5个成单电子，而 FeF_6^{3-} 也有5个成单电子，这说明由 Fe^{3+} 变成 FeF_6^{3-}，其成单电子数没有发生变化，则 Fe^{3+} 价电子层在形成配离子时没有发生重排，是外轨型配合物。考虑到配位数是6时，外轨型的杂化类型是 sp^3d^2，由此得知 FeF_6^{3-} 为 sp^3d^2 杂化，空间构型是八面体，与实验测定的空间构型一致。至于测定的磁矩不是刚好为5.92 B.M.，这一方面是因为测量有误差，另一方面是因为上述公式只考虑了影响磁矩大小的最主要因素——成单电子数，没有考虑影响磁矩的次要因素——电子绕核旋转和原子核的运动。

同样，实验测定 $Fe(CN)_6^{3-}$ 的磁矩为2.30 B.M.，成单电子数接近1，这说明由 Fe^{3+} 变成 $Fe(CN)_6^{3-}$，其成单电子数减少了，则 Fe^{3+} 肯定发生了价电子层的重排，$Fe(CN)_6^{3-}$ 是内轨型配合物。考虑到配位数是6时，内轨型的杂化类型是 d^2sp^3，由此得知 $Fe(CN)_6^{3-}$ 为 d^2sp^3 杂化，空间构型是八面体，与实验测定的空间构型一致。

综上所述，判断配合物是内轨型还是外轨型时，可以从配位原子的电负性、配位体对中心离子的影响、中心离子的电荷这三方面进行理论分析、预测，但结论必须由实验测定磁矩来确定。

配离子的稳定性与杂化类型的关系：一般而言，内轨型配合物因为成键电子更靠近中心离子，所以键长更短，键能更大，相对更稳定(在水溶液中)；外轨型配合物因为成键电子更远离中心离子，所以键长更长，键能更小，相对更不稳定(在水溶液中)。

3.3.1.2 中心离子与配位体的成键类型

中心离子与配位体形成配位键有三种成键类型。

1. 中心离子与配位原子形成 σ 配位键

这是最常见的成键方式，一般配离子都是这种成键。如 $Ag(NH_3)_2^+$、FeF_6^{3-} 等。

2. 中心离子与配位体形成反馈 π 配键

当配位原子提供电子对给中心离子的空轨道形成 σ 配键时，如果中心离子的某些d轨道上有孤对电子，而配位体又有空的反键 π^* 分子轨道，当两者对称性适合时，则中心离子 d 轨道上的孤电子对可以反过来提供给配位体的空的反键 π^* 分子轨道，形成 π 配键。这个 π 配键具有反馈性质，所以也称为反馈 π 配键。与含氧酸分子中的反馈键一样，此反馈 π 配键也是不完全成键。

如 CO 分子作配位体时，CO 分子轨道的排布为

$$KK(\sigma_{2s})^2(\sigma_{2s}^*)^2(\pi_{2p_y})^2(\pi_{2p_z})^2(\sigma_{2p})^2(\pi_{2p_y}^*)^0(\pi_{2p_z}^*)^0$$

CO 分子具有空的反键 π^* 分子轨道，就可以形成反馈 π 配键。

实例如 $Ni(CO)_4$，Ni 原子的价电子构型为 $3d^8 4s^2 4p^0$，经重排成为 $3d^{10} 4s^0 4p^0$，然后进行 sp^3 杂化得到四个 sp^3 杂化空轨道，接受四个羰基中碳原子上的孤电子对，形成四个 σ 配键。与此同时，Ni 原子的 3d 轨道有成对 d 电子，而羰基有空的反键 π^* 分子轨道，两者对称性适合，可以形成反馈 π 配键。

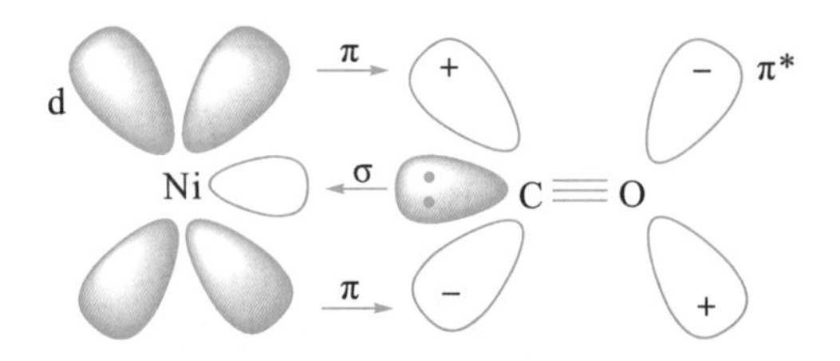

由于反馈 π 配键的形成，中心离子和配体之间具有复键的性质。通常把能形成反馈 π 配键的配位体叫 π－酸配位体。

CO 分子作配位体的配合物中一般都存在反馈 π 配键。此外，CN^-、NO_2^-、NO、N_2、C_2H_4 等都有空的反键 π^* 分子轨道，都能形成反馈 π 配键，都是 π－酸配位体。

3. 中心离子与配位体的 π 键电子对形成 σ 配键

当配位体没有孤电子对时，它可以利用其成键 π 电子与中心离子的空轨道形成 σ 配键。

如 C_2H_4 分子，无论 C 原子或是 H 原子都没有孤电子对，它在作配位体时，以其成对的 π 键电子来形成 σ 配键。如蔡斯盐 $K[PtCl_3(C_2H_4)]\cdot H_2O$ 中的成键，Pt^{2+} 的价电子构型为 $5d^8 6s^0 6p^0$，经重排空出一个 5d 轨道，然后空的 $5d^0 6s^0 6p^0$ 轨道进行 dsp^2 杂化，得到四个 dsp^2 杂化空轨道，其中三个空轨道接受三个氯离子的孤电子对，形成三个 σ 配键，另一个空轨道接受 C_2H_4 分子成对的 π 键电子形成 σ 配键。与此同时，由于 Pt^{2+} 具有成对 d 电子，C_2H_4 分子具有空的反键 π^* 分子轨道，二者之间还形成了反馈 π 配键。

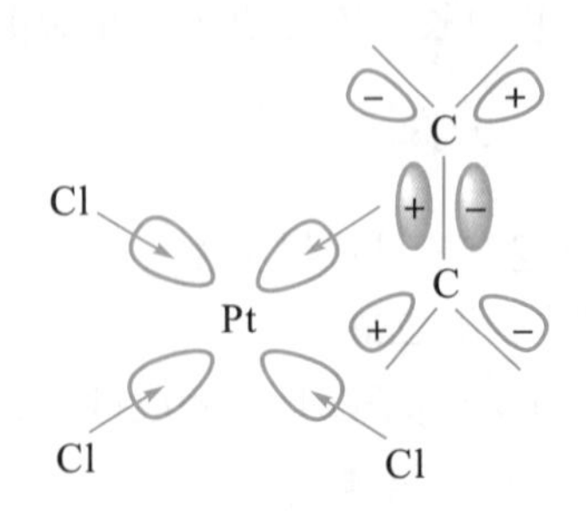

这种由配位体提供 π 键电子形成 σ 配键，同时还形成反馈 π 配键的配合物称为 π 配合物。其他如烯类、不饱和烃、不饱和烃基都能形成 π 配合物。

3.3.2　晶体场理论

晶体场理论将中心离子看作阳离子，配位体看作阴离子，中心离子与配位体的作用是静电作用力。即中心离子和配位体通过离子键结合，其强度用晶格能衡量。区别于离子键理论的是，晶体场理论考虑中心离子的价电子层结构在配位体负电场影响下的改变，该理论把配位体负电场对中心离子产生的静电场叫作晶体场，因而该理论称为晶体场理论。

3.3.2.1　中心离子 d 轨道能级的分裂

考虑到最常见的中心离子是副族金属离子，如果是 d 区金属离子，则价电子层结构主要是$(n-1)d^{1-9}$，如果是 ds 区金属离子，则价电子层结构主要是$(n-1)d^{10}$。当配位体负电场向中心离子靠近时，中心离子价电子层的 d 轨道将受到配位体负电场的排斥，导致其能量升高。由于五个 d 轨道 d_{xy}、d_{xz}、d_{yz}、d_{z^2}、$d_{x^2-y^2}$ 空间伸展方向不同，因此受到配位体电场的排斥作用将会不同，进而导致能量的不同，这种情况称为 d 轨道的能级发生了分裂。

显然，配离子的空间结构不同，配位体向中心原子靠拢的方向会不同，由此导致的 d 轨道的分裂也会不同。

1. 中心离子与配位体形成八面体

当配离子的空间构型是八面体时，配位体将从八面体的六个顶角方向向中心离子靠拢，此时，五个 d 轨道与配位体负电场的作用不同，如图 3-10 所示。

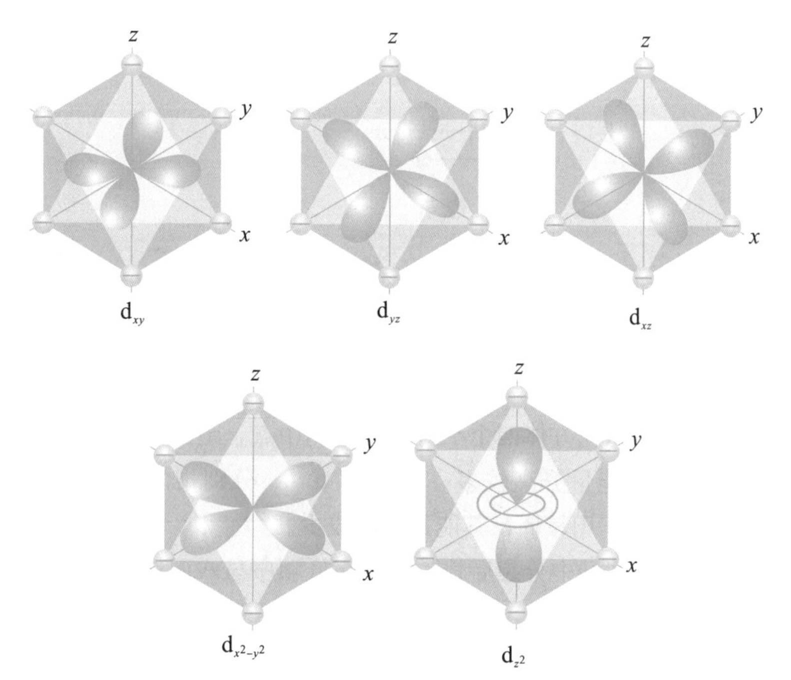

图 3-10　八面体的六个配位体与中心离子五个 d 轨道的相对空间关系(图片提供：朱宇萍)

当六个配位体分别从 x 轴两端、y 轴两端和 z 轴两端向中心离子靠拢时，可以看出，d_{z^2}、$d_{x^2-y^2}$ 与配位体处于迎头相碰的状态，电子若位于这两个 d 轨道，受到配位体负电场的排斥作用将较强，其能量升高会较多；d_{xy}、d_{xz}、d_{yz} 处于配位体的空隙中间，受到配位体负电场的排斥作用较弱，其能量升高会较少。

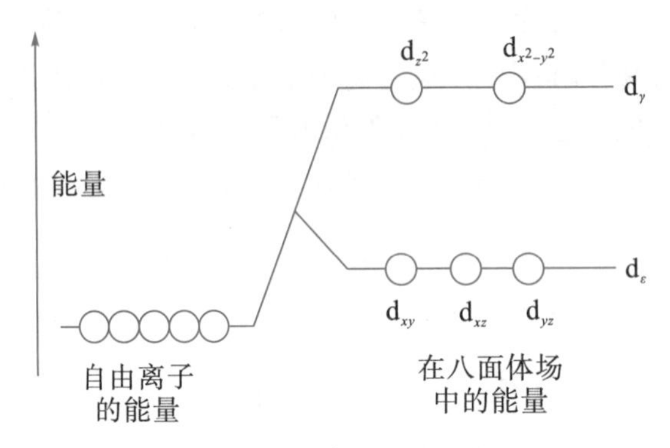

图 3-11　八面体中 d 轨道能量的变化

可见，五个简并的 d 轨道在八面体场中分裂成两组：一组是能量相对较高的 d_{z^2}、$d_{x^2-y^2}$，称为 d_γ 轨道(或称为 e_g 轨道)；一组是能量相对较低的 d_{xy}、d_{xz}、d_{yz}，称为 d_ε 轨道(或称为 t_{2g} 轨道)。e_g 和 t_{2g} 是由群论对称性记号而来的作为能量的一种记号，d_γ 和 d_ε 是晶体场理论中代表这些轨道的符号。

2. 中心离子与配位体形成四面体

当配离子的空间构型是四面体时，四个配位体将从四面体的四个顶角方向向中心离子靠拢。若中心离子位于立方体的中心，则立方体的八个角每隔一个放一个配位体，形成四面体场，如图 3-12 所示。

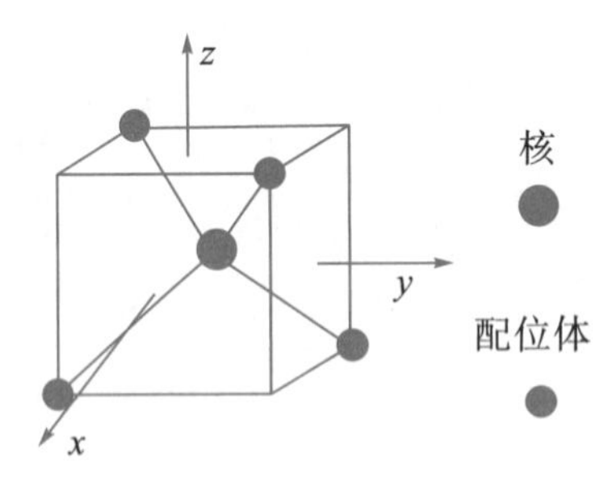

图 3-12　四面体的四个配位体与中心原子的相对空间关系

d_{xy}、d_{xz}、d_{yz} 分别指向立方体四个平行的棱边的中点，距配位体较近，受到的配位体负电场排斥作用较强，其能量升高较多；而 d_{z^2}、$d_{x^2-y^2}$ 分别指向立方体的面心，距配位体较远，受到的负电排斥作用较弱，其能量升高较少。

可见，d 轨道在四面体场中分裂后轨道相对高低顺序与八面体相反，d_ε 轨道能量相对较高，d_γ 轨道能量相对较低。

需要强调的是，配离子空间构型不同，配位体负电场向中心原子靠拢的方向不同，d 轨道受到的排斥作用不同，d 轨道的分裂情况也不同。

3.3.2.2　晶体场的分裂能

在晶体场理论中，把 d 轨道分裂后最高能级与最低能级间的能量差称为分裂能，用符号Δ 表示。八面体场的分裂能为Δ_o(octahedron，八面体)，四面体场的分裂能为Δ_t(tetrahedron，四面体)，如图 3－13 所示。

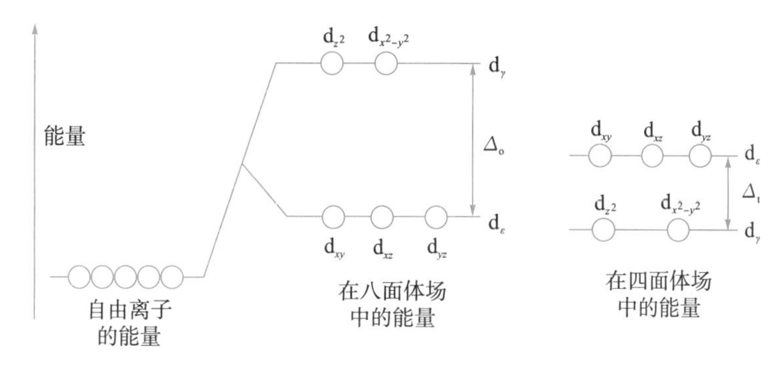

图 3－13　晶体场的分裂能

分裂能的大小可通过吸收光谱实验测定。

1. 分裂能的影响因素

分裂能的大小除与配离子的几何构型有关外，还与中心离子、配位体有关。中心离子和配位体对分裂能大小的影响有如下经验规律：

(1) 配位体对分裂能的影响。

通过吸收光谱实验数据可以确定配位体对分裂能大小的影响顺序，称为光谱化学序列。

$CO>CN^->NO_2^->en>NH_3>NCS^->H_2O>C_2O_4^{2-}>OH^->F^->Cl^->SCN^->Br^->I^-$

上述顺序大致体现了配位原子碳>氮>氧>卤素这一顺序。通常，可以将 NH_3和H_2O作为分界线，氨及其之前为强场配体，水及其之后为弱场配体。

Cr^{3+}配合物的分裂能见表 3－5。

表 3－5　Cr^{3+}配合物的分裂能

Cr^{3+}配合物	$CrCl_6^{3-}$	$Cr(H_2O)_6^{3+}$	$Cr(NH_3)_6^{3+}$	$Cr(CN)_6^{3-}$
分裂能/kJ·mol^{-1}	163	208	258	315

(2)中心离子对分裂能的影响。

中心离子对分裂能的影响通过电荷和所在周期数体现出来。

中心离子正电荷越高，对配位体的引力越大，中心离子与配位体的核间距越小，中心离子外层 d 电子与配位体间的排斥力越大，从而使分裂能越大。部分配合物的分裂能见表 3－6。

表 3－6　部分配合物的分裂能

配合物	$Fe(H_2O)_6^{2+}$	$Fe(H_2O)_6^{3+}$	$Co(NH_3)_6^{2+}$	$Co(NH_3)_6^{3+}$
分裂能/kJ·mol^{-1}	124	164	111	223

中心离子周期数越大，分裂能越大。一般而言，第二过渡系(第五周期 d 区元素)比第一过渡系(第四周期 d 区元素)分裂能大 40%～50%，第三过渡系(第六周期 d 区元素)又比第二过渡系大 20%～25%。这是因为第二过渡系中心离子的 4d 轨道和第三过渡系中心离子的 5d 轨道伸展得离核更远，受配位体负电场的作用更加强烈。中心离子周期数对分裂能的影响见表 3-7。

表 3-7　中心离子周期数对分裂能的影响

周期数	四	五	六
配离子	$Co(NH_3)_6^{3+}$	$Rh(NH_3)_6^{3+}$	$Ir(NH_3)_6^{3+}$
分裂能/$kJ \cdot mol^{-1}$	274	408	490

2. 由分裂能求 d_γ 和 d_ε 能量

d_γ 和 d_ε 能量的绝对值不能用实验测定。

虽然 d_γ 和 d_ε 能量的绝对值不能测到，但是，考虑到分裂能是 d_γ 和 d_ε 能量的差值，因此，通过规定一个相对标准，可以求得 d_γ 和 d_ε 轨道能量的相对值。

晶体场理论规定的相对标准是球形场。假设在中心离子的核心上有一个负电场是球形对称的，则它对五个 d 轨道的排斥是相同的，五个 d 轨道有相同的能量升高，仍然是简并的。规定球形场时的 d 轨道能量为零。

当中心离子处于配位体负电场作用时，比如八面体场时，五个 d 轨道能量升高程度不同，但五个 d 轨道升高的能量之和与球形场升高的能量之和相同，只是 d_γ 轨道能量比球形场高，d_ε 轨道能量比球形场低(图 3-14)。

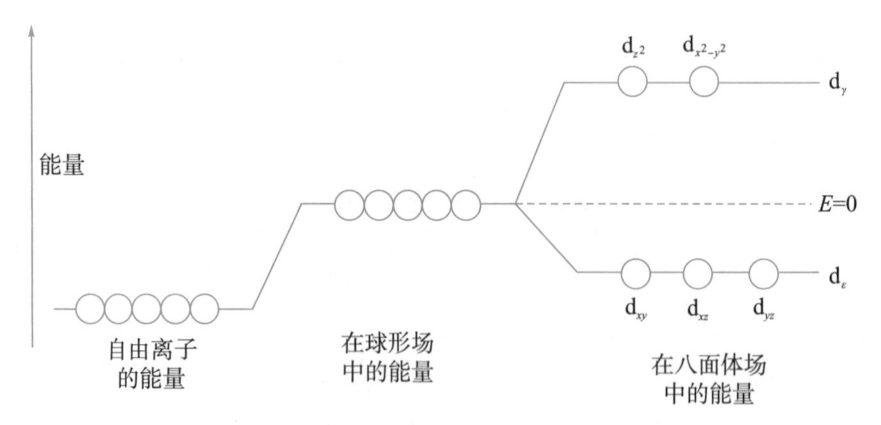

图 3-14　球形场时的能量关系

有了球形场这个相对标准，可以得到 d_γ 和 d_ε 的相对能量。计算如下：

(1) 在八面体场中，晶体场理论规定分裂能$\Delta_o=10Dq$，Dq 为场强参数。即

$$E(d_\gamma) - E(d_\varepsilon) = 10Dq \qquad (3-2)$$

由于五个 d 轨道升高的能量之和与球形场升高的能量之和相同，故相对球形场而言，d 轨道分裂前后的总能量应保持不变，即两个 d_γ 轨道升高的总能量(正值)和三个 d_ε 轨道降低的总能量(负值)的代数和为零。考虑到一个轨道可容纳两个电子，即

$$4E(d_\gamma)+6E(d_\varepsilon)=0 \tag{3-3}$$

将式(3−2)和式(3−3)联立解方程，得：

$$E(d_\gamma)=\frac{3}{5}\Delta_o=6Dq \tag{3-4}$$

$$E(d_\varepsilon)=-\frac{2}{5}\Delta_o=-4Dq \tag{3-5}$$

即相对球形场，d_γ 轨道能量升高 $6Dq$，d_ε 轨道能量降低 $4Dq$。

(2) 在四面体场中，由于不像八面体场那样 d 轨道与配位体迎头相碰，因此其分裂能$\Delta_t<\Delta_o$。计算表明：当金属离子与配位体之间的距离也和八面体场相同的情况下对比时，Δ_t仅为Δ_o的$\frac{4}{9}$。即：

$$E(d_\varepsilon)-E(d_\gamma)=4.45Dq$$

同样，与 $4E(d_\gamma)+6E(d_\varepsilon)=0$ 联立解方程，得：

$$E(d_\gamma)=-2.67Dq \tag{3-6}$$

$$E(d_\varepsilon)=1.78Dq \tag{3-7}$$

即相对球形场，d_γ 轨道能量降低 $2.67Dq$，d_ε 轨道能量升高 $1.78Dq$。

3.3.2.3　电子在分裂后的 d 轨道的排布

d 轨道分裂后，原来在 d 轨道上的电子要重新排布，依据的原理仍然是核外电子排布三原则，即能量最低原理、保里不相容原理和洪特规则。

下面以八面体场为例进行讨论。

1. d^1、d^2、d^3 型离子

d^1、d^2、d^3 型离子按洪特规则分占三个简并 d_ε 的轨道，如下：

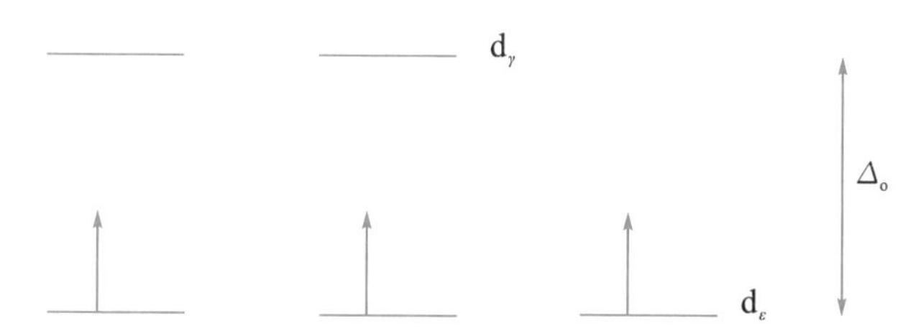

2. d^4、d^5、d^6、d^7 型离子

d^4、d^5、d^6、d^7 型离子的 d 电子有两种排布方式。

d^4 的两种排布方式如下：

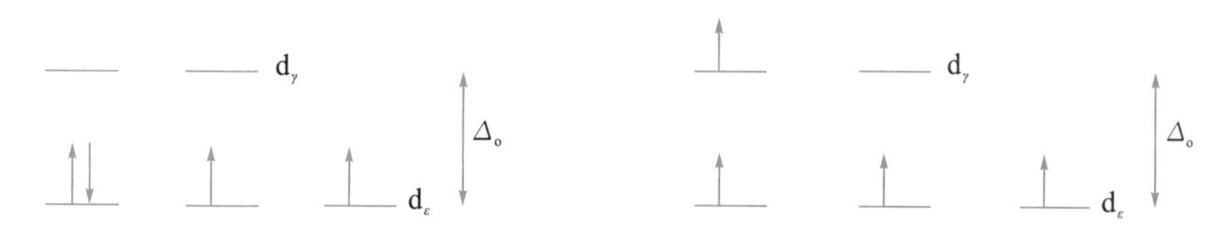

可以看出，第四个 d 电子可以选择填充在 d_γ 轨道(右边)，也可以选择填充在 d_ε 轨道(左边)。右边的排布自旋平行的电子数较多，称为高自旋排布，形成的配合物称为高自

旋配合物；左边的排布自旋平行的电子数较少，称为低自旋排布，形成的配合物称为低自旋配合物。

选择高自旋排布还是低自旋排布，取决于能量，即要符合能量最低原理。

第四个 d 电子若选择高自旋排布，则需要克服分裂能Δ_o，才可能填入 d_γ；第四个 d 电子若选择低自旋排布，则需要克服电子成对能。电子成对能是指一个电子填入已有一个电子的轨道时，需要吸收能量以克服电子间的排斥作用，才能与另一个电子成对。成对能用符号 P 表示。

某些金属离子的成对能见表 3－8。

表 3－8　某些金属离子的成对能

金属离子	Cr^{2+}	Mn^{2+}	Fe^{3+}	Fe^{2+}	Co^{3+}	Co^{2+}
d^n	d^4	d^5	d^5	d^6	d^6	d^7
$P/kJ\cdot mol^{-1}$	244	285	357	229	283	250

显然，第四个 d 电子选择高自旋排布还是低自旋排布的决定因素是分裂能和成对能的相对大小。如果$\Delta_o<P$，则选择高自旋排布；如果$\Delta_o>P$，则选择低自旋排布。这个结论同样适合 d^5、d^6、d^7 型离子。

分裂能的大小与配位场的强弱有关，配位场越强分裂能越大，配位场越弱分裂能越小。因此有推论：配位体若是强场，则易于形成低自旋排布；配位体若是弱场，则易于形成高自旋排布。

d^4、d^5、d^6、d^7 型离子 d 电子的两种排布方式如下：

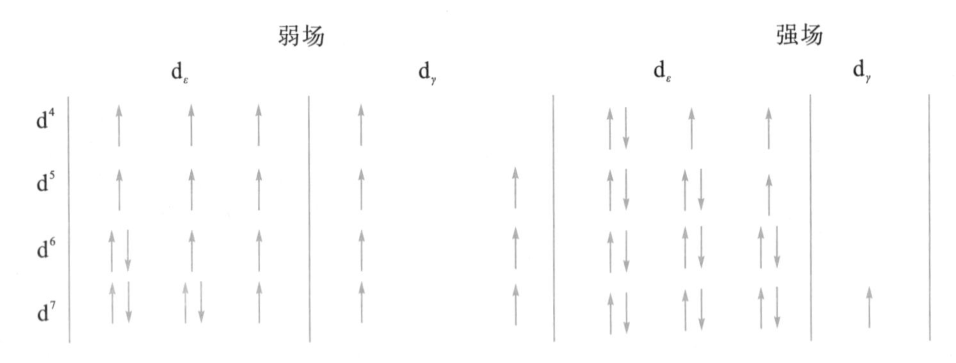

3. d^8、d^9、d^{10} 型离子

只有一种 d 电子的排布方式。

d^8　　d^9　　d^{10}

d_γ　Δ_o　d_ε

实验证明：对于第一过渡系金属离子的四面体配合物，因为四面体场的分裂能较小，$\Delta_t=\frac{4}{9}\Delta_o$，导致$\Delta_t<P$，结果使得第一过渡系金属离子的四面体配合物都是高自旋的(低自旋的至今未曾发现)。

3.3.2.4　晶体场的稳定化能

d轨道分裂后，电子充填结果有两种：①若五个分裂的d轨道都填满电子或全空，则d轨道分裂前后的总能量没有变化；②若d轨道填有电子但未满，则由于电子会更多地填入低能量轨道，所以d轨道分裂后能量降低，配合物变得更稳定。

定义：d电子从未分裂前的d轨道进入分裂后的d轨道所产生的总能量下降值叫晶体场的稳定化能(Crystal Field Stabilization Energy，CFSE)。

CFSE的计算：根据d_ε和d_γ的相对能量和进入其中的电子数，可以计算配合物晶体场的稳定化能。如进入d_ε轨道的电子数为n_ε，进入d_γ轨道的电子数为n_γ。则

$$\text{CFSE(八面体)}=-\frac{2}{5}\Delta_o\times n_\varepsilon+\frac{3}{5}\Delta_o\times n_\gamma$$

$$\text{CFSE(八面体)}=-(0.4n_\varepsilon-0.6n_\gamma)\Delta_o \qquad (3-8)$$

$$\text{CFSE(八面体)}=-(0.4n_\varepsilon-0.6n_\gamma)\times 10Dq \qquad (3-9)$$

可以看出，CFSE与Δ_o和n_ε、n_γ有关。当Δ_o一定时，n_ε相对于n_γ的数目越大，即进入低能量轨道d_ε的电子越多，稳定化能越大，配合物越稳定。

同理：

$$\text{CFSE(四面体)}=\frac{2}{5}\Delta_t\times n_\varepsilon-\frac{3}{5}\Delta_t\times n_\gamma$$

$$\text{CFSE(四面体)}=-(0.6n_\gamma-0.4n_\varepsilon)\Delta_t \qquad (3-10)$$

$$\text{CFSE(四面体)}=-(0.6n_\gamma-0.4n_\varepsilon)\times\frac{4}{9}Dq \qquad (3-11)$$

CFSE的影响因素：分裂能(晶体场的强弱)、d电子数、配离子的空间构型。

八面体场的CFSE值计算如下：

d^1：1个电子从球形场进入d_ε轨道，能量下降$4Dq$，则CFSE$=-4Dq$；

d^2：2个电子从球形场进入d_ε轨道，能量下降$8Dq$，则CFSE$=-8Dq$；

d^3：3个电子从球形场进入d_ε轨道，能量下降$12Dq$，则CFSE$=-12Dq$；

d^4(高自旋)：3个电子从球形场进入d_ε轨道，能量下降$12Dq$，1个电子从球形场进入d_γ轨道，能量升高$6Dq$，则CFSE$=-6Dq$；

d^4(低自旋)：4个电子从球形场进入d_ε轨道，能量下降$16Dq$，2个电子从球形场的未成对电子变成成对电子，获得1份成对能P，则CFSE$=-16Dq+P$；

d^5(高自旋)：3个电子从球形场进入d_ε轨道，能量下降$12Dq$，2个电子从球形场进入d_γ轨道，能量升高$12Dq$，则CFSE$=0Dq$；

d^5(低自旋)：5个电子从球形场进入d_ε轨道，能量下降$20Dq$，4个电子从球形场的未成对电子变成成对电子，获得2份成对能P，则CFSE$=-20Dq+2P$；

d^6(高自旋)：4个电子从球形场进入d_ε轨道，能量下降$16Dq$，2个电子从球形场进

入 d_γ 轨道，能量升高 $12Dq$，相对于球形场成对能没有变化，则 CFSE$=-4Dq$；

d^6(低自旋)：6 个电子从球形场进入 d_ε 轨道，能量下降 $24Dq$，相对于球形场成对能增加 2 份，则 CFSE$=-24Dq+2P$；

d^7(高自旋)：5 个电子从球形场进入 d_ε 轨道，能量下降 $20Dq$，2 个电子从球形场进入 d_γ 轨道，能量升高 $12Dq$，相对于球形场成对能没有变化，则 CFSE$=-8Dq$；

d^7(低自旋)：6 个电子从球形场进入 d_ε 轨道，能量下降 $24Dq$，相对于球形场成对能增加 1 份，1 个电子从球形场进入 d_γ 轨道，能量升高 $6Dq$，则 CFSE$=-18Dq+P$；

d^8：6 个电子从球形场进入 d_ε 轨道，能量下降 $24Dq$，2 个电子从球形场进入 d_γ 轨道，能量升高 $12Dq$，相对于球形场成对能没有变化，则 CFSE$=-12Dq$；

d^9：6 个电子从球形场进入 d_ε 轨道，能量下降 $24Dq$，3 个电子从球形场进入 d_γ 轨道，能量升高 $18Dq$，相对于球形场成对能没有变化，则 CFSE$=-6Dq$；

d^{10}：6 个电子从球形场进入 d_ε 轨道，能量下降 $24Dq$，4 个电子从球形场进入 d_γ 轨道，能量升高 $24Dq$，相对于球形场成对能没有变化，则 CFSE$=0Dq$。

需要说明的是，分裂能远小于气态金属离子与配位体形成配合物时的能量，故 CFSE 相对于气态金属离子与配位体形成配合物时的能量而言也是很小的，如图 3－15 所示。

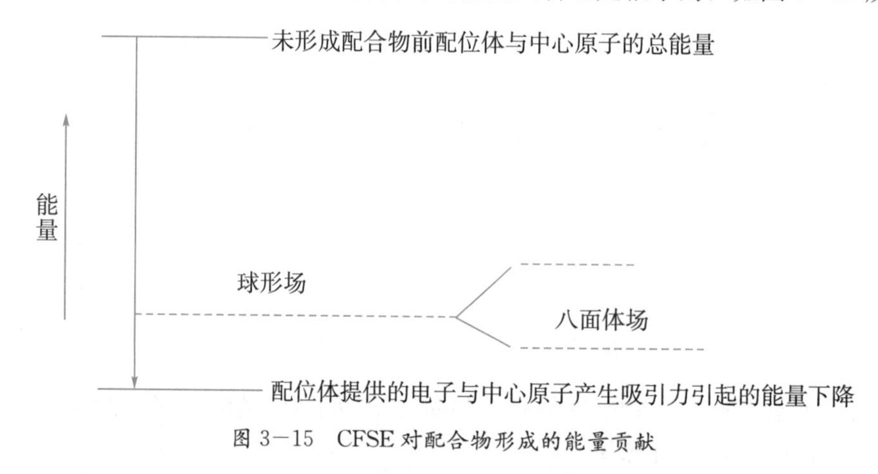

图 3－15　CFSE 对配合物形成的能量贡献

尽管如此，配合物的稳定性及许多性质都与 CFSE 有关。

3.3.2.5　晶体场理论的应用

1. 配合物的磁性

晶体场理论能够很好地解释配合物的磁性，这在于第一过渡系金属元素的配合物的磁性主要由成单电子数决定。而 d 轨道的分裂导致电子充填的改变，会影响成单电子数，进而影响配合物的磁性。

如 FeF_6^{3-}，磁矩为 5.90 B.M.，用晶体场理论能够很好地解释其磁矩。中心离子 Fe^{3+} 是 $3d^5$ 结构，配位体 F^- 是弱场，故 5 个 d 电子在分裂之后的 d 轨道的排布是高自旋排布。

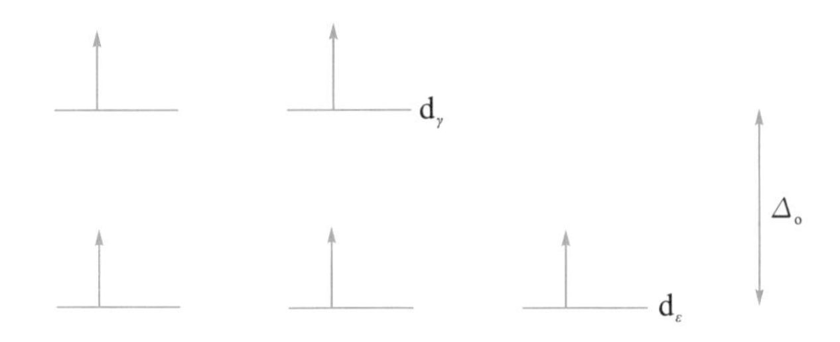

五个成单电子正好对应其磁矩数据。

2. 配合物的颜色

过渡金属离子 d 轨道的分裂能数值大致对应于可见光的能量。因此，较低能量的 d 轨道(八面体场是 d_ε，四面体场是 d_γ)上的电子吸收可见光可以跃迁到较高能量的 d 轨道(八面体场是 d_γ，四面体场是 d_ε)上去，并因此而显示出一定的颜色。这种电子在 d 轨道上的跃迁称为 d−d 跃迁。

如 $Ti(H_2O)_6^{3+}$ 的分裂能为 243 $kJ \cdot mol^{-1}$，最大吸收峰在蓝色区，最小吸收峰在紫色和红色区，由此显示出紫红色。

显然，过渡金属离子 d 轨道的分裂能越小，电子发生 d−d 跃迁所需能量越小，吸收的可见光波长越长，该金属离子显示颜色的波长越短，颜色越趋向紫色；过渡金属离子 d 轨道的分裂能越大，电子发生 d−d 跃迁所需能量越大，吸收的可见光波长越短，该金属离子显示颜色的波长越长，颜色越趋向红色。

$Cu(H_2O)_4^{2+}$ 的最大吸收峰在橙色和红色区，最小吸收峰在蓝色区，由此显示出蓝色。$Cu(NH_3)_4^{2+}$ 的分裂能更大，最大吸收峰在橙色和黄色区，最小吸收峰在蓝色和紫色区，由此显示出蓝紫色(参见表 2−12)。

$Fe(H_2O)_6^{3+}$ 的分裂能为 164 $kJ \cdot mol^{-1}$，应该是紫色，但实际上却是淡紫色，近于无色。原因在于 $Fe(H_2O)_6^{3+}$ 的中心离子 Fe^{3+} 是 d^5 结构，属于弱场高自旋，电子由 d_ε 轨道克服分裂能跃迁到 d_γ 轨道后，将发生自旋方向的改变，克服电子成对能进而成对。这种情况下，$Fe(H_2O)_6^{3+}$ 的电子很难发生 d−d 跃迁，因此颜色很淡。类似的例子还有 $Mn(H_2O)_6^{2+}$，其颜色是淡红色(近于无色)。

晶体场理论的更多应用将在后续课程中学习。

习　题

1. 命名下列配合物或写出配合物的化学式。

(1) $Na_2[SiF_6]$；

(2) $K_2[Pt(SCN)_6]$；

(3) $[Co(NH_3)_6]Cl_3$；

(4) $K_2[Zn(OH)_4]$；

(5) $[CrCl(H_2O)_5]Cl \cdot H_2O$；

(6) 二氯二氨合铂(Ⅱ)；

(7) 四异硫氰合钴(Ⅱ)酸钾;

(8) 六氯合锑(Ⅲ)酸铵;

(9) 三氯化三乙二胺合钴(Ⅲ);

(10) 四氯二氨合铂(Ⅳ)。

2. 五种配合物具有相同的实验式:$K_2CoCl_2I_2(NH_3)_2$,电导实验表明它们等浓度水溶液中的离子数目与等浓度的 Na_2SO_4 相同。写出配合物的化学式,画出五种几何异构体。

3. 实验测得一些配合物的磁矩如下,推测这些配合物中心离子的成单电子数、内轨型或外轨型、杂化类型和空间结构。

配离子	$Fe(en)_3^{2+}$	$Co(SCN)_4^{2-}$	$Ni(CN)_4^{2-}$	$Ni(NH_3)_6^{2+}$
磁矩/B. M.	5.5	4.3	0.0	3.2

4. 分别用价键理论和晶体场理论解释为什么 $Fe(CN)_6^{4-}$ 是低自旋而 $Fe(H_2O)_6^{2+}$ 是高自旋。

配离子	$Fe(CN)_6^{4-}$	$Fe(H_2O)_6^{2+}$
Δ	33000	10400
P	17600	17000

注意:表中分裂能和成对能单位都是波数(cm^{-1},$1\ cm^{-1}=0.0120\ kJ\cdot mol^{-1}$)。

5. 用晶体场理论预测 $Ti(CN)_6^{3-}$ 和 $TiCl_6^{3-}$ 哪个颜色更深,并说明理由。

6. 有两个组成相同但颜色不同的配位化合物,化学式均为 $CoBr(SO_4)(NH_3)_5$。向红色配合物中加入 $AgNO_3$ 后生成黄色沉淀,加入 $BaCl_2$ 后并不生成沉淀;向紫色配合物中加入 $AgNO_3$ 后不生成沉淀,加入 $BaCl_2$ 后生成白色沉淀。试写出两个配合物的结构和名称,并简述推理过程。

第 4 章　晶体结构

自然界中的物质主要呈现三种聚集状态，分别是固态、液态和气态。不同聚集状态的物体，分别称为固体、液体和气体。无论是构成巍峨雄伟高山的岩石，还是构成宽广无垠大地的泥土，固体构成了地球的陆地部分，使人类能够生存于此，创造文明。从宏观性质上看，岩石和泥土的差异非常大；但是从微观结构看，它们几乎都有共同的本质，即构成它们的质点(分子、原子、离子或原子团)都是有规则地排列。这种物质内部质点做有规则排列的固体称为晶体，而构成物质的质点呈混乱分布的固体称为非晶体(无定形态物质)。自然界中绝大部分的固体都是晶体，只有极少数的固体是非晶体，如石蜡、动物胶和沥青等。非晶体常常是在温度突然下降至凝固点以下，物质的质点来不及有规则地排列而形成的。例如把石英晶体加热至熔化，迅速冷却就可以得到石英玻璃。用肉眼从外观上很难分辨出晶体、非晶体，但是使用 X 射线对固体进行微观结构分析，晶体和非晶体就会截然不同。微观结构上的差异将导致晶体和非晶体宏观性质上的显著不同。

4.1　晶体

4.1.1　晶体的特征

1. 晶体的宏观特征

与无定形态物质相比，晶体有以下特征：

(1) 晶体的自范性。

晶体的自范性指的是晶体能够自发地呈现封闭的规则凸多面体的外形。这样的实例非常多，如氯化钠晶体具有整齐的立方体外形。

根据晶体凸多面体的数目，晶体可分为单晶、双晶、晶簇、多晶。单一的晶体叫单晶。两个体积大致相当的单晶按一定规则生长在一起叫双晶。许多单晶以不同取向连在一起叫晶簇。有的晶体由微小的晶体构成，宏观上看不到规则外形，但在高倍显微镜下仍能看到整齐规则外形的叫多晶。如图 4-1 所示。

图 4－1　金刚石单晶、磷酸盐双晶、紫水晶晶簇和四姑娘山尖削峥嵘的龙牙峰（岩石基本上都属于多晶）

同一晶体物质在结晶析出的过程中，如果在不同时刻中止析出，将会导致外观的显著不同，如图 4－2 所示。

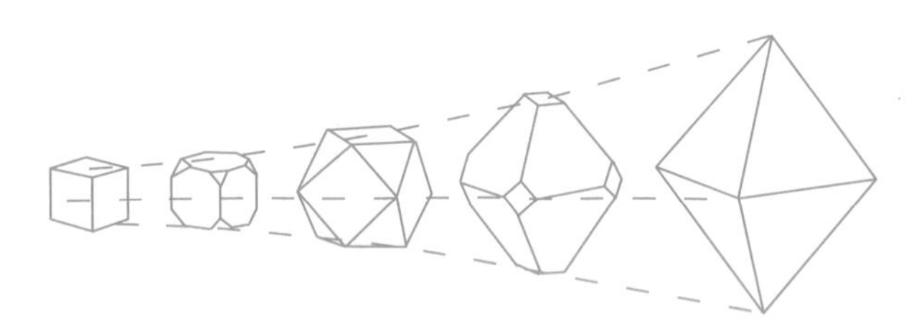

图 4－2　同一晶体物质因生长条件的差异外形的变化示意图

1669 年，科学家斯丹诺(Nicolaus Steno)对水晶、金刚石、黄铁矿等各种晶体进行了大量的研究，发现了晶面角守恒定律：同一物质的不同晶体在同一温度和压强下晶面的数目、大小、形状可能有很大的差别，但对应的晶面之间的夹角是恒定的。斯丹诺认为，晶体是从外表面长大的，即新的物质包围在已经结晶的外表晶面上。因此，各个晶面都按原来的方向平行地向外发展。在生长过程中，各个晶面的大小虽然都在变化，但它们既然平行地向外发展，晶面之间的夹角就不应当改变。换句话说，对于同一物质的不同晶体，晶面的大小、形状和个数都可能不同，但相应的晶面之间的夹角都是固定不变的。

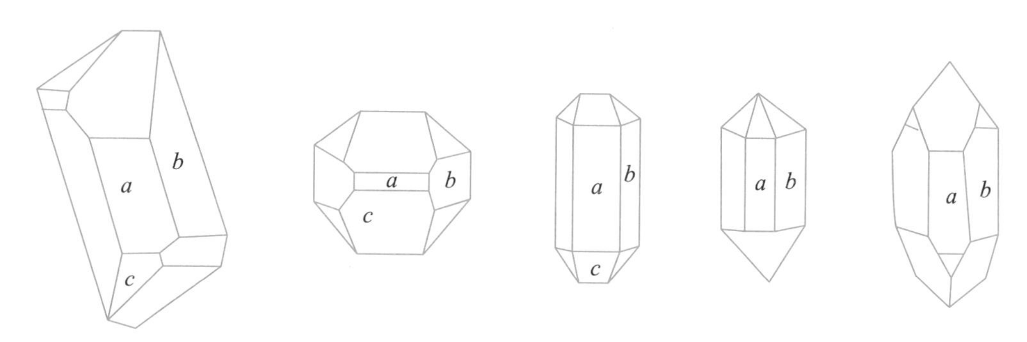

图 4—3　自然生长的石英的各个晶面

一种晶体经常呈现的外形称为它的习性。晶体的习性主要取决于晶体的本性，但有时也与晶体的生长条件有关。如常见的谷氨酸钠是柱状结晶，但也可以得到粉状结晶(图 4—4)。

图 4—4　味精(谷氨酸钠)从结晶形状分有棱柱状结晶或粉状结晶

无定形态物质没有规则凸多面体的外形。如玻璃、松香、沥青和橡胶等，没有固定的外形，其外形随环境而变。

(2) 晶体的均一性。

晶体质地均匀，具有固定的熔点。对晶体进行加热时，晶体从外界吸收热量，内部质点(分子、原子或离子)的平均动能增大，温度开始升高。达到熔点时，质点规则排列的空间点阵开始解体，晶体开始变成液体。此时，晶体继续吸收的热量用于破坏晶体的空间点阵，所以固、液混合物的温度并不升高。当晶体完全熔化后，继续从外界吸收热量，温度又开始升高。因此，晶体具有固定的熔点。

无定形态物质没有固定的熔点。这是因为无定形态物质的质点排列不规则，吸收热量后不需要破坏其空间点阵，只用来提高平均动能，所以从外界吸收热量后，便由硬变软，最后变成液体。从开始熔化到全部熔化，有一个较长的温度范围。比如松香，在50℃～70℃之间软化，在70℃以上才基本上成为熔体。

(3) 晶体的各向异性。

所谓各向异性指晶体在不同方向上常有不同的性质，这些性质涉及力学性质、光学性质、导电导热性能、机械强度性能等诸多方面。例如云母易于沿着纹理面(解理面)方向裂成薄片；水晶柱长轴方向和短轴方向导热能力不同；石墨晶体沿片层状方向易于断裂，同时石墨平行于片层方向相比于垂直于片层方向热导率大4~6倍，电导率大5000倍左右。

无定形态物质是各向同性的。

2. 晶体的微观特征

通过现代实验技术可以获得晶体内部微观结构的照片(图4—5)。

为了研究晶体内部质点的排列规律，法国结晶学家布拉维(Auguste Bravais)提出把构成晶体的质点抽象为几何学中的一个点，称为结点。质子间的化学键用线条把各个结点连接起来，就得到晶体的格架式空间结构。这种用来描述质子在晶体中排列的几何空间格架，称为晶格(图4—5)。

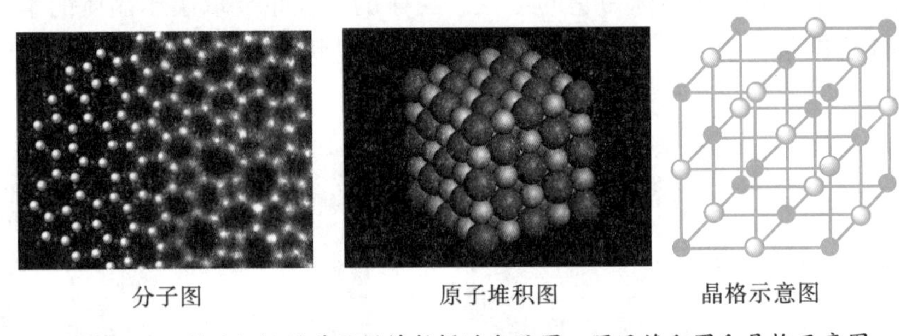

图4—5 利用扫描隧道显微镜拍摄的分子图、原子堆积图和晶格示意图

从图4—5中可以看出晶体的微观特征：构成晶体的质点呈现周期性的整齐排列，称为晶体的平移对称性。需要强调两点：整齐排列、周期性。

晶体具有规则凸多面体的外形正是晶体的微观特征平移对称性的体现(图4—6)。

非晶体不具有平移对称性(图4—6)。

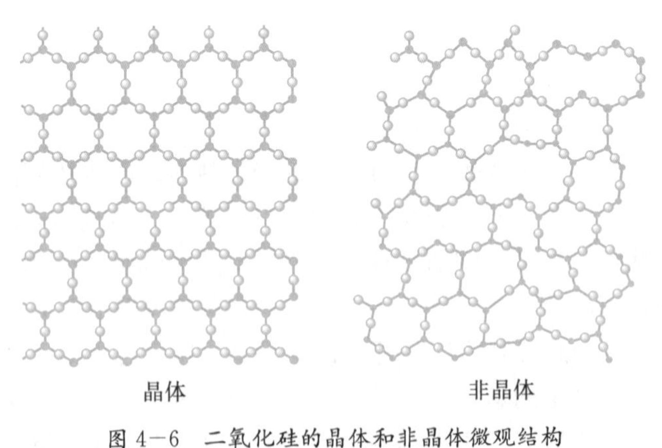

图4—6 二氧化硅的晶体和非晶体微观结构

4.1.2 晶胞

构成晶体的质点呈现周期性的整齐排列，既然具有周期性，则意味着晶体中原子的排列将会有重复单位。由此，定义晶胞为晶体结构中具有代表性的最小重复单位。

1. 晶胞的基本特征

晶体是由完全等同的晶胞无隙并置地堆积而成的。

这里的完全等同有两方面的含义：其一，化学上等同，即晶胞里原子的数目和种类完全相同；其二，几何上等同，即晶胞的形状、取向、大小、质点的排列及其取向完全相同。而无隙并置指的是晶胞之间没有间隙，相邻晶胞共顶角、共面、共棱边，所有晶胞都是平行排列的，取向相同，从一个晶胞到另一个晶胞只需平移。晶胞具有平移性。

理论上可以选择为晶胞的多面体很多，只要多面体具有平移性，能够无隙并置地堆积，就可以选择为晶胞。可以选择为晶胞的部分多面体如图 4-7 所示。

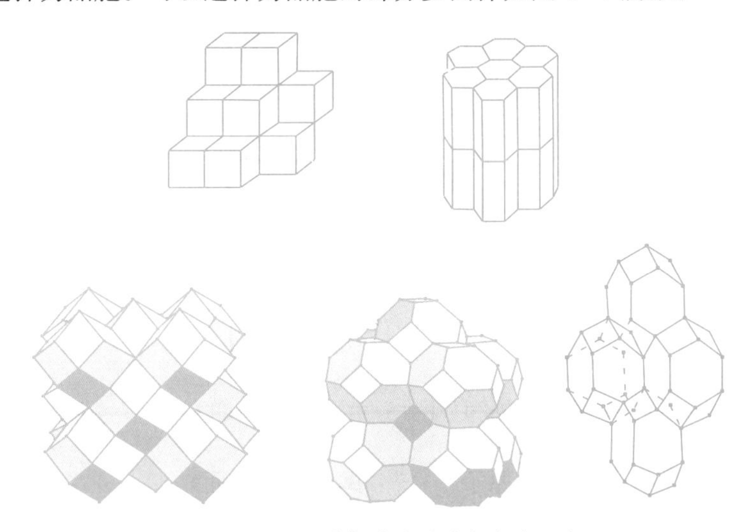

图 4-7　可以选择为晶胞的部分多面体

通常选用的晶胞是三维的平行六面体，称为布拉维晶胞。平行六面体的几何特征涉及三条边和三个夹角。布拉维晶胞的几何特征用晶胞参数来描述(图 4-8)。边长称为晶柱，分别有 a、b、c 三条晶柱；夹角称为晶角，分别有 α、β、γ 三个晶角。

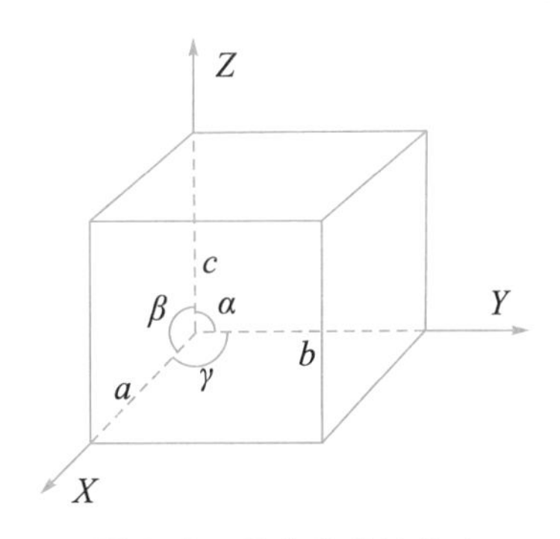

图 4-8　晶胞参数的定义

2. 晶胞中原子的坐标和计数

晶胞中原子的坐标是以晶胞的一个顶点为坐标原点，通过顶点的三个棱边为坐标轴(a，b，c)，分别以棱边为单位长度 1，由此得到原子的分数坐标。

晶胞中原子的典型位置如图 4-9 所示。

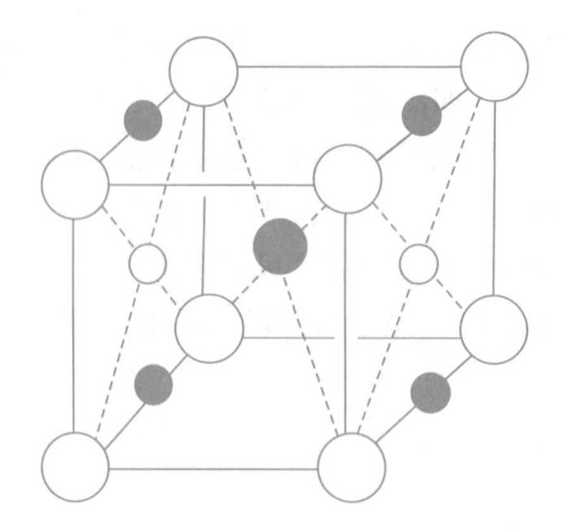

图 4-9　晶胞中原子的典型位置

晶胞中典型位置原子的坐标分别为

$$\text{顶角原子：}(0，0，0)$$

$$\text{体心原子：}\left(\frac{1}{2}，\frac{1}{2}，\frac{1}{2}\right)$$

$$\text{面心原子：}\left(\frac{1}{2}，\frac{1}{2}，0\right)(ab\ \text{面})$$

$$\text{面心原子：}\left(\frac{1}{2}，0，\frac{1}{2}\right)(ac\ \text{面})$$

$$\text{面心原子：}\left(0，\frac{1}{2}，\frac{1}{2}\right)(bc\ \text{面})$$

$$\text{棱边原子：}\left(\frac{1}{2}，0，0\right)(a\ \text{棱边})$$

$$\text{棱边原子：}\left(0，\frac{1}{2}，0\right)(b\ \text{棱边})$$

$$\text{棱边原子：}\left(0，0，\frac{1}{2}\right)(c\ \text{棱边})$$

晶胞中其他原子的坐标可以通过与典型位置原子的关系得到。

晶胞中原子的计数是在一个晶胞的空间范围内的原子数目。由于晶胞无隙并置地堆积，相邻晶胞共顶角、共面、共棱边，因此，典型位置原子中，顶角原子、面心原子和棱边原子都与相邻晶胞共用，唯有体心原子为晶胞独有，如图 4-10 所示。

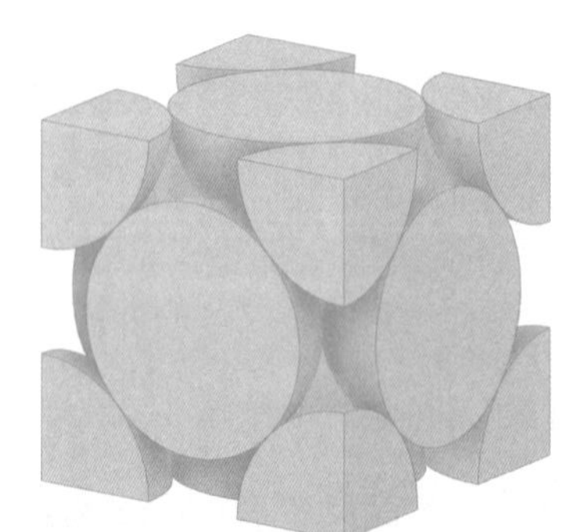

图 4-10　晶胞中原子的共用(图片提供：覃泫)

晶胞中典型位置原子的计数分别为

$$\text{体心原子：}1$$

$$\text{顶角原子：}\frac{1}{8}\times 8=1$$

$$\text{面心原子：}\frac{1}{2}\times 2\times 3=3$$

$$棱边原子：\frac{1}{4}\times4\times3=3$$

例如，氯化钠晶胞如图 4—11 所示，其原子计数如下：

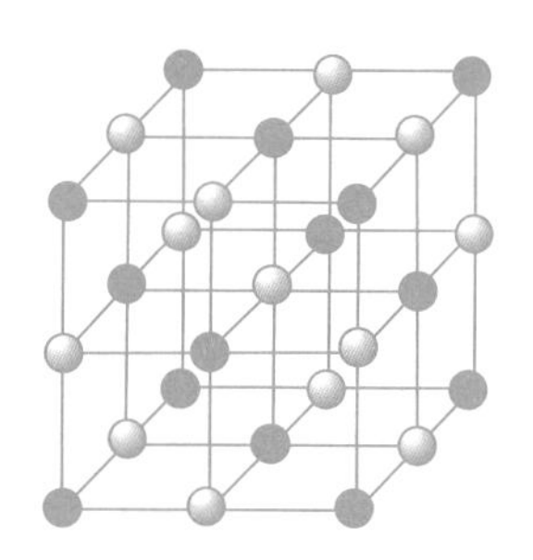

图 4—11　氯化钠晶胞(实心球为钠离子、空心球为氯离子)

氯离子：体心位置有一个氯离子，a、b、c 三个棱边都有氯离子，因此，晶胞中氯离子的数目为 $1+\frac{1}{4}\times4\times3=4$；

钠离子：顶角位置有钠离子，ab 面、ac 面和 bc 面的面心位置都有钠离子，因此，晶胞中钠离子的数目为 $\frac{1}{8}\times8+\frac{1}{2}\times2\times3=4$。

一个氯化钠晶胞中有四个钠离子和四个氯离子，两者个数比为 1∶1，一个氯化钠晶胞的化学成分代表了氯化钠晶体的化学成分，因此氯化钠的化学式为 NaCl。

4.1.3　晶胞的类型

晶胞有素晶胞和复晶胞之分。

4.1.3.1　素晶胞

素晶胞如图 4—12 所示。

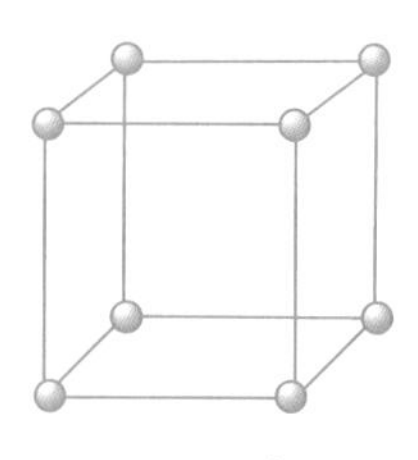

图 4—12　素晶胞

素晶胞的符号是 P，是晶体结构中的最小结构单元。素晶胞中的原子集合相当于晶体微观空间中的原子作周期性平移的最小集合，叫作结构基元。

4.1.3.2　复晶胞

复晶胞是素晶胞的多倍体，相当于在素晶胞这个空间里存在不止一个晶胞。复晶胞有以下三种。

1. 体心晶胞

体心晶胞是在平行六面体的体心位置有与顶角相同的质点。体心晶胞内的任一质点都可以做体心平移，即质点原子坐标加上体心原子坐标$\left(\frac{1}{2}, \frac{1}{2}, \frac{1}{2}\right)$，必得到完全相同的质点。体心晶胞如图 4−13 所示。

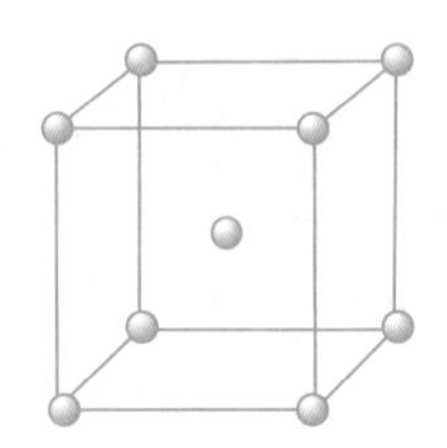

图 4−13　体心晶胞

体心晶胞的符号为 I，是素晶胞的 2 倍体，即在体心晶胞的空间内存在两个晶胞。如图 4−14 所示的金属钠，实线表示的晶胞是一个晶胞，由于体心原子还是虚线晶胞的顶角原子，因此，在这个实线晶胞的空间里还含有虚线晶胞的八分之一。

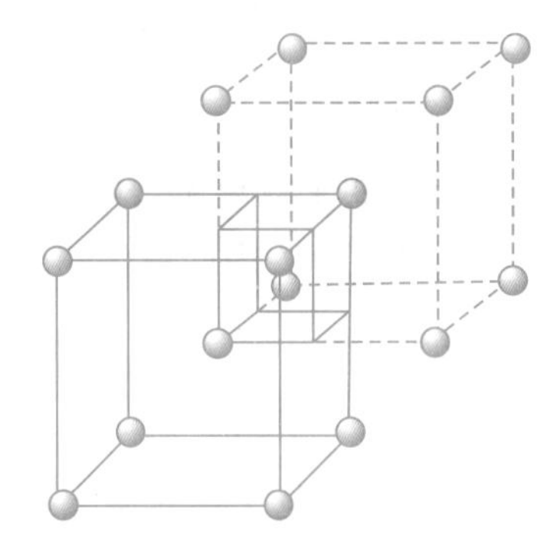

图 4−14　金属钠体心晶胞

注意这个虚线晶胞位于实线晶胞的右上里边。同样的，可以推测，位于实线晶胞的左上里边也有一个晶胞的八分之一在这个晶胞的空间里。以此类推，位于实线晶胞的左上前边、右上前边，以及右下里边、左下里边、左下前边、右下前边，共计有八个晶胞的八分之一在这个实线晶胞的空间里。因此，在体心晶胞的空间里，除了晶胞本身有一个晶胞外，还包含另外八个晶胞的八分之一，共计 $1+\frac{1}{8}\times 8=2$ 个晶胞。所以，体心晶胞是素晶胞的 2 倍体。

2. 面心晶胞

面心晶胞是在平行六面体的三个面心位置（ab 面、bc 面、ac 面）有与顶角相同的质点。面心晶胞内的任一质点都可以做面心平移，即质点的原子坐标加上面心原子坐标$\left(\frac{1}{2}, \frac{1}{2}, 0\right)$、$\left(\frac{1}{2}, 0, \frac{1}{2}\right)$、$\left(0, \frac{1}{2}, \frac{1}{2}\right)$，必得到完全相同的质点。面心晶胞如图 4−15 所示。

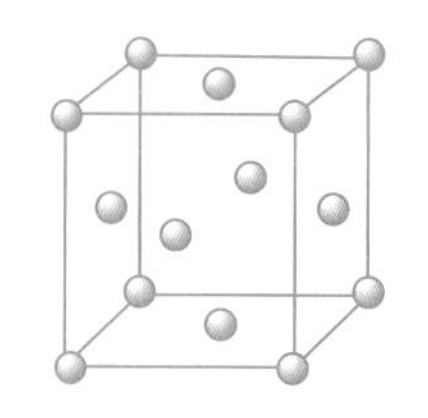

图 4－15　面心晶胞

面心晶胞的符号为 F，是素晶胞的 4 倍体，即在面心晶胞的空间内存在四个晶胞。如图 4－16 所示的金属铜，实线表示的晶胞是一个晶胞，由于 ab 面上的面心原子还是虚线晶胞的顶角原子，因此，在这个实线晶胞的空间里还含有虚线晶胞的四分之一。

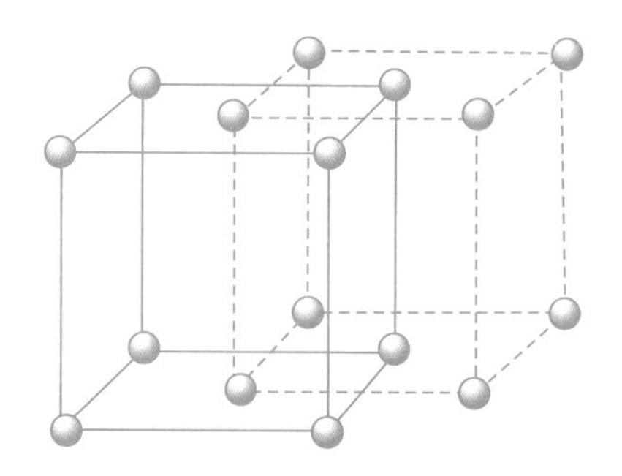

图 4－16　金属铜面心晶胞

注意这个虚线晶胞位于实线晶胞 ab 面的右里边。同样的，可以推测，位于实线晶胞 ab 面的左里边也有一个晶胞的四分之一在这个晶胞的空间里。以此类推，位于实线晶胞 ab 面的左前边、右前边，共计有四个晶胞的四分之一在这个实线晶胞的空间里。因此，在面心晶胞的空间里，除了晶胞本身有一个晶胞外，以 ab 面上考虑，还包含另外四个晶胞的四分之一，共计 $1+\frac{1}{4}\times4=2$ 个晶胞。同样道理，以 ac 面和 bc 面考虑，还将会有另外八个晶胞的四分之一包含在面心晶胞的空间里，共计 $1+\frac{1}{4}\times12=4$ 个晶胞。所以，面心晶胞是素晶胞的 4 倍体。

3. 底心晶胞

底心晶胞是在平行六面体的三个面心位置中只有一个面心（ab 面或 bc 面或 ac 面）有与顶角相同的质点。底心晶胞内的任一质点都可以在该平面上做面心平移，即质点的原子坐标加上该平面的面心原子坐标$\left(\frac{1}{2},\ \frac{1}{2},\ 0\right)$或$\left(\frac{1}{2},\ 0,\ \frac{1}{2}\right)$或$\left(0,\ \frac{1}{2},\ \frac{1}{2}\right)$，必得到完全相同的质点。分别有 A 底心（底心晶胞内的任一质点都可以在 bc 面上做面心平移）、B 底心（底心晶胞内的任一质点都可以在 ac 面上做面心平移）和 C 底心（底心晶胞内的任一质点都可以在 ab 面上做面心平移）。底心晶胞如图 4－17 所示。

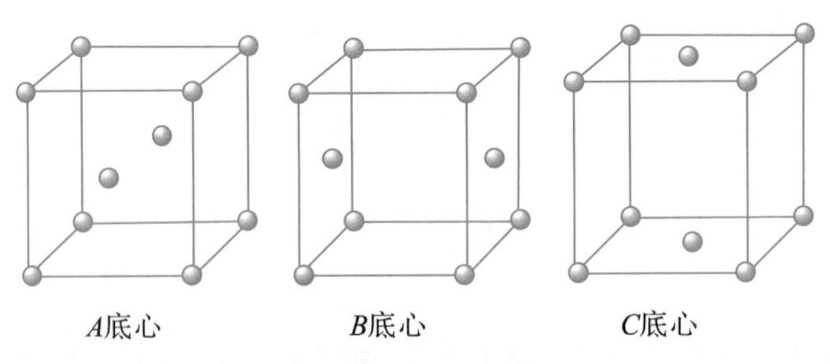

图 4－17　底心晶胞

底心晶胞和面心晶胞的区别在于，底心晶胞只能在一个面上进行面心平移，而面心晶胞可以在三个平面上进行面心平移。显然，底心晶胞是素晶胞的 2 倍体。

例如碘单质晶胞是 B 底心，如图 4－18 所示。

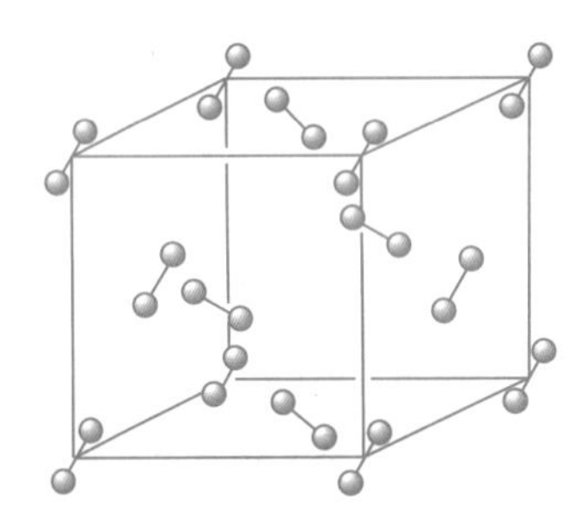

图 4－18　碘单质 B 底心晶胞

4.1.4　布拉维系

对于不同类型的晶体而言，根据晶柱 a、b、c 相等或不相等，晶角 α、β、γ 相等或不相等，一共构成七大晶系，称为布拉维系，见表 4－1。

表 4－1　布拉维系

晶系	晶柱长度	晶角	实例
立方	$a=b=c$	$\alpha=\beta=\gamma=90°$	Cu、NaCl
四方	$a=b\neq c$	$\alpha=\beta=\gamma=90°$	Sn、SnO_2
正交	$a\neq b\neq c$	$\alpha=\beta=\gamma=90°$	I_2、$HgCl_2$
单斜	$a\neq b\neq c$	$\alpha=\gamma=90°$，$\beta\neq 90°$	S、$KClO_3$
三斜	$a\neq b\neq c$	$\alpha\neq\beta\neq\gamma\neq 90°$	$CuSO_4\cdot H_2O$
六方	$a=b\neq c$	$\alpha=\beta=90°$，$\gamma=120°$	Mg、AgI
菱方	$a=b=c$	$\alpha=\beta=\gamma\neq 90°$	Bi、Al_2O_3

在七大晶系范围内，考虑到体心、面心的可能存在，布拉维证明了 14 种晶格的存在，如图 4－19 所示。

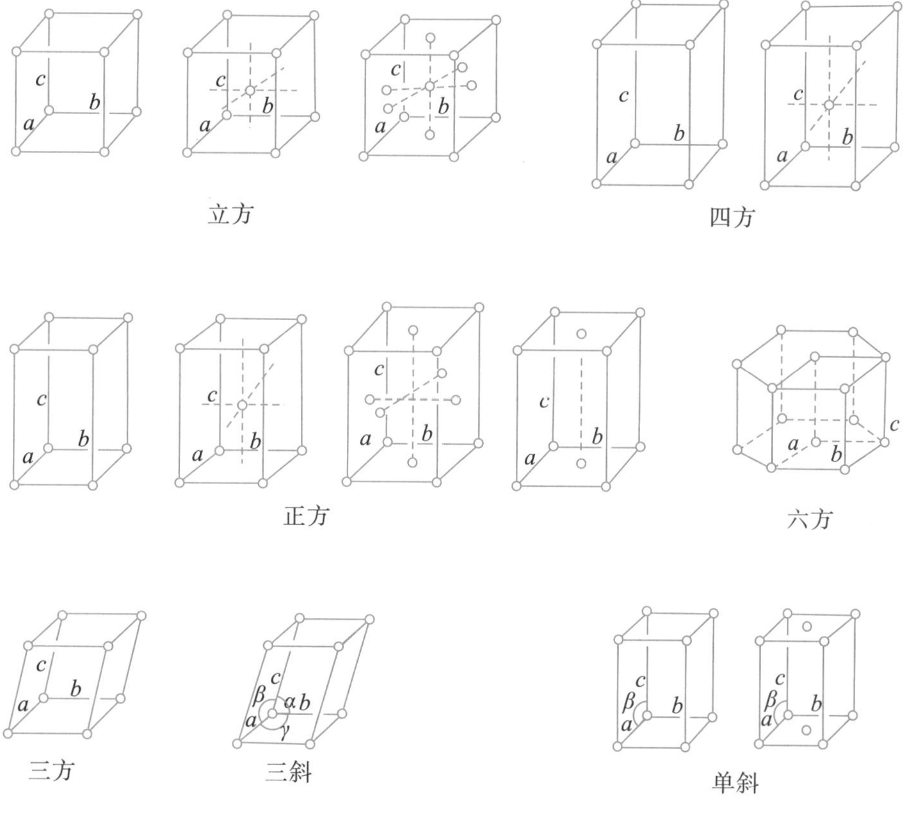

图4—19　14种晶格

奥古斯特·布拉维(Auguste Bravais，1811—1863)，法国结晶学家，法国皇家科学院院士。主要从事晶体结构几何理论方面的研究，曾任里昂大学理学院、巴黎工科大学教授。

按照晶体中质点的不同以及质点之间作用力的不同，可把晶体分成以下四种类型：离子晶体、金属晶体、分子晶体和原子晶体。

4.2 离子晶体

离子型化合物虽然在气态时有可能形成离子型分子，如 LiF 在气态时存在单独的 LiF 分子，但离子型化合物主要是以晶体状态存在的。这种由阴、阳离子通过离子键结合形成的晶体叫离子晶体。

4.2.1 离子晶体的特性

构成晶体的质点是阴、阳离子，阴、阳离子之间的作用力为静电作用力，离子键的强弱用晶格能来衡量。

在离子晶体中，每个离子被若干个带相反电荷的离子包围。比如氯化钠晶体(图 4－11)，每一个钠离子被六个氯离子包围，同时，每个氯离子也被六个钠离子包围。在立方体的棱边上，钠离子和氯离子交替排列。在整个离子晶体中不存在单个分子，氯离子和钠离子的个数比为 1∶1，故其化学式为 NaCl，根据原子量算出的质量是式量而非分子量。

由于离子键的作用力较强，所以离子晶体一般具有较高的熔点、沸点和较大的硬度。离子晶体虽然具有较大的硬度，但是离子晶体延展性较差，易脆。这是因为在离子晶体中，阴、阳离子交替有规则地排列，受到外力冲击时，各层离子位置会发生位移，进而可能出现阳离子和阳离子相邻、阴离子和阴离子相邻的情况，由于相同电荷的离子彼此排斥，静电作用力显著减弱而易脆，如图 4－20 所示。

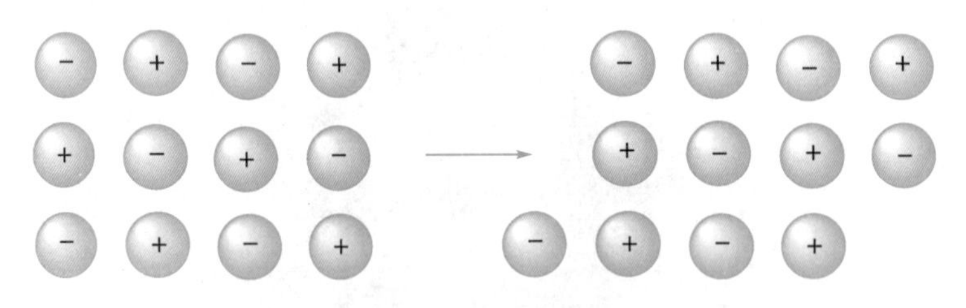

图 4－20　离子晶体中阴、阳离子在外力作用下发生位移

离子晶体在固体状态时几乎不具有导电能力，这是因为阴、阳离子只能在晶格位置上发生振动而不能自由运动。但是离子晶体在熔融状态或者水溶液中，由于阴、阳离子可以定向迁移而具有较好的导电能力。

4.2.2 离子晶体的类型

离子晶体中阴、阳离子的空间排布情况不同，其空间结构也会不同。由于晶胞是晶体的基本重复单位，因此晶胞的形状、大小和组成(离子种类和位置分布)成为区分晶体类型的最常用依据。通常把常见的离子晶体分成五类：NaCl 型、CsCl 型、ZnS 型、CaF_2 型、TiO_2型，前三种称为 AB 型，后两种称为 AB_2型，如图 4－21 所示。

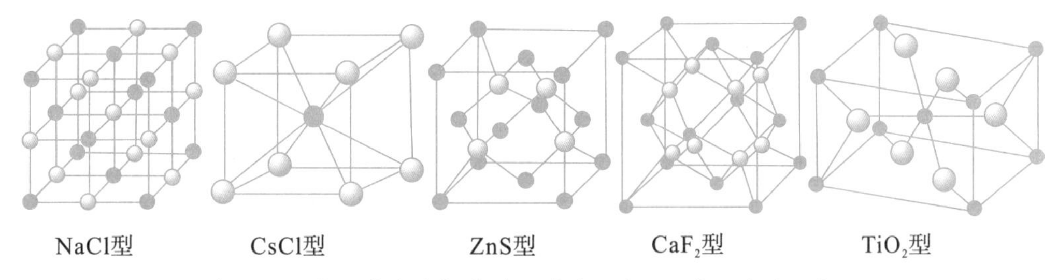

图 4－21　离子晶体的类型(实心球为阳离子，空心球为阴离子)

NaCl 型离子晶体是最常见的 AB 型离子晶体，其晶胞形状是正立方体，晶胞大小完全由一个晶柱的长度决定，每个离子被六个相反电荷的离子包围。在离子晶体中，将与一个离子直接相连的带异号电荷的离子的数目称为配位数。NaCl 型离子晶体的配位数是 6。常见的 NaCl 型离子晶体有 NaCl(晶柱长度 562 pm、核间距 281 pm)、LiF(晶柱长度 402 pm)、CsF(晶柱长度 601 pm)和 NaI(晶柱长度 646 pm)等。

CsCl 型离子晶体的晶胞形状是正立方体，晶胞大小也完全由一个晶柱的长度决定，组成晶体的离子分布在正立方体的八个顶点和中心上，每个离子周围有八个异号电荷离子，配位数为 8。常见的 CsCl 型离子晶体有 CsCl(晶柱长度 411 pm)、CsBr(晶柱长度 429 pm)和 CsI(晶柱长度 456 pm)等。

ZnS 型离子晶体的晶胞形状是立方体，质点的分布较为复杂。由图 4－21 可以看出，阴离子是按面心立方晶格排布的，而阳离子则是填充在四个阴离子构成的四面体的空隙中，并且只有一半的四面体空隙填有阳离子。晶胞中阴、阳离子的数目皆为 4，配位数为 4。常见的 ZnS 型离子晶体有 ZnS(晶柱长度 539 pm)、ZnO 和 HgS 等。

CaF_2 型离子晶体的晶胞形状是立方体，质点的分布更加复杂。由图 4－21 可以看出，阳离子是按面心立方晶格排布的，而阴离子则是填充在四个阳离子构成的四面体的空隙中。晶胞中阳离子的数目为 4，阴离子的数目为 8。阳离子的配位数为 8，阴离子的配位数为 4。常见的 CaF_2 型离子晶体有 CaF_2、$BaCl_2$ 和 K_2S 等。

注意比较 ZnS 型离子晶体和 CaF_2 型离子晶体晶胞阴、阳离子充填的差异，以及对应阴、阳离子个数比和化学式的差异。

TiO_2 型离子晶体的晶胞形状仍然是立方体，由 TiO_6 八面体组成，O 原子为邻近的 Ti 原子所共有。每个 Ti 原子周围有 6 个 O 原子，每个 O 原子周围有 3 个 Ti 原子，Ti、O 原子的个数比为 1∶2。SnO_2、MnO_2 等也是 TiO_2 型。

4.2.3　阴、阳离子半径比与晶体类型的关系

阴、阳离子通过离子键形成离子晶体，无论选择哪种晶体构型，有一点应该是很明确的，那就是这种选择体系能量最低，晶体最稳定。选择哪一种晶体构型，应该是由离子的性质决定的。离子的性质包括离子电荷、离子半径和电子构型。考虑到静电作用力的直接影响因素是离子电荷和离子半径，离子电荷越大、离子半径越小，离子键越强，形成的离子晶体越稳定。离子电子构型会影响阳离子的有效核电荷，并通过离子极化间接影响离子半径。当特定的阴、阳离子相互靠拢形成离子晶体时，离子电荷是确定的，

而离子半径却会因为晶体构型的不同而不同。由此，做一个假设：离子晶体只有阴、阳离子紧靠在一起，此时核间距最短，有效离子半径最小，晶体才稳定。由此，考查AB型离子晶体的构型。

对AB型离子晶体而言，NaCl型、CsCl型和ZnS型，配位数分别为6、8、4。

考虑配位数为6(NaCl型)的离子晶体的一个平面，阴、阳离子的接触情况有三种，如图4－22所示。

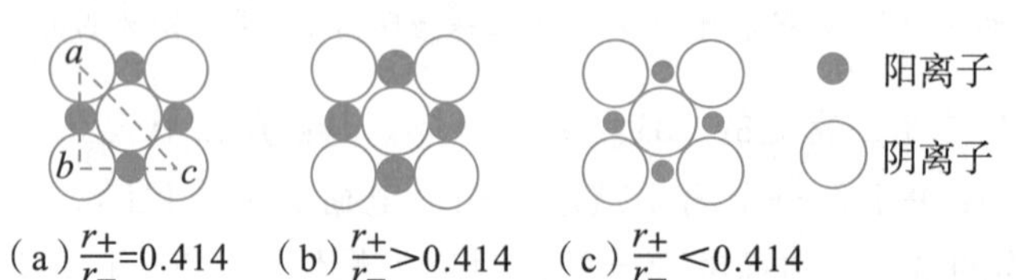

图4－22　配位数为6的晶体中阴、阳离子半径比

图4－22(a)中，阴、阳离子直接接触，静电吸引力最大，但此时阴离子也直接接触，静电排斥力也最大，所以这种状态是一种介稳态。图4－22(b)中，阴、阳离子直接接触，静电吸引力最大，同时相同离子不直接接触，这种状态是稳定的。图4－22(c)中，阴、阳离子不直接接触，阴离子直接接触，这种状态是不稳定的。

分析图4－22(a)中阴、阳离子半径的情况。选择由阴离子核组成的直角三角形，其三角形的边长为：$ac=4r_-$，$ab=2r_-+2r_+=bc$，考虑若$r_-=1$，则由勾股定律可得：

$$(ac)^2=(ab)^2+(bc)^2$$

$$4^2=(2+2r_+)^2+(2+2r_+)^2$$

$$r_+=0.414$$

即当$\frac{r_+}{r_-}=0.414$时，阴、阳离子直接接触，阴离子也直接接触。

由此得到两个结论：

(1) 当$\frac{r_+}{r_-}>0.414$时，阴离子之间接触不良，阴、阳离子直接接触，此时离子间吸引力较大，晶体能够稳定存在，晶体构型将是NaCl型。

(2) 当$\frac{r_+}{r_-}<0.414$时，阴离子之间直接接触，阴、阳离子接触不良，由于离子间斥力相对较大，这种构型不稳定，不能形成稳定的离子晶体，为此，通过降低配位数的方法来形成稳定的离子晶体，即此时配位数由6降低为4，晶体构型将是ZnS型。

同样的方法，也可以考查配位数为4(ZnS型)和8(CsCl型)的离子晶体的一个平面，得到$\frac{r_+}{r_-}$分别为0.225(ZnS型)和0.732(CsCl型)，进而得到同样的结论：$\frac{r_+}{r_-}>0.225$时晶体构型将是ZnS型，$\frac{r_+}{r_-}>0.732$时晶体构型将是CsCl型。

具体归纳见表4－2。

表 4-2 不同$\frac{r_+}{r_-}$对应的晶体构型

$\frac{r_+}{r_-}$	配位数	晶体构型
0.225～0.414	4	ZnS 型
0.414～0.732	6	NaCl 型
0.732～1.000	8	CsCl 型

这一近似规则也称为半径比规则。

应用半径比规则时应注意以下几点：

(1) 作为近似规则，也有与它不符的例子。如 RbCl 的$\frac{r_+}{r_-}$为 0.82，应是 CsCl 型，但实际上是 NaCl 型。

(2) 当某些晶体的$\frac{r_+}{r_-}$接近极限值时，该晶体可能有两种晶型。如 GeO_2 的$\frac{r_+}{r_-}$为 0.38，既具有 ZnS 型晶体，又具有 NaCl 型晶体。

(3) 半径比规则不是唯一的决定离子晶体类型的因素，离子的电子层结构、形成离子晶体时的条件(离子的相对浓度、温度等)都会影响离子晶体的类型。

(4) 半径比规则只适用于离子晶体，对于有明显共价性的晶体，不能用此规则进行判断。比如离子极化导致的离子键向共价键过渡，会使阴、阳离子的核间距减小，进而改变阴、阳离子半径比，导致晶体构型的改变。如 AgF 的$\frac{r_+}{r_-}$为 0.95，应是 CsCl 型，但实际上是 NaCl 型；AgI 的$\frac{r_+}{r_-}$为 0.58，应是 NaCl 型，但实际上是 ZnS 型；等等(参见 2.5.2)。

4.2.4 晶体的缺陷

所谓晶体的缺陷，是指晶格的结点缺少它应有的质点，或者在晶格的间充位置引入了杂质。

4.2.4.1 整比化合物的缺陷

整比化合物是阴、阳离子的数目恰好同化学式指明的比数一致的化合物。整比化合物可以发生化学配比上的缺陷，这类缺陷有两类。

1. 离子双离位缺陷

由于在晶格中同时有一个阳离子和一个阴离子脱离而出现一对“空穴”，从而形成离子双离位缺陷[图 4-23(a)]。这类缺陷也称为肖基特(Schottky)缺陷。具有高配位数且阴、阳离子半径相近的离子型化合物倾向于发生这种缺陷，如氯化钠、氯化铯、氯化钾和溴化钾等。

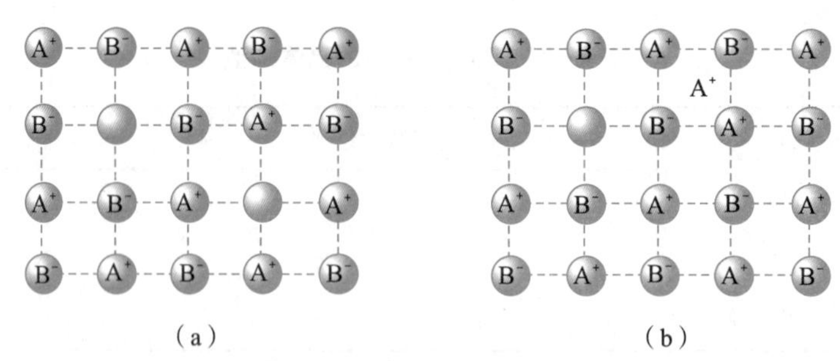

图 4-23 整比化合物的缺陷

2. 阳离子单离位缺陷

由于有一个阳离子占入间隙位置、未占入它的正确位置而出现一个“空穴”，从而形成阳离子单离位缺陷[图 4-23(b)]。这类缺陷也称为弗伦克尔(Frenkel)缺陷。阴、阳离子半径差异较大，具有低配位数的化合物易于发生这种缺陷，如硫化锌、氯化银、溴化银和碘化银等。

一般情况下，这类晶体缺陷的数目很小，但随着温度的升高，缺陷的数目有所增加。晶体的缺陷会带来两方面的后果：一是晶体具有微小的导电性；二是晶体的密度降低。

4.2.4.2 非整比化合物的缺陷

非整比化合物是阴、阳离子的比值同化学式指明的比值不一致的化合物。晶体中多出的阳离子或阴离子所带来的正电荷或负电荷由额外的电子或阳离子抵消，由此出现非整比缺陷。此类缺陷分为金属过量和金属短缺两类。

1. 金属过量

(1) 晶格位置上缺少阴离子，留下的“空穴”由电子占据[图 4-24(a)]。此类缺陷由能形成离子双离位缺陷的晶体形成。

(2) 晶格中额外的阳离子占据间隙位置，电中性由也处于间隙位置的电子来保持[图 4-24(b)]。此类缺陷由能形成阳离子单离子缺陷的晶体形成。

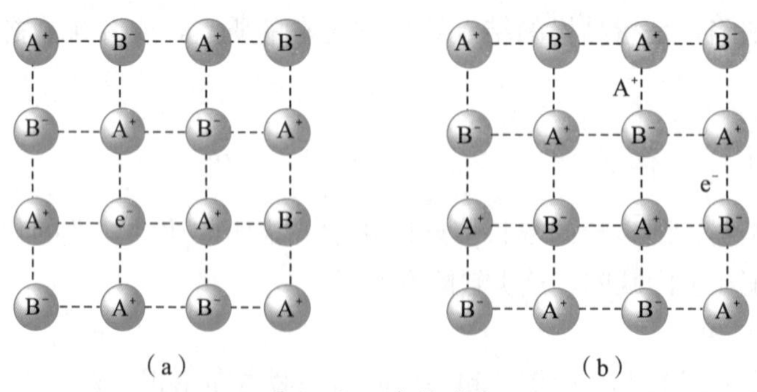

图 4-24 金属过量

无论是“空穴”位置的电子还是间隙位置的电子都可以吸收可见光的能量跃迁进入导带，故此类缺陷会导致颜色的产生。“空穴”越多，颜色越深。如非整比的氯化钾是淡蓝色，非整比的氧化锌是黄色。有这类缺陷的晶体都含有相对自由的电子，因此可作半导体材料。同时，其导电机理是电子导电，故这类半导体也称为 N 型半导体。

2. 金属短缺

(1) 晶格上缺少一个阳离子，电荷由邻近的一个带两个电荷的离子所抵偿[图 4－25(a)]。

(2) 间隙位置有一个额外的阴离子，电荷由具有额外电荷的一个邻近金属阳离子抵偿[图 4－25(b)]。能够形成此类缺陷的金属需有可变氧化态，如氧化亚铁、硫化亚铁和氧化镍等。

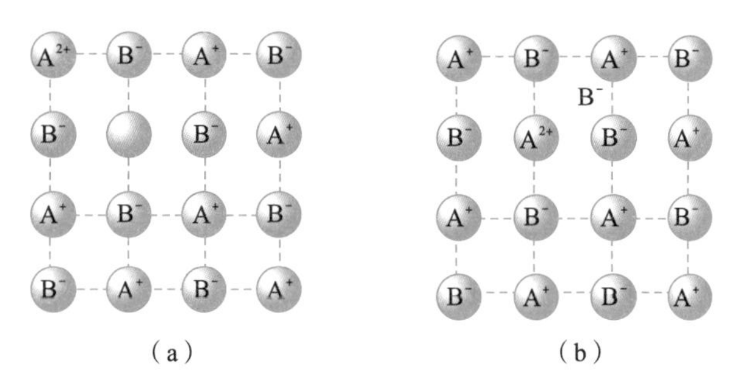

图 4－25　金属短缺

有这类缺陷的晶体，电子可通过获得能量而在具有变价的阳离子间移动，因此，有这类缺陷的晶体也可作半导体材料。同时，其导电机理虽也是电子导电，但形式上相当于阳离子在运动，故这类半导体也称为 P 型半导体。

4.3　金属晶体

构成晶体的质点是金属原子、金属离子和自由移动的电子，质点之间的作用力为金属键，这样的晶体是金属晶体。

金属晶体中金属原子只有少数价电子可用于形成金属键，为了尽可能多地拥有共用电子，每个金属原子倾向于拥有尽可能多的相邻原子，导致金属原子采取紧密堆积的排列方式形成金属晶体，也使金属晶体具有较高的配位数(8、12)。此处，紧密堆积的意思是质点之间的作用力使质点尽可能地相互接近，占有最小的空间。结晶学中采用空间利用率来表示紧密堆积的程度。

金属晶格常见的堆积方式有三种，分别称为面心立方紧密堆积、六方紧密堆积、体心立方堆积，如图 4－26 所示。

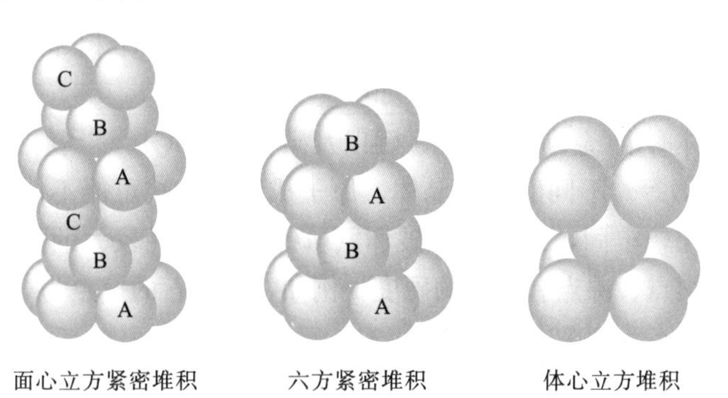

图 4－26　金属晶格常见的堆积方式

金属晶格三种堆积方式的配位数、空间利用率见表 4−3。

表 4−3　金属晶格三种堆积方式的配位数、空间利用率

金属晶格堆积方式	配位数	空间利用率/%
面心立方紧密堆积	12	74
六方紧密堆积	12	74
体心立方堆积	8	68

从表 4−3 可以看出，体心立方堆积不是紧密堆积。

周期系中金属晶格的堆积方式见表 4−4。

表 4−4　周期系中金属晶格的堆积方式

Li	Be			面心立方紧密堆积□						体心立方堆积◇			
◇☆	☆			六方紧密堆积☆						其他△			
Na	Mg											Al	
◇☆	☆											□	
K	Ca	Sc	Ti	V	Cr	Mn	Fe	Co	Ni	Cu	Zn	Ga	Ge
◇	□☆◇	□☆	☆◇	◇	◇	△	◇□	□☆	□	□	◇	△	△
Rb	Sr	Y	Zr	Nb	Mo	Tc	Ru	Rh	Pd	Ag	Cd	In	Sn
◇	□☆◇	☆	☆◇	◇	◇	☆	☆	□	□	□	◇	△	△
Cs	Ba	La	Hf	Ta	W	Re	Os	Ir	Pt	Au	Hg	Tl	Pb
◇	◇	□☆	☆	◇	◇	☆	☆	□	□	□	△	□	□

从表 4−4 可以看出，有的金属晶格的堆积方式不止一种，这与温度和压力有关。如铁在室温时是体心立方堆积(称为 α−Fe)，在 906℃～1400℃时是面心立方紧密堆积(称为 γ−Fe)，但在 1400℃～1535℃时又是体心立方堆积。

4.4　原子晶体

构成晶体的质点是原子，质点之间的作用力为共价键，这样的晶体是原子晶体。

金刚石是最典型的原子晶体。碳原子通过 sp^3 杂化，与四个相邻碳原子通过共价键形成正四面体，并无限延伸形成一个整体，如图 4−27 所示。

常见的原子晶体有碳(金刚石)、硅、硼以及碳化硅(SiC)、二氧化硅(SiO_2)、氮化硼(BN)和氮化铝(AlN)等。不同的原子晶体，原子成键的方式可能不同，但结合力都是共价键。由于共价键比较牢固，键能大，破坏共价键需要消耗较大的能量，因此，原子晶体通常具有较高的熔点、沸点和较大的硬度。例如，金刚石的熔点为 3849 K，硬度为 10；金刚砂(碳化硅)的熔点为 2973 K，硬度为 9.5。

原子晶体没有可以自由移动的电子，通常不能导电，液态时没有可移动的阴、阳离子，也不能导电。相同的原因，原子晶体是热的不良导体。但是，硅、碳化硅等具有半

导体的性质，可以有条件地导电。

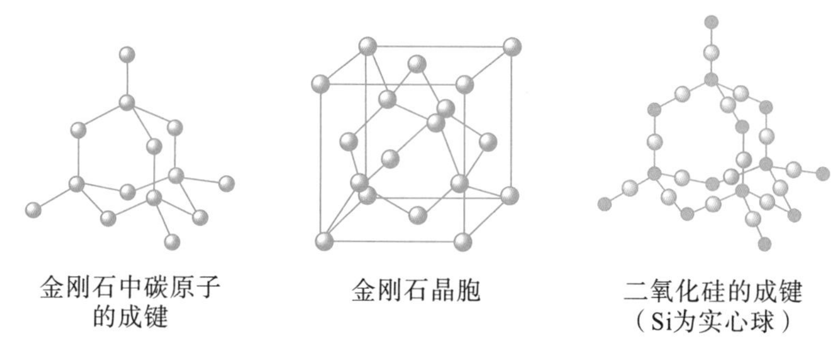

图 4－27　金刚石和二氧化硅晶体

4.5　分子晶体

构成晶体的质点是分子，质点之间的作用力为分子间作用力(范德华力和氢键)，这样的晶体是分子晶体。

干冰(固体二氧化碳)是典型的分子晶体。二氧化碳分子内碳、氧原子通过共价键形成直线型分子，以单个分子为单位，占据晶格结点位置，分子间作用力为色散力，如图 4－28 所示。

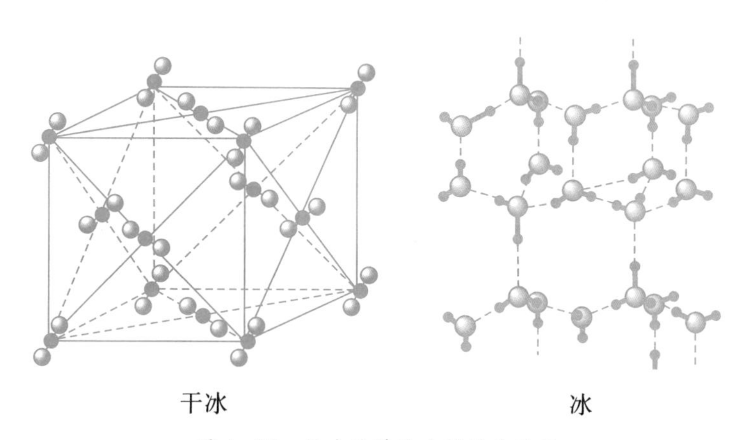

图 4－28　干冰晶胞和冰的晶体结构

注意观察图 4－28 里干冰晶胞中二氧化碳分子在不同位置的取向差异，冰的晶体结构中的虚线表示氢键。

由于分子间力显著地弱于化学键(离子键、共价键和金属键)，所以分子晶体一般有较低的熔点、沸点，硬度低，易挥发，不导电。

稀有气体、大多数的非金属单质、大多数非金属之间的化合物和大部分的有机化合物在固态时都是分子晶体。

四种典型晶体的特征见表 4－5。

表 4-5 四种典型晶体的特征

晶体类型	晶格上的质点	质点间的作用力	实例
离子晶体	阴、阳离子	离子键	盐类等
金属晶体	金属原子、金属离子	金属键	金属单质、合金
分子晶体	分子	分子间力、氢键	冰、萘
原子晶体	原子	共价键	金刚石、Si

4.6 混合型晶体

有些晶体中质点的作用力并不像表 4-5 所列的那么单一，它们可能存在着若干种不同的作用力，进而具有若干种晶体的结构和性质，这类晶体就是混合型晶体，也称为过渡型晶体。

石墨是最常见的混合型晶体。石墨晶体具有片层状结构，如图 4-29 所示。

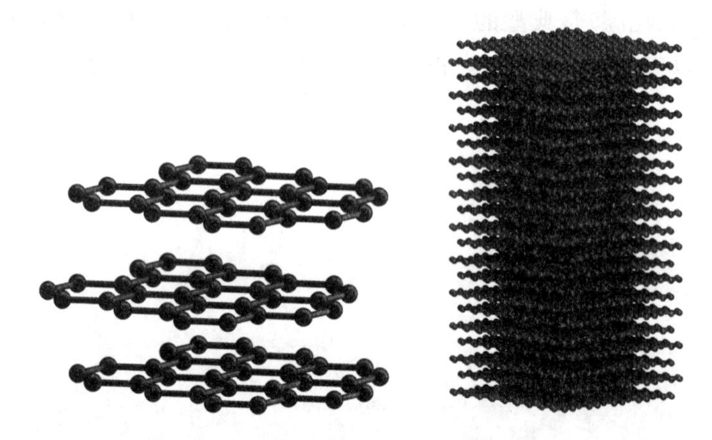

图 4-29 石墨晶体结构(图片提供：覃泫)

处在同一层上的碳原子在 2s 电子激发后采取 sp^2 杂化彼此相连形成平面，每个碳原子垂直平面上的 2p 电子形成大 π 键 Π_n^n。层与层之间靠分子间力连接，进而形成石墨晶体。在同一层上，碳原子靠共价键结合，属于原子晶体；层与层之间靠分子间力结合，属于分子晶体。因此，石墨晶体是原子晶体和分子晶体的混合，属混合型晶体。石墨的这种特殊成键通过性质体现出来，分子间力较弱使得层与层之间易于滑动，因而石墨可作润滑剂，铅笔书写也是利用了这一性质；大 π 键电子在同一层上较为自由，因此石墨沿层面方向导电能力强，电导率大。

其他如滑石、云母、黑磷和石棉等也属于混合型晶体。

4.7　准晶

1982年，以色列科学家丹尼尔·舍特曼（Daniel Shechtman）在用电子显微镜测定他自己合成的一块铝锰合金的衍射图像时发现了一种全新的晶体，其特点是质点排列有序但不具有周期性，舍特曼称它为准晶。但是当时大部分科学家不接受这是一种新晶体。主要原因在于舍特曼实验使用的是电子显微镜，而晶体学界的标准实验工具是更为精确的X射线。舍特曼未使用X射线的原因是生长出来的晶体太小。1987年，足够大的准晶体终于在实验室生长出来，研究人员也得到了X射线拍摄的图像，科学界才接受了准晶的发现。2009年，科学家在自然界一种名为khatyrkite的铝锌铜矿岩石中找到了准晶（图4－31）。这一发现也使得准晶成为一种真实存在的矿物质。

图4－30　准晶衍射图样

图4－31　自然界中发现的准晶岩石

准晶是一种介于晶体和非晶体之间的固体。准晶具有完全有序的结构，然而不具有晶体所应有的平移对称性。因为缺少空间周期性而不是晶体，准晶展现了完美的长程有序。

准晶的发现对传统晶体学产生了强烈的冲击，它为物质微观结构的研究增添了新的内容，为新材料的发展开拓了新的领域。

2011年，瑞典皇家科学院将诺贝尔化学奖授予以色列科学家丹尼尔·舍特曼，以表彰他发现了准晶。瑞典皇家科学院称，准晶的发现从根本上改变了以往化学家对物体的构想。

习　题

1. 解释下列现象：

（1）SiO_2的熔点远高于SO_2。

（2）Hg和S相比，前者是更好的导电体。

(3) 卫生球(萘 $C_{10}H_8$ 晶体)的气味很大。

(4) NaCl 具有比 ICl 更高的熔点。

2. 石墨能够作电极材料和润滑剂，试从石墨的结构特点进行解释。金刚石为什么没有这种性能?

3. 填充下列表格:

物质	晶格上的质点	质点间的作用力	晶体类型	预测熔、沸点高低
$MgCl_2$				
O_2				
SiC				
HF				

第 5 章　化学热力学

从 18 世纪中叶到 19 世纪，物理学上由研究热和功的交换、提高热机效率而逐步发展出研究能量转换过程中所遵循的规律的一个分支学科——热力学。随着对其他形式能量(电能、化学能等)的研究，热力学的研究范围逐步扩大，目前已成为一个涉及面广、影响很深的学科。热力学的理论基础主要是热力学第一定律和热力学第二定律，它们都建立于 19 世纪。20 世纪初又建立了热力学第三定律。这些定律虽然和所有的已知实验结果一致，但这些实验结果只能作为其正确的依据，而不能作为其正确的证明。事实上，热力学的定律都是假说或公理。同时，热力学研究的对象是大量分子的集合体，因此得到的结论具有统计意义，而不适用于个别分子、原子等微观粒子。

关于热力学，阿尔伯特 · 爱因斯坦(Albert Einstein)于 1946 年曾有过这样的评价："一个理论，如果它的前提越简单，涉及的课题越繁多，应用的范围越广泛，那么这个理论给人的印象就越深刻。因此，经典热力学给我留下了深刻的印象。它是唯一的具有广泛内容的物理理论。对此理论，尽管顽固的怀疑派们特别注意，我确信在它的基本概念的应用范围内决不会被推翻。"

用热力学的定律、原理、方法研究化学过程以及伴随这些化学过程而发生的物理变化，就形成了化学热力学。那么在化学过程中都涉及一些什么样的问题?

研究化学反应，一般涉及以下四个问题：化学反应能否发生、化学反应涉及的能量、化学反应的速度和化学反应的限度。化学热力学即是针对上述问题进行研究。具体讲，是利用热力学第一定律来解决反应中的能量变化问题；利用热力学第二定律来解决反应能否发生(即反应的方向)和反应的限度问题。通过学习化学热力学，我们能知道，在一定条件下，反应能否发生、进行的限度以及能量关系。至于反应的速度等问题，将有赖于第 6 章化学动力学的学习。

目前，化学热力学是无机化学的一个重要理论体系。本章初步介绍一些关于热力学的基本知识，并用于解决前述的三个问题。

5.1 基本概念

5.1.1 体系和环境

体系：被研究的物质系统。

环境：体系以外的其他部分。

例如研究物质在溶液中的反应，溶液是研究的体系，而盛溶液的容器以及溶液上方的空气都是环境。在研究任一体系的某种热力学性质时，为了强调这一点，有时把体系称为热力学体系。

依据体系和环境之间的关系，常把热力学体系分为三类：

(1) 敞开体系：体系和环境之间有物质和能量的交换。

(2) 封闭体系：体系和环境之间没有物质交换，但可以发生能量交换。

(3) 孤立体系或隔离体系：体系不受环境影响，和环境之间没有物质和能量的交换。

世界上一切事物总是有机地互相联系、互相依赖、互相制约着，因此不可能有绝对的孤立体系。只是为了研究的方便，在适当的条件下，近似地把一个体系看成孤立体系。

热力学中主要研究的体系是封闭体系。

体系的热力学状态通常用一些宏观性质来进行描述，如温度、压力、体积、密度、黏度、质量及化学成分等。体系的性质可分为两大类：

(1) 广度(容量)性质：与体系中物质的量成正比的物理量(体积、质量等)，具有加合性。

(2) 强度性质：数值上不随体系中物质总量的变化而变化的物理量(温度、密度、压力)。

由于环境无限庞大，因此，热力学规定环境的温度为 298.15 K、环境的压力为标准大气压。

相：系统中物理性质和化学性质完全均匀的部分。

相可分为均相系统和非均相系统(或多相系统)。

5.1.2 物质的量

计量系数(υ)：反应式中以“物质的量”为单位时物质的系数。

υ 的规定：反应物的计量系数规定为负值，生成物的计量系数规定为正值。

如反应：

$$2H_2(g)+O_2(g)=\!=\!=2H_2O(g)$$

$H_2(g)$的计量系数为-2，$O_2(g)$的计量系数为-1，$H_2O(g)$的计量系数为 2。

摩尔反应：反应中物质的“物质的量”改变量正好等于反应中表明的计量系数时，称反应进度为 1 摩尔，简称摩尔反应。

如以上反应，当2摩尔 $H_2(g)$刚好和1摩尔 $O_2(g)$反应生成2摩尔 $H_2O(g)$时，称此反应进度为1摩尔。

摩尔分数：某物质在溶液中的物质的量与溶液总的物质的量之比，用符号 x 表示。如溶质A溶于溶剂B中，则 $n=n_A+n_B$，摩尔分数表示为

$$x_A = \frac{n_A}{n_A + n_B}, \quad x_B = \frac{n_B}{n_A + n_B}$$

显然：

$$x_A + x_B = 1$$

摩尔分数的一般表达式为

$$x_j = \frac{n_j}{\sum n} \tag{5-1}$$

质量摩尔浓度：1000克溶剂中所含有溶质的物质的量，用符号 m 表示，单位是 $mol \cdot kg^{-1}$。表达式为

$$m = \frac{n}{W} \tag{5-2}$$

5.1.3　气体

1. 理想气体状态方程式

气体的最基本特征：具有可压缩性和扩散性。

人们将符合理想气体状态方程式的气体称为理想气体。理想气体分子之间没有相互吸引和排斥，分子本身的体积相对于气体所占有体积完全可以忽略不计。

理想气体状态方程式为

$$pV = nRT \tag{5-3}$$

式中，R 是摩尔气体常量，为 $8.314\ kPa \cdot L \cdot K^{-1} \cdot mol^{-1}$，其中K为热力学温度单位，与摄氏温度 t 的关系为 $T=t+273.15$。

2. 分压定律

组分气体：理想气体混合物中的每一种气体叫作组分气体。

分压：在相同温度下，组分气体B占有与混合气体相同体积时所产生的压力，叫作组分气体B的分压。

利用理想气体方程式很容易推导出分压定律：混合气体的总压等于混合气体中各组分气体分压之和。

$$p = p_1 + p_2 + \cdots \tag{5-4}$$

分体积：在相同温度下，某一组分气体具有与混合气体相同压力时所占有的体积。

利用理想气体方程式很容易推导出分体积定律：混合气体的体积等于混合气体中各组分气体分体积之和。

$$V = V_1 + V_2 + \cdots \tag{5-5}$$

5.1.4　热和功

热：体系与环境之间因温度不同而交换或传递的能量，用符号 Q 表示。

功：除了热之外，其他被传递的能量，用符号 W 表示。

通过对 Q、W 正、负号的规定，可以表示以热或功的形式传递能量的方向。

习惯有：①体系吸热，Q 为正值；体系放热，Q 为负值。②环境对体系做功，W 为正值；体系对环境做功，W 为负值。例如，一个体系在某过程中吸收热量 70 J，对环境做功 20 J，则 $Q=70$ J，$W=-20$ J。

功的分类：

体积功(非有用功、膨胀功)：因体积变化而做的功。

有用功(非膨胀功、其他功)：体积功以外的其他功。

1. 体积功

考虑一带活塞(假设活塞自身无重量、移动无摩擦力、不消耗能量)的密闭容器里装有温度为 T、体积为 $V_{始态}$、压力为 $p_{始态}$、物质的量为 n 的气体，在不同外压条件下发生等温膨胀，推动活塞移动距离 Δh 到达同一终态(体积为 $V_{终态}$、压力为 $p_{终态}$)，温度和物质的量不变，如图 5－1 所示。

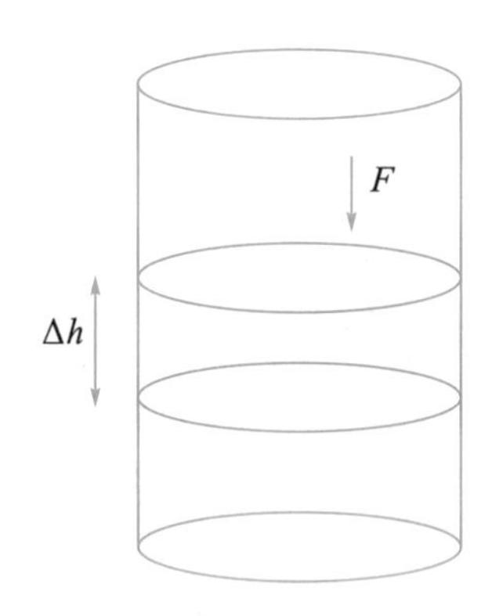

图 5－1　气体膨胀做体积功

考虑气体膨胀时所做的体积功 W，可表示为

$$W = F(\text{力}) \times \Delta h(\text{距离}) \tag{5-6}$$

考虑压力 p 为单位面积所受的力，A 为活塞面积，则：

$$F = p \times A$$

$$W = F \times \Delta h$$

$$W = p \times A \times \Delta h$$

$$W = p \times \Delta V \tag{5-7}$$

2. 有用功

如对氧化还原反应而言，可以做电功：

$$W = QE = nFE \tag{5-8}$$

式中，Q 是电量；E 是电动势；n 是传递电子的物质的量；F 是法拉第常数，代表每摩尔电子所携带的电荷)。

5.1.5　热力学标准态

气体：标准压力 $p^{\ominus}$(10^5 Pa=1 atm=1 bar)，上标“$\ominus$”是热力学标准态的符号。

固体或液体：处于标准压力下的纯净物。

溶液：溶质浓度为 1 mol・dm^{-3}(或 1 mol・L^{-1})。

5.1.6　状态和状态函数

状态：物质系统所处的状况，也称为热力学状态。

体系的热力学状态可以用体系的某些宏观性质来描述。如某气体是研究的体系，则气体的 n、p、V、T 等物理量就能描述体系的状态。这些物理量也称为热力学变量。

这些物理量通常具有以下三个特征：

(1) 体系状态一定，则这些物理量有一特定值。

(2) 体系状态发生变化时，这些物理量的变化值只取决于体系的初始状态和终结状态，而与变化的中间过程无关。

(3) 体系一旦恢复到原来状态，这些物理量的数值将恢复原值。

在热力学中把具有这些特性的物理量叫作状态函数。任何一个物理量如果具有这三个特征中的任何一个，并且在任何过程中无一例外，那么它必然是状态函数。

如某一体系状态一定，则温度一定为 T_1。当温度发生变化至 T_2时，体系的状态也发生了变化，无论温度是先升后降还是先降后升，温度的变化值是一定的：$\Delta T = T_2 - T_1$。

体系的状态函数之间并不是孤立的，是有联系的。如气体的状态函数 n、p、V、T，它们之间的关系已是众所周知的。

5.1.7　过程和途径

过程：体系的状态发生变化时，状态变化的经过称为过程。

热力学上常见的过程有以下三种：

(1) 如果体系的状态是在温度恒定的条件下发生变化，则此过程称为等温过程(恒温过程)。

(2) 如果体系的状态是在压力恒定的条件下发生变化，则此过程称为等压过程(恒压过程)。

(3) 如果体系的状态是在体积恒定的条件下发生变化，则此过程称为等容过程(恒容过程)。

途径：体系变化的具体方式称为途径。

例如，一体系由始态(298 K，1 atm)变到终态(278 K，5 atm)，可采用两种途径：①先经过等温过程，再经过等压过程；②先经过等压过程，再经过等温过程。过程如下：

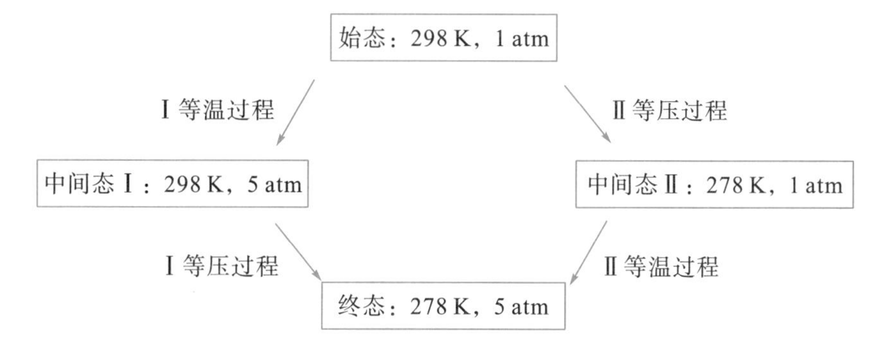

可以看出，尽管两种途径不同，体系状态函数的变化值却是相同的。

化学热力学的内容，实际上就是在一定的条件下，利用一些特定的状态函数变量来解决反应的方向、限度以及能量交换的问题。即

反应物 ——→ 生成物

始态：状态函数　　终态：状态函数

生成物和反应物状态函数的变化值可用于反映诸如反应的方向、限度以及能量交换等问题。反应的实际过程往往很复杂，直接计算状态函数的变化值较为困难，但由于状态函数的变化值不受反应途径的影响，就可以设计比较简单的途径来计算状态函数的变化值，其结果与实际过程一样。热力学之所以简便，也在于此。

5.2 反应的能量

5.2.1 热力学第一定律

热力学第一定律即能量守恒定律，它是根据无数事实和大量实验总结而得到的。它可以表示为：自然界一切物质都具有能量，能量有各种不同的形式，可以从一种形式转化为另一种形式，从一种物质传递到另一种物质，在转化和传递过程中总能量不变。

能量的形式繁多，如机械能、动能、势能、电能、表面能等。

宏观静止物质也具有一定的能量。把体系内部的总能量叫作体系的热力学能，用符号 U 表示。它实际上是体系内部能量的总和。其中包括分子的移动能、转动能、震动能、电子能、原子核的能量、体系内分子间相互作用能以及未知的能量等。

显然，热力学能的绝对值无法确定，但这对解决实际问题并无妨碍，因为我们只需知道它在体系变化后的改变值即可。热力学能既然是体系内部能量的总和，则它应是体系自身的性质，其值只取决于体系所处的状态，故热力学能是状态函数，并且是广度性质。

任何体系有热力学能 U，当体系状态发生变化时，对于封闭体系而言，体系和环境之间有能量交换，此交换以热和功的方式表现出来。由热和功的变化可以知道热力学能 U 的变化。

如果体系处于一种特定状态（始态），其热力学能为 U_1，向体系输入一定的热量 Q，环境对体系做功 W 后，体系过渡到另一种状态（终态），其热力学能为 U_2。

根据热力学第一定律，应有如下关系：

体系始态能量：U_1；

体系终态能量：$U_2 = U_1 + Q + W$；

体系热力学能变化：

$$\Delta U = U_2 - U_1$$

$$\Delta U = Q + W \tag{5-9}$$

式(5−9)是热力学第一定律数学表达式的一种形式。它说明体系热力学能的变化等于以热的形式供给体系的能量加上以环境对体系做功的形式加给体系的能量。

例如一个体系在某过程中吸收热量 50 J($Q=50$ J)，对环境做功 30 J($W=-30$ J)，则体系热力学能的变化为：$\Delta U_{体系}=Q+W=50\text{ J}+(-30\text{ J})=20\text{ J}$，即体系热力学能增加20 J。若考虑此时环境热力学能的变化：体系吸热，则环境放热($Q=-50$ J)；体系对环境做功，则环境获得体系做的功($W=30$ J)，故环境热力学能的变化为：$\Delta U_{环境}=(-50\text{ J})+30\text{ J}=-20\text{ J}$。由此可知体系热力学能的变化值等于环境热力学能的变化值，只是符号相反，可表示为

$$\Delta U_{体系}=-\Delta U_{环境}$$

如果把体系和环境看作一个整体，则其能量变化为 0。这是热力学第一定律的另一种叙述方式：孤立体系中，能量的形式可以转化，但能量总值不变。上式为热力学第一定律的另一种数学表达式。

热量 Q 和功 W 都是在体系状态变化过程中表现出的能量形式，它们与体系的状态无关，故它们都不是状态函数。

5.2.2　焓

对于封闭体系而言，如果体系在状态改变时只做体积功，不做其他功，则 W 为体积功。

体系做功，W 为负值：

$$W=-p\times\Delta V$$

它表明体系在一定压力下因体积膨胀而做的功。由热力学第一定律：

$$\Delta U=Q-p\times\Delta V \tag{5-10}$$

分析式(5－10)在下面两种情况时的变化：

(1) 体系变化是恒容过程。

$\Delta V=0$，$W=0$，即

$$\Delta U=Q_V$$

式中，Q_V表示恒容过程的热量。

上式表明体系在恒容条件下吸收的热量等于体系热力学能的增加值。

(2) 体系变化是恒压过程。

考虑体系对环境做体积功，则

$$\Delta U=Q_p-p\times\Delta V$$
$$Q_p=\Delta U+p\times\Delta V$$

式中，Q_p表示恒压过程的热量。

讨论恒压过程：

$$状态\ 1：p、U_1、V_1\longrightarrow 状态\ 2：p、U_2、V_2$$

该过程中，$\Delta U=U_2-U_1$，$\Delta V=V_2-V_1$，则

$$\begin{aligned}Q_p&=U_2-U_1+p\times V_2-p\times V_1\\&=(U_2+p\times V_2)-(U_1+p\times V_1)\end{aligned}$$

U、p、V 皆为状态函数，故($U+p\times V$)也应为状态函数，热力学上把($U+p\times V$)定义为新的状态函数，叫焓或热焓，用符号 H 表示，即

$$H \equiv U + p \times V$$

热焓没有明确的物理意义，可理解为体系具有的由体系的状态确定的在等压时只做体积功的过程以热的形式转移的一种能量。因为 U 的绝对值不可求，故热焓的绝对值也不可求。

显然热焓的变化为

$$Q_p = (U_2 + p \times V_2) - (U_1 + p \times V_1) = H_2 - H_1 = \Delta H$$

此式说明体系在恒压过程中吸收的热量等于体系热焓的增加值。

5.2.3 热化学

把上述热力学第一定律的内容应用于化学反应的能量研究，就构成了热化学：研究化学反应中热效应的化学的分支学科。

5.2.3.1 反应热

对于反应：

$$\text{反应物} \longrightarrow \text{生成物}$$

在反应体系中，反应物为始态，生成物为终态。由于各物质的热力学能不同，反应发生后，生成物的热力学能和反应物的热力学能就不相等，此时，热力学能的变化就以热和功的形式表现出来：

$$\Delta U = Q + W$$

此时的热量 Q 称为反应热，具体定义为：当生成物的温度与反应物的温度相同，且反应过程中体系只做体积功时，化学反应中吸收或放出的热量称为化学反应的热效应，简称反应热。

1. 恒容反应热

如果反应在固定体积的密闭容器中进行，则体系体积恒定，相当于恒容过程，此时有

$$Q_V = \Delta U = \sum U(\text{生成物}) - \sum U(\text{反应物})$$

即恒容条件下，反应热等于体系热力学能的改变值。其中 Q_V 称为恒容反应热。因为 $Q_V = \Delta U$，所以通常用 $\Delta_r U$ 表示恒容反应热，下标“r”表示 Δ 对应的过程是化学反应(reaction)。

如果反应吸热，即体系从环境吸收热量，则 Q_V、$\Delta_r U$ 为正值，也就是 $\sum U$(生成物)$>$ $\sum U$(反应物)；如果反应放热，即体系放热给环境，则 Q_V、$\Delta_r U$ 为负值，也就是 $\sum U$(生成物)$<$ $\sum U$(反应物)。

2. 恒压反应热

如果化学反应在恒压体系中进行，则是一个恒压过程。例如，在敞开容器中进行的化学反应，压力等于大气压，此时有

$$Q_p = \Delta H = \sum H(\text{生成物}) - \sum H(\text{反应物})$$

即恒压条件下，反应热等于体系热焓的改变值。其中 Q_p 称为恒压反应热。因为 $Q_p=\Delta H$，所以通常用 $\Delta_r H$ 表示恒压反应热。

如果反应吸热，即体系从环境吸收热量，则 Q_p、$\Delta_r H$ 为正值，也就是 $\sum H$（生成物）$>\sum H$（反应物）；如果反应放热，即体系放热给环境，则 Q_p、$\Delta_r H$ 为负值，也就是 $\sum H$（生成物）$<\sum H$（反应物）。

例如，对于反应：

$$2HgO(s)=\!=\!=2Hg(l)+O_2(g)$$

在 298.15 K、1 atm 时，$\Delta_r H=181.4\ kJ\cdot mol^{-1}$，表明反应是吸热反应。注意 $\Delta_r H$ 单位中的 mol^{-1} 表示反应进度1摩尔。

反应热的具体数值可以通过实验测定。一个反应，如果知道了它的热效应数值，那么这个反应的能量关系就明确了，即反应的能量问题就解决了。

5.2.3.2 热化学方程式

如果在书写一个化学反应方程式时把反应的能量关系，即反应的热效应也表示出来，那么这个方程式就称为热化学方程式。热化学方程式是表示化学反应与热效应关系的方程式。

书写热化学方程式时应注意以下几点：

（1）标明物质的状态。物质的状态不同，热效应数值是不同的。例如：

$$H_2(g)+\frac{1}{2}O_2(g)=\!=\!=H_2O(l)$$

在 298.15 K、1 atm 时，$\Delta_r H=-285.8\ kJ\cdot mol^{-1}$。

$$H_2(g)+\frac{1}{2}O_2(g)=\!=\!=H_2O(g)$$

在 298.15 K、1 atm 时，$\Delta_r H=-242\ kJ\cdot mol^{-1}$。

（2）标明反应条件。标准状态时表示为 $\Delta_r H_m^\ominus(T)$、$\Delta_r U_m^\ominus(T)$，其中上标“$\ominus$”表示标准态，下标“m”表示摩尔反应热(反应进度为 1 mol 时的反应热)。如前面两个反应的热效应分别为：$\Delta_r H_m^\ominus(298.15\ K)=-285.8\ kJ\cdot mol^{-1}$，$\Delta_r H_m^\ominus(298.15\ K)=-242\ kJ\cdot mol^{-1}$，书写时通常“m”可以省略，温度若是 298.15 K 也可以省略。如前述例子中，$\Delta_r H^\ominus=-285.8\ kJ\cdot mol^{-1}$，$\Delta_r H^\ominus=-242\ kJ\cdot mol^{-1}$。

（3）书写反应热效应时，热效应数值写于反应式的右边，恒压时用 $\Delta_r H$，恒容时用 $\Delta_r U$。

（4）反应式中物质的计量系数为“物质的量”，而不是分子数等。

（5）热效应单位中的 mol^{-1}，其意义等同于 $\Delta_r H_m(T)$ 中的下标“m”，都表示摩尔反应热。

下面是热化学方程式的实例：

$$2H_2(g)+O_2(g)=\!=\!=2H_2O(g)\quad \Delta_r H^\ominus=-484\ kJ\cdot mol^{-1}$$

热化学方程式还有一种书写方式，即把热效应数值通过加、减号写于方程式的产物一边。例如：

$$2H_2(g)+O_2(g)=\!=\!=2H_2O(g)+484\ kJ\cdot mol^{-1}$$

5.2.4 反应热的求算

化学反应的热效应数值可以通过三种方式获得：实验测定、经验规律、热力学数据。实验测定将在后续课程讨论，在此，介绍由经验规律和热力学数据得到反应的热效应数值。

5.2.4.1 盖斯定律

通过经验规律可以获得反应的热效应数值，这个经验规律就是盖斯定律。

1840年，俄国化学家盖斯(G. H. Germain Henri Hess)根据大量实验事实提出盖斯定律：不管化学过程是一步完成还是分步完成，这个过程的热效应是相同的。或者，当任何一个过程是若干个分过程的总和时，总过程的热效应一定等于各分过程热效应的代数和。

盖斯定律只适合等压反应或等容反应。这实际上是热力学第一定律的必然结果。因为等压时，$Q_p=\Delta H$；等容时，$Q_v=\Delta U$。无论是 ΔH 还是 ΔU，都是状态函数的差值，其数值只取决于反应物始态和生成物终态，而与反应物经历什么途径到达生成物无关。如下例：

（1）直接转化。

Ⅰ：始态 $H_2O(l)\longrightarrow$终态 $H_2O(g)$ ($\Delta_r H^\ominus$)

（2）分步转化。

Ⅱ$_1$：始态 $H_2O(l)\longrightarrow H_2(g)+\frac{1}{2}O_2(g)$ ($\Delta_r H_1^\ominus$)

Ⅱ$_2$：$H_2(g)+\frac{1}{2}O_2(g)\longrightarrow$终态 $H_2O(g)$($\Delta_r H_2^\ominus$)

由盖斯定律：$\Delta_r H^\ominus=\Delta_r H_1^\ominus+\Delta_r H_2^\ominus$，实验测得的反应热数值分别为 $\Delta_r H^\ominus=44\ kJ\cdot mol^{-1}$，$\Delta_r H_1^\ominus=286\ kJ\cdot mol^{-1}$，$\Delta_r H_2^\ominus=-242\ kJ\cdot mol^{-1}$。可以看出实验数据是符合盖斯定律的。

利用盖斯定律，可以通过已知的反应热数据求出未知的反应热。

例 5-1 已知：

①$\frac{1}{2}H_2(g)+\frac{1}{2}Cl_2(g)=\!=\!=HCl(g)$　　$\Delta_r H_1^\ominus=-92.3\ kJ\cdot mol^{-1}$

②$K(s)+HCl(g)=\!=\!=KCl(s)+\frac{1}{2}H_2(g)$　　$\Delta_r H_2^\ominus=-343.5\ kJ\cdot mol^{-1}$

③$K(s)+\frac{1}{2}Cl_2(g)=\!=\!=KCl(s)$　　$\Delta_r H^\ominus=?$

解：通过对反应方程式的观察，发现各相关方程式之间的关系，以得到各方程式反应热之间的关系。观察发现，反应③可以看成是反应①和反应②两步完成的。由盖斯定律：

$$\Delta_r H^\ominus=\Delta_r H_1^\ominus+\Delta_r H_2^\ominus=-435.8\ \text{kJ}\cdot\text{mol}^{-1}$$

一般而言：

反应①+反应②=反应③　　$\Delta_r H^\ominus=\Delta_r H_1^\ominus+\Delta_r H_2^\ominus$

反应①−反应②=反应③　　$\Delta_r H^\ominus=\Delta_r H_1^\ominus-\Delta_r H_2^\ominus$

盖斯定律的应用范围非常广泛，但主要用于利用已知反应的反应热求其他未知反应的反应热。

5.2.4.2　生成焓

对于化学反应：

$$\Delta_r H=\sum H(\text{生成物})-\sum H(\text{反应物})$$

如果已知各种物质的热焓数据，可以通过上式求得反应热。

因为热力学能的绝对值不可求，所以热焓的绝对值不可求（$H\equiv U+p\times V$）。对于不能得到绝对值的物理量，科学上常采用一种变通的方法得到其相对值，为此，只需要规定一个相对的标准即可。最常见的实例是海拔。

对于热焓值，热力学上规定了一个相对的标准：在标准压力和指定温度下，最稳定单质的热焓视为零。

最稳定单质是在标准压力和 298.15 K 时元素最稳定的单质。如碳元素，常见的同素异形体有石墨、金刚石和无定形碳三种，而在标准压力和 298.15 K 时石墨相对最稳定，则石墨就是碳的最稳定单质，即规定 $H_m^\ominus$(石墨)=0.00 kJ·mol^{-1}。

有了上面这个相对标准，定义生成热：由最稳定单质生成 1 摩尔化合物或转变为其他形式的单质时的等压热效应称为该化合物或其他单质的标准摩尔生成热。

标准摩尔生成热也称为标准摩尔生成焓，符号为 $\Delta_f H_m^\ominus$。注意，下标“f”表示生成(formation)，“m”表示生成 1 摩尔产物（与 $\Delta_r H_m^\ominus$ 中的下标“m”表示反应进度为 1 摩尔的意义不同，如果涉及反应式中固定产物系数为 1 摩尔，则二者意义相同）。书写 $\Delta_f H_m^\ominus$ 时常省略 m，简写为 $\Delta_f H^\ominus$。例如：

$$\text{S(斜方)}+O_2(g,\ 10^5\ \text{Pa})=\!=\!=SO_2(g,\ 10^5\ \text{Pa})$$

$$\Delta_r H^\ominus(298.15)=-296.06\ \text{kJ}\cdot\text{mol}^{-1}$$

$$\Delta_f H^\ominus(SO_2,\ g)=-296.06\ \text{kJ}\cdot\text{mol}^{-1}$$

$$\text{C(石墨)}=\!=\!=\text{C(金刚石)}$$

$$\Delta_r H^\ominus(298.15)=1.883\ \text{kJ}\cdot\text{mol}^{-1}$$

$$\Delta_f H^\ominus(\text{金刚石})=1.883\ \text{kJ}\cdot\text{mol}^{-1}$$

常见物质在 298.15 K、100.00 kPa 时的标准摩尔生成焓数据见附录 3。

利用标准摩尔生成焓数据可以求出反应焓。反应的一般表达式为

$$a\text{A}+b\text{B}=\!=\!=d\text{D}+e\text{E}$$

$$\Delta_r H^\ominus=d\Delta_f H^\ominus(\text{D})+e\Delta_f H^\ominus(\text{E})-a\Delta_f H^\ominus(\text{A})-b\Delta_f H^\ominus(\text{B})\qquad(5-11)$$

例 5−2　有如下反应：

$$Fe_2O_3(s)+3CO(g)=\!=\!=2Fe(s)+3CO_2(g)$$

求 $\Delta_r H^{\ominus}$的值。

解：$\Delta_r H^{\ominus}=2\Delta_f H^{\ominus}(Fe, s)+3\Delta_f H^{\ominus}(CO_2, g)-\Delta_f H^{\ominus}(Fe_2O_3, s)-3\Delta_f H^{\ominus}(CO, g)$

查表得各物质标准摩尔生成焓数据分别为

$$\Delta_f H^{\ominus}(Fe, s)=0\ kJ\cdot mol^{-1}$$

$$\Delta_f H^{\ominus}(CO_2, g)=-393.5\ kJ\cdot mol^{-1}$$

$$\Delta_f H^{\ominus}(Fe_2O_3, s)=-824.2\ kJ\cdot mol^{-1}$$

$$\Delta_f H^{\ominus}(CO, g)=-110.5\ kJ\cdot mol^{-1}$$

可得

$$\Delta_r H^{\ominus}=-24.8\ kJ\cdot mol^{-1}$$

5.2.4.3 溶解热

物质溶解时常伴随着放热或吸热现象。这在于物质在水中溶解时，既发生分子或离子的水合作用，又有分子或离子间的聚集或分散作用，这些作用都会导致能量变化，从而表现为一定的热效应。所谓溶解热，就是将定量溶质溶于定量溶剂时的热效应。溶解热与温度、压力、溶剂种类、溶液浓度等有关。一般情况下，热力学数据表中列出的溶解热数值是在标准压力和 298.15 K 时的水溶液。

如果没有写出溶解后的溶液浓度，即指无限稀释的溶液。溶液无限稀释指的是当溶液稀释到再加入溶剂时没有热效应。应注意这仅针对热效应而言是无限稀释，对其他效应则不一定。习惯上用∞aq 表示大量水或物质处于无限稀释状态，一般也可简化为用 aq 表示。例如：

$$HCl(g)+\infty aq = HCl\cdot\infty aq = H^+\cdot\infty aq+Cl^-\cdot\infty aq \qquad \Delta_r H^{\ominus}=-75.4\ kJ\cdot mol^{-1}$$

$$NaCl(g)+\infty aq = NaCl\cdot\infty aq = Na^+\cdot\infty aq+Cl^-\cdot\infty aq \qquad \Delta_r H^{\ominus}=3.9\ kJ\cdot mol^{-1}$$

5.2.4.4 溶液中离子的生成焓

离子生成焓指从最稳定单质生成 1 摩尔溶于足够大量水(即无限稀释溶液)中的离子时的热效应。若在标准压力和指定温度下，则称为标准离子生成焓。例如：

$$Na(s)+\frac{1}{2}Cl_2(g)+\infty aq = Na^+\cdot\infty aq+Cl^-\cdot\infty aq$$

$$\Delta_r H^{\ominus}=\Delta_f H^{\ominus}(Na, aq)+\Delta_f H^{\ominus}(Cl^-, aq)-\Delta_f H^{\ominus}(Na, s)-\frac{1}{2}\Delta_f H^{\ominus}(Cl_2, g)$$

因为 Na(s)和 Cl_2(g)为最稳定单质，故 $\Delta_f H^{\ominus}(Na, s)=\Delta_f H^{\ominus}(Cl_2, g)=0\ kJ\cdot mol^{-1}$，得

$$\Delta_r H^{\ominus}=\Delta_f H^{\ominus}(Na^+, aq)+\Delta_f H^{\ominus}(Cl^-, aq)$$

溶液中阴、阳离子总是同时存在，因此不能得到单独一种离子的生成焓，即不能得到离子的生成焓绝对值。由此确定了一个相对的标准，规定：

$$\Delta_f H^{\ominus}(H^+, aq)=0\ kJ\cdot mol^{-1}$$

在此基础上，求得其他离子的生成焓。例如：

$$HCl(g)+\infty aq = H^+\cdot\infty aq+Cl^-\cdot\infty aq$$

$$\Delta_r H^{\ominus}=-75.4\ kJ\cdot mol^{-1}$$

$$\Delta_r H^\ominus = \Delta_f H^\ominus(H^+, aq) + \Delta_f H^\ominus(Cl^-, aq) - \Delta_f H^\ominus(HCl, g)$$

$$\Delta_f H^\ominus(Cl^-, aq) = \Delta_r H^\ominus + \Delta_f H^\ominus(HCl, g)$$

$$\Delta_f H^\ominus(Cl^-, aq) = -167.7\ kJ \cdot mol^{-1}$$

按此法可得其他离子的生成焓。利用离子生成焓可求算出水溶液中离子的反应或包括有水合离子的反应的反应热。例如：

$$Zn(s) + 2H^+(aq) = Zn^{2+}(aq) + H_2(g)$$

$$\Delta_r H^\ominus = \Delta_f H^\ominus(Zn^{2+}, aq) + \Delta_f H^\ominus(H_2, g) - \Delta_f H^\ominus(Zn, s) - \Delta_f H^\ominus(H^+, aq) = -153.9\ kJ \cdot mol^{-1}$$

5.3 反应的方向

5.3.1 熵

在一定条件下，若有足够的时间(也就是不考虑反应速率问题)，化学反应能否进行？由经验我们知道某些过程是自发进行的。这里自发过程的含义是在没有任何外力作用下能够自动进行的过程。

例如，常温下，冰会融化成水：

$$H_2O(s) = H_2O(l)$$

常温下，铁会生锈：

$$4Fe(s) + 3O_2(g) + 6H_2O(l) = 2Fe_2O_3 \cdot 3H_2O(s)$$

要说明一个反应是否自发进行并不总是那么容易，表面现象可能对人产生误导。如氢气与氧气长期混合保存而不发生明显反应，这使人们以为该反应不能自发进行：

$$2H_2(g) + O_2(g) = 2H_2O(l)$$

但是若点燃，则该反应迅速发生以至于爆炸。因此，常温下人们认为不能自发进行是由于此时反应速度太慢以至于觉察不到，而点燃后反应速度加快，从而自发进行下去。因此，该反应也是自发进行的。这里可以看出，“自发”一词并不说明反应的快慢。事实上，除非有适当催化剂，许多自发反应进行得非常缓慢。

显然，若能知道化学反应能否自发进行，将是十分有益的。那么怎么才能使一个反应自发进行？自发进行的标准是什么？它应遵循什么规律？

设想放在手上的一盒排列整齐的粉笔，手一旦翻转则盒里的粉笔会自发地落在地上。这个过程涉及两个改变：粉笔的能量降低，粉笔的排列由相对整齐变为相对混乱。这个自发的过程表明了体系自发变化的两大制约因素：体系趋于最低能量状态，体系趋于增加混乱度。

体系趋于最低能量状态，实质是体系趋于更稳定状态。因为体系能量越低，体系越稳定。而体系趋于增加混乱程度，它的实质是什么呢？举一个例子说明：把一些气体放入某容器，可能的情况是气体分子自由地、无规则地充满容器，这是混乱的；难以实现的或是不可能的是分子有序地排列于容器的某一角落。这说明分子无序排列的可能性(概率)要比其有序排列的可能性(概率)大得多。显然，越是有序排列，其出现的概率越小；越是混乱，其出现的概率越大。对自发过程而言，体系趋于有序是偶然，体系趋于混乱是必然。所以，体系趋于增加混乱程度，实质上是体系中的分子趋于增加其分布概率。这是体系由偶然走向必然的结果。

大量的实验结果证实放热有利于反应自发进行，这显然是能量因素导致的结果。例如：在常态下(298.15 K、10^5 Pa)，铁生锈的反应：$\Delta_r H^\ominus = -791\ kJ \cdot mol^{-1}$；氢和氧生成水的反应：$\Delta_r H^\ominus = -286\ kJ \cdot mol^{-1}$。

但是，有些吸热反应也是自发进行的。如常态下冰的融化：$\Delta_r H^\ominus = 6.0\ kJ \cdot mol^{-1}$。分析冰融化的例子就会发现，在这里，混乱度的因素起了主要作用。冰的分子排列相对有序，水的分子排列相对无序，冰融化，是水分子由相对有序排列变为相对无序排列，体系混乱程度增加。

由此可以看出，反应自发进行与否也受到这两个因素的影响：能量降低、混乱程度增大。

能量降低与否可以用反应热来衡量，那么体系混乱程度增大与否怎么衡量?

为了衡量体系的混乱程度，克劳修斯(Rudolf Julius Emanuel Clausius)提出了一个新的状态函数熵：体系混乱程度的度量。用 S 表示。

体系混乱度越大，熵值越大；体系混乱度越小，熵值越小。

既然熵是状态函数，化学反应过程中的熵变化值只取决于反应的始态和终态，即

$$\Delta_r S = \sum S(\text{生成物}) - \sum S(\text{反应物})$$

与热力学能和焓不一样，熵的绝对值大小是可以通过实验得到的。这得益于二十世纪科技的发展。在绝对零度(0 K)时，由于物质分子排列整齐，分子热运动停止，物质体系完全有序化，故可以认为此时混乱度为零。1912 年，普朗克假设：在绝对零度(0 K)时，任何纯物质的完整晶体的熵等于零。这是热力学第三定律。在此基础上，若能通过实验测定某一物质从 0 K 到指定温度时的其他热力学数据，即热容量、相变热等，就可以由热力学把该温度下的熵值计算出来。

某物质在指定温度下的熵值称为该物质的规定熵或绝对熵。1 摩尔纯物质在标准压力指定温度下的绝对熵称为标准熵，用 $S^\ominus$表示，单位是 $J \cdot K^{-1} \cdot mol^{-1}$。电解质在水溶液中电离阴、阳离子同时出现，因此，水溶液中单个离子的标准熵绝对值不能得到。因此，规定水溶液中处于无限稀释状态的氢离子的标准熵为零，$S^\ominus(H^+, \infty aq) = 0$，进而得到其他离子的标准熵相对值。常见物质的标准熵值见附录 3。

有了物质的标准熵，可以方便地计算反应的标准熵变：

$$\Delta_r S^\ominus = \sum S^\ominus(\text{生成物}) - \sum S^\ominus(\text{反应物})$$

例如，在标准压力和 298.15 K 条件下：

$$H_2(g) + Cl_2(g) \xlongequal{\quad} 2HCl(g)$$

$$\begin{aligned}\Delta_r S^\ominus(298.15\ K) &= 2S^\ominus(HCl, g) - S^\ominus(H_2, g) - S^\ominus(Cl_2, g) \\ &= 2 \times 186.9 - 130.7 - 223.1 = 20.0\ (J \cdot K^{-1} \cdot mol^{-1})\end{aligned}$$

上述熵变值是在标准压力和 298.15 K 时的值。化学反应的熵变值与温度有关，因为

每一种物质的规定熵随温度的升高而升高。但大多数情况下，生成物的熵与反应物的熵随温度增加的数量相近，所以熵变值随温度的变化无明显变化，在近似计算中可忽略温度变化的影响，即考虑 $\Delta_r S^\ominus(298.15\ K)=\Delta_r S^\ominus(T)$。

利用熵的知识，可以得到判断熵值大小和熵变值符号(即正号熵增加，负号熵减少)的经验规律：

(1) 对同一物质而言：$S(g)>S(l)>S(s)$。

(2) 气体分子数增加的反应，通常熵增加，且气体分子数增加越多，熵增加值越大。例如：

$N_2(g)+3H_2(g)=\!=\!=2NH_3(g)$　　$\Delta_r S^\ominus(298.15\ K)=-198.76\ J\cdot K^{-1}\cdot mol^{-1}$

$CaCO_3(s)=\!=\!=CaO(s)+CO_2(g)$　　$\Delta_r S^\ominus(298.15\ K)=160.59\ J\cdot K^{-1}\cdot mol^{-1}$

$NH_4Cl(s)=\!=\!=HCl(g)+NH_3(g)$　　$\Delta_r S^\ominus(298.15\ K)=284.76\ J\cdot K^{-1}\cdot mol^{-1}$

(3) 同类物质，分子量越大，熵值越大。这是因为分子量越大，分子体积越大，分子变形性越大，分子可能存在的状态数越多，混乱度越大。例如 $X_2(g)$，$F_2(g)\longrightarrow I_2(g)$，熵值增大。

5.3.2　吉布斯自由能

我们已经知道反应自发进行与否受到能量和混乱度这两个因素的影响，反应的能量可以用反应热来衡量，反应的混乱度可以用熵变值来衡量。显然，如果提出反应自发进行与否的判据，那么这个判据必然包含能量和混乱度这两个因素。

大自然的自发过程常常能给人类以启示。水自发地从高处流向低处，人类借此修筑水坝实现了水力发电；风自发地从高气压吹向低气压，人类借此实现了风力发电；等等。可见，上述自发过程都可以用来做功。需要注意的是，上述过程的逆过程都不能自发进行，如果要发生，则必须由外界对其做功。水由低处到高处，必须使用扬水机；气流由低气压流向高气压需使用压缩机。由此推而广之，可以得到一个过程自发进行与否的判据：封闭体系中，体系发生的过程若具有向环境做有用功的可能性，则该过程为自发过程；反之则是非自发过程。

吉布斯(1839—1903)，美国物理化学家、数学物理学家，奠定了化学热力学的基础。

1876 年，美国科学家吉布斯(Josiah Willard Gibbs)在研究反应自发进行与否的过程中提出了反应自发进行与否的判据：在恒温恒压下，如果在理论上或实践中一个反应能用来完成其他功，这个反应是自发进行的；如果必须由环境提供其他功去使反应发生，则反应不是自发进行的。

例如有如下反应：

$$Zn+Cu^{2+}=\!=\!=Zn^{2+}+Cu$$

可用于设计原电池，产生电能，则该反应是自发进行的。

吉布斯进一步把体系可以做其他功的能量叫自由能，也称为吉布斯自由能，用符号 G 表示。它的数学定义是：$G=H-TS$(具体推导后续课程讨论)。显然，自由能是状态函数，且是广度性质。

等温等压下反应能否自发进行，可以根据反应前后自由能的变化来判断：

$$\Delta_r G=\sum G(\text{生成物})-\sum G(\text{反应物})$$

(1) 如果 $\Delta_r G<0$，则 $\sum G(\text{生成物})<\sum G(\text{反应物})$，即反应是由自由能较大的体系(反应物)变化到自由能较小的体系(生成物)，过程中多余的自由能会释放出来，并用于做其他功。由吉布斯的判据，此时反应可以自发进行。

(2) 如果 $\Delta_r G>0$，则 $\sum G(\text{生成物})>\sum G(\text{反应物})$，即反应是由自由能较小的体系(反应物)变化到自由能较大的体系(生成物)，过程中需要从环境吸收能量，以满足自由能的增加。由吉布斯的判据，此时反应不能自发进行(逆反应可以自发进行)。

(3) 如果 $\Delta_r G=0$，则 $\sum G(\text{生成物})=\sum G(\text{反应物})$，即反应既不能自发进行正反应，也不能自发进行逆反应，此时，反应体系达到平衡状态。

总结得到等温等压封闭体系化学反应自发进行的判据：

$\Delta_r G<0$ 时，反应可以自发进行

$\Delta_r G>0$ 时，反应不能自发进行

$\Delta_r G=0$ 时，反应达到平衡状态

在恒温恒压体系只做体积功的情况下，凡体系自由能减少的过程都能自发进行。这是热力学第二定律的一种表达形式。可见，只要知道物质的自由能数值，就可以求出自由能变化值，并借此判断反应能否自发进行。

5.3.3 吉布斯－亥姆霍兹公式

由自由能的数学定义可以推导出焓变、熵变和自由能变化三者之间的关系。当体系在恒温恒压下发生变化时：

$$\begin{array}{ccc}\text{始态} & \longrightarrow & \text{终态}\\ G_1、H_1、S_1 & & G_2、H_2、S_2\end{array}$$

$$\Delta G=\Delta H-T\times\Delta S \tag{5-12}$$

式(5－12)分别由吉布斯和亥姆霍兹(Hermann Ludwig Ferdinand von Helmholtz)独立证明，故称为吉布斯－亥姆霍兹公式。

针对化学反应：

$$\Delta_r G = \Delta_r H - T \times \Delta_r S$$

它表明恒温恒压下化学反应方向的判据 $\Delta_r G$ 是由两方面的因素决定的，即焓变和与熵变相关的“$T \times \Delta_r S$”。

由于 $\Delta_r H$ 和 $\Delta_r S$ 随温度发生的变化较小，故用 $\Delta_r H$(298.15 K)和 $\Delta_r S$(298.15 K)来代表任意温度时的 $\Delta_r H(T)$和 $\Delta_r S(T)$，得：

$$\Delta_r G(T) = \Delta_r H(298.15\ \text{K}) - T \times \Delta_r S(298.15\ \text{K}) \qquad (5-13)$$

标准状态下：

$$\Delta_r G^\ominus(T) = \Delta_r H^\ominus(298.15\ \text{K}) - T \times \Delta_r S^\ominus(298.15\ \text{K}) \qquad (5-14)$$

式(5−14)表明了自由能与温度之间的关系，对任一特定反应，$\Delta_r H^\ominus$(298.15 K)和 $\Delta_r S^\ominus$(298.15 K)是常数，因此，$\Delta_r G^\ominus(T)$与 T 呈线性关系。

利用吉布斯−亥姆霍兹公式，可以将化学反应分为四类。

(1) 若 $\Delta_r H<0$，$\Delta_r S>0$，无论温度为何值，$\Delta_r G<0$。即反应在任何温度下都是自发进行的。

(2) 若 $\Delta_r H>0$，$\Delta_r S<0$，无论温度为何值，$\Delta_r G>0$。即反应在任何温度下都是非自发进行的。

(3) 若 $\Delta_r H<0$，$\Delta_r S<0$，$\Delta_r G$ 是否小于零取决于温度。当$|\Delta_r H|>T \times |\Delta_r S|$时，$\Delta_r G<0$，即温度越低，反应越易自发进行。如水凝结成冰：$\Delta_r H<0$，$\Delta_r S<0$，温度越低越易进行。

(4) 若 $\Delta_r H>0$，$\Delta_r S>0$，$\Delta_r G$ 是否小于零取决于温度。当$|\Delta_r H|<T \times |\Delta_r S|$时，$\Delta_r G<0$，即温度越高，反应越易自发进行。如冰融化成水：$\Delta_r H>0$，$\Delta_r S>0$，温度越高越易进行。

5.3.4　自由能变化的求算

自由能变化值可以通过实验测定，也可以通过盖斯定律和吉布斯−亥姆霍兹公式［式(5−14)］求得标准状态下任意温度时的 $\Delta_r G^\ominus(T)$。此外，还可以通过热力学数据和化学等温式计算。

1. 标准摩尔生成自由能

与生成焓一样，自由能的绝对值不能得到。因此，规定了一个相对标准：在标准状态下最稳定单质的 $G_m^\ominus$为零。

由此定义标准摩尔生成自由能：由最稳定单质生成 1 mol 化合物或转变为其他形式的单质时的自由能变化称为该化合物或其他单质的标准摩尔生成自由能，简称生成自由能，用符号 $\Delta_f G_m^\ominus$表示。在水溶液中，规定 $\Delta_f G^\ominus(H^+, aq)=0$，由此求得离子生成自由能的相对值。

常见物质在 298.15 K、100.00 kPa 时的标准摩尔自由能数据见附录 3。

有了物质的 $\Delta_f G_m^\ominus$，可以求得反应的标准自由能变化：

$$\Delta_r G_m^\ominus = \sum \nu_i \Delta_f G_m^\ominus(\text{生成物}) - \sum \nu_i \Delta_f G_m^\ominus(\text{反应物}) \qquad (5-15)$$

例如，有下列反应：

$$5NH_4NO_3(s) = 2HNO_3(l) + 4N_2(g) + 9H_2O(l)$$

$$\Delta_r G_m^\ominus = 2\times\Delta_f G_m^\ominus(HNO_3,l) + 4\times\Delta_f G_m^\ominus(N_2,g) + 9\times\Delta_f G_m^\ominus(H_2O,l) - 5\times\Delta_f G_m^\ominus(NH_4NO_3,s)$$

$$= 2\times(-80.7) + 4\times 0 + 9\times(-237.13) - 5\times(-183.9) = -1376.07\ (kJ\cdot mol^{-1})$$

上述反应中，$\Delta_r G_m^\ominus < 0$，表明标准状态下反应能自发进行。$\Delta_r G_m^\ominus = -1376.07\ kJ\cdot mol^{-1}$，表明标准状态下反应进度为 1 mol 时能用于做其他功的能量为 1376.07 $kJ\cdot mol^{-1}$。从一个自发反应得到有用功的多少，在一定程度上取决于利用这个反应做功的机器的效率，故上述能量值 1376.07 $kJ\cdot mol^{-1}$ 是该反应可用于做其他功的最大能量值。

2. 化学反应等温式

用$\Delta_r G^\ominus$只能判断反应体系处于标准状态时的情况。此时标准状态除了 10^5 Pa、指定温度(通常是 298.15 K)外，还包括各物质的活度(或浓度)为 1 $mol\cdot L^{-1}$，若为气体则其分压为 10^5 Pa。但大多数反应是在非标准状态下进行的，所以非标准压力、任意温度和物质任意浓度时的自由能变化值的求算相对更为重要。

$\Delta_r G$ 与 $\Delta_r G^\ominus$的关系(具体推导后续课程学习)如下：

$$\Delta_r G = \Delta_r G^\ominus + RT\ln Q \qquad (5-16)$$

式(5−16)称为化学等温式。式中，Q 为活度商，表达式如下：

$$dD + eE = gG + hH$$

$$Q = \frac{a_G^g \times a_H^h}{a_D^d \times a_E^e} \quad 或\ Q = \prod (a_B)^{\nu_B} \qquad (5-17)$$

式中，a_B为 B 物质的活度，活度与物质的浓度、分压的换算如下：

$$a_B = \frac{c_B}{c^\ominus}\ 和\ a_B = \frac{p_B}{p^\ominus} \qquad (5-18)$$

式中，$c^\ominus$为标准浓度(1 $mol\cdot L^{-1}$)；$p^\ominus$为标准压力(10^5 Pa)。

例如，有如下反应：

$$HAc(aq) = H^+(aq) + Ac^-(aq)$$

$$Q = \frac{\frac{c_{H^+}}{c^\ominus}\times\frac{c_{Ac^-}}{c^\ominus}}{\frac{c_{HAc}}{c^\ominus}}$$

书写活度商表达式时要注意以下两点：

(1) 反应式中的固体、溶剂(稀溶液时)等的活度视为常数，不写入表达式。例如：

$$2H^+(aq) + CO_3^{2-}(aq) = CO_2(g) + H_2O(aq)$$

$$Q = \frac{\frac{p_{CO_2}}{p^\ominus}}{\left(\frac{c_{H^+}}{c^\ominus}\right)^2\times\frac{c_{CO_3^{2-}}}{c^\ominus}}$$

(2) 对于气体反应，既可以用浓度来表示，也可以用分压来表示。例如：

$$N_2(g) + 3H_2(g) = 2NH_3(g)$$

$$Q_c=\frac{\left(\frac{c_{NH_3}}{c^\ominus}\right)^2}{\frac{c_{N_2}}{c^\ominus}\times\left(\frac{c_{H_2}}{c^\ominus}\right)^3}\qquad Q_p=\frac{\left(\frac{p_{NH_3}}{p^\ominus}\right)^2}{\frac{p_{N_2}}{p^\ominus}\times\left(\frac{p_{H_2}}{p^\ominus}\right)^3}$$

Q 的下标“c”“p”分别是 concentration、pressure 之意。同一反应的 Q_c 和 Q_p 可以利用理想气体状态方程式进行换算。

利用化学等温式可以求出任意温度、任意浓度、任意压力时的自由能变化值，并由此判断反应能否自发进行。

例 5－3　标准状态下，$2H_2(g)+O_2(g)$══$2H_2O(g)$的反应自由能为 $\Delta_rG_m^\ominus(298.15\ K)$。求 $p(H_2)=1.00\times10$ kPa，$p(O_2)=1.00\times10^3$ kPa，$p(H_2O)=6.00\times10^{-2}$ kPa 下的反应自由能 $\Delta_rG_m(298.15\ K)$。

解：由化学等温式：

$$\Delta_rG_m(T)=\Delta_rG_m^\ominus(T)+RT\ln Q$$

$$\Delta_rG_m(298.15\ K)=\Delta_rG_m^\ominus(298.15\ K)+R\times298.15\ K\times\ln\frac{[p(H_2O)/p^\ominus]^2}{[p(H_2)/p^\ominus]^2\times[p(O_2)/p^\ominus]}$$

$$=-499.63\ kJ\cdot mol^{-1}$$

5.3.5　热力学转变温度

对于 $\Delta_rH<0$、$\Delta_rS<0$ 和 $\Delta_rH>0$、$\Delta_rS>0$ 的过程，利用吉布斯－亥姆霍兹公式[式(5－14)]和化学等温式[式(5－16)]可以求得过程发生的转变温度。这个过程如果是物理过程，转变温度可能是熔点、沸点等；如果是化学反应，转变温度可能是反应临界温度或热力学分解温度等。

例 5－4　求乙醇的沸点。

解：沸点是液体转变成气体时的温度。过程如下：

$$C_2H_5OH(l)\longrightarrow C_2H_5OH(g)$$

查表求出：

$$\Delta_rH^\ominus(298.15\ K)=42.3\ kJ\cdot mol^{-1}$$

$$\Delta_rS^\ominus(298.15\ K)=121.0\ J\cdot mol^{-1}\cdot K^{-1}$$

上述过程要自发进行，需要：

$$\Delta_rG^\ominus(T)=\Delta_rH^\ominus(298.15\ K)-T\times\Delta_rS^\ominus(298.15\ K)<0$$

当 $\Delta_rG^\ominus(T)=0$ 时，求出转变的临界温度，即沸点。

$$\Delta_rH^\ominus(298.15\ K)-T\times\Delta_rS^\ominus(298.15\ K)=0$$

求得：

$$T=\frac{\Delta_rH^\ominus}{\Delta_rS^\ominus}=350\ K$$

例 5－5　Ag_2O 的分解反应为 $Ag_2O(s)$══$2Ag(s)+\frac{1}{2}O_2(g)$。已知：

	Ag(s)	O_2(g)	Ag_2O(s)
$S_m^\ominus$/J·K^{-1}·mol^{-1}	42.55	205.138	121.3
$\Delta_f H_m^\ominus$/kJ·mol^{-1}	0	0	−31.1

计算：

(1) 298.15 K时，该反应的$\Delta_r S^\ominus$、$\Delta_r H^\ominus$和$\Delta_r G^\ominus$各为多少？

(2) 在298.15 K、100.00 kPa下，该分解反应能否自发进行？

(3) 当$p(O_2)=10^{-2}p^\ominus$时，该反应的分解温度是多少？

解：(1)$\Delta_r S_m^\ominus=2\times S_m^\ominus(Ag,s)+\frac{1}{2}\times S_m^\ominus(O_2,g)-S_m^\ominus(Ag_2O,s)=66.37\ J\cdot K^{-1}\cdot mol^{-1}$

$\Delta_r H_m^\ominus=2\times\Delta_f H_m^\ominus(Ag,s)+\frac{1}{2}\times\Delta_f H_m^\ominus(O_2,g)-\Delta_f H_m^\ominus(Ag_2O,s)=31.05\ kJ\cdot mol^{-1}$

根据吉布斯-亥姆霍兹公式：

$$\Delta_r G_m^\ominus=\Delta_r H_m^\ominus-T\times\Delta_r S_m^\ominus=11.27\ kJ\cdot mol^{-1}$$

(2) 根据上述计算，在298.15 K、100.00 kPa下，$\Delta_r G_m^\ominus>0$。所以，该条件下分解反应不能自发进行。

(3) 当$p(O_2)=10^{-2}p^\ominus$时，非标准态：

$$\Delta_r G_m(T)=\Delta_r G_m^\ominus(T)+RT\ln Q$$

因为$\Delta_r G_m^\ominus(T)=\Delta_r H_m^\ominus(298\ K)-T\times\Delta_r S_m^\ominus(298\ K)$，得：

$$\Delta_r G_m(T)=\Delta_r H_m^\ominus(298\ K)-T\times\Delta_r S_m^\ominus(298\ K)+RT\ln Q$$

当$\Delta_r G(T)=0$时，求出转变的临界温度为

$$T=\frac{\Delta_r H^\ominus(298)}{\Delta_r S^\ominus(298)-R\ln Q}=\frac{\Delta_r H^\ominus(298)}{\Delta_r S^\ominus(298)-R\ln[p(O_2)/p^\ominus]^{\frac{1}{2}}}=363\ K$$

5.4 反应的限度

5.4.1 化学平衡

在一定条件下，一个反应既可以按反应方程式从左向右进行，又可以按反应方程式从右向左进行，叫反应的可逆性。

例如高温时，一氧化碳与水蒸气反应生成二氧化碳和氢气：

$$CO+H_2O\longrightarrow CO_2+H_2$$

与此同时，二氧化碳和氢气反应生成一氧化碳与水蒸气：

$$CO_2+H_2\longrightarrow CO+H_2O$$

两个反应合写为

$$CO+H_2O\rightleftharpoons CO_2+H_2$$

一般常把按反应方程式从左向右进行的反应叫正反应，从右向左进行的反应叫逆反应，二者合起来叫可逆反应，即在一定条件下，既能向正反应方向进行，又能向逆反应方向进行的反应。

几乎所有的反应都是可逆的。不可逆反应的例子非常少，例如：

$$2KClO_3 = 2KCl + 3O_2 \uparrow$$

该反应由于反应产物 O_2 迅速离开而不可逆。类似的例子还有爆炸反应等。

可逆反应进行的情况可以用可逆程度(逆反应进行的程度)来定性地衡量。可逆程度大则逆反应进行的程度大；反之亦然。虽然几乎所有的反应都是可逆的，但是不同反应的可逆程度却有很大差异。并且即便是同一反应，在不同条件下可逆程度也是不同的。例如：

$$2H_2 + O_2 \rightleftharpoons 2H_2O$$

该反应在 873～1273 K 时，正反应占绝对优势，可逆程度很小；在 4273～5273 K 时，逆反应占绝对优势，可逆程度很大。

考虑封闭体系、等温条件：

$$\text{反应物} \rightleftharpoons \text{生成物}$$

$$\Delta_r G = \sum \nu_i \Delta_f G_m(\text{生成物}) - \sum \nu_i \Delta_f G_m(\text{反应物})$$

当正反应自发进行($\Delta_r G<0$)时，并不意味着逆反应不进行，而是正反应进行的速度大于逆反应进行的速度，宏观上表现出进行正反应。随着反应的进行，反应物的量逐渐减少，生成物的量逐渐增加。由于自由能是广度量，则 $\sum \nu_i \Delta_f G_m$(生成物)会逐渐增大，$\sum \nu_i \Delta_f G_m$(反应物)会逐渐减小。结果意味着 $\Delta_r G$ 的绝对值将逐渐减小。最终，$\Delta_r G$ 将等于零。此时，反应处于平衡状态。注意此时反应并没有停止，只是正、逆反应速度相当，反应物和产物的量都不再发生变化时，宏观上表现为正、逆反应都不能自发进行。由此可见，化学平衡是动态平衡。

显然，当化学反应达到平衡状态时，意味着在此条件下，自发反应的进行达到了其反应限度。

化学平衡有四个重要特点：

(1) 只有在恒温条件下、封闭体系中进行的可逆反应才能建立化学平衡，这是建立化学平衡的前提。

(2) 正、逆反应速度相等是平衡建立的本质。

(3) 平衡状态是封闭体系中可逆反应进行的最大限度。各物质的量都不再随时间改变，这是建立平衡的标志。

(4) 化学平衡是有条件的平衡。当外界因素改变时，正、逆反应速度发生变化，原有平衡将受到破坏，直到建立新的动态平衡。

5.4.2　平衡常数

5.4.2.1　标准平衡常数

封闭体系，等温等压条件下的反应：

$$\Delta_r G_m(T) = \Delta_r G_m^{\ominus}(T) + RT\ln Q$$

当 $\Delta_r G_m(T)=0$ 时，达到化学平衡状态。此时：

$$\Delta_r G_m^{\ominus}(T) + RT\ln Q = 0$$

当温度一定时，某个特定反应的 $\Delta_r G_m^{\ominus}(T)$ 为常数，则

$$\ln Q = -\Delta_r G_m^{\ominus}(T)/RT = \text{常数}$$

可见，反应达到平衡时，活度商是一个常数。化学反应平衡时的活度商用 $K^{\ominus}$ 表示（即 $Q=K^{\ominus}$），称为标准平衡常数。

由 Q 表达式(5－17)、式(5－18)可以得到 $K^{\ominus}$ 表达式，二者形式相同，差异体现在 $K^{\ominus}$ 表达式中物质的浓度或者分压都是平衡时的数值，而 Q 表达式中的浓度或者分压是任意状态时的数值(包括平衡状态)。

如果反应式各物质都是气体：

$$K^{\ominus} = \prod \left(\frac{p_B}{p^{\ominus}}\right)^{\nu_B} \tag{5-19}$$

如果反应式各物质都是溶液：

$$K^{\ominus} = \prod \left(\frac{[B]}{c^{\ominus}}\right)^{\nu_B} \tag{5-20}$$

注意：化学反应平衡时的浓度加方框表示，以便与任意状态时的浓度 c 相区别。

如果反应式各物质既有气体又有溶液，则

$$K^{\ominus} = \prod \left(\frac{p_B}{p^{\ominus}}\right)^{\nu_B} \times \prod \left(\frac{[B]}{c^{\ominus}}\right)^{\nu_B} \tag{5-21}$$

例如：

$$HAc(aq) \rightleftharpoons H^+(aq) + Ac^-(aq)$$

$$K^{\ominus} = \frac{\frac{[H^+]}{c^{\ominus}} \times \frac{[Ac^-]}{c^{\ominus}}}{\frac{[HAc]}{c^{\ominus}}}$$

$$N_2(g) + 3H_2(g) \rightleftharpoons 2NH_3(g)$$

$$K^{\ominus} = \frac{\left(\frac{p_{NH_3}}{p^{\ominus}}\right)^2}{\frac{p_{N_2}}{p^{\ominus}} \times \left(\frac{p_{H_2}}{p^{\ominus}}\right)^3}$$

注意：

(1) $K^{\ominus}$ 随温度而变。

(2) $K^{\ominus}$ 量纲等于 1(没有单位)。

(3) 反应的 $K^{\ominus}$ 越大，正反应进行趋势越大。

5.4.2.2 实验平衡常数

标准平衡常数 $K^{\ominus}$ 是通过热力学公式得到的。实际上，化学反应的平衡常数还可以通

过测定平衡时反应物和产物的浓度或分压来得到，这就是实验平衡常数，简称平衡常数。

例如，773.15 K 时合成氨反应：

$$N_2(g)+3H_2(g)=\!=\!=2NH_3(g)$$

通过不同起始浓度进行反应，测定各物质的平衡浓度，结果见表 5−1。

表 5−1　773.15 K 时合成氨反应的平衡浓度(单位：mol · L^{-1})

$[H_2]$	$[N_2]$	$[NH_3]$	K
1.15	0.75	0.261	5.98×10^{-2}
0.51	1.00	0.087	6.05×10^{-2}
1.35	1.15	0.412	6.00×10^{-2}
2.43	1.85	1.27	6.08×10^{-2}
1.47	0.75	0.376	5.93×10^{-2}

由表 5−1 可见，由于反应物起始浓度不同，各物质平衡浓度是不一样的。但是，各平衡浓度按照其计量系数为次方的联乘积是一个常数，即

$$\frac{[NH_3]^2}{[H_2]^3\times[N_2]}=6.00\times10^{-2}$$

任一可逆反应：

$$d\mathrm{D}+e\mathrm{E}=\!=\!=g\mathrm{G}+h\mathrm{H}$$

在一定温度下达平衡时，都有如下关系：

$$K_c=\prod[\mathrm{B}]^{\nu_\mathrm{B}}=\frac{[\mathrm{G}]^g\times[\mathrm{H}]^h}{[\mathrm{D}]^d\times[\mathrm{E}]^e}\qquad(5-22)$$

如果各物质都是气体：

$$K_p=\prod p_\mathrm{B}{}^{\nu_\mathrm{B}}=\frac{p_\mathrm{G}^g\times p_\mathrm{H}^h}{p_\mathrm{D}^d\times p_\mathrm{E}^e}\qquad(5-23)$$

式中，K_c是用浓度表示的实验平衡常数；K_p是用压力表示的实验平衡常数。

从式(5−19)至式(5−23)，五个公式所表达的意义一致，称为化学平衡定律：在一定温度下，某个可逆反应达到平衡时，各物质平衡活度(或平衡浓度、平衡压力)以其计量系数次方的乘积为一个常数。

与 $K^\ominus$量纲等于 1(没有单位)不同，K_c 与 K_p 都有单位，分别是(mol · L^{-1})$^{\Sigma\nu}$和(压力单位)$^{\Sigma\nu}$。

同一反应 K_c与 K_p的定量关系可利用理想气体状态方程式得到：

$$K_p=K_c\times(RT)^{\Sigma\nu}\qquad(5-24)$$

注意，式中计量系数的加合$\Sigma\nu$ 只针对反应式中的气体。

同样，$K^\ominus$可以和 K_c与 K_p进行换算。溶液反应和气体反应分别为

$$K_c=K^\ominus\qquad(5-25)$$

$$K^\ominus=K_p\times(p^\ominus)^{-\Sigma\nu}\qquad(5-26)$$

平衡常数的意义：因为平衡状态为反应进行的最大限度，故 K 值的大小可以衡量反应进行的程度，并由此估计反应的可行性。K 值越大，生成的产物越多，正反应进行的程

度越大；反之亦然。一般而言，$K>10^7$时可认为逆反应进行的程度太小而忽略，即近似认为是一个不可逆反应；$K<10^{-7}$时可认为正反应进行的程度太小而忽略，即近似认为是一个不可逆反应；只有当$10^{-7}<K<10^7$时可认为是可逆反应。对于K值太小的反应，可认为在该条件下正反应不能进行。例如：

$$N_2+O_2 = 2NO \qquad K_c=10^{-30}(\text{常温下})$$

这说明常温下固氮不可能。

5.4.2.3 平衡常数的应用

1. 判断反应的方向

对化学等温式而言，若$\Delta_r G=0$，则反应处于平衡状态，此时

$$\Delta_r G=\Delta_r G^\ominus+RT\ln Q=0$$

因为平衡时$Q=K^\ominus$，即

$$\Delta_r G^\ominus=-RT\ln K^\ominus \qquad (5-27)$$

得

$$\Delta_r G=-RT\ln K^\ominus+RT\ln Q$$

$$\Delta_r G=RT\ln\frac{Q}{K^\ominus} \qquad (5-28)$$

讨论式(5－28)可得到以下结论：

(1) $Q<K^\ominus$，$\Delta_r G<0$，反应可以自发进行。

(2) $Q>K^\ominus$，$\Delta_r G>0$，反应不能自发进行。

(3) $Q=K^\ominus$，$\Delta_r G=0$，反应处于平衡状态。

可见，根据$\Delta_r G$判断反应方向通过Q与$K^\ominus$值的大小关系体现，这是反应方向判据的另一种形式。

2. 平衡常数表达式涉及的计算

平衡常数最常见的应用是计算平衡时各物质的浓度(分压)、转化率(产率)等。转化率是平衡时已转化的某反应物的量与转化前该反应物的量的比。表达式为

$$\text{转化率}=\frac{\text{已转化的反应物的量}}{\text{转化前反应物的量}}\times100\% \qquad (5-29)$$

$$\text{转化率}=\frac{\text{反应物起始量}-\text{反应物平衡量}}{\text{反应物起始量}}\times100\% \qquad (5-30)$$

转化率与平衡常数一样，可以代表平衡时化学反应进行的程度。区别在于：平衡常数只受温度影响，不受其他反应条件影响；转化率受温度影响，也受其他反应条件如反应物的相对量的影响。也因此，通常用平衡常数而不用转化率来衡量化学反应进行的程度。

例 5－6 HgO 的分解反应为

$$HgO(s) = Hg(g)+\frac{1}{2}O_2(g)$$

已知 693 K 下，HgO(s)分解为 Hg 蒸汽和 O_2 的标准摩尔吉布斯自由能为 11.33 kJ·mol^{-1}，试通过计算回答下列问题：

(1) 在693 K下，HgO分解反应的平衡常数$K^\ominus$为多少？

(2) HgO在693 K，分别在密闭容器中分解和在氧气分压始终保持为空气分压时分解，达到平衡时Hg蒸气压是否相同？

解：(1)根据$\Delta_r G_m^\ominus(693\ K)=-RT\times\ln K^\ominus$，可求得：

$$K^\ominus(693\ K)=0.140$$

(2) 根据化学平衡定律：

$$K^\ominus(693\ K)=\frac{p(Hg)}{p^\ominus}\times\left[\frac{p(O_2)}{p^\ominus}\right]^{\frac{1}{2}}=0.140$$

在密闭容器中分解：

生成1 mol Hg蒸气，同时生成0.5 mol O_2，则$p(O_2)=0.5p(Hg)$。代入上式，得

$$K^\ominus(693\ K)=\frac{p(Hg)}{p^\ominus}\times\left[\frac{0.5\times p(Hg)}{p^\ominus}\right]^{\frac{1}{2}}=0.140$$

得

$$p(Hg)(平衡)=34.0\ kPa$$

在氧气分压始终保持为空气分压时：

$$p(O_2)=0.210p^\ominus$$

代入上式，得

$$K^\ominus(693\ K)=\frac{p(Hg)}{p^\ominus}\times\left[\frac{0.210\times p^\ominus}{p^\ominus}\right]^{\frac{1}{2}}=0.140$$

得

$$p(Hg)(平衡)=0.306p^\ominus=30.6\ kPa$$

应该注意以下三点：

(1) 平衡常数只表明反应进行的可行性及程度，不能说明反应的快慢(速度)。

(2) 化学平衡定律有它适合的条件：压力不太大的气体或较稀溶液的化学反应。

(3) 反应物的转化率是指反应达到化学平衡时，某反应物转化为产物的百分率。

5.4.2.4　多重平衡规则

所谓多重平衡，是指在一个体系里同时有两个以上的彼此关联的平衡出现，它们的平衡同时建立。此时，各物质的浓度必须同时满足几个平衡。如某一体系，高温下三个化学平衡同时达到：

$$2H_2+O_2=\!=\!=2H_2O \qquad K_1=\frac{[H_2O]^2}{[H_2]^2\times[O_2]}$$

$$2CO_2=\!=\!=2CO+O_2 \qquad K_2=\frac{[CO]^2\times[O_2]}{[CO_2]^2}$$

$$H_2+CO_2=\!=\!=H_2O+CO \qquad K_3=\frac{[CO]\times[H_2O]}{[CO_2]\times[H_2]}$$

平衡时，$[H_2]$、$[O_2]$、$[H_2O]$、$[CO_2]$、$[CO]$必须同时满足上述K_1、K_2、K_3三个平衡表达式。利用盖斯定律，可以得到K_1、K_2、K_3之间的定量关系：

$$反应①+反应②=\!=\!=2\ 反应③ \qquad K_1\times K_2=K_3^2$$

多重平衡常数之间的定量关系称为多重平衡规则。显然，可逆反应之间的关系不同，多重平衡规则的表达式也不同。常见的多重平衡关系如下：

$$反应①+反应②=反应③ \qquad K_1 \times K_2 = K_3$$

$$反应①-反应②=反应③ \qquad K_1 \div K_2 = K_3$$

讨论多重平衡规则时，由于各平衡处于同一体系，故反应状态(条件：温度、压力等)相同。应用多重平衡规则时，也必须在同一条件下。

5.5 化学平衡的移动

当一个可逆反应在一定条件下建立化学平衡时，如果改变条件使得 $Q \neq K^{\ominus}$，则化学平衡将会被破坏，反应将会自发进行直到建立新的平衡。这个过程称为化学平衡的移动。显然浓度和压力可以改变 Q，而温度可以改变 $K^{\ominus}$。所以，移动化学平衡主要有三个因素：浓度、压力和温度。

5.5.1 浓度对化学平衡的影响

任一可逆反应：

$$d\mathrm{D}+e\mathrm{E} = g\mathrm{G}+h\mathrm{H}$$

在一定温度下，建立平衡时：

$$K_c = Q_c = \frac{c_{\mathrm{G}}^{g} \times c_{\mathrm{H}}^{h}}{c_{\mathrm{D}}^{d} \times c_{\mathrm{E}}^{e}}$$

浓度的改变对化学平衡的影响有两种情况：

(1) 如果增加反应物的浓度或减小生成物的浓度，将会使 Q_c 减小，则可逆反应将由平衡状态 $K_c = Q_c$ 变为 $Q_c < K_c$，平衡将向正反应方向移动。

(2) 如果增加生成物的浓度或减小反应物的浓度，将会使 Q_c 增大，则可逆反应将由平衡状态 $K_c = Q_c$ 变为 $Q_c > K_c$，平衡向逆反应方向移动。

浓度对化学平衡的影响可归纳为：在其他条件不变的情况下，增加反应物浓度或减小生成物的浓度，化学平衡将向着正反应方向移动；增加生成物的浓度或减小反应物的浓度，化学平衡将向着逆反应方向移动。

例 5-7 反应：

$$CO + H_2O \rightleftharpoons H_2 + CO_2$$

已知某温度下 $K_c = 1.0$，若 CO 的起始浓度为 2 mol·L^{-1}，H_2O 的起始浓度为 3 mol·L^{-1}。求：

(1) 达平衡时各物质的浓度以及 CO 的转化率。

(2) 在上述平衡体系中，增加水蒸气浓度为 6 mol·L^{-1}，求 CO 的转化率。

解：(1)设平衡时 CO_2 的浓度为 x mol·L^{-1}。

	CO	+	H_2O	$\rightleftharpoons$	H_2	+	CO_2
起始浓度	2		3		0		0

平衡浓度　　$2-x$　　$3-x$　　x　　x

代入 K_c 表达式：

$$K_c=\frac{[H_2]\times[CO_2]}{[CO]\times[H_2O]}=\frac{x\times x}{(2-x)\times(3-x)}=1.0$$

解得：$x=1.2\ mol\cdot L^{-1}$

可得：

$$[CO]=0.8\ mol\cdot L^{-1}$$

$$[H_2O]=1.8\ mol\cdot L^{-1}$$

$$[H_2]=[CO_2]=1.2\ mol\cdot L^{-1}$$

CO 的转化率为

$$\frac{2-0.8}{2}\times 100\%=60\%$$

（2）上述平衡建立后，增加反应物水蒸气浓度为 6 $mol\cdot L^{-1}$，将使平衡正向移动。设重新达到平衡时又生成 y $mol\cdot L^{-1}$的 CO_2。

$$CO + H_2O \rightleftharpoons H_2 + CO_2$$

起始浓度　　0.8　　6　　1.2　　1.2

平衡浓度　　$0.8-y$　　$6-y$　　$1.2+y$　　$1.2+y$

代入 K_c 表达式：

$$K_c=\frac{[H_2]\times[CO_2]}{[CO]\times[H_2O]}=\frac{(1.2+y)^2}{(0.8-y)\times(6-y)}=1.0$$

解得：$y=0.37\ mol\cdot L^{-1}$

可得：

$$[CO]=0.43\ mol\cdot L^{-1}$$

$$[H_2O]=5.63\ mol\cdot L^{-1}$$

$$[H_2]=[CO_2]=1.57\ mol\cdot L^{-1}$$

CO 的转化率为

$$\frac{2-0.43}{2}\times 100\%=78.5\%$$

5.5.2　压力对化学平衡的影响

固相或液相的反应，压力改变对其体积影响极小，所以在此只讨论有气相参加的反应。以下面反应为例，讨论压力对化学平衡的影响：

$$2NO_2 \rightleftharpoons N_2O_4$$

平衡时：

$$K_p=Q_p=\frac{p_{N_2O_4}}{p^2_{NO_2}}$$

若体系压力增大一倍，则各物质的分压也增大一倍，即

$$p'_{N_2O_4}=2p_{N_2O_4}\qquad p'_{NO_2}=2p_{NO_2}$$

此时：

$$Q'_p=\frac{p'_{N_2O_4}}{p'^2_{NO_2}}=\frac{2p_{N_2O_4}}{4p^2_{NO_2}}=\frac{1}{2}Q_p<K_p$$

可以看出，体系压力增大后，Q_p减小，则可逆反应将由平衡状态 $K_p=Q_p$ 变为 $Q_p<K_p$，平衡将向正反应方向移动。正反应方向是气体分子数减小的方向。

若体系压力减小一半，则各物质的分压也减小一半，即

$$p'_{N_2O_4}=\frac{1}{2}p_{N_2O_4}\qquad p'_{NO_2}=\frac{1}{2}p_{NO_2}$$

此时：

$$Q'_p=\frac{p'_{N_2O_4}}{p'^2_{NO_2}}=\frac{\frac{1}{2}p_{N_2O_4}}{\frac{1}{4}p^2_{NO_2}}=2Q_p>K_p$$

可以看出，体系压力减小后，Q_p增大，则可逆反应将由平衡状态 $K_p=Q_p$ 变为 $Q_p>K_p$，平衡将向逆反应方向移动。逆反应方向是气体分子数增加的方向。

压力对平衡的影响可归纳为：在其他条件不变的情况下，增大总压力，平衡向气体分子数减小的方向移动；减小总压力，平衡向气体分子数增加的方向移动。

5.5.3 温度对化学平衡的影响

温度一般不影响 Q_c 或 Q_p，它通过影响平衡常数来移动化学平衡。

由式(5−14)和式(5−27)可以做如下变换：

$$\Delta_r G^\ominus(T)=\Delta_r H^\ominus(298.15\ \mathrm{K})-T\times\Delta_r S^\ominus(298.15\ \mathrm{K})$$

$$\Delta_r G^\ominus=-RT\ln K^\ominus$$

$$-RT\ln K^\ominus=\Delta_r H^\ominus(298.15\ \mathrm{K})-T\times\Delta_r S^\ominus(298.15\ \mathrm{K})$$

$$\ln K^\ominus=\frac{1}{R}\times\Delta_r S^\ominus(298.15\ \mathrm{K})-\frac{1}{RT}\times\Delta_r H^\ominus(298.15\ \mathrm{K})\qquad(5-31)$$

考虑温度分别为 T_1、T_2时，对应平衡常数 $K_1^\ominus$、$K_2^\ominus$，它们之间有如下关系：

$$\ln K_1^\ominus=\frac{1}{R}\times\Delta_r S^\ominus(298.15\ \mathrm{K})-\frac{1}{RT_1}\times\Delta_r H^\ominus(298.15\ \mathrm{K})$$

$$\ln K_2^\ominus=\frac{1}{R}\times\Delta_r S^\ominus(298.15\ \mathrm{K})-\frac{1}{RT_2}\times\Delta_r H^\ominus(298.15\ \mathrm{K})$$

两式相减：

$$\ln\frac{K_2^\ominus}{K_1^\ominus}=\frac{\Delta_r H^\ominus(298.15\ \mathrm{K})}{R}\times\frac{T_2-T_1}{T_1\times T_2}\qquad(5-32)$$

分析式(5−32)，可以得到温度对化学平衡的影响。对于可逆反应：

$$\text{反应物}\rightleftharpoons\text{生成物}$$

如果考虑正反应吸热 $\Delta_r H^\ominus>0$，则逆反应放热。当可逆反应在 T_1温度时达到平衡：$K_1^\ominus=Q$。

如果升高温度至 T_2，则 $T_2>T_1$，由式(5−32)可知，$K_2^\ominus>K_1^\ominus$，即平衡常数增大。可逆反应将由平衡状态 $K_1^\ominus=Q$ 变为 $K_2^\ominus>Q$，化学平衡将向正反应方向移动。正反应方向是吸热方向。

如果降低温度至T_2，则$T_2<T_1$，由式(5－32)可知，$K_2^\ominus<K_1^\ominus$，即平衡常数减小。化学平衡将由$K_1^\ominus=Q$变为$K_2^\ominus<Q$，化学平衡将向逆反应方向移动。逆反应方向是放热方向。

一般结论：温度升高，化学平衡将向吸热方向移动；温度降低，化学平衡将向放热方向移动。

归纳浓度、压力和温度对化学平衡移动影响的一般规律是由法国科学家勒・夏特里埃(Henri Louis Le Chatelier)总结的勒・夏特里埃原理：一旦改变维持化学平衡的条件，化学平衡就会向着削弱这种改变的方向移动。

习 题

1. 在25℃时将相同压力的5.0 L氮气和15 L氧气压缩到一个10.0 L的真空容器中，测得混合气体的总压力为150 kPa。

(1) 求两种气体的初始压力。

(2) 求混合气体中氮和氧的分压。

(3) 将温度上升到210℃，求容器的总压。

2. 航天飞机的可再用火箭助推器使用了金属铝和高氯酸铵为燃料。有关反应为

$$3Al(s)+3NH_4ClO_4(s)\longrightarrow Al_2O_3(s)+AlCl_3(s)+3NO(g)+6H_2O(g)$$

计算该反应的$\Delta_r H^\ominus(298\ K)$。注：$NH_4ClO_4(s)$的$\Delta_r H_m^\ominus=295.31\ kJ\cdot mol^{-1}$

3. 已知下列热化学方程式：

(1) $C_2H_2(g)+\frac{5}{2}O_2(g)\longrightarrow 2CO_2(g)+H_2O(l)\quad \Delta_r H^\ominus(1)=-1300\ kJ\cdot mol^{-1}$

(2) $C(s)+O_2(g)\longrightarrow CO_2(g)\quad \Delta_r H^\ominus(2)=-394\ kJ\cdot mol^{-1}$

(3) $H_2(g)+\frac{1}{2}O_2(g)\longrightarrow H_2O(l)\quad \Delta_r H^\ominus(3)=-286\ kJ\cdot mol^{-1}$

计算$\Delta_f H^\ominus(C_2H_2,g)$。

4. 半导体工业生产单质硅的过程中有三个重要反应：

(1) 二氧化硅被还原为粗硅：$SiO_2(s)+2C(s)\longrightarrow Si(s)+2CO(g)$

(2) 硅被氯氧化生成四氯化硅：$Si(s)+2Cl_2(g)\longrightarrow SiCl_4(g)$

(3) 四氯化硅被镁还原生成纯硅：$SiCl_4(g)+2Mg(s)\longrightarrow 2MgCl_2(s)+Si(s)$

计算上述各反应的$\Delta_r H^\ominus$和生产1.00 kg纯硅的总反应热。

5. 已知下列反应在1362 K时的标准平衡常数：

(1) $H_2(g)+\frac{1}{2}S_2(g)\rightleftharpoons H_2S(g)\quad K_1^\ominus=0.80$

(2) $3H_2(g)+SO_2(g)\rightleftharpoons H_2S(g)+2H_2O(g)\quad K_2^\ominus=1.8\times10^4$

计算反应：$4H_2(g)+2SO_2(g)\rightleftharpoons S_2(g)+4H_2O(g)$在1362 K时的标准平衡常数$K^\ominus$。

6. 已知反应：$PCl_5(g)\rightleftharpoons PCl_3(g)+Cl_2(g)$。

(1) 523 K时，将0.700 mol的PCl_5注入容积为2.00 L的密闭容器中，平衡时有

0.500 mol PCl_5被分解了。试计算该温度下的标准平衡常数$K^{\ominus}$和PCl_5的分解率。

(2) 若在上述容器中已达到平衡后再加入0.100 mol Cl_2，则平衡时PCl_5的分解率是多少？

(3) 如果在注入0.700 mol PCl_5的同时就注入了0.100 mol Cl_2，则平衡时PCl_5的分解率是多少？比较(2)(3)所得结果，可以得出什么结论？

7. 根据Le Chatelier原理，讨论下列反应：

$$2Cl_2(g)+2H_2O(g) \rightleftharpoons 4HCl(g)+O_2(g) \qquad \Delta_r H^{\ominus}>0$$

将Cl_2、$H_2O(g)$、HCl(g)、O_2四种气体混合后，反应达到平衡时，下列左侧的操作条件改变对右侧物理量的平衡数值有何影响(操作条件中没有注明的，是指温度不变和体积不变)？

(1) 增加容器体积　　$n(H_2O, g)$

(2) 加O_2　　$n(H_2O, g)$

(3) 加O_2　　$n(O_2, g)$

(4) 加O_2　　$n(HCl, g)$

(5) 减小容器体积　　$n(Cl_2, g)$

(6) 减小容器体积　　$p(Cl_2)$

(7) 减小容器体积　　$K^{\ominus}$

(8) 升高温度　　$K^{\ominus}$

(9) 升高温度　　$p(HCl)$

(10) 加氮气　　$n(HCl, g)$

(11) 加催化剂　　$n(HCl, g)$

8. 在一定温度下，$Ag_2O(s)$和$AgNO_3(s)$受热均能分解。反应分别为

$$Ag_2O(s) \rightleftharpoons 2Ag(s)+\frac{1}{2}O_2(g)$$

$$2AgNO_3(s) \rightleftharpoons Ag_2O(s)+2NO_2(g)+\frac{1}{2}O_2(g)$$

假定反应的$\Delta_r H^{\ominus}$和$\Delta_r S^{\ominus}$不随温度的变化而改变，估算Ag_2O和$AgNO_3$按上述反应方程式进行分解时的最低温度，并确定$AgNO_3$分解的最终产物。

9. 判断下列说法是否正确，并说明原因。

(1) 温度高的物体比温度低的物体有更多的热。

(2) 加热向碳酸钙提供了能量导致其分解。

(3) 醋酸溶于水自发电离产生氢离子和醋酸根离子，这是由于醋酸电离反应的$\Delta_r G^{\ominus}$是负值。

(4) 高锰酸钾常温下稳定是由于高锰酸钾的$\Delta_f G^{\ominus}$是正值。

(5) 氮气的生成焓等于零，所以它的解离焓也等于零。

(6) 单质的生成焓等于零，所以它的标准熵也等于零。

(7) 水合离子的生成焓是以单质的生成焓为零为基础求得的。

(8) 生命体生长发育和生物进化熵减小却自发，因此，是违背热力学第二定律的。

第 6 章　化学动力学

化学动力学是研究化学反应速率和反应机理的一门化学分支学科。化学动力学的发展比化学热力学迟，而且没有化学热力学那样的较完整的理论体系。或者说，化学动力学至今为止还缺乏指导实践的系统理论。这一现状也促使这一领域的研究十分活跃。本章涉及反应速率的表示、测定、影响因素及定量讨论。

6.1　化学反应速率

化学反应速率是量度化学反应快慢程度的量，用符号 v 表示。

化学反应速率可以用单位时间内任何一种反应物或产物浓度的变化来表示。

化学反应速率的单位：$mol \cdot L^{-1} \cdot s^{-1}$、$mol \cdot L^{-1} \cdot min^{-1}$、$mol \cdot L^{-1} \cdot h^{-1}$等。

6.1.1　平均速率

如果某反应在恒容条件下进行，测定反应物或产物在不同时刻的浓度如下：

	aA +	bB =	dD +	eE
t_1时刻：	c_{A1}	c_{B1}	c_{D1}	c_{E1}
t_2时刻：	c_{A2}	c_{B2}	c_{D2}	c_{E2}

反应速率：

$$\bar{v}_A = -\frac{c_{A2} - c_{A1}}{t_2 - t_1} = -\frac{\Delta c_A}{\Delta t}$$

上述反应速率是 Δt 时间内的平均速率。由于反应物浓度变化值为负值，故在其表达式前加负号，以保证速度为正值。显然，可以用任一反应物或产物的浓度变化来表示反应速率：

$$\bar{v}_B = -\frac{\Delta c_B}{\Delta t}, \quad \bar{v}_D = \frac{\Delta c_D}{\Delta t}, \quad \bar{v}_E = \frac{\Delta c_E}{\Delta t}$$

例如：

$$H_2 + I_2 = 2HI$$

$$\bar{v}_{H_2} = -\frac{\Delta c_{H_2}}{\Delta t}, \quad \bar{v}_{I_2} = -\frac{\Delta c_{I_2}}{\Delta t}, \quad \bar{v}_{HI} = \frac{\Delta c_{HI}}{\Delta t}$$

用不同物质表示的反应速率，其数值显然是不一样的。对特定反应而言，用不同物质表示的反应速率具有一定的定量关系。那么上面三种反应速率的关系是什么呢？根据反应方程式所给出的计量关系，每减少一个 H_2 分子，则相应减少一个 I_2 分子，故 $\bar{v}_{H_2}=\bar{v}_{I_2}$；同时，每减少一个 H_2 分子或 I_2 分子，就增加两个 HI 分子，故 $2\bar{v}_{H_2}=2\bar{v}_{I_2}=\bar{v}_{HI}$ 或 $\bar{v}_{H_2}=\bar{v}_{I_2}=\frac{1}{2}\bar{v}_{HI}$。可见，虽然各个反应速率的数值不同，但表示的意义是一样的。

推广到一般反应：

$$aA+bB=\!=\!=dD+eE$$

$$\frac{1}{a}\bar{v}_A=\frac{1}{b}\bar{v}_B=\frac{1}{d}\bar{v}_D=\frac{1}{e}\bar{v}_E$$

由此，得到化学反应速率的一般表达式：

$$\bar{v}=\frac{1}{\upsilon_i}\cdot\frac{\Delta c_i}{\Delta t} \qquad (6-1)$$

式中，υ_i 表示计量系数(热力学有正、负规定)。

6.1.2 瞬时速率

在大多数反应中，反应速率是随时间而变化的。显然，平均速率不能准确地表达某时刻的反应速率。为此，提出了瞬时速率的概念。瞬时速率是 Δt 趋于零时平均速率的极限，表示为

$$v=\frac{1}{\upsilon_i}\lim_{\Delta t\to 0}\frac{\Delta c_i}{\Delta t}=\frac{1}{\upsilon_i}\cdot\frac{\mathrm{d}c_i}{\mathrm{d}t} \qquad (6-2)$$

6.1.3 反应速率的实验测定

化学反应速率是通过实验测定在反应中某物质的浓度随时间而变化的数值，然后由此计算得到的。例如，298 K 在 CCl_4 中有如下反应：

$$2N_2O_5=\!=\!=4NO_2+O_2$$

反应物 N_2O_5 的浓度随时间的变化见表 6－1。

表 6－1 反应物 N_2O_5 的浓度随时间的变化

时间/s	0	100	300	700	1000	1700	2100	2800
浓度/mol·L^{-1}	2.10	1.95	1.70	1.31	1.08	0.76	0.56	0.37

由表 6－1 中的数据很容易得到某个时间段的平均速率。

瞬时速率需要通过对实验数据作图后计算得到。以横坐标表示时间，纵坐标表示浓度，可以得到反应物 N_2O_5 的浓度随时间的变化曲线，如图 6－1 所示。

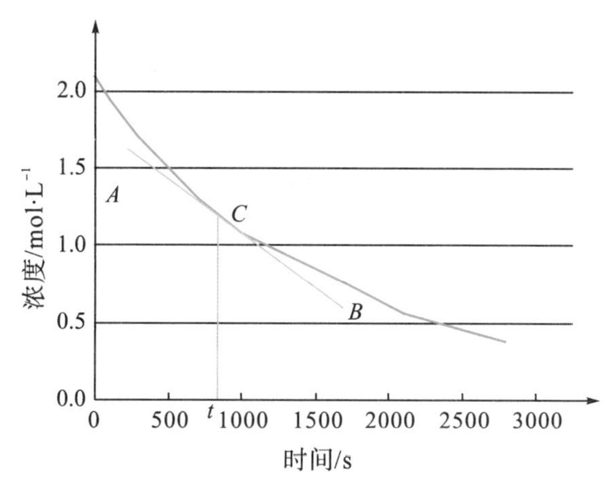

图 6－1　反应物 N_2O_5 的浓度随时间的变化曲线

要想得到某一时刻 t 反应的瞬时速率，可在横坐标上标有 t 时刻的地方画一条平行于纵坐标的直线与曲线交于 C 点，然后通过 C 点画曲线的切线 AB，则 AB 的斜率即为 t 时刻反应的瞬时速率。

6.2　化学反应速率的影响因素

决定化学反应速率的因素，首先是反应物的性质，其次是反应时的外界条件。这些外界条件有反应物的浓度、反应时的温度、反应体系的压力、催化剂、反应体系所处的介质环境等。

6.2.1　反应物的浓度对化学反应速率的影响

6.2.1.1　速率方程

反应物的浓度对反应速率的影响，从定性的角度讲很简单，而从定量的角度讲则相当复杂。大量实验表明，在一定温度下，增加反应物的浓度可以增大反应速率。这是一条定性的规律，那么它们的定量关系呢？

在 1073 K 时，测定下列反应不同初始浓度时 N_2 的反应速率(表 6－2)：

$$2H_2+2NO═══2H_2O+N_2$$

表 6－2　不同初始浓度时的反应速率

实验序号	NO 的初始浓度/mol · L^{-1}	H_2的初始浓度/mol · L^{-1}	N_2的反应速率/mol · L^{-1} · s^{-1}
1	6.00×10^{-3}	1.00×10^{-3}	3.19×10^{-3}
2	6.00×10^{-3}	2.00×10^{-3}	6.36×10^{-3}
3	6.00×10^{-3}	3.00×10^{-3}	9.56×10^{-3}

续表6－2

实验序号	NO的初始浓度/mol·L^{-1}	H_2的初始浓度/mol·L^{-1}	N_2的反应速率/mol·L^{-1}·s^{-1}
4	1.00×10^{-3}	6.00×10^{-3}	0.48×10^{-3}
5	2.00×10^{-3}	6.00×10^{-3}	1.92×10^{-3}
6	3.00×10^{-3}	6.00×10^{-3}	4.30×10^{-3}

通过对比实验数据可以发现NO的初始浓度、H_2的初始浓度与N_2的反应速率的定量关系。

对比实验1、2、3的数据可以看出，在NO的初始浓度不变时，H_2的初始浓度增大一倍或两倍，N_2的反应速率也增大一倍或两倍，这表明反应速率与H_2的初始浓度成正比：$v\propto c_{H_2}$。

对比实验4、5、6的数据可以看出，在H_2的初始浓度不变时，NO的初始浓度增大一倍或两倍，N_2的反应速率相应增大三倍或八倍，这表明反应速率与NO的初始浓度的平方成正比：$v\propto c_{NO}^2$。

合并考虑H_2的初始浓度和NO的初始浓度对反应速率的影响，得

$$v\propto c_{H_2}\times c_{NO}^2$$

引入一个常数k，上面的正比关系变成等式：

$$v=k\times c_{H_2}\times c_{NO}^2$$

此表达式定量地表明了反应物浓度与反应速率的关系，称为该反应的速率方程。对于一个特定的化学反应，得到了速率方程，则反应物浓度和反应速率的定量关系就得到了。

再看一个例子，常温下有如下反应：

$$2NO+O_2 = 2NO_2$$

通过类似上面的方法进行实验测定，得到$v\propto c_{O_2}$，$v\propto c_{NO}^2$。

合并两个正比关系并引入常数k，得该反应的速率方程：

$$v=k\times c_{O_2}\times c_{NO}^2$$

可以看出，不同的化学反应有不同的速率方程。一个反应的速率方程的表达形式是由实验决定的。

对于一般的化学反应：

$$aA+bB = dD+eE$$

速率方程的通式为

$$v = k\times c_A^m\times c_B^n \qquad (6-3)$$

式中，常数k称为该反应的速率常数。当反应物浓度为1 mol·L^{-1}时，$v=k$，即速率常数表示单位浓度时的反应速率。它代表了除浓度之外影响反应速率的其他因素影响速率的结果。k值的大小取决于反应物的本性和反应时的温度。相同外界条件下，k值越大，反应速率越快。m、n分别表示A、B浓度的指数。反应速率方程中各反应物浓度的指数之和$(m+n)$称为反应级数。也可以把m、n分别称为反应物A、B的反应级数。反应级

数可以是整数、分数、零或负数。例如：

$$H_2+Cl_2 = 2HCl \qquad v=k\times c_{H_2}\times c_{Cl_2}^{\frac{1}{2}}$$

$$2Na+H_2O = 2NaOH+H_2 \qquad v=k$$

速率常数的单位与反应级数 n 的关系为 $(L\cdot mol^{-1})^{n-1}\cdot s^{-1}$，具体见表 6−3。

表 6−3　速率常数的单位与反应级数的关系

反应级数	速率方程	速率常数的单位
0	$v=k$	$mol\cdot L^{-1}\cdot s^{-1}$
1	$v=k\times c_A$	s^{-1}
2	$v=k\times c_A^2$	$L\cdot mol^{-1}\cdot s^{-1}$
3	$v=k\times c_A^3$	$L^2\cdot mol^{-2}\cdot s^{-1}$

利用速率常数，可以比较相同反应级数的反应速率的快慢。

6.2.1.2　由实验数据建立速率方程

由速率方程的通式可以看出，一旦某反应的反应级数确定下来了，该反应的速度方程就确定下来了。速率方程由实验决定，也就是说，反应级数必须由实验决定。通过对实验数据的处理，确定反应级数。例如，下列反应的实验数据见表 6−4。

$$aA+bB = dD+eE$$

表 6−4　A、B 不同初始浓度与初速率的关系

A 的初始浓度/$mol\cdot L^{-1}$	B 的初始浓度/$mol\cdot L^{-1}$	初速率 v/$mol\cdot L^{-1}\cdot s^{-1}$
x	y	v_1
$2x$	y	v_2
$4x$	y	v_3
x	$2y$	v_4
x	$4y$	v_5

每组实验反应物 A、B 的初始浓度之所以这样设计是为了方便对实验数据的分析。

而初速率是指反应开始时单位时间内生成物浓度的增大值。使用初速率是为了尽可能地排除生成物的干扰。下面就上述实验数据讨论反应级数的确定方法。

1. 分析的方法

设反应的速率方程为 $v=k\times c_A^m\times c_B^n$。如果通过对 c_A、c_B 与 v_1、v_2、v_3、v_4、v_5 数值的分析可以发现彼此之间的关系，那么就有可能借此判断出 m、n 值。例如前述在 1073 K时 H_2 与 NO 反应速率方程的确定，就是数据分析的结果。对于比较简单的反应，级数较少且较易分析的反应，该法比较适用。但对于比较复杂的反应，反应级数通过简单的分析并不能得以确定。此时，就要用别的方法来确定。

2. 计算的方法

设反应的速率方程为 $v=k\times c_A^m\times c_B^n$，代入上面的数据得：

$$v_1=k\times x^m\times y^n$$
$$v_2=k\times(2x)^m\times y^n$$
$$v_4=k\times x^m\times(2y)^n$$

通过 v_1/v_2，可求得 m：

$$v_1/v_2=x^m/(2x)^m$$

$$m=\frac{\log\frac{v_1}{v_2}}{\log\frac{x}{2x}} \tag{6-4}$$

通过 v_1/v_4，可求得 n：

$$v_1/v_4=y^n/(2y)^n$$

$$n=\frac{\log\frac{v_1}{v_4}}{\log\frac{y}{2y}} \tag{6-5}$$

在反应级数确定后，把任意一组实验数据代入速率方程即可求得该反应条件(温度)下的速率常数，由此才得到一个反应完整的速率方程。

例如，下列反应的实验数据见表 6—5，求反应的速率方程。

$$2NO+O_2=\!=\!=2NO_2$$

表 6—5　NO、O_2不同浓度与初速率的关系

实验序号	c_{NO}/mol·L^{-1}	c_{O_2}/mol·L^{-1}	v/mol·L·s^{-1}
1	0.10	0.10	0.030
2	0.10	0.20	0.060
3	0.20	0.20	0.240

设反应的速率方程为 $v=k\times c_{NO}^m\times c_{O_2}^n$，分别将表 6—5 中的数据代入，得

$$0.030=k\times(0.10)^m\times(0.10)^n \tag{1}$$
$$0.060=k\times(0.10)^m\times(0.20)^n \tag{2}$$
$$0.240=k\times(0.20)^m\times(0.20)^n \tag{3}$$

由式(3)/式(2)，可求得 m：

$$0.240/0.060=(0.20/0.10)^m$$
$$m=2$$

由式(2)/式(1)，可求得 n：

$$0.060/0.030=(0.20/0.10)^n$$
$$n=1$$

得反应的速率方程：

$$v = k \times c_{NO}^2 \times c_{O_2}$$

将实验 1 的数据代入，求得 $k=30\ L^2 \cdot mol^{-2} \cdot s^{-1}$。

6.2.1.3　利用速率方程进行计算

讨论一级反应的速率方程：

$$A \longrightarrow 产物 \qquad v = -\frac{dc_A}{dt} = kc_A$$

变换速率方程得

$$\frac{dc_A}{c_A} = -k\,dt$$

两边进行积分处理：

$$\int_{c_0}^{c_t} \frac{dc_A}{c_A} = -k\int_0^t dt$$

得

$$\ln\frac{c_t}{c_0} = -kt \qquad (6-6)$$

式中，c_0是反应物的初始浓度；c_t是 t 时刻的反应物浓度。

当 $c_t=\frac{1}{2}c_0$时，反应物消耗了一半，此时的时间 t 称为半衰期，用 $t_{\frac{1}{2}}$ 表示。利用式(6－6)，可得

$$t_{\frac{1}{2}} = \frac{\ln 2}{k} \qquad (6-7)$$

例 6－1　氯乙烷在 300 K 下的分解反应是一级反应，速率常数为 $2.50\times10^{-3}\ min^{-1}$，实验开始时氯乙烷的浓度为 $0.40\ mol \cdot L^{-1}$，试求：

(1) 反应进行 8.0 h，氯乙烷的浓度为多少？

(2) 氯乙烷的浓度降至 $0.010\ mol \cdot L^{-1}$需要多少时间？

(3) 氯乙烷分解一半需要多少时间？

解：(1)已知 $k=2.50\times10^{-3}\ min^{-1}$，$c_0=0.40\ mol \cdot L^{-1}$，$t=8.0\ h\times60\ min \cdot h^{-1}=480\ min$，代入式(6－6)得

$$\ln\frac{c_t}{c_0} = -kt = -2.50\times10^{-3}\ min^{-1}\times480\ min$$

$$c_t = 0.40\ mol \cdot L^{-1}\times\exp(-2.50\times10^{-3}\times480) = 0.12\ mol \cdot L^{-1}$$

(2)已知 $k=2.50\times10^{-3}\ min^{-1}$，$c_0=0.40\ mol \cdot L^{-1}$，$c_t=0.010\ mol \cdot L^{-1}$，代入式(6－6)得

$$\ln\frac{c_t}{c_0} = -kt = -2.50\times10^{-3}\ min^{-1}\times t$$

$$\ln(0.010\ mol \cdot L^{-1}/0.40\ mol \cdot L^{-1}) = -2.50\times10^{-3}\ min^{-1}\times t$$

$$t = -\ln0.025/(2.50\times10^{-3}\ min^{-1}) = 1.5\times10^3\ min = 25\ h$$

(3)已知 $c_t=c_0/2$，$k=2.50\times10^{-3}\ min^{-1}$，代入式(6－7)得

$$t_{\frac{1}{2}} = \frac{\ln 2}{k} = \ln 2/(2.50 \times 10^{-3}\ \text{min}^{-1}) = 277\ \text{min} = 4.6\ \text{h}$$

6.2.2 反应机理

化学反应经历的途径叫作反应机理，也称为反应历程。通常所写的化学反应式绝大多数并不能真正代表反应历程。例如，合成氨的反应式为

$$N_2 + 3H_2 = 2NH_3$$

这个反应式只代表反应的总结果，可以用这个式子来计量，所以是一个计量式。它并不能代表反应进行的实际途径。一个 N_2 分子要直接和三个 H_2 分子同时碰撞在一起并转化成两个 NH_3 分子，几乎是不可能的。N_2 分子和 H_2 分子需要经过若干步的反应，才能转化为 NH_3 分子。对反应机理的讨论是针对反应的具体步骤进行的。

6.2.2.1 基元反应和非基元反应

大量实验表明，绝大多数的化学反应并不是一步就能完成的，而是分步进行的。一步完成的反应称为基元反应。例如：

$$2NO_2 = 2NO + O_2$$

由一个基元反应构成的化学反应称为简单反应。由两个或两个以上基元反应构成的化学反应称为非基元反应或复杂反应。例如：

$$H_2 + Cl_2 = 2HCl$$

反应经历的步骤如下：

$$Cl_2 = 2Cl$$

$$Cl + H_2 = HCl + H$$

$$H + Cl_2 = HCl + Cl$$

$$Cl + Cl = Cl_2$$

这几步反应每一步都是一个基元反应。显然可以看出，对于非基元反应而言，构成非基元反应的基元反应代表了非基元反应所经历的途径。既然非基元反应包含了数个基元反应，那么其中的基元反应的反应速率将决定整个非基元反应的速率。例如：

$$2NO + 2H_2 = N_2 + 2H_2O$$

反应机理如下：

$$2NO + H_2 = N_2 + H_2O_2 \quad （慢）$$

$$H_2O_2 + H_2 = 2H_2O \quad （快）$$

这两个反应的反应速率是不一样的，第一步反应相对更慢，第二步反应相对更快。那么对整个非基元反应来说，决定其反应速率的是这两个基元反应中的慢反应，即慢反应的反应速率将是整个非基元反应的反应速率。

6.2.2.2 反应分子数

基元反应中反应物分子的数目叫作反应分子数。

根据反应分子数的多少可将化学反应分为单分子反应、双分子反应、三分子反应等。

由于反应要进行的前提是反应物分子必须同时碰撞在一起，故反应分子数越少，反应越易进行。常见的反应分子数是1、2、3，更多的反应分子数极少，甚至没有。

6.2.2.3　基元反应的速率方程

大量的实验表明，基元反应的反应分子数和反应级数是一致的。1867年，科学家古得贝格(G. M. Guldberg)和瓦格(P. Waage)提出了质量作用定律：恒温下，基元反应的反应速率与各反应物浓度系数次方的乘积成正比。对于基元反应：

$$aA+bB=dD+eE$$

由质量作用定律得

$$v=k\times c_A^a\times c_B^b \qquad (6-8)$$

书写速率方程式时应注意以下两点：

(1) 气体参加的反应，气体的浓度可以用其分压表示。

(2) 固体或纯液体的浓度可视为常数，不写入速率方程表达式。

例如：

$$NO_2+CO=NO+CO_2 \qquad v=k\times c_{NO_2}\times c_{CO}\text{或}\ v=k'\times p_{NO_2}\times p_{CO}$$

$$C+O_2=CO_2 \qquad v=k\times c_{O_2}\text{或}\ v=k'\times p_{O_2}$$

由此，对于基元反应的速率方程，可以由反应方程式导出；而对于非基元反应的速率方程，则必须由实验决定。

6.2.2.4　反应速率规律和反应机理的关系

反应速率规律(速率方程)与反应机理的关系很复杂，这也是目前化学动力学最活跃的研究领域。在此只讨论速率方程与反应机理关系中最简单的两个结论。对于反应：

$$aA+bB=dD+eE$$

实验测得其速率方程为$v=k\times c_A^m\times c_B^n$，$m$与$a$、$n$与$b$存在两种可能性：

(1) $m=a$，$n=b$，则不能确定反应是基元反应还是非基元反应。例如：

$$O_2+2NO=2NO_2$$

实验测得其速率方程为$v=k\times c_{O_2}\times c_{NO}^2$。此时，虽然$m=a$，$n=b$，但该反应是非基元反应。其反应机理为

$$2NO=N_2O_2$$

$$N_2O_2\longrightarrow 2NO$$

$$N_2O_2+O_2=2NO_2$$

(2) $m\neq a$，$n\neq b$($m\neq a$，$n=b$或$m=a$，$n\neq b$)，则可以确定反应是非基元反应。

对于非基元反应而言，它的反应速率取决于构成它的各基元反应中的慢反应，慢反应的反应速率将是整个非基元反应的反应速率。因此，慢反应的速率方程实质上应该就是整个非基元反应的速率方程，即两个速率方程的m、n值应该相同，不同的只是k值。例如：

$$C_2H_4Br_2+3KI=C_2H_4+2KBr+KI_3$$

实验测得其速率方程为 $v=k\times c_{C_2H_4Br_2}\times c_{KI}$。显然，该反应是非基元反应。进一步的实验发现了该反应的机理：

$$C_2H_4Br_2+KI=\!=\!=C_2H_4+KBr+I+Br$$

$$KI+I+Br=\!=\!=2I+KBr$$

$$KI+2I=\!=\!=KI_3$$

三个基元反应的速率方程分别为

$$v_1=k_1\times c_{C_2H_4Br_2}\times c_{KI}$$

$$v_2=k_2\times c_{KI}\times c_I\times c_{Br}$$

$$v_3=k_3\times c_{KI}\times c_I^2$$

可以看出，第一个基元反应的速率方程与整个非基元反应的速率方程在形式上是一致的，即第一个基元反应的速率决定整个非基元反应的速率。实验证实了第一个基元反应是慢反应，第二、三个基元反应都是快反应。

再看如下例子：

$$H_2+I_2=\!=\!=2HI$$

实验测得其速率方程为 $v=k\times c_{H_2}\times c_{I_2}$。虽然 $m=a$，$n=b$，但该反应是非基元反应。其反应机理为

$$I_2=\!=\!=2I \quad （快）$$

$$2I=\!=\!=I_2 \quad （快）$$

$$2I+H_2=\!=\!=2HI \quad （慢）$$

三个基元反应的速率方程分别为

$$v_1=k_1\times c_{I_2}$$

$$v_2=k_2\times c_I^2$$

$$v_3=k_3\times c_I^2\times c_{H_2}$$

显然，慢反应的速率方程与整个非基元反应的速率方程并不一致。但这种不一致是表面现象，它们的实质是相同的，通过简单的变换可以看到它们的一致性。由于第一、二个基元反应互为可逆反应，并且它们的反应速度很快，可以假定它们达到了平衡：

$$I_2\rightleftharpoons 2I$$

此时，正、逆反应速率相等，即

$$v_1=k_1\times c_{I_2}=v_2=k_2\times c_I^2$$

变换可得

$$c_I^2=\frac{k_1}{k_2}\times c_{I_2}$$

将此式代入 v_3 的表达式，得

$$v_3=k_3\times\frac{k_1}{k_2}\times c_{I_2}\times c_{H_2}$$

k_1、k_2、k_3 都是常数，合并得

$$k=k_3\times\frac{k_1}{k_2}$$

得到与总反应的速率方程一致的表达式：

$$v_3 = k \times c_{H_2} \times c_{I_2}$$

6.2.3　温度对化学反应速率的影响

从速率方程可以看出，由于温度变化对浓度的影响一般情况下很小，故温度对反应速率的影响主要表现在对速率方程中速率常数的影响。

温度升高可以使反应速率加快，这是根据经验早已知道的事实。1884 年，荷兰化学家范特霍夫(Van't Hoff)由实验总结出一条近似的规律：温度每升高 10℃，反应速率变为原来的 2～4 倍，即

$$\frac{k_{T+10}}{k_T} = 2 \sim 4 \tag{6-9}$$

该结论称为范特霍夫规则。如果不需要精确的数据或数据不全，可由该结论估计温度对反应速率的影响。

但是随着温度对反应速率影响研究的深入，人们发现并非所有反应都符合上述近似规则，不同类型的反应可能会得出完全不同的结论。就目前所知，温度对反应速率的影响有如图 6－2 所示的五种类型。

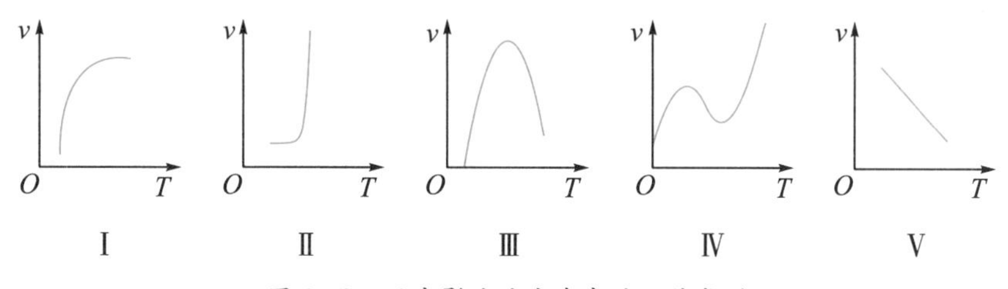

图 6－2　温度影响反应速率的五种类型

第Ⅰ类反应最为常见；第Ⅱ类反应属爆炸反应；第Ⅲ类反应常出现在催化反应中(温度升高导致催化剂失效)；第Ⅳ类反应常出现在有副反应的有机化学反应中；第Ⅴ类反应则属反常。例如，下列反应温度越高，反应速率越慢：

$$2NO + O_2 \xlongequal{\quad} 2NO_2$$

本书讨论第Ⅰ类反应。

1889 年，阿累尼乌斯(Svante August Arrhenius)总结了大量实验事实，指出速率常数和温度的定量关系为

$$k = A \times e^{\frac{-E_a}{RT}} \tag{6-10}$$

或者为对数形式：

$$\ln k = \frac{-E_a}{RT} + \ln A, \quad \lg k = \frac{-E_a}{2.30RT} + \lg A \tag{6-11}$$

上述公式称为阿累尼乌斯公式。式中，e 为自然对数的底(e=2.718…)；E_a 为能量，称为反应的活化能；R 为气体常数(R=8.314 J・mol^{-1}・K^{-1})；T 为热力学温度；A 为常数，称为“指前因子”或“频率因子”，单位与速率常数的单位相同。对于一定条件下的给定反应，在一定温度范围内，A、E_a 可视为常数。

下面讨论阿累尼乌斯公式。

1. k 与 T 的关系

由阿累尼乌斯公式可知，温度 T 升高，k 增大，反应速率加快。由于式中 k 与 T 呈指数关系，T 的微小变化将导致 k 的较大变化，故式(6－11)也称为反应速率的指数定律。例如：

$$C_2H_5Cl \xlongequal{} C_2H_4 + HCl$$

已知 $A=1.6\times10^{14}\ s^{-1}$，$E_a=246.9\ kJ\cdot mol^{-1}$，$R=8.314\ J\cdot mol^{-1}\cdot K^{-1}$，则由阿累尼乌斯公式得

$$700\ K 时，k_{700}=5.90\times10^{-5}\ s^{-1}$$

$$710\ K 时，k_{710}=1.07\times10^{-4}\ s^{-1}$$

$$800\ K 时，k_{800}=1.17\times10^{-2}\ s^{-1}$$

比较可得：

$$\frac{k_{710}}{k_{700}}=1.8，\quad \frac{k_{800}}{k_{700}}=198.3$$

计算结果表明，温度升高 10 K，反应速率约变为原来的 2 倍；温度升高 100 K，反应速率约变为原来的 200 倍，大致符合前述范特霍夫规则。

2. k 与 E_a 的关系

由阿累尼乌斯公式可知，E_a越大，k 越小，反应速率越慢。

若按式(6－11)以 $\lg k$ 对$\frac{1}{T}$作图，应得一直线，直线的斜率为$\frac{-E_a}{2.30R}$，截距为 $\lg A$，如图 6－3 所示。

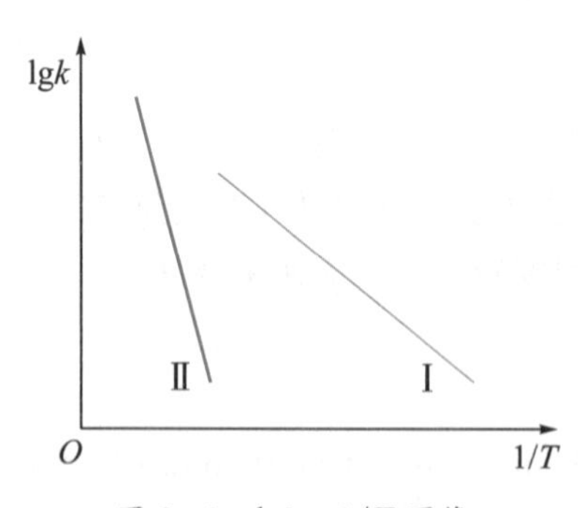

图 6－3 lg$k$—1/T 图像

直线Ⅱ的斜率大于直线Ⅰ，表明反应Ⅱ的 E_a 大于反应Ⅰ的 E_a。由此可以得出结论：活化能较大的反应，其反应速率因温度变化而变化的程度更大。或者说活化能较大的反应，其反应速率因温度变化而变化更为明显。例如有以下两个反应：

①$2N_2O_5(g) \xlongequal{} 4NO_2(g)+O_2(g)$　　$A=4.3\times10^{13}\ s^{-1}$　$E_a=103.0\ kJ\cdot mol^{-1}$

②$C_2H_5Cl(g) \xlongequal{} C_2H_4(g)+HCl(g)$　　$A=1.6\times10^{14}\ s^{-1}$　$E_a=246.9\ kJ\cdot mol^{-1}$

如果反应温度由 300 K 升高到 310 K，反应①和反应②的速率常数增大情况可由阿累尼乌斯公式计算如下：

反应①：

$$T=300\ \text{K 时},\ k_{300}=4.5\times10^{-5}\ \text{s}^{-1}$$

$$T=310\ \text{K 时},\ k_{310}=1.7\times10^{-4}\ \text{s}^{-1}$$

$$\frac{k_{310}}{k_{300}}=3.8$$

反应②：

$$T=300\ \text{K 时},\ k_{300}=1.7\times10^{-29}\ \text{s}^{-1}$$

$$T=310\ \text{K 时},\ k_{310}=4.1\times10^{-28}\ \text{s}^{-1}$$

$$\frac{k_{310}}{k_{300}}=24$$

在升高温度相同的情况下，反应①和反应②的速率常数增大程度的差异是较大的。反应②的速率常数增大较多的主要原因是反应②的活化能相对较大，即反应活化能较大的反应随温度变化速率常数改变较大，反应活化能较小的反应随温度变化速率常数改变较小。

3. E_a 的求算

通过实验测出不同温度下对应的 k 值(不同温度下单位浓度时的反应速率)。例如甲基异腈异构化为乙腈的反应如下：

$$CH_3—N\equiv C:\longrightarrow CH_3—C\equiv N:$$

实验数据见表 6−6。

表 6−6　甲基异腈异构化为乙腈的实验数据

温度 T/K	速率常数 k/s^{-1}
462.85	2.52×10^{-5}
472.05	5.25×10^{-5}
503.45	6.30×10^{-4}
524.35	3.16×10^{-3}

利用实验数据，有以下两种常见的方法可以得到活化能。

(1) 作图。

作出 $\ln k—\frac{1}{T}$(或 $\lg k—\frac{1}{T}$)的图像，求出直线的斜率。具体数据见表 6−7。

表 6−7　$\ln k—\frac{1}{T}$ 图像数据

$\frac{1}{T}$	$\ln k$
1.907×10^{-3}	−5.757
1.986×10^{-3}	−7.370
2.118×10^{-3}	−9.855
2.160×10^{-3}	−10.589

作出线性图，如图 6—4 所示。

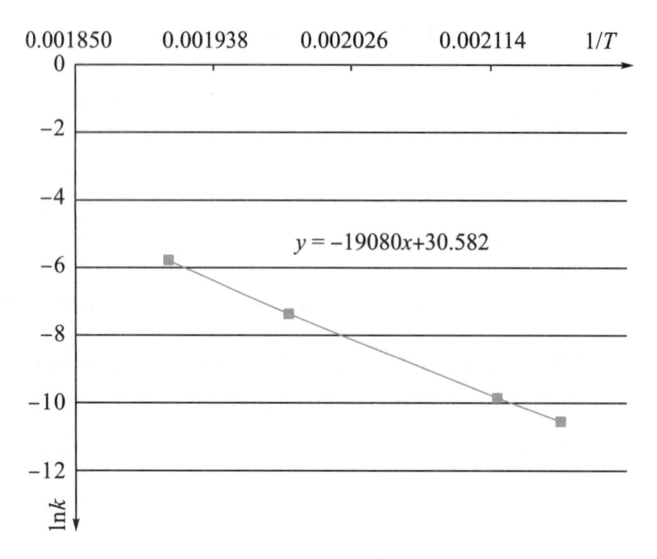

图 6—4　$\ln k-\frac{1}{T}$图像

求出 $E_a=-R\times$斜率$=-8.314\times(-19080)\ \mathrm{J\cdot mol^{-1}}=158.63\ \mathrm{kJ\cdot mol^{-1}}$。

(2) 由实验数据计算。

使用不同温度下的速率常数(两组数据)，T_1时为 k_1，T_2时为 k_2，分别代入阿累尼乌斯公式：

$$\lg k_1=\frac{-E_a}{2.30RT_1}+\log A$$

$$\lg k_2=\frac{-E_a}{2.30RT_2}+\log A$$

将两式相减，得：

$$\lg k_2-\lg k_1=\frac{E_a}{2.30R}\left(\frac{1}{T_1}-\frac{1}{T_2}\right)$$

$$\lg\frac{k_2}{k_1}=\frac{E_a}{2.30R}\left(\frac{1}{T_1}-\frac{1}{T_2}\right) \tag{6－12}$$

$$\lg\frac{k_2}{k_1}=\frac{E_a}{2.30R}\left(\frac{T_2-T_1}{T_1\times T_2}\right) \tag{6－13}$$

由式(6－12)或式(6－13)可计算出 E_a。

注意前面讨论的反应：

$$C_2H_5Cl \xlongequal{} C_2H_4+HCl$$

$$T_1=700\ \mathrm{K}\rightarrow T_2=710\ \mathrm{K}\ 时，\frac{k_{710}}{k_{700}}=1.8$$

$$T_1=300\ \mathrm{K}\rightarrow T_2=310\ \mathrm{K}\ 时，\frac{k_{310}}{k_{300}}=24$$

可以看出，同一反应，虽然温差相同，但速率常数增大的程度不同。低温时($T_1<T_2$)升温导致的速率常数增大更加显著。这个结论可以由式(6－13)解释：对同一反应

(E_a一定)，当温差一定，即(T_2-T_1)为一定值时，$(T_1 \times T_2)$值较小，速率常数改变较大；$(T_1 \times T_2)$值较大，速率常数改变较小。体系温度较低时，温度改变导致k值的改变较大；体系温度较高时，温度改变导致k值的改变较小。所以，如果需要通过升高温度来加快反应速率，低温时更为有效。

例6-2 化学反应：

$$2N_2O_5(CCl_4) \longrightarrow 2N_2O_4(CCl_4)+O_2$$

在298.15 K和318.15 K时，CCl_4中的N_2O_5分解反应的速率常数分别为$0.469 \times 10^{-4}\ s^{-1}$，$6.29 \times 10^{-4}\ s^{-1}$，试计算该反应的活化能$E_a$。

解：已知$T_1=298.15$ K，$k_1=0.469 \times 10^{-4}\ s^{-1}$；$T_2=318.15$ K，$k_2=6.29 \times 10^{-4}\ s^{-1}$。由式(6-13)，得：

$$\begin{aligned}E_a &= 2.30R \times \lg(k_2/k_1) \times (T_1 \times T_2)/(T_2-T_1)\\ &= 2.30 \times 8.314 \times \lg[6.29 \times 10^{-4}/(0.469 \times 10^{-4})] \times 298.15 \times 318.15/(318.15-298.15)\\ &= 102\ kJ \cdot mol^{-1}\end{aligned}$$

例6-3 膦(PH_3)与乙硼烷(B_2H_6)反应生成配合物$H_3P \rightarrow BH_3(g)$，其活化能$E_a=48.0\ kJ \cdot mol^{-1}$。若测得298 K下反应的速率常数为$k$，计算当速率常数为$2k$时的反应温度。

解：已知$E_a=48.0\ kJ \cdot mol^{-1}$，$k_2=2k$，$T_1=298$ K。由式(6-12)，得：

$$\lg 2=48.0 \times 10^3 \times (1/298-1/T_2)/(2.30 \times 8.314)$$

$$T_2=309\ K$$

6.3 反应速率理论

研究决定化学反应速率的根本原因是非常有意义的。在反应速率理论的发展过程中，先后有两个理论被提出：1918年路易斯(W. C. M. Lewis)在气体分子运动论的基础上提出的碰撞理论；1935年艾林(H. Eyring)和波兰尼(Polanyi)等在统计力学和量子力学的基础上提出的过渡状态理论。

6.3.1 碰撞理论

碰撞理论认为，反应物分子要起反应必须相互接触，这种接触由分子间的碰撞而产生。即如果没有反应物分子的接触、碰撞，就谈不上发生反应。在这个前提下，必然产生一个问题：是不是每一次分子间的碰撞都会导致反应发生？看以下实验，当温度为783 K时：

$$HI(g)+HI(g) = H_2(g)+I_2(g)$$

如果HI的浓度是$1.0 \times 10^{-3}\ mol \cdot L^{-1}$，则1 L中有$6.02 \times 10^{20}$个HI分子。该温度下，通过理论计算，这么多的HI分子在一秒钟里应该有3.5×10^{28}次碰撞，这相当于每秒钟有5.8×10^4 mol的HI分子同时碰撞。如果假定每次碰撞都会导致反应发生，则反应速

率为 5.8×10^{4} mol·L^{-1}·s^{-1}。实验测得的反应速率为 1.2×10^{-8} mol·L^{-1}·s^{-1}。假定值和实验值相差约 5×10^{12}倍，这说明假定的如果每次碰撞都导致反应发生是错误的。即不是每次碰撞都会导致反应发生，并且由于假定值和实验值相差太大，所以能够得出的结论是：大多数分子间的碰撞是不导致反应发生的，只有极少数分子间的碰撞能导致反应发生。能够导致反应发生的碰撞称为有效碰撞。

分析一下分子间碰撞导致反应发生的大致过程，可以得到发生有效碰撞的两个条件。

1. 能量因素

两个具有一定能量的分子以一定的速度相互充分接近时，分子间要产生斥力，越接近，斥力越大，故分子要碰撞在一起必须克服分子间的斥力。分子碰撞时若发生反应，意味着要拆散旧键(需要能量)，生成新键(需克服各原子间的斥力，也需要能量)。分子的能量达到发生反应所需的能量条件，反应才可能发生，此次碰撞也就才是有效碰撞；分子的能量达不到发生反应所需的能量条件，即便是碰撞在一起的分子也会彼此分开，此次碰撞就是无效碰撞。

2. 取向因素

分子有一定的空间构型，分子间的碰撞必然涉及一定的取向。例如：

$$NO_2+CO=CO_2+NO$$

NO_2和 CO 必须有合适的碰撞取向才可能导致反应发生，如图 6-5 所示。

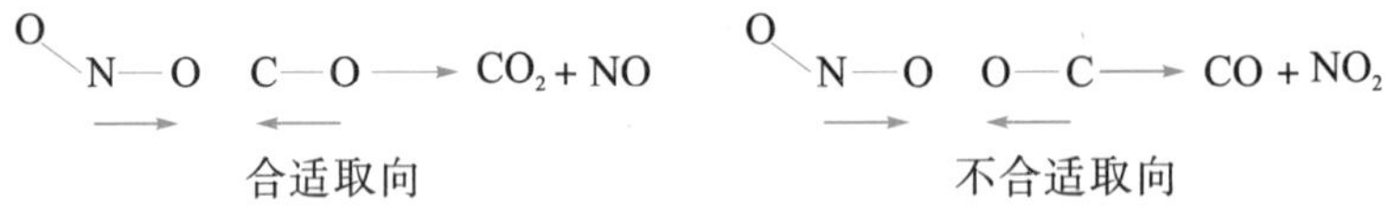

O—N—O → C—O ← ⟶ CO_2 + NO　　合适取向

O—N—O → O—C ← ⟶ CO + NO_2　　不合适取向

图 6-5　分子碰撞的取向

可以看出，只有 NO_2分子的 O 端和 CO 分子的 C 端相碰才可能导致反应发生，其他任何方向上的碰撞都不可能导致反应发生。

可见，要使反应发生，有赖于三个方面的因素：碰撞次数、取向和能量。因此，影响反应速率快慢的因素可以归结为三个方面，用关系式表示如下：

$$v = Z \times P \times f \tag{6-14}$$

式中，Z 是频率因子，表示碰撞的频率；P 是取向因子，表示分子有合适取向的概率；f 是能量因子，表示有足够能量分子的比率(具有发生反应的能量的分子数与碰撞分子总数的比值)。碰撞的频率越高，频率因子 Z 越大，反应速率越快。碰撞时分子有合适取向的概率越高，取向因子 P 越大，反应速率越快。碰撞时具有发生反应的能量的分子数与碰撞分子总数的比值越大，能量因子 f 越大，反应速率越快。

能量因子 f 符合玻尔兹曼分布律。玻尔兹曼分布律是描述理想气体在受保守外力(如重力、电力等)或保守外力场(如重力场、电场等)的作用不可忽略时，处于热平衡态下的气体分子按能量的分布规律。其值有如下表达式：

$$f = e^{\frac{-E}{RT}}$$

由此，式(6-14)变成

$$v = Z \times P \times e^{\frac{-E}{RT}} \tag{6-15}$$

把式(6－15)与阿累尼乌斯公式［式(6－10)］对比，可以看出，反应物分子的碰撞频率 Z 和碰撞取向 P 在阿累尼乌斯公式中由指前因子 A 代表，而 E 就是阿累尼乌斯公式中的活化能 E_a。

碰撞理论把能够发生有效碰撞的分子叫作活化分子，而活化能则是活化分子平均能量与反应物分子平均能量之差。

碰撞理论能够很好地定性解释浓度、压力和温度对反应速率的影响，并且与来自实验的经验规律阿累尼乌斯公式有很好的定量吻合。但是有效碰撞导致反应发生的内在过程没有描述，这方面的不足需通过过渡状态理论来弥补。

6.3.2　过渡状态理论

过渡状态理论可视为碰撞理论的补充和发展，它着重讨论了有效碰撞导致反应发生的过程。

过渡状态理论认为，当反应物分子之间发生有效碰撞时，先要经过一个中间的过渡状态，即首先吸收能量形成一个活性基团(也称活化配合物)，然后再分解为产物并释放出能量。活化配合物中的价键结构处于原有化学键被削弱、新化学键正在形成的一种过渡状态，其势能较高，极不稳定，因此活化配合物一经形成就极易分解。分解的结果导致旧键断裂，新键形成，例如：

$$NO_2+CO=\!=\!=NO+CO_2$$

NO_2 和 CO 分子有效碰撞形成的活化络合物［O—N···O···C—O］，N···O 键断裂，O···C 键形成。如图 6－6 所示。

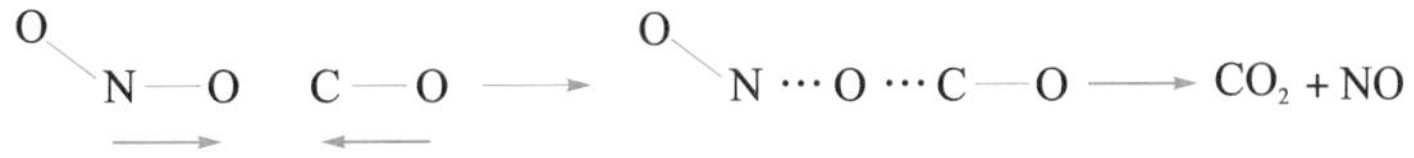

O—N—O　C—O ⟶ O—N···O···C—O ⟶ CO_2 + NO

图 6－6　NO_2 和 CO 形成的活化络合物

上述反应过程的能量变化如图 6－7 所示。

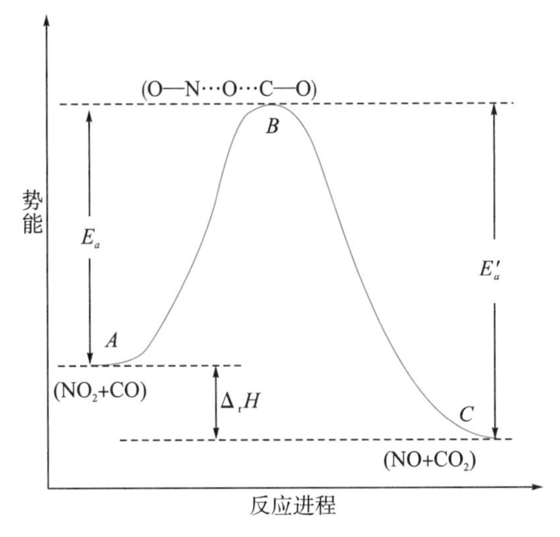

图 6－7　反应过程的能量变化

上述过程表明，反应开始时，反应物分子的平均能量位于 A 点；反应物分子发生有效碰撞生成活化络合物［O—N…O…C—O］，其平均能量位于 B 点；旧键断裂，新键生成，完成反应，产物分子的平均能量位于 C 点。

要特别注意以下两点：

（1）A 点和 B 点的能量差就是正反应的活化能 E_a，B 点和 C 点的能量差就是逆反应的活化能 E'_a。

（2）正反应的活化能和逆反应的活化能的差值就是反应的热效应 $\Delta_r H$。

若 $E_a > E'_a$，则反应体系吸收的能量大于放出的能量，整个反应是吸热反应，$\Delta_r H = E_a - E'_a > 0$；若 $E_a < E'_a$，则反应体系吸收的能量小于放出的能量，整个反应是放热反应，$\Delta_r H = E_a - E'_a < 0$。

例如：

$$NO_2 + CO = NO + CO_2$$
$$E_a = 134\ \text{kJ} \cdot \text{mol}^{-1}$$
$$E'_a = 368\ \text{kJ} \cdot \text{mol}^{-1}$$
$$\Delta_r H = -234\ \text{kJ} \cdot \text{mol}^{-1}$$

由以上讨论可知，活化能的大小是决定化学反应速率的根本原因。活化能越大，活化分子越少，反应物需要吸收的能量越多，反应越难进行，反应速率越慢；活化能越小，活化分子越多，反应物需要吸收的能量越少，反应越易进行，反应速率越快。一般化学反应的活化能为 60～250 $\text{kJ} \cdot \text{mol}^{-1}$。由经验可知，活化能小于 40 $\text{kJ} \cdot \text{mol}^{-1}$的反应速率很快，活化能大于 400 $\text{kJ} \cdot \text{mol}^{-1}$的反应速率很慢。

最后需指出，上述反应过程与能量关系图仅适用于基元反应，而阿累尼乌斯公式中的活化能对非基元反应而言是表观活化能。例如：

$$H_2 + I_2 = 2HI \qquad k = A e^{\frac{-E_a}{RT}}$$

反应历程如下：

① $$I_2 \rightleftharpoons 2I \qquad k_1 = A_1 e^{\frac{-E_{a1}}{RT}}$$

② $$2I \rightleftharpoons I_2 \qquad k_2 = A_2 e^{\frac{-E_{a2}}{RT}}$$

③ $$H_2 + 2I \rightleftharpoons 2HI \qquad k_3 = A_3 e^{\frac{-E_{a3}}{RT}}$$

表观活化能与各基元反应活化能的关系通过速率常数的关系可以得到。前面反应历程讨论时知道该反应的 k 的关系：

$$k = k_3 \times \frac{k_1}{k_2}$$

将上面三式代入，得：

$$E_a = E_{a1} + E_{a3} - E_{a2}$$

6.4 催化剂对化学反应速率的影响

催化剂是一种能改变化学反应速率而其本身在反应前后质量和化学组成都没有变化

的物质。凡能加快反应速率的物质叫作正催化剂，简称催化剂；凡能减慢反应速率的物质叫作负催化剂。

催化剂之所以能加快反应速率，是因为催化剂能改变反应的历程，如图 6－8 所示。

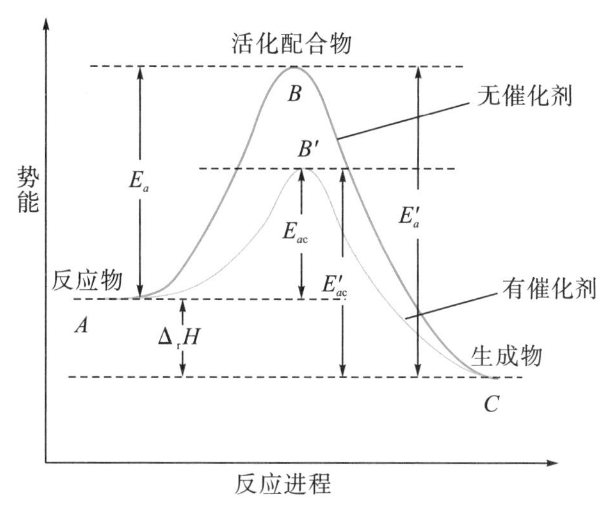

图 6－8　催化剂改变反应历程示意图

图 6－8 中虚线代表催化反应的历程，E_{ac}是催化反应的活化能，下标“c”表示催化剂(catalyst)。可看出以下内容：

(1) 催化反应历程的活化能相对小于非催化反应历程的活化能，即 $E_a > E_{ac}$，反应活化能降低了，由此，反应速率大大加快。例如，773 K 时有如下反应：

$$N_2 + 3H_2 \xlongequal{\quad} 2NH_3$$

没有催化剂时，$E_a = 326.4\ \text{kJ} \cdot \text{mol}^{-1}$，加入催化剂 Fe 时，$E_{ac} = 176.0\ \text{kJ} \cdot \text{mol}^{-1}$。计算表明：当 $T = 773$ K 时，催化反应的速率是原反应速率的 1.45×10^{10}倍。

(2) $E_a - E_{ac} = E'_a - E'_{ac}$，这表明催化剂对正、逆反应速率的影响是等同的，即正反应增加的倍数等于逆反应增加的倍数。

(3) $E_a - E'_a = E_{ac} - E'_{ac} = \Delta_r H$，这表明对基元反应而言催化剂不改变反应的热效应。这是显而易见的，因为催化反应并没有改变反应物和产物，即反应的始态和终态没有改变。正因为反应的始态和终态没有改变，所以反应的 $\Delta_r G$ 也不会变化，由此反应的平衡常数不变，即催化剂不移动平衡。

最后需要说明的是，催化剂只能加速在热力学上认为可以自发进行的反应，即 $\Delta_r G < 0$的反应。对于 $\Delta_r G > 0$ 的不能自发进行的反应，催化剂的使用一样不能使其发生。也就是说，催化剂只能改变反应的途径以加速反应，而不能改变反应的方向。

习　题

1. 反应 $2NO(g) + Cl_2(g) \longrightarrow 2NOCl(l)$在－10℃下的反应速率实验数据如下：

实验序号	浓度 c/mol·L^{-1}		初始速率 v/mol·L^{-1}·min^{-1}
	NO	Cl_2	
1	0.10	0.10	0.18
2	0.10	0.20	0.35
3	0.20	0.20	1.45

求 NO 和 Cl_2 的反应级数。−10℃下，该反应的速率常数 k 为多少？

2. 二氧化氮的分解反应为

$$2NO_2(g) \longrightarrow 2NO(g) + O_2(g)$$

319℃时，$k_1=0.498\ mol \cdot L^{-1} \cdot s^{-1}$；354℃时，$k_2=1.81\ mol \cdot L^{-1} \cdot s^{-1}$。计算该反应的活化能 E_a 和指前因子 A，以及 383℃时的反应速率常数 k。

3. 某城市位于海拔较高的地理位置，水的沸点为 92℃。在海边城市 3 min 能煮熟的鸡蛋，在该市却花了 4.5 min 才煮熟。计算煮熟鸡蛋这一“反应”的活化能。

4. 当 $T=298$ K 时，反应 $2N_2O(g) \longrightarrow 2N_2(g)+O_2(g)$，$\Delta_r H_m^\ominus=-164.1\ kJ \cdot mol^{-1}$，$E_a=240\ kJ \cdot mol^{-1}$，该反应被 Cl_2 催化，催化反应的 $E_a=140\ kJ \cdot mol^{-1}$。催化后反应速率提高了多少倍？催化反应的逆反应活化能是多少？

5. $2Ce^{4+}(aq)+Tl^{+}(aq) \longrightarrow 2Ce^{3+}(aq)+Tl^{3+}(aq)$在没有催化剂的情况下反应速率很小，$Mn^{2+}$ 是该反应的催化剂，其催化反应机理被认定为

①$Ce^{4+}+Mn^{2+} \longrightarrow Ce^{3+}+Mn^{3+}$　　慢

②$Ce^{4+}+Mn^{3+} \longrightarrow Ce^{3+}+Mn^{4+}$　　快

③$Mn^{4+}+Tl^{+} \longrightarrow Mn^{2+}+Tl^{3+}$　　快

(1) 试判断该反应的控制步骤，其对应的反应分子数是多少？

(2) 写出该反应的速率方程。

(3) 确定该反应的中间产物有哪几种。

(4) 该反应是均相催化，还是多相催化？

6. 以下说法是否正确？请说明理由。

(1) 某反应的速率常数的单位是 $L \cdot mol^{-1} \cdot s^{-1}$，该反应是一级反应。

(2) 化学动力学研究反应的快慢和限度。

(3) 反应的速率常数越大，反应速率越大。

(4) 反应级数越大，反应速率越大。

(5) 活化能大的反应，其反应速率受温度的影响就大。

(6) 反应历程中的速控步骤决定了总反应速率，因此，速控步骤前后发生的反应对总反应速率都没有影响。

(7) 催化剂同等程度地降低了正、逆反应的活化能，因此，同等程度地加快了正、逆反应的速率。

(8) 反应速率常数是温度的函数，也是浓度的函数。

第 7 章　水溶液

化学反应可以在气相中进行，也可以在固相中进行，但是，更多的化学反应是在液相中进行的。在这里，液相是指溶液状态。人为进行的化学反应中，选择在液相中进行尤其常见。之所以选择在液相中进行，是基于以下几个方面的考虑：

(1) 基于反应速率方面的考虑。在液相中，反应物能够更紧密地接触，有利于反应快速、均匀地进行。某些气相反应或固相反应的速率太快，以至于反应猛烈进行而不易控制，通过选择适当溶剂可以使反应在一定速率下温和地进行；某些气相反应或固相反应的速率太慢，也可以通过选择适当溶剂使反应速率明显提高。

(2) 基于产物分离方面的考虑。在液相中，利用不同反应物或者产物在不同溶剂中溶解度的差别，可以把产物从反应体系中分离出来。

(3) 基于试剂处理方面的考虑。很多物质在溶剂中处理比在纯净状态时处理方便得多。

(4) 基于计量方面的考虑。在液相中，既可以通过测量物质的质量来计量，也可以通过测量物质的体积来计量，而测量体积较测量质量更方便。

溶液中的化学反应涉及两种可能性：其一是溶剂不参与化学反应；其二是溶剂参与化学反应。无论是哪种情况，都涉及溶剂的选择。无机溶剂有很多，如水、冰醋酸、液氨、无水硫酸、液态氟化氢、氟磺酸(HSO_3F)、液态四氧化二氮、熔盐等。最常见的无机溶剂是水。水是自然界最丰富的溶剂，价廉、无毒无害、不燃不爆、对环境无害，是最重要的无机溶剂，更是最优良的绿色溶剂。目前，水作为绿色溶剂替代对环境有害的溶剂(如大部分有机溶剂)在化学化工领域成为最热门的研究内容之一。

本章讨论水溶液的基本性质。

7.1　水

按水的分子式计算水的分子量为 18.016。但实验测定表明，在沸点时水蒸气的分子量为 18.64。进一步研究发现，此时水蒸气的水由 96.5%的单分子水和 3.5%的双分子水组成：$96.5\%\times18.016+3.5\%\times2\times18.016\approx18.64$。如果测定液态水的分子量，则数值更大。这表明液态水含有更复杂的水分子，即$(H_2O)_n$，$n=2$，3，4，…。

这种由简单分子结合成较复杂的分子集团而不引起物质化学性质改变的过程，称为分子缔合。

水分子缔合是由于其分子间存在氢键，过程如下：

$$nH_2O \xlongequal{} (H_2O)_n + Q$$

该缔合过程放热，若温度升高，缔合程度降低，n 值变小；若温度降低，缔合程度升高，n 值变大。

7.1.1 蒸气压

所有的液体和固体都有一定程度的挥发性，就是说其趋于蒸发生成气体。

例如水，当液态水中能量较高的水分子挣脱液面进入空气空间就形成了水蒸气。同样，固体中靠近固体表面的分子，当其具有足够的能量时，也能够从固体中逸出形成蒸气。

蒸发的本质是构成液体或固体的质点挣脱彼此间的束缚，克服相互间作用力(化学键、范德华力、氢键)，成为相对自由的质点。构成液体和固体的质点间作用力不同，物质的挥发性就不同。质点间作用力越大，挥发性就越弱；质点间作用力越小，挥发性就越强。

温度会显著地影响物质的挥发性。温度越高，质点的热运动越强，越容易克服质点间作用力，蒸发越显著。

由于蒸气的产生，体系中就会有蒸气产生的压力，称为蒸气压。温度越高，蒸发越显著，蒸气压越大。

与蒸发相对，蒸气分子也可能重新回到液面或固体表面成为液体分子或固体分子，这个过程称为凝聚。质点间作用力越大、温度越低，凝聚越显著。

蒸发与凝聚互为可逆：

$$\text{蒸发} \rightleftharpoons \text{凝聚}$$

在一定温度下，可逆过程达到平衡。此时，蒸气浓度不再变化，蒸气压也不再改变。与同种物质的液态或固态处于平衡状态的蒸气称为饱和蒸气，饱和蒸气的压力称为饱和蒸气压。

显然，温度越高，饱和蒸气压越大，如图 7-1 所示。

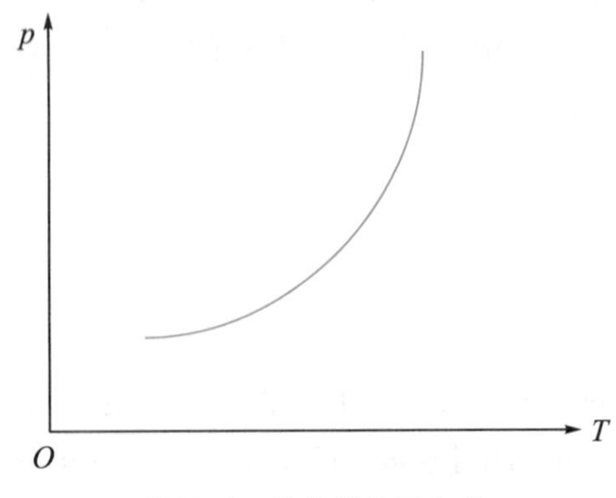

图 7-1 饱和蒸气压曲线

无论是固体还是液体，在一定温度下，其饱和蒸气压均为定值，可在数据手册中查到。水的部分饱和蒸气压见表7－1。

表7－1　水的部分饱和蒸气压

温度/℃	5	6	7	8	9
饱和蒸气压/kPa	8.723×10^{-1}	9.350×10^{-1}	10.016×10^{-1}	10.726×10^{-1}	11.478×10^{-1}

7.1.2　沸点和凝固点

由饱和蒸气压的概念可以讨论沸点和凝固点。

1. 沸点

沸点：液体沸腾时的温度。

由于液体沸腾时，液体内部所形成的气泡中蒸气压至少必须等于外部压力，气泡才能长大并上升至逸出液面，所以从蒸气压的角度考虑，沸点是液体的饱和蒸气压等于外界压力时的温度，如图7－2所示。

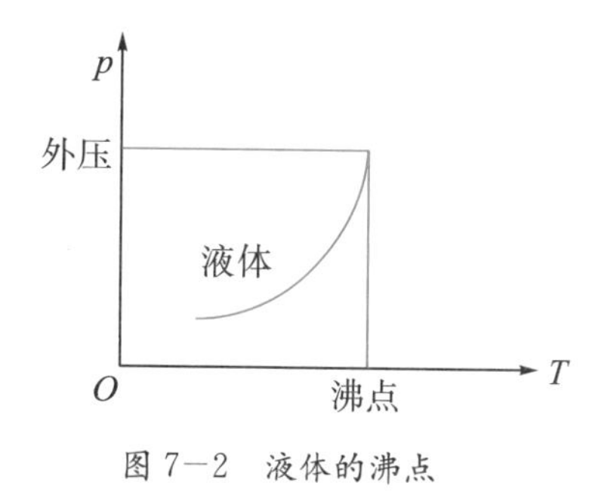

图7－2　液体的沸点

显然，外界压力越大，沸点越高；外界压力越小，沸点越低。这就是高原上大气压较低导致水的沸点降低的原因。

2. 凝固点

凝固点：在一定外界压力下，物质的固态与液态达到平衡时的温度。

既然物质的固态和液态可以共存，从蒸气压的角度考虑，则意味着固态的饱和蒸气压与液态的饱和蒸气压一致，即凝固点是固态的饱和蒸气压与液态的饱和蒸气压相等时的温度。

例如水，在1 atm时，纯水的蒸气压在273 K时与冰的蒸气压相等，都是0.609 kPa，则水的凝固点就是273 K，如图7－3所示。

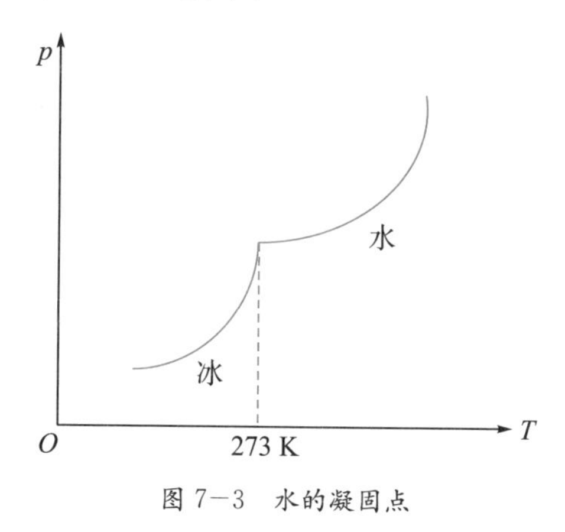

图7－3　水的凝固点

7.2 溶液

7.2.1 分散体系

把一种或几种物质分散到另一种物质中就构成了分散体系。其中被分散的物质叫作分散质(分散相)，起分散作用的物质叫作分散剂(分散介质)。

分散体系可以是固相、液相或气相。

固体之间的混合，得到固相分散体系。通常相对量少的是分散质，量多的是分散剂。

把固体、气体或液体溶入溶剂中，固体、气体或液体被溶剂分散，得到液相分散体系。通常固体或气体是分散质，溶剂是分散剂；液体和液体混合，量少的是分散质，量多的是分散剂。

气体与气体的混合构成气相分散体系，通常量少的是分散质，量多的是分散剂。

分散体系按分散质粒子大小分为三类：

(1) 分子(或离子)分散体系：粒子平均直径 $d<1$ nm；

(2) 胶体分散体系：粒子平均直径 $d=1\sim100$ nm；

(3) 粗分散体系：粒子平均直径 $d>100$ nm。

上述体系同样适合物质的三态，即气态、液态、固态。例如，分子分散体系，金属合金是固态，食盐溶于水是液态，二氧化碳气体排入空气中是气态；胶体分散体系，牛奶是液态，雾是气态，有色玻璃、泡花碱是固态；粗分散体系，沙尘暴是气态，洪水是液态，河砂、石灰和水泥混合得到的混凝土是固态。

7.2.2 溶液的概念

溶液属于分子(或离子)分散体系。

作为溶液，有两个基本条件：其一是必须至少有两种物质，这是作为分散体系的条件；其二是分散必须是均匀的。由此，可以得到溶液的定义：溶液是两种或两种以上的物质均匀混合且彼此呈分子状态分布的均匀混合物。

通常所说的溶液是液态溶液。液态溶液可以是气体或固体溶于液体，习惯上称前者为溶质，后者为溶剂；也可以是液体溶于液体，习惯上称含量较少的为溶质，含量较多的为溶剂。

本节讨论的溶液是液态溶液。

7.2.3 溶解过程

溶解是一个物理—化学过程。

以 NaCl 晶体溶于水为例。当 NaCl 晶体在水中时，一些水分子以其负极吸引晶体表面带正电荷的 Na^+，另一些水分子以其正极吸引晶体表面带负电荷的 Cl^-。这种溶质质点和溶剂分子的相互吸引削弱了晶体中阴、阳离子间的吸引力。此时，阴、阳离子之间的

静电作用力为

$$F=\frac{q_{+}\times q_{-}}{\varepsilon\times r^{2}} \tag{7-1}$$

式中，ε 是介电常数，对水来说，ε=80，即晶体中阴、阳离子的吸引力在真空中是在水中的 80 倍。其结果就是，Na^{+} 和 Cl^{-} 很容易脱离晶体进入水中成为自由运动的水合离子，如图 7—4 所示。

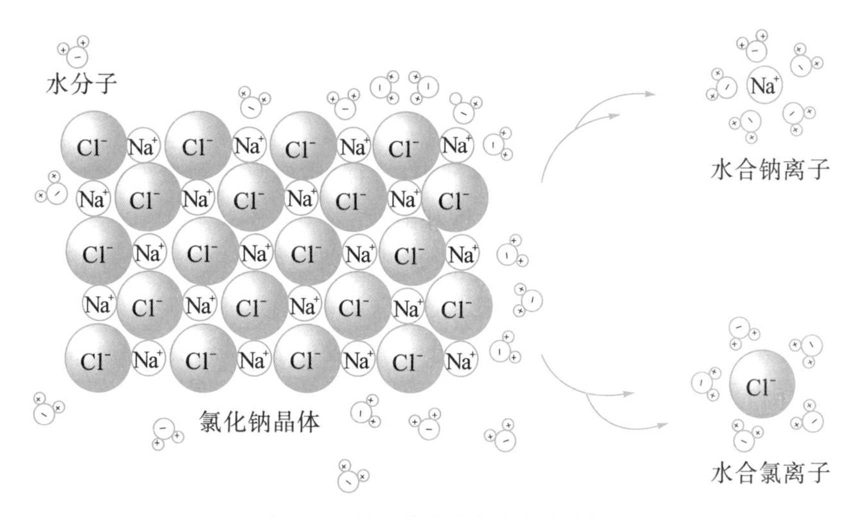

图 7—4　氯化钠晶体在水中的溶解

这种溶解过程将持续进行下去，直到达到饱和为止，表示为

$$NaCl(s)+(m+n)H_2O=\!=\!=Na(H_2O)_m^{+}+Cl(H_2O)_n^{-}$$

类似的例子如：

$$CO_2(g)+nH_2O=\!=\!=CO_2\cdot nH_2O$$

注意：以上溶解过程的 m、n 值不固定。

溶液中，溶质与溶剂形成溶剂合物。若溶剂为水，则称为水合物。溶质的质点(分子或离子)与溶剂分子的作用力属于分子间力的范畴，因此，严格来说，溶质和溶剂并没有形成以化学键结合的化合物。溶剂合物结合得很松散，组成不稳定，即溶质周围结合的水分子数目不确定，因此不能认为溶解是一个纯粹的形成化合物的化学过程。但溶解也不是简单的机械混合的物理过程。溶解介于二者之间，故称溶解是一个物理—化学过程。

由于溶质和溶剂之间的作用力属于分子间力，这种作用力本质上属于静电作用力的范畴，因此，溶质与溶剂形成溶剂合物的能力与溶质的电场强度有关。

考虑溶剂是水，溶质结合水的能力就是水合能力。

如果溶质是非电解质，则溶质极性越强、偶极越大，水合能力越强。

如果溶质是电解质，电离产生阴、阳离子，则离子电荷越高、半径越小，电场越强，水合能力越强。通常，阴离子半径较大，水合能力较弱；阳离子半径较小，水合能力较强。电荷较低、半径较大的阳离子，水合能力相对较弱。比如碱金属离子的水合能力就弱于其他金属离子，且水合能力强弱顺序为 $Li^{+}>Na^{+}>K^{+}>Rb^{+}>Cs^{+}$。电荷较高且有效正电荷较高的金属离子(d 区、ds 区、p 区)，水合能力很强。对半径较小、负电荷较高的非金属离子和电荷极高的金属离子，甚至可能发生水解反应。例如：

$$O^{2-}+H_2O=\!=\!=2OH^-$$

$$N^{3-}+3H_2O=\!=\!=NH_3+3OH^-$$

$$Ti^{4+}+H_2O=\!=\!=TiO^{2+}+2H^+$$

$$V^{5+}+2H_2O=\!=\!=VO_2{}^{+}+4H^+$$

溶解受温度影响，通常温度升高有利于溶解的进行。对气体溶质来说，溶解还受到压力的影响，气体压力越大，溶解越易进行。

7.2.4 溶解平衡

在一定温度、压力下，在一定量的溶剂中，当溶质溶解达到最大量，不能继续溶解时，则达到了溶解平衡，称此时的溶液为饱和溶液。

在一定温度、压力下，当溶液中溶质的浓度已超过该温度、压力下溶质的溶解度，而溶质仍未析出的溶液，称为过饱和溶液。

饱和溶液中溶解的溶质的量称为溶解度。溶解度的表示需指明温度条件(对气体而言，还需指明压力条件)、溶质的量和溶剂的量。溶质的量常用质量(g)、数量(mol)来表示，溶剂的量常用质量(g)、体积(L、dm^3)、数量(mol)来表示。因此，溶解度的表示方法有很多，习惯上用 100 g 溶剂里溶解溶质的克数来表示，也常用浓度来表示。

7.2.5 溶液的浓度

浓度是表达溶液中溶质和溶剂相对量的一种数量标记。

浓度有很多种表示法，如质量百分数、体积百分数、摩尔浓度(c)等。

质量摩尔浓度：1000 g 溶剂中所含有的溶质的物质的量。用符号 m 表示，单位是 $mol \cdot kg^{-1}$。表达式为

$$m=\frac{n}{W} \tag{7-2}$$

摩尔分数：某物质在溶液中的物质的量与溶液总的物质的量之比。用符号 x 表示。如溶质 A 溶于溶剂 B 中，则 $n=n_A+n_B$，摩尔分数表示为

$$x_A=\frac{n_A}{n_A+n_B} \tag{7-3}$$

$$x_B=\frac{n_B}{n_A+n_B} \tag{7-4}$$

显然：

$$x_A+x_B=1 \tag{7-5}$$

7.2.6 相似相溶原理

相似相溶原理是一个关于物质溶解性的经验规律，可以描述为溶质和溶剂的结构越相似，越易互溶。常见的是较狭义的描述：极性分子组成的溶质易溶于极性分子组成的溶剂，非极性分子组成的溶质易溶于非极性分子组成的溶剂。

可以利用热力学原理对相似相溶原理做简要讨论。

考虑固体溶质A溶于溶剂B：

$$A—A—A\cdots+B—B—B\cdots=\!=\!=A—B—A—B—A—B\cdots$$

式中，短线代表作用力(化学键、分子间力、氢键)。

例如：

$$I_2(s)+H_2O(aq)=\!=\!=I_2\cdot H_2O(aq)$$

$$I_2—I_2+H_2O—H_2O=\!=\!=2I_2—H_2O$$

质点间作用力为

$I_2—I_2$：色散力

$H_2O—H_2O$：色散力、取向力、诱导力、氢键

$I_2—H_2O$：色散力、诱导力

按照热力学自发过程的判据，当$\Delta G<0$时，溶解将自发进行。利用吉布斯-亥姆霍兹公式，对ΔG进行讨论。

$$\Delta_s G=\Delta_s H-T\Delta_s S$$

式中，下标“s”表示溶解(solve)过程。

分析$\Delta_s S$，因为是固体的溶解，考虑到固体的有序程度远大于液体，因此，溶解是一个混乱度增大的过程，即$\Delta_s S>0$。

分析$\Delta_s H$，破坏固体质点间作用力需要吸热，溶质质点与溶剂分子结合形成溶剂合物要放热。对大多数的溶解过程而言，固体质点间作用力远强过溶剂合物的结合力，故溶解吸热。

考虑到溶解过程的$\Delta_s S>0$，故只要$\Delta_s H$不是很大的正值，不超过$T\Delta_s S$，则溶解易于进行。

从溶质、溶剂质点间作用力的角度考虑，$\Delta_s H$主要来自质点间作用力的改变。而溶解前与溶解后质点间作用力的改变，即是由A—A—A…、B—B—B…变化成A—B—A—B—A—B…导致的作用力的改变。如果溶解前、后作用力差别较小，溶解过程的$\Delta_s H$就较小，溶解就易于进行；如果溶解前、后作用力差别较大，溶解过程的$\Delta_s H$就较大，溶解就难以进行。

例如：

$$I_2—I_2+H_2O—H_2O=\!=\!=2I_2—H_2O$$

溶解前、后作用力差别较大，$\Delta_s H$为较大的正值，这使得$\Delta_s G>0$，溶解难以进行。

再如：

$$I_2—I_2(s)+C_6H_6—C_6H_6(l)=\!=\!=2I_2—C_6H_6(aq)$$

溶解前、后作用力相同，都是色散力，故$\Delta_s H$值很小，这使得$\Delta_s G<0$，溶解易于进行。

由此可见，相似相溶的实质是溶质质点间作用力与溶剂质点间作用力相似。

从溶质和溶剂各自质点间作用力是否相似的角度出发，很容易得出极性分子易溶于极性溶剂、非极性分子易溶于非极性溶剂的结论。另外，金属单质易于溶解在以金属键结合的溶剂中形成大量金属合金，原子晶体很难在普通溶剂中溶解，这也是相似相溶原

理的最好实例。离子型化合物具有强极性，在水溶液中易于溶解，其溶解规律受制于离子的诸多性质。

7.2.7 盐类的溶解

盐类通常是离子型化合物，对应离子晶体。

以离子晶体 MA 的溶解过程为例，讨论离子型化合物的溶解规律。

$$
\begin{array}{ccc}
M^+A^-(s) & \longrightarrow & M^+(aq)+A^-(aq) \\
\downarrow & & \uparrow \\
M^+(g) & + & A^-(g)
\end{array}
$$

该过程的自由能变化：

$$\Delta_s G^\ominus = \Delta_s H^\ominus - T\Delta_s S^\ominus$$

分别讨论 $\Delta_s H^\ominus$、$\Delta_s S^\ominus$ 对 $\Delta_s G^\ominus$ 的影响。

1. $\Delta_s H^\ominus$

从热焓的角度考虑，上述溶解过程涉及离子晶体的晶格能(逆过程)和阴、阳离子的水合热。

$$
\begin{array}{ccc}
M^+A^-(s) & \longrightarrow & M^+(aq)+A^-(aq) \\
\downarrow -\text{晶格能} & & \uparrow \text{水合热} \\
M^+(g) & + & A^-(g)
\end{array}
$$

$\Delta_s H^\ominus$ 为上述两项能量之和：

$$\Delta_s H^\ominus = -\text{晶格能} + \text{水合热}$$

上述过程的焓变 $\Delta_s H^\ominus$(溶解热)为负值，则溶解将易于进行。由于晶格能放热，其逆过程则为吸热；阴、阳离子的水合热放热。因此，从溶解角度考虑，有以下结论：

(1)晶格能数值较小，将有利于溶解。因此，离子的电荷低、半径大，即 Z/r 值小的离子所形成的盐有利于溶解。

(2) 水合热数值较大，将有利于溶解。因此，离子的电荷高、半径小，即 Z/r 值大的离子所形成的盐有利于溶解。

可见，从晶格能角度考虑，Z/r 值小有利于溶解；从水合热角度考虑，Z/r 值大有利于溶解。因此，离子的 Z/r 值较大有利于溶解还是较小有利于溶解，取决于是由晶格能因素和水合热因素中哪一个起主要作用。而晶格能因素和水合热因素中哪一个起主要作用，由阴、阳离子相对大小决定。一般规律是：

①当阴、阳离子大小悬殊(即 $r_- \gg r_+$)时，离子水合作用在溶解过程中占优势，离子势(Z/r)大的离子所组成的盐较易溶解。

所以在性质相似的盐系列，阳离子的半径越小，盐越容易溶解。如室温下碱金属的高氯酸盐的溶解度的相对大小为

$$NaClO_4 > KClO_4 > RbClO_4$$

②若阴、阳离子的大小相差不多，则晶格能的大小在溶解过程中有较大的影响，离

子势(Z/r)小的离子所组成的盐较易溶解。

如碱金属氟化物，溶解度相对大小为

$$LiF<NaF<KF<RbF<CsF$$

2. $\Delta_s S^\ominus$

从熵的角度考虑，上述溶解过程涉及离子晶体的升华熵变和水合熵变。

$$M^+A^-(s) \longrightarrow M^+(aq)+A^-(aq)$$

$\downarrow \Delta_L S^\ominus$　　$\uparrow \Delta_h S^\ominus$

$$M^+(g) \quad + \quad A^-(g)$$

$\Delta_s S^\ominus$为上述两项熵变之和：

$$\Delta_s S^\ominus = \Delta_L S^\ominus + \Delta_h S^\ominus$$

当晶格被破坏，离子脱离晶格升华为气态离子时，离子的混乱度增加，离子升华熵变 $\Delta_L S^\ominus$(lattice energy)为正值。离子势(Z/r)越小，熵增越多，有利于溶解。

气态离子水合时放热，混乱度降低。另外，极性水分子在离子周围做定向排列，对水来说，其有序程度也增加，所以离子水合熵变 $\Delta_h S^\ominus$(hydration)为负值。离子势(Z/r)越大，熵减越多，不利于溶解。

从溶解的角度考虑，熵变 $\Delta_s S^\ominus$为正值有利于溶解，为负值不利于溶解。

(1) 离子势(Z/r)较小时，$\Delta_L S^\ominus$占优势，$\Delta_s S^\ominus$常为正值。如碱金属离子及含氧阴离子 NO_3^-、ClO_4^-及 ClO_3^-等。

(2) 离子势(Z/r)较大时，$\Delta_h S^\ominus$占优势，$\Delta_s S^\ominus$大多为负值。如 Mg^{2+}、Fe^{3+}、Al^{3+}及 CO_3^{2-}、PO_4^{3-}等。

3. $\Delta_s G^\ominus$

综合焓变 $\Delta_s H^\ominus$和熵变 $\Delta_s S^\ominus$的因素，得到自由能 $\Delta_s G^\ominus$。表 7−2 给出了部分化合物的 $\Delta_s H^\ominus$、$\Delta_s S^\ominus$、$\Delta_s G^\ominus$及溶解性。

表 7−2　部分化合物的 $\Delta_s H^\ominus$、$\Delta_s S^\ominus$、$\Delta_s G^\ominus$及溶解性

化合物	$\Delta_s H^\ominus$	$\Delta_s S^\ominus$	$\Delta_s G^\ominus$	溶解性
$Ca_3(PO_4)_2$	−64.6	−859.8	191	难溶
Na_3PO_4	−78.7	−230.8	−9.86	易溶
KNO_3	35.15	119.6	−0.49	易溶
$Ba(NO_3)_2$	40.17	99.9	10.4	易溶

离子型化合物的溶解是一个较为复杂的问题，上述讨论仅限于典型的离子型化合物。对于极化能力较强的阳离子[18、(18+2)、(9−17)电子构型的阳离子]而言，极化作用对其盐溶解性的影响将更为显著。

7.3　稀溶液的通性

溶液的性质因溶质和溶剂的不同而不同。

对于难挥发的非电解质这一类化合物的稀溶液来说，它们的某些性质却不因溶质的变化而改变。这些性质就成了不同溶质的稀溶液所共有的性质，统称稀溶液的通性，也称为稀溶液的依数性。

7.3.1 溶液的蒸气压下降

1847 年，科学家巴伯(C. Babe)和乌尔纳(A. Wulner)发现，在某种纯液体中加入难挥发的物质，总是导致蒸气压的下降，如图 7－5 所示。

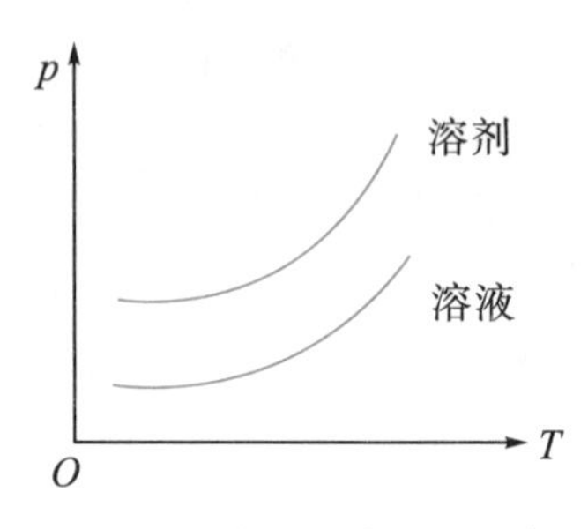

图 7－5 溶液的蒸气压下降

溶液的蒸气压为什么会下降呢？这是因为在纯溶剂中加入难挥发的物质后，纯溶剂的部分表面被溶剂化的溶质所占据，单位时间内逸出液面的溶剂分子就减少了，由于溶质难挥发，结果就是总的蒸发速度降低了，蒸发与凝聚的平衡被破坏。重新达到平衡时，液面上方的蒸气浓度减小，蒸气压下降。

1887 年，法国化学家拉乌尔(Francois Marie Raoult)通过实验发现了蒸气压下降与溶液浓度的定量关系，称为拉乌尔定律，即在一定温度下，稀溶液的蒸气压等于溶液中溶剂的摩尔分数与纯溶剂蒸气压的乘积。表示为

$$p = p_B^{\circ} \times x_B \tag{7-6}$$

式中，p 是溶液蒸气压；p_B° 是纯溶剂蒸气压(对特定溶剂而言是常数)；x_B 是溶剂摩尔分数。

变换式(7－6)，因为 $x_A+x_B=1$，代入式(7－6)，得

$$p = p_B^{\circ} \times x_B = p_B^{\circ} \times (1 - x_A)$$

蒸气压下降值为

$$\Delta p = p_B^{\circ} - p = p_B^{\circ} - p_B^{\circ} \times (1 - x_A)$$

得到拉乌尔定律的另一种表达式为

$$\Delta p = p_B^{\circ} \times x_A \tag{7-7}$$

式(7－7)揭示了拉乌尔定律的另一种表述形式，即在一定温度下，稀溶液的蒸气压下降值和溶质的摩尔分数成正比。

变换式(7－7)，还能得到一个近似表达式。推导如下：

$$\Delta p = p_B^{\circ} \times x_A = p_B^{\circ} \times \frac{n_A}{n_A + n_B}$$

由于是稀溶液，$n_A \ll n_B$，近似处理，考虑 $n_A+n_B \approx n_B$，则上式变为

$$\Delta p = p_B^{\circ} \times \frac{n_A}{n_B} \tag{7-8}$$

针对式(7－8)，考虑1000 g溶剂的情况：1000 g溶剂中，溶质的n_A等于质量摩尔浓度m；而1000 g溶剂的n_B对任意特定的溶剂而言应是常数，由于p_B°对特定溶剂而言也是常数，则$\frac{p_B^\circ}{n_B}$=常数，令该常数为K，式(7－8)变为

$$\Delta p = K \times m \tag{7-9}$$

式(7－9)是更常见的拉乌尔定律表达式。式中，K为摩尔蒸气压降低常数，其物理意义是当质量摩尔浓度为1 mol·kg^{-1}时蒸气压的下降值。在一定温度下，某一溶剂的K为常数，可查表得到。

在拉乌尔定律的基础上，很容易得到稀溶液的另外两个通性。

7.3.2　溶液的沸点升高

溶液的沸点是其蒸气压与外界压力相等时的温度。在纯溶剂中加入难挥发的物质导致蒸气压下降，必然会导致溶液沸点的升高，如图7－6所示。

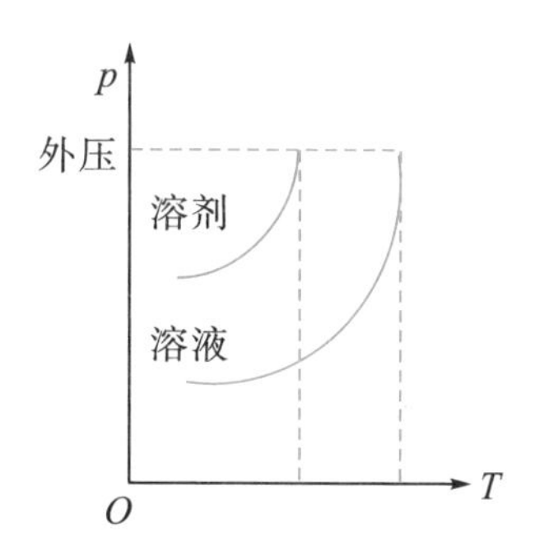

图7－6　溶液的沸点升高

显然，沸点升高的程度取决于蒸气压下降的程度，二者成正比。由于蒸气压的下降值正比于溶液的m，则沸点的升高值也应与溶液的m成正比。表示为

$$\Delta T_b = K_b \times m \tag{7-10}$$

式中，ΔT_b为溶液沸点的升高值，下标“b”特指沸点(boiling point)；K_b为摩尔沸点升高常数，其物理意义是当质量摩尔浓度为1 mol·kg^{-1}时沸点的升高值。在一定温度下，常见溶剂的K_b见表7－3。

表7－3　常见溶剂的摩尔沸点升高常数

溶剂	水	苯	乙酸	氯仿	萘	苯酚
沸点/K	373.15	353.15	391.0	333.19	491.0	454.7
K_b/K·kg·mol^{-1}	0.512	2.53	2.93	3.63	5.80	3.56

7.3.3　溶液的凝固点下降

溶液的凝固点是溶液的蒸气压等于固相的蒸气压时的温度。在纯溶剂中加入难挥发的非电解质导致蒸气压下降，必然会导致溶液的凝固点下降，如图7－7所示。

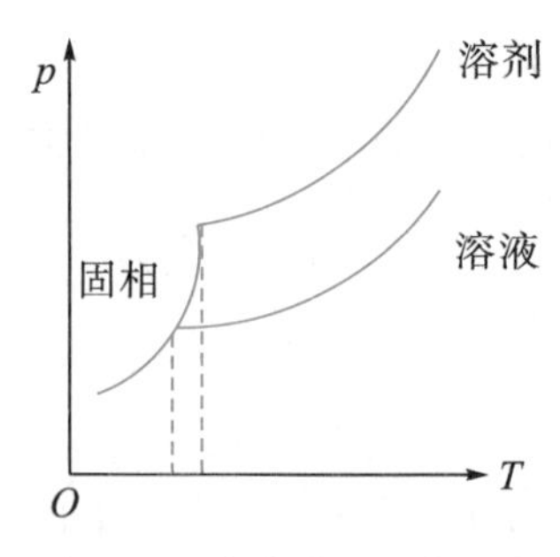

图 7-7　溶液的凝固点下降

显然，溶液的凝固点下降的程度取决于蒸气压下降的程度，二者成正比。由于蒸气压的下降值正比于溶液的 m，则溶液凝固点的下降值也应与溶液的 m 成正比。表示为

$$\Delta T_f = K_f \times m \tag{7-11}$$

式中，ΔT_f为溶液凝固点的下降值，下标“f”特指凝固点(freezing point)；K_f为摩尔凝固点下降常数，其物理意义是当质量摩尔浓度为 1 mol·kg^{-1}时凝固点的下降值。在一定温度下，常见溶剂的 K_f见表 7-4。

表 7-4　常见溶剂的摩尔凝固点下降常数

溶剂	水	苯	乙酸	硝基苯	萘	苯酚
凝固点/K	273.15	278.5	290.0	278.85	353.0	316.15
K_f/K·kg·mol^{-1}	1.86	5.10	3.90	7.00	6.90	7.80

7.3.4　溶液的渗透压

首先了解半透膜的概念：只允许某种混合物(溶液或混合气体)中的一些物质透过而不允许另一些物质透过的薄膜叫半透膜。如动物的膜组织(肠衣、膀胱等)、羊皮纸、鸡蛋内皮、植物的表皮层(如萝卜皮)等，它们都只允许溶液中的水透过，而一些有机大分子则不能透过。

如果溶液和溶剂用半透膜隔开，会有什么现象？观察如图 7-8 所示实验。

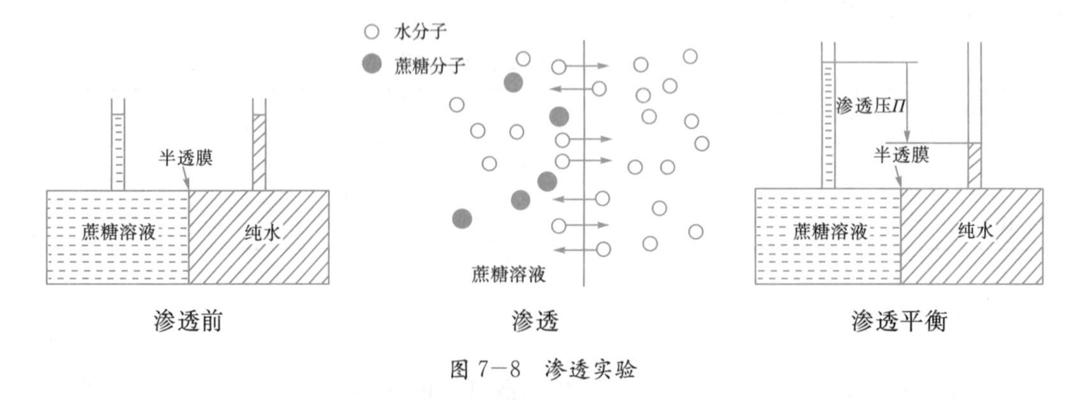

图 7-8　渗透实验

相同液面高度的蔗糖溶液和纯水如果用半透膜隔开，体积较小的水分子可以透过半透膜，而体积较大的蔗糖分子不能透过半透膜。此时，右边纯水的水分子会透过半透膜进入左边的蔗糖溶液，左边蔗糖溶液中的水分子也会透过半透膜进入纯水。但是，由于纯水中的水分子浓度(摩尔分数等于 1)大于蔗糖溶液中的水分子浓度(摩尔分数小于 1)，故单位时间内进入蔗糖溶液的水分子比离开的水分子多。总的结果是水进入蔗糖溶液，以至于蔗糖溶液的液面上升，纯水的液面下降。这种溶剂分子通过半透膜自动扩散的过程称为渗透。达到渗透平衡时，两边的液面都不再改变，单位时间内进入蔗糖溶液的水分子与离开的水分子一样多。

渗透平衡状态时半透膜两边的水位差显示出的静压称为溶液的渗透压。其意义相当于为了阻止渗透作用所需额外加给溶液的压力。

首先研究渗透压的是德国科学家浦菲弗(V. Pfeffer)，他得出这样的结论：渗透压的大小与浓度成正比，并且随温度的升高而增大。

1886 年，荷兰化学家范特霍夫(Van't Hoff)根据上述结论进一步总结出如下规律：难挥发物质稀溶液的渗透压与浓度和温度的乘积成正比，比例常数就是理想气体常数。该规律称为范特霍夫规律。表示为

$$\Pi = c \times R \times T \tag{7-12}$$

式中，Π 为溶液渗透压。对于极稀的溶液，上式可简化为

$$\Pi = m \times R \times T \tag{7-13}$$

7.3.5　小结

难挥发物质稀溶液的四个性质，即溶液的蒸气压下降、沸点升高、凝固点下降以及渗透压所涉及的四个公式［式(7−9)、式(7−10)、式(7−11)和式(7−13)］都表明这四个性质与浓度有关，而与溶质无关。因此，这四个性质称为稀溶液的通性。由于质量摩尔浓度表示的是溶质的数量，所以这四个性质其实是由溶质在溶液中的质点数目决定的，这使得稀溶液的通性也被称为稀溶液的依数性，是由溶质数目决定的性质。

但是，这四个定量关系的应用是有非常重要的前提条件的。

第一个前提条件是溶质难挥发。如果是易挥发的溶质，溶液的蒸气压不一定减小。例如一定温度下，在水中加入少量乙醇，由于乙醇易挥发，乙醇溶液的蒸气是由水蒸气和乙醇蒸气共同构成的，乙醇溶液的蒸气压就是水蒸气压和乙醇蒸气压的加和。并且，由于乙醇的挥发性强于水，所以乙醇溶液的蒸气压大于纯水。蒸气压增大，导致乙醇溶液的沸点降低。需要注意的是，乙醇溶液的凝固点并不会随之升高，而仍然是下降的。这是因为乙醇溶液的凝固点是冰的蒸气压和乙醇溶液中水蒸气的分压相等时的温度，而溶质不管是否易于挥发，都会降低水蒸气的分压，因此，凝固点都是下降的。

第二个前提条件是稀溶液。稀溶液的好处是溶质质点少，溶质质点彼此之间的距离较远，以至于溶质质点之间的相互作用可以忽略，溶质质点在溶液中的运动几乎是纯粹的热运动。如果是浓溶液，溶质质点之间的相互作用不能忽略，溶质质点在溶液中的运动会因为相互作用而受到牵制。浓溶液一样会导致蒸气压下降、沸点升高、凝固点下降和渗透压，但是没有前述定量关系。

第三个前提条件是最重要的，也是影响最深远的。要理解这个前提条件，先来看看下面的实验数据。298.15 K时甘露醇水溶液的蒸气压下降值，按照拉乌尔定律［式(7-9)］计算值和实测值的对比见表7-5。

表7-5 298.15 K时甘露醇水溶液的蒸气压下降值

$m/\mathrm{mol\cdot kg^{-1}}$	计算值 $\Delta p/\mathrm{Pa}$	实测值 $\Delta p/\mathrm{Pa}$	相对误差/%
0.0984	4.145	4.092	−1.28
0.1977	8.290	8.183	−1.29
0.3945	16.513	16.353	−0.97
0.5958	24.817	24.830	0.05

由表7-5可以看出，实测值与计算值的相对误差非常小，可以认为甘露醇水溶液的蒸气压下降值是符合拉乌尔定律的。进而还可以验证并得出这样的结论：像甘露醇这样的物质是符合前述四个公式所表现出的定量关系的。

再看几种盐在水溶液中凝固点的下降值，按照拉乌尔定律［式(7-9)］计算值和实测值的对比见表7-6。

表7-6 几种盐在水溶液中凝固点的下降值

盐	$m/\mathrm{mol\cdot kg^{-1}}$	计算值 $\Delta T_f/\mathrm{K}$	实测值 $\Delta T_f/\mathrm{K}$	相对误差/%
KCl	0.20	0.372	0.673	80.91
KNO_3	0.20	0.372	0.664	78.49
$MgCl_2$	0.10	0.186	0.519	179.0
$Ca(NO_3)_2$	0.10	0.186	0.461	147.8

由表7-6可以看出，实测值与计算值的相对误差非常大，意味着像盐这类物质的依数性是不符合前述四个公式表现出的定量关系的。同时，实测值比计算值更大，表明这些盐的依数性更加显著。推而广之，这类物质有更大的蒸气压下降、更大的沸点升高、更大的凝固点下降和更大的渗透压。

更显著的依数性，意味着像盐这类物质在水溶液中有更多的质点。这样的实验结果为阿累尼乌斯(Svante August Arrhenius)创立电离理论提供了实验依据。阿累尼乌斯认为，正是因为像盐这类物质在水溶液中发生了电离，使得溶液中溶质的质点增多，才导致溶液有更显著的依数性。

所以，第三个前提条件就是四个定量关系只适合非电解质。

归纳起来，式(7-9)、式(7-10)、式(7-11)和式(7-13)只适合难挥发非电解质稀溶液。

严格来说，绝对遵循稀溶液的依数性的四个定量关系的溶液是不存在的。严格遵循稀溶液的依数性的定量关系的假想溶液称为理想溶液。

7.3.6　稀溶液的依数性的应用

1. 测定分子的摩尔质量

难挥发非电解质稀溶液的四个定量关系对应的公式都涉及质量摩尔浓度，通过测量蒸气压的下降值、沸点的升高值、凝固点的下降值和渗透压，都可以得到分子的摩尔质量。

例 7－1　将 1.09 g 葡萄糖溶解在 20 g 水中，标准压力下测得溶液的沸点为 373.306 K，求葡萄糖的摩尔质量。

解：标准压力下，水的沸点为 373.15 K，加入葡萄糖之后沸点为 373.306 K，意味着沸点的升高值 $\Delta T_b = 0.156$ K。查表得到水的 $K_b = 0.512\ \mathrm{K \cdot kg \cdot mol^{-1}}$。代入式(7－10)，得

$$0.156\ \mathrm{K} = 0.512\ \mathrm{K \cdot kg \cdot mol^{-1}} \times m$$

$$0.156\ \mathrm{K} = 0.512\ \mathrm{K \cdot kg \cdot mol^{-1}} \times \frac{n}{0.02\ \mathrm{kg}}$$

$$0.156\ \mathrm{K} \times 0.02\ \mathrm{kg} = 0.512\ \mathrm{K \cdot kg \cdot mol^{-1}} \times \frac{1.09\ g}{M}$$

$$M \approx 179\ \mathrm{g \cdot mol^{-1}}$$

葡萄糖的摩尔质量的理论值为 180 $\mathrm{g \cdot mol^{-1}}$。

2. 制作防冻剂和制冷剂

溶液的凝固点下降原理有许多实际的应用。比如在北方的冬天，常在汽车水箱中加入甘油或乙二醇，通过降低水的凝固点，防止汽车水箱中的水结冰。

例 7－2　为防止汽车水箱在严寒中冻裂，需要使水的凝固点下降至 253 K，则要在每 1000 g 水中加入多少克甘油？

解：甘油的分子式为 $C_3H_8O_3$，摩尔质量 $M = 92\ \mathrm{g \cdot mol^{-1}}$。水的凝固点下降至253 K，意味着 $\Delta T_f \approx 20.0$ K。查表得到水的 $K_f = 1.86\ \mathrm{K \cdot kg \cdot mol^{-1}}$。代入式(7－11)，得

$$20.0\ \mathrm{K} = 1.86\ \mathrm{K \cdot kg \cdot mol^{-1}} \times m$$

$$20.0\ \mathrm{K} \times 1\ \mathrm{kg} = 1.86\ \mathrm{K \cdot kg \cdot mol^{-1}} \times n$$

$$20.0\ \mathrm{K} \times 1\ \mathrm{kg} = 1.86\ \mathrm{K \cdot kg \cdot mol^{-1}} \times \frac{W}{92\ \mathrm{g \cdot mol^{-1}}}$$

$$W \approx 989\ \mathrm{g}$$

在实验室中，常利用盐与冰混合制得制冷剂。比如把食盐与冰混合，冰因吸收环境中的热量而稍有融化，使得冰的表面有液态水存在，食盐遇水溶解，使表面成为溶液，食盐溶液的凝固点下降，冰加速融化，在融化过程中大量吸收环境热量使得环境变冷。实验室中常用的冰盐制冷剂见表 7－7。

表 7－7　实验室中常用的冰盐制冷剂

盐	盐冰比	温度/℃
$CaCl_2 \cdot 6H_2O$	41/100	－9.0

续表7-7

盐	盐冰比	温度/℃
KCl	30/100	−11.0
NH_4Cl	25/100	−15.8
$NaNO_3$	59/100	−18.5
$(NH_4)_2SO_4$	62/100	−19.0
NaCl	33/100	−21.2

3. 配置等渗溶液

生物体内广泛存在渗透现象。动植物细胞膜大多具有半透膜性质，因此，水分、养料等在动植物体内的输送都是通过渗透得以实现的。植物细胞汁的渗透压可高达2000 kPa，正是靠着这么高的压力，水可以从植物根部被输送到植物顶部。人体血液的渗透压平均约为780 kPa，因此，进行静脉输液时，应该配置渗透压与血液相同的溶液。医学上，把这种溶液称为等渗溶液。临床上使用的质量百分数为0.9%的生理盐水和5%的葡萄糖就是等渗溶液。如果静脉输液时使用非等渗溶液，则会产生严重后果。如果输入溶液的渗透压小于血液的渗透压(医学上称为低渗溶液)，水就会通过血红细胞膜向细胞内渗透，血红细胞会逐渐胀大直至最终破裂，这种现象在医学上称为溶血。如果输入溶液的渗透压大于血液的渗透压(医学上称为高渗溶液)，血红细胞内的水就会通过血红细胞膜向外渗透，导致血红细胞收缩，并最终从悬浮状态沉降下来，这种现象在医学上称为胞浆分离。同样的道理，对植物进行输液，也需要输入等渗溶液。

7.4 强电解质溶液

19世纪80年代，基于部分溶液导电的实验事实以及部分物质对稀溶液的依数性的偏差，瑞典物理化学家阿累尼乌斯在完成博士论文期间提出了电离理论：电解质在溶液中会自发电离出阴、阳离子，阴、阳离子在溶液中的迁移导致溶液导电。例如：

$$NaCl = Na^+ + Cl^-$$

作为可逆过程，在一定温度下，电离平衡可以用平衡常数 K 和转化率 α(电离反应的转化率称为电离度或解离度)进行衡量。

根据电解质电离度的大小，可以对电解质进行粗略分类：

$\alpha > 30\%$　强电解质

$\alpha < 5\%$　弱电解质

$5\% < \alpha < 30\%$　中强电解质

按照结构的观点，强电解质不仅包括典型的离子键化合物，而且包括那些在水分子作用下能完全离子化的极性键化合物，即在水分子作用下能完全电离成离子的共价型化合物(如大部分的一元酸等)。既然如此，认为强电解质在水中能百分之百电离，即电离度为100%

是有道理的。但实验测出的电离度总是小于100%。如浓度为0.10 mol·L^{-1}时，$\alpha_{KCl}=86\%$，$\alpha_{HCl}=92\%$。

电离度等于100%，意味着电解质溶液中全是自由离子。电离度小于100%，则说明实际上电解质溶液中并不全是自由离子。针对这种情况，即强电解质在溶液中完全电离，而溶液中并不全是自由离子，1923年，德拜(Debye)和休克尔(Hückel)提出了“离子氛”的概念，初步解决了强电解质在溶液中的行为的问题。

德拜和休克尔认为，强电解质虽然在水溶液中完全电离，但因为离子间互相作用，离子的行动并不完全自由。由于同号电荷离子相斥，异号电荷离子相吸，离子在溶液中的分布是不均匀的。阳离子的附近阴离子多一些，阴离子的附近阳离子多一些，这使得某一个离子处在周围都是异号电荷离子的氛围之中，这个异号电荷离子的氛围就称为“离子氛”。此时，假如对电解质溶液通电，则阳离子移向阴极，但其“离子氛”却移向阳极。由于异号电荷离子相吸的结果，阳离子的迁移速度显然要比“毫无牵挂”的离子慢一些，因此溶液的导电性就比理论上要低一些。溶液导电性的高低取决于溶液中离子的多少(即浓度)和离子的迁移速度，离子迁移速度的变慢在宏观上可视为离子数的减少或离子浓度的降低，而这种离子数的减少即表现为电离度的降低。

对强电解质而言，由于存在显著的离子牵制作用，为了区别理论上预测的100%的电离度，把实验测得的电离度称为表观电离度。强电解质的表观电离度见表7-8。

表7－8　强电解质的表观电离度(298.15 K，0.10 mol·L^{-1})

电解质	HNO_3	NaOH	$Ba(OH)_2$	H_2SO_4	$ZnSO_4$
表观电离度/%	92	91	81	61	40

阴、阳离子之间的相互牵制作用在宏观上表现为离子数的减少或离子浓度的降低，由此，路易斯提出了“有效浓度”的概念。有效浓度是电解质溶液中离子实际表现出来的浓度，也称活度。活度与浓度的定量关系如下：

$$a = f \times c \tag{7-14}$$

式中，a 为活度；c 为浓度；f 为活度系数或活度因子。

显然，f 的大小在0～1之间，即 $0<f<1$，且 f 的大小能反映电解质溶液中离子间相互牵制作用的强弱。浓度越大、离子电荷数越大，离子与其离子氛的吸引力越强，离子间的相互牵制作用越强，f 越小，a 与 c 之间的差距越大；浓度越小、离子电荷数越小，离子间的相互牵制作用越弱，f 越接近1，a 与 c 之间的差距越小。

如0.1 mol·L^{-1} NaCl，a=0.078 mol·L^{-1}；0.001 mol·L^{-1} NaCl，a=0.00097 mol·L^{-1}。

活度能够衡量某一个离子受到离子间相互牵制作用的影响，但不能反映出溶液中其他离子的存在对离子间相互牵制作用的影响的情况。为了定量衡量溶液中所有阴、阳离子的相互牵制作用，路易斯提出了“离子强度”的概念。定义：

$$I = \frac{1}{2}\sum (c_i \times Z_i^2) \tag{7-15}$$

式中，I 是溶液的离子强度(单位与浓度相同)；c_i 是 i 种离子的浓度；Z_i 是 i 种离子的电荷数。

例 7-3　计算 0.01 mol·L^{-1} $BaCl_2$溶液的离子强度。

解：$c_{Ba^{2+}}=0.01\ mol\cdot L^{-1}$，$Z_{Ba^{2+}}=2$；$c_{Cl^-}=0.02\ mol\cdot L^{-1}$，$Z_{Cl^-}=1$

$$I=\frac{1}{2}(c_{Ba^{2+}}\times Z^2_{Ba^{2+}}+c_{Cl^-}\times Z^2_{Cl^-})\approx 0.03\ mol\cdot L^{-1}$$

离子强度反映了溶液中离子间相互牵制作用的强弱。离子强度越大，离子间相互牵制作用越强；离子强度越小，离子间相互牵制作用越弱。

离子强度和活度都能够衡量离子间相互牵制作用，二者必然有某种定量关系。德拜和休克尔从电学和分子运动论出发，论证了活度与离子强度的关系为

$$\log f=-0.509\times Z_+\times Z_-\times\frac{\sqrt{I}}{1+\sqrt{I}}\qquad(7-16)$$

式中，Z_+、Z_-分别为阳、阴离子电荷数的绝对值。对稀溶液而言，离子强度相对较小，当$\sqrt{I}\ll 1$时，可以近似考虑 $1+\sqrt{I}\approx 1$。得

$$\log f=-0.509\times Z_+\times Z_-\times\sqrt{I}\qquad(7-17)$$

有了上述关系，可以很容易地求得溶液的活度。

例 7-4　求 0.01 mol·L^{-1} NaCl 溶液的活度。

解：先由式(7-15)求得 $I=0.01\ mol\cdot L^{-1}$，再由式(7-16)求得 $f=0.89$，最后由式(7-14)求得 $a=0.0089\ mol\cdot L^{-1}$。

电解质溶液中浓度与活度之间存在一定的差距，在涉及浓度时，严格地讲都应用活度代替浓度。但是对于稀溶液、弱电解质溶液、难溶性强电解质溶液，由于其离子浓度都很低，离子强度很小，活度接近 1，故在做近似计算时，可以用浓度代替活度。

7.5　胶体溶液

胶体是粒子直径为 1～100 nm 的分散体系。如果分散剂为液体，则为液溶胶，如墨水；如果分散剂为固体，则为固溶胶，如泡沫玻璃；如果分散剂为气体，则为气溶胶，如烟雾。这里讨论液溶胶，即通常称呼的胶体溶液，简称溶胶。

7.5.1　溶胶的结构

以稀 KI 溶液和过量稀 $AgNO_3$溶液形成 AgI 溶胶为例分析胶体的结构。

$$AgNO_3(过量)+KI = AgI+KNO_3$$

开始时，溶液中的离子 Ag^+、K^+、I^-、NO_3^- 自由运动，同号电荷离子相互排斥，异号电荷离子相互吸引。显然，Ag^+ 和 I^- 的吸引力强于 Ag^+ 和 NO_3^- 的吸引力，也强于 K^+ 和 I^- 的吸引力，还强于 K^+ 和 NO_3^- 的吸引力。所以，当自由运动的一个 Ag^+ 和一个 I^- 相遇时，奇妙的事情发生了。依靠静电作用力相互吸引，一个 Ag^+ 和一个 I^- 形成一个结合体：

$$Ag^{+}+I^{-} = AgI$$

接着，第二个 Ag^{+} 结合上去：

$$AgI+Ag^{+} = Ag_2I^{+}$$

第二个 I^{-} 也跟着结合上去：

$$Ag_2I^{+}+I^{-} = (AgI)_2$$

然后，Ag^{+} 和 I^{-} 继续不断地以有序排列的方式结合上去：

$$(AgI)_2+Ag^{+} = Ag_3I_2^{+}$$

$$Ag_3I_2^{+}+I^{-} = (AgI)_3$$

$$\vdots$$

直到

$$Ag_mI_{m-1}^{+}+I^{-} = (AgI)_m$$

一定数目的 Ag^{+} 和 I^{-} 聚集形成了胶核 $(AgI)_m$。对于 $(AgI)_m$ 胶核，m 值约为 10^3，胶核的直径为 1～100 nm。

此时的胶核面临着三个选择：其一，继续有序地结合 Ag^{+} 和 I^{-}，称为胶核定向生长，最终生成晶体沉淀；其二，胶核之间相互聚集起来，称为胶核聚集生长，最终生成无定形沉淀；其三，在胶核表面形成吸附层，进而能够维持其存在。

显然，第一、二种选择得到的沉淀属于粗分散体系，都不能得到胶体，只有第三种选择才可能得到胶体。要形成胶体，必须形成吸附层。

吸附是固体或液体表面对气体或溶质的吸着现象。吸附之所以能够发生，是因为固体或者液体最外层或表面的原子(或离子、分子)比内层原子(或离子、分子)周围具有更少的相邻原子(或离子、分子)，这使得表面原子(或离子、分子)处在作用力不平衡状态中。为了弥补这种作用力不平衡，表面原子(或离子、分子)将会吸附周围空气中的气体分子。固体表面的吸附如图 7－9 所示。

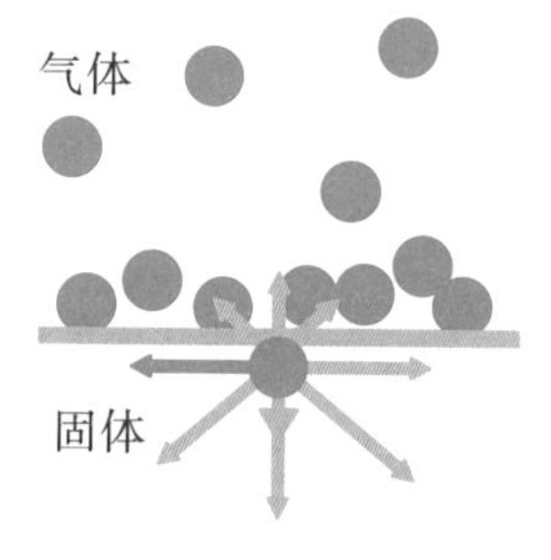

图 7－9　固体表面的吸附

固体表面与被吸附分子的作用力属于分子间力的范畴，因此，这样的吸附也称为物理吸附。温度会影响吸附，温度越低，吸附越显著。由于吸附发生在固体或者液体表面，因此表面积大小将影响吸附，表面积越大，吸附越显著。对固体而言，颗粒大小(粒径)对固体表面积影响显著，固体颗粒越小，表面积越大。

胶核属于固相，几乎是最小的固相，因此，胶核有非常大的表面积，故表现出强烈的吸附作用。

此时，溶液中存在 Ag^+（过量）、I^-（几乎没有）、K^+、NO_3^- 和溶剂分子 H_2O。由于形成胶核的离子是 Ag^+、I^-，所以胶核将优先吸附 Ag^+，形成第一吸附层：

$$(AgI)_m \cdot nAg^+$$

式中，n 为胶核吸附的 Ag^+ 的数目，$n<m$。

第一吸附层形成之后，胶核带正电，它必然再吸附带相反电荷的离子 NO_3^-，形成第二吸附层：

$$(AgI)_m \cdot nAg^+ \cdot (n-x)NO_3^-$$

其中，$(n-x)$ 为 NO_3^- 的数目。

注意：NO_3^- 的数目比 Ag^+ 的数目小是因为胶核对第一吸附层离子的吸附强于对第二吸附层离子的吸附，这使得第二吸附层的 x 个 NO_3^- 可以扩散到溶液中去。

胶核与第一、第二吸附层构成胶粒：

$$[(AgI)_m \cdot nAg^+ \cdot (n-x)NO_3^-]^{x+}$$

胶粒与周围自由的 $NO_3{}^-$ 构成电中性的胶团：

$$[(AgI)_m \cdot nAg^+ \cdot (n-x)NO_3^-]^{x+} \cdot xNO_3^-$$

胶粒外的一层相反电荷层称为扩散层。

AgI 胶团结构示意图如图 7-10 所示。

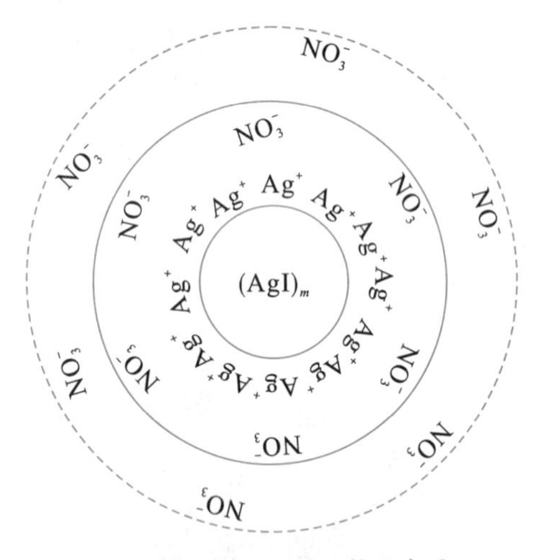

图 7-10　AgI 胶团结构示意图

注意，上述 AgI 胶团是在 $AgNO_3$ 溶液过量的情况下得到的，如果不是 $AgNO_3$ 溶液过量而是 KI 溶液过量，则吸附层吸附的离子不同，胶团的结构不同：

$$[(AgI)_m \cdot nI^- \cdot (n-x)K^+]^{x-} \cdot xK^+$$

一些胶团实例如下：

$$\{[Fe(OH)_3]_m \cdot nFeO^+ \cdot (n-x)Cl^-\}^{x+} \cdot xCl^-$$

$$[(As_2S_3)_m \cdot nHS^- \cdot (n-x)H^+]^{x-} \cdot xH^+$$

$$[(H_2SiO_3)_m \cdot nHSiO_3^- \cdot (n-x)H^+]^{x-} \cdot xH^+$$

胶核由于吸附离子生成吸附层而具有一定的稳定性，故胶团吸附层的电解质称为胶体的稳定剂。

需要说明的是，同一溶胶的 m 值不固定，故胶团的直径和质量不固定。相对于简单离子而言，结构复杂是胶体的一大特征。

7.5.2 溶胶的性质

1. 光学性质——丁达尔效应

1869年，英国科学家丁达尔(John Tyndall，1820—1893)发现，若令一束汇聚的光通过溶胶，则从侧面(与光垂直的方向)可以看到一个发光的圆锥体，这就是丁达尔效应。

丁达尔效应是由于胶体离子对光的散射而形成的。当光线射入分散体系时，可能发生两种情况：①若分散质的粒子大于入射光的波长，则发生光的反射或折射现象，粗分散体系属此类。②若分散质的粒子小于入射光的波长，则发生光的散射现象。此时，光波绕过粒子而向各个方向散射出去，使得分散质粒子成为发光点。分散质粒子散射出来的光称为乳光或散射光。无数被光照射的分散质粒子散射出乳光，使得汇聚光的传播路径显示出来了。从侧面(与光垂直的方向)可以看到汇聚光的传播路径，形似一个发光的圆锥体。

溶胶中粒子的直径为1～100 nm，小于可见光波长(400～760 nm)，因此，溶胶发生光的散射而出现丁达尔效应。

粗分散体系发生光的反射或折射，不发生散射。而分子分散体系，虽然粒子的直径(小于1 nm)小于可见光波长，但粒子实在是太小了，散射不明显，不能看到明显的光路。因此，唯有胶体分散体系具有丁达尔效应。丁达尔效应，实际上成了鉴别溶胶的最简便方法(图7－11)。

水雾在空气中就是气溶胶，因此，自然界中广泛存在着丁达尔效应(图7－12)。

图7－11 溶胶中的丁达尔效应

图7－12 大自然中的丁达尔效应

2. 动力学性质——布朗运动

1827年，英国植物学家布朗(R. Brown)用显微镜观察到液面上的花粉颗粒不断地做不规则运动，这是不断做热运动的溶剂分子撞击花粉颗粒的结果。所以，布朗运动是指液体或气体中的微粒所作的永不停止的无规则运动。它的实质是质点热运动的结果。实验证实，胶体溶液中的胶粒也存在布朗运动。

3. 电学性质——电泳现象

因胶粒带电，在外加电场作用下，胶粒会定向移动，此现象称为电泳。胶粒带何种电荷与制备方法有关。通常情况下，金属硫化物、硅酸、土壤、淀粉以及金、银等胶粒带负电，称为负溶胶；金属氢氧化物的胶粒带正电，称为正溶胶。

7.5.3 溶胶的稳定性和聚沉作用

溶胶是多相高分散体系，有自发聚集成较大颗粒的趋势，如果从溶解度的角度考虑，就属于过饱和状态，是热力学不稳定状态。但是胶体又能够较长时间存在，这有赖于其相对稳定性。溶胶具有稳定性主要有以下三个方面的原因：

（1）布朗运动。溶胶因分散度大，颗粒小，有显著的布朗运动，能够在一定程度上克服重力引起的沉降作用。

（2）胶粒带电。胶粒在有电解质的情况下能够形成吸附层使胶粒带电，因为胶粒带相同电荷，互相排斥，阻止它们彼此靠拢而聚沉。大多数溶胶稳定主要是因为胶粒带电。

（3）溶剂化作用。胶团结构中胶粒和扩散层离子都是水合的，在胶粒周围水合层的保护下，胶粒难以碰撞而聚沉。

如果溶胶失去了稳定因素，胶粒相互碰撞将导致颗粒聚集变大，最终以沉淀形式析出。这种现象称为聚沉。

常见的聚沉方法有以下三种：

（1）加入电解质。加入电解质增加扩散层离子进入吸附层的机会，并最终使得吸附层不带电，胶粒不带电将易于聚沉。加入电解质的离子电荷数越大、水合离子体积越小，电场强度越大，越容易使溶胶聚沉。

例如，对于正溶胶而言，卤素阴离子对其聚沉能力的大小顺序是 $Cl^- > Br^- > I^-$，这是因为 X^- 离子水合能力弱，在水溶液中几乎没有水合作用，是以 X^- 简单离子的形式存在，而 X^- 离子体积的大小顺序是 $Cl^- < Br^- < I^-$。对于负溶胶而言，碱金属阳离子对其聚沉能力的大小顺序是 $Cs^+ > Rb^+ > K^+ > Na^+ > Li^+$，这是因为碱金属离子水合能力相对较强，其水合能力大小顺序为 $Li^+ > Na^+ > K^+ > Rb^+ > Cs^+$，水合离子体积的大小顺序为 $Li(H_2O)_m^+ > Na(H_2O)_m^+ > K(H_2O)_m^+ > Rb(H_2O)_m^+ > Cs(H_2O)_m^+$。注意，不同碱金属水合离子的 m 值不一定相同。

（2）溶胶的相互聚沉。在溶胶中加入相反电荷的溶胶，利用胶粒电荷的异性相吸，使胶粒相互中和电性而聚沉。

（3）加热。升温将加快胶粒的热运动，增加胶粒相互碰撞的机会，使胶粒聚沉；同时，升温也有利于胶粒吸附层离子挣脱胶核的吸引，使胶粒聚沉。

习 题

1. 为什么饱和蒸气压与温度有关，而与液体上方的空间无关？

2. 下列溶液：a. 0.10 $mol \cdot L^{-1}$ 乙醇；b. 0.05 $mol \cdot L^{-1}$ 氯化钙；c. 0.06 $mol \cdot L^{-1}$ 溴化钾；d. 0.06 $mol \cdot L^{-1}$ 硫酸钠。问哪种溶液沸点最高？哪种溶液凝固点最低？哪种溶液蒸气压最低？

3. 为了防止水结冰，在里面加入甘油。如需使凝固点降低至 -2.00℃，则在每

100克水中应加入多少克甘油？（甘油分子式为 $C_3H_8O_3$）

4. 一种化合物含有碳40%、氢6.6%、氧53.4%。实验表明，9.0 g该化合物溶解于500 g水中，水的沸点会升高0.052 K。求该化合物的：①实验式；②摩尔质量；③化学式。

5. 解释下列现象：

（1）海鱼在淡水中死亡。

（2）盐碱地里植物难以生长。

（3）雪地里撒些盐，雪就融化了。

（4）江河入海处易形成三角洲。

6. 若要分别聚沉以下两种胶体，按聚沉能力大小对三种电解质 $MgSO_4$、$K_3[Fe(CN)_6]$和 $AlCl_3$进行排序。

（1）100 mL 0.005 $mol \cdot L^{-1}$ KI溶液和100 mL 0.01 $mol \cdot L^{-1}$ $AgNO_3$溶液混合制成的AgI溶胶。

（2）100 mL 0.005 $mol \cdot L^{-1}$ $AgNO_3$溶液和100 mL 0.01 $mol \cdot L^{-1}$ KI溶液混合制成的AgI溶胶。

第 8 章　酸碱反应

从本章开始，将利用化学平衡定律和化学平衡移动原理对水溶液中最重要的四大无机化学反应（酸碱反应、沉淀反应、配位反应和氧化还原反应）进行讨论。利用化学平衡定律，将涉及不同反应的平衡常数和表达式以及相关的计算；利用化学平衡移动原理，将涉及反应的方向和相关计算。

酸碱反应是非常重要的并且也是非常古老的化学反应类型。由于酸和碱都是人为的概念，因此，在不同时期和不同观念支配下，人们对酸碱的认识是不一样的。

8.1　酸碱理论

人类对酸、碱的认识已有一千多年的历史。在这段漫长的认知过程中，人类对酸、碱的认识由早期的感性认识逐渐上升到理性认识，使得酸碱概念从经验上升为科学。

1. 经验时期

早在中世纪，西方各种炼金术著作中就已出现了酸、碱、盐等术语。公元 8 世纪，阿拉伯炼金术士阿布·穆萨·贾比尔·伊本·哈扬（Abu Mūsā Jābir ibn Hayyān）已经制得了硫酸和硝酸。16 世纪，欧洲人制得了盐酸。但很长一段时间里，人们对酸、碱和盐仅限于感性认识，是对诸如颜色、形状、声音、冷热和气味等表面现象的感觉、认知和归纳，属于经验的范畴。如 17 世纪的某一天，英国年轻的科学家罗伯特·波义耳（Robert Boyle）在化学实验中偶然把盐酸洒在了一朵紫罗兰上，发现紫罗兰颜色变红了。波义耳既新奇又兴奋，他认为可能是盐酸使紫罗兰花瓣颜色变红了。为了验证自己的想法，他重复了这个操作，结果相同。他又把紫罗兰花瓣分别放入其他几种溶液，结果都变为红色。由此他得出结论：酸能使紫罗兰花瓣变为红色。1746 年，英国医生路易斯（William Lewis）在他的著作《实用化学教程》中总结道："有那么一种物质，如醋、柠檬汁、绿矾油等，把它们稀释到一定浓度时，尝起来有酸味；它们遇到白垩、植物燃烧后所得到的盐以及类似的物质时起泡，形成一种中性盐。它们都是酸。酸使紫罗兰的汁液变红，碱则不同。任何一种和酸混合时冒泡，随即沸腾，然后生成中性盐的物质就是碱。"

2. 半经验时期

这段时期人们力图对酸、碱和盐做更加深入的研究，得到了对酸、碱和盐本质的一些不成熟的认识。如 18 世纪后期法国化学家拉瓦锡(Antoine-Laurent de Lavoisier)提出酸中必有氧元素；19 世纪前期德国化学家李比希(Justus von Liebig)提出酸是一个含氢的物质；等等。

3. 理论的建立

自阿累尼乌斯创立电离理论并进而提出酸碱电离理论开始，人类对酸和碱的认识产生了质的飞跃，由感性认识上升到了理性认识。利用电离理论对酸、碱本质的阐述，人们获得了对酸、碱抽象性和普遍性的认识。认识一旦进入理性阶段，化学家的思想就变得非常自由。从 19 世纪后期至 20 世纪初期，化学家建立了许多酸碱理论，如被称为三大酸碱理论的酸碱电离理论、酸碱质子理论、酸碱电子理论，以及酸碱溶剂理论等。

考虑到未来的化学家还可能创立新的酸碱理论，因此，对酸碱理论应该包括哪些内容进行讨论就显得非常必要和迫切。首先，酸碱理论必然涉及对酸、碱的准确定义；其次，作为一类反应，酸碱理论还将涉及对酸碱反应本质的阐述；最后，酸或者碱分别作为一大类物质，涉及不同酸和不同碱相对强弱的量度问题，不仅要有定性的度量，还要有定量的度量。

8.1.1　酸碱电离理论

1887 年，阿累尼乌斯提出电离理论，并以此为基础，提出酸碱电离理论。该理论也称为经典酸碱理论。

1. 酸碱定义

酸：在水溶液中电离时产生的阳离子全部是 H^+ 的化合物。

碱：在水溶液中电离时产生的阴离子全部是 OH^- 的化合物。

2. 酸碱反应实质

酸碱反应的实质是 H^+ 与 OH^- 反应生成水。

3. 酸碱强度的度量

定性度量：以在水溶液中给出 H^+ 或者 OH^- 的能力来度量酸或碱的强度。给出 H^+ 的能力越强，酸的酸性越强；给出 OH^- 的能力越强，碱的碱性越强。

定量度量：以酸或者碱电离出 H^+ 或者 OH^- 的电离反应的平衡常数来度量。

酸碱电离理论在水溶液中的应用获得了很大的成功，但其局限性也在于水溶液。

8.1.2　酸碱质子理论

1923 年，丹麦化学家布朗斯泰德(J. N. Brønsted)和英国化学家劳莱(T. M. Lowry)各自独立提出了酸碱质子理论。该理论也称为布朗斯泰德－劳莱理论。出于两方面的考虑，这一理论给 H^+ 以独特的地位：其一，经典酸碱理论酸定义中 H^+ 的特殊性；其二，H^+ 是唯一的仅由一个质子组成的离子，它的直径太小，约为 10^{-14} cm，其他离子因有电子云，故体积大于质子约 10^6 倍。质子的小体积使人有理由假定它绝不可能以自由状态存在，而是依附于一些分子存在。布朗斯泰德和劳莱正是基于这一点考虑，提出了酸碱质子理论。

8.1.2.1 酸碱定义

酸：凡能给出质子(H^+)的物质都是酸。

碱：凡能接受质子(H^+)的物质都是碱。

酸碱之间存在如下平衡：

$$酸 \rightleftharpoons H^+ + 碱$$

例如：

$$H_2O \rightleftharpoons H^+ + OH^-$$

$$H_3O^+ \rightleftharpoons H^+ + H_2O$$

$$H_2PO_4^- \rightleftharpoons H^+ + HPO_4^{2-}$$

$$HPO_4^{2-} \rightleftharpoons H^+ + PO_4^{3-}$$

$$NH_4^+ \rightleftharpoons H^+ + NH_3$$

$$NH_3 \rightleftharpoons H^+ + NH_2^-$$

可以看出，在经典酸碱理论基础之上，酸碱质子理论对酸的定义有所扩大(原来的酸以及酸式盐成为酸)，对碱的定义大大地扩大了。

酸与其释放出 H^+ 后相应的碱称为共轭酸碱对。如 $HCl-Cl^-$，称 Cl^- 为 HCl 的共轭碱，HCl 为 Cl^- 的共轭酸。对同一分子或离子而言，在不同的共轭酸碱对中可以是酸，也可以是碱，如上例中的 NH_3、HPO_4^{2-} 等。在此理论中，没有盐的概念。

8.1.2.2 酸碱反应实质

酸碱反应的实质是两个共轭酸碱对之间进行质子传递。

两个共轭酸碱对：

$$酸_1 \rightleftharpoons H^+ + 碱_1$$

$$酸_2 \rightleftharpoons H^+ + 碱_2$$

它们之间通过交换质子导致酸碱反应发生：

$$酸_1 + 碱_2 \rightleftharpoons 酸_2 + 碱_1$$

例如：

$$HAc + H_2O \rightleftharpoons H_3O^+ + Ac^-$$

8.1.2.3 酸碱强度的量度

定性度量：以给出或接受质子的能力分别度量酸或碱的强度。

酸给出质子的能力越强，酸性越强。如 HCl 给出质子能力强，是强酸；HAc 给出质子能力弱，是弱酸。

碱接受质子的能力越强，碱性越强。如 OH^-、PO_4^{3-}、CO_3^{2-} 等接受质子能力强，是强碱；Cl^- 接受质子能力弱，是弱碱。

考虑一个共轭酸碱对：

$$HA \rightleftharpoons H^+ + A^-$$

如果共轭酸越强，则正反应进行程度越大；正反应进行程度越大，相应的逆反应进行程度就越小，则共轭碱就越弱。即对于共轭酸碱对而言，共轭酸越强，则共轭碱越弱；共轭酸越弱，则共轭碱越强。如 $HCl-Cl^-$，HCl 为强酸，Cl^- 为弱碱；H_2O-OH^-，OH^- 为强碱，H_2O 为弱酸。

定量度量：与经典酸碱电离理论相同，仍然用平衡常数来衡量。

8.1.2.4　酸碱质子理论在水溶液中的应用

酸碱质子理论把水溶液中的电离反应、中和作用和水解反应都解释为酸碱反应，即两个共轭酸碱对之间的质子传递。

1. 电离反应

例如：

$$HNO_3+H_2O \xlongequal{} H_3O^+ +NO_3^-$$

HNO_3 的酸性强于 H_3O^+，H_2O 的碱性强于 $NO_3{}^-$，故是相对较强的酸碱反应生成相对较弱的酸碱，反应向右趋势极大，进行到底。

$$NH_3+H_2O \rightleftharpoons NH_4^+ +OH^-$$

H_2O 的酸性弱于 NH_4^+，NH_3 的碱性弱于 OH^-，故是相对较弱的酸碱反应生成相对较强的酸碱，反应向右趋势不大，可逆程度大。

对溶剂水而言，既可以作酸，也可以作碱。如果溶质酸性强过水，水就作碱；如果溶质碱性强过水，水就作酸。

2. 中和反应

例如：

$$HCl+NH_3 \xlongequal{} NH_4^+ +Cl^-$$

HCl 的酸性强于 NH_4^+，NH_3 的碱性强于 Cl^-，故反应向右的趋势极大，进行到底。

3. 水解反应

例如：

$$CN^- +H_2O \rightleftharpoons HCN+OH^-$$

CN^- 的碱性弱于 OH^-，H_2O 的酸性弱于 HCN，水解程度小，可逆程度大。

可以看出，酸碱质子理论在水溶液中的应用与酸碱电离理论相同。

8.1.2.5　酸碱质子理论在非水体系中的应用

如液氨体系，氨的自偶反应如下：

$$NH_3+NH_3 \rightleftharpoons NH_4^+ +NH_2^-$$

酸 HA 在液氨中，液氨作碱：

$$HA+NH_3 \rightleftharpoons NH_4^+ +A^-$$

碱 B 在液氨中，液氨作酸：

$$B+NH_3 \rightleftharpoons BH^+ +NH_2^-$$

酸碱质子理论给 H^+ 以极特殊的地位，离开 H^+ 则谈不上酸碱，这也是酸碱质子理论的局限之处。

8.1.3 酸碱电子理论

与欧洲的布朗斯泰德和劳莱提出酸碱质子理论同年，即 1923 年，大西洋彼岸的美国化学家路易斯也提出了自己的酸碱理论，一个比酸碱质子理论还要广泛的酸碱理论：酸碱电子理论。

吉尔伯特·牛顿·路易斯（Gilbert Newton Lewis，1875—1946），《无机化学》里多次出现的美国杰出化学家，他提出了共价键理论、路易斯结构式、活度、离子强度、酸碱电子理论。

8.1.3.1 基本要点

酸：可以接受电子对的物质。

碱：可以给出电子对的物质。

酸也称为电子对接受体，碱亦称为电子对给予体。

酸碱反应的实质是形成配位键，产物是酸碱配合物。

$$酸+碱 \rightleftharpoons 酸碱配合物$$

例如：

$$H^+ + :OH^- \rightleftharpoons H:OH$$

$$M^{n+} + mL \rightleftharpoons ML_m^{n+}$$

从配合物的组成分析，可以得到 Lewis 酸、碱的类型。

Lewis 酸的类型：①配位化合物中的中心离子，金属原子、金属阳离子和金属阴离子的价层轨道或者重排或者不重排接受电子对。②有些分子利用空轨道接纳电子对。如 $B(OH)_3$接受 OH^- 离子电子对成为 $B(OH)_4^-$，SiF_4 接受 F^- 离子电子对成为 SiF_6^{2-} 等。③某些配位体具有空的反键分子轨道接受电子对，即所谓的 π 酸配体。

Lewis 碱的类型：①阴离子几乎都能提供电子对，如 X^- 等。②具有孤对电子的中性分子，如NH_3等。③能够提供成键π键电子的分子或离子，如C_2H_4分子。

因为能够形成配位键的化合物很多，故路易斯的酸碱电子理论比布朗斯泰德－劳莱酸碱理论的应用范围要广泛得多。

路易斯的酸碱电子理论和布朗斯泰德－劳莱酸碱理论是在相同时期提出来的，布朗斯泰德－劳莱酸碱理论一经提出就获得了广泛的认可和接受。但由于某些原因，路易斯的酸碱电子理论提出后未能得到普遍接受。一个原因是诸如电子对接受体、电子对给予体等概念已被广泛地接受和应用(不是在酸碱反应中)。另一个原因是路易斯的酸碱电子理论本身不完善，比如缺乏对酸碱强度的准确描述。此外，酸碱电子理论关于酸、碱的特征不明确，与人们长期形成的对酸、碱的认知不吻合。一些早已明确是酸的物质，如HCl、H_2SO_4等，在路易斯的酸碱电子理论中不能得到酸的身份认可，因为HCl、H_2SO_4等似乎是不可能接受电子对的。路易斯的酸碱电子理论直到1963年美国化学家皮尔森(Ralph G. Pearson)在其基础之上提出软硬酸碱规则，1983年皮尔森与罗伯特・帕尔共同提出计算酸碱软硬度的方法后才变得较为完善，并成为重要的酸碱理论之一。

8.1.3.2　软硬酸碱规则

软硬酸碱规则是定性描述酸碱强弱的一些规律。

1. 软、硬酸碱的分类

根据电负性、氧化态、变形性把酸碱分为软、硬酸碱。

硬酸：中心离子高氧化态、体积小、变形性小，如H^+、Li^+、Ln^{3+}等。

软酸：中心离子低氧化态、体积大、变形性大，如Cu^+、Ag^+、Au^+等。

硬碱：配位原子高电负性、难于被氧化、变形性小，如O、F、OH^-、N等。

软碱：配位原子低电负性、易于被氧化、变形性大，如I^-、S^{2-}、CN^-等。

交界酸：介于硬酸和软酸之间的酸，如Fe^{2+}、Co^{2+}、Ni^{2+}、Zn^{2+}、Pb^{2+}、Sn^{2+}、Sb^{3+}、Bi^{3+}、Cu^{2+}等。

交界碱：介于硬碱和软碱之间的碱，如Br^-、NH_2^-、N_2、SO_3^{2-}等。

2. 反应规律

硬酸易与硬碱反应，软酸易与软碱反应，交界酸、碱都能结合(稳定性差异大)。

利用软硬酸碱规则可以对配合物的形成及其稳定性规律做出较好的说明。

目前，经典酸碱理论、酸碱质子理论和酸碱电子理论在其各自的领域获得应用，尽管这些领域有时是相通的。化学似乎进入了这么一个时期：为了明确酸或碱，需要有一个适当的限定词，如Lewis酸或质子酸等。

本章讨论水溶液中的酸碱反应，经典酸碱理论和酸碱质子理论都能得出相同的结论。

8.2　水的电离

水是最重要的溶剂，本章讨论的酸碱电离平衡都是在水中建立的，所以溶液的酸碱性既取决于溶质的电离，也取决于水的电离。这里先讨论水的电离平衡。

8.2.1 水的电离

实验证明，水有极弱的导电性，是很弱的电解质。电离平衡如下：

$$H_2O+H_2O \rightleftharpoons H_3O^+ + OH^-$$

简化为

$$H_2O \rightleftharpoons H^+ + OH^-$$

由化学平衡定律可以得到平衡常数表达式：

$$K_c=\frac{[H^+] \times [OH^-]}{[H_2O]}$$

实验测定在 295 K 纯水中：

$$[H^+] = [OH^-] = 1.00\times10^{-7} mol \cdot L^{-1}$$

在 1 L 水中：

$$n_{H_2O}=\frac{1000}{18}=55.56\ mol \cdot L^{-1}$$

则平衡时

$$[H_2O] = 55.56-1.00\times10^{-7}=55.56\ mol \cdot L^{-1}$$

即 $[H_2O]$ 为一常数，故

$$[H^+][OH^-] = K_c\times [H_2O] = K_c\times55.56=常数$$

令 $K_c\times55.56=常数=K_w$，得到表达式：

$$K_w = [H^+]\times[OH^-] \tag{8-1}$$

式中，K_w为水的离子积常数，下标“w”特指水(Water)的电离反应。这里的离子积是离子浓度乘积之意，之所以特别强调是乘积是要区别于通常情况下平衡常数表达式是一个商的事实。式(8−1)表明，在一定温度下，水溶液中氢离子浓度和氢氧根离子浓度的乘积为一常数。

由热力学的知识可知，平衡常数的数值可以由实验测定，也可以用热力学数据进行计算。

实验测定：

298 K 时，测定纯水中 $[H^+] = [OH^-] = 1.00\times10^{-7} mol \cdot L^{-1}$，则 $K_w=1.00\times10^{-14}$。

热力学数据计算：

$$H_2O(l) \rightleftharpoons H^+(aq)+OH^-(aq)$$

$$\Delta_r G^\ominus(298\ K)=\Delta_f G^\ominus(H^+_{aq})+\Delta_f G^\ominus(OH^-_{aq})-\Delta_f G^\ominus(H_2O(l))=79.9\ kJ \cdot mol^{-1}$$

$$\Delta_r G^\ominus=-RT\ln K^\ominus$$

$$K^\ominus=1.00\times10^{-14}$$

注意：K_w与$K^\ominus$数值相同，但是前者有单位而后者没有单位(量纲为 1)，且两者表达式也不同。

$$K^\ominus = \frac{[H^+]}{c^\ominus}\times\frac{[OH^-]}{c^\ominus} \tag{8-2}$$

由于标准浓度 $c^\ominus=1\ mol \cdot L^{-1}$，故式(8−1)可以视为式(8−2)的简化形式。

由于水的电离吸热：$\Delta_r H^\ominus = 57.4\ kJ \cdot mol^{-1}$，故温度升高，氢离子浓度和氢氧根离子浓度增大，即 K_w增大。K_w 随温度的变化见表 8－1。

表 8－1　K_w随温度的变化

T/K	293.15	303.15	333.15	343.15	353.15
$K_w/\times 10^{-14}$	0.691	1.47	9.61	15.8	25.1

常温下，一般使用 $K_w = 1.00\times 10^{-14}$。

需要注意的是，水的离子积表达式［式(8－1)］不仅在纯水中成立，根据多重平衡规则，它在水溶液中依然成立。此公式对了解溶液的酸碱性异常重要。

8.2.2　溶液的酸度

在纯水中：

$$K_w = [H^+][OH^-]$$

纯水是中性溶液，此时有

$$[H^+] = [OH^-] = 1.00\times 10^{-7}\ mol \cdot L^{-1}$$

如果在水中加酸，则构成酸性溶液，由于酸离解出 H^+，则

$[H^+] > [OH^-]$ 或 $[H^+] > 1.00\times 10^{-7}\ mol \cdot L^{-1}$或 $[OH^-] < 1.00\times 10^{-7}\ mol \cdot L^{-1}$

如果在水中加碱，则构成碱性溶液，由于碱离解出 OH^-，则

$[H^+] < [OH^-]$ 或 $[H^+] < 1.00\times 10^{-7}\ mol \cdot L^{-1}$或 $[OH^-] > 1.00\times 10^{-7}\ mol \cdot L^{-1}$

显然，可以得到一个水溶液酸碱性的判据：

酸性溶液：$[H^+] > [OH^-]$

中性溶液：$[H^+] = [OH^-]$

碱性溶液：$[H^+] < [OH^-]$

由于［H^+］、［OH^-］浓度数值太小，书写相对烦琐，1909 年丹麦科学家索伦森(Soren Peter Lauritz Sorensen)提出了 pH 值的概念。

索伦森定义：

$$pH = -\lg[H^+] \tag{8-3}$$

pH 的字面意思是对 H^+ 离子浓度取负对数。类似的例子很多，例如：pOH，对 OH^- 离子浓度取负对数；pK，对 K 值取负对数。习惯上，pH 的取值范围为 1～14。超出此范围，溶液的酸度用浓度数值表示。

用 pH 值能够很简单地表示溶液的酸碱性：

酸性溶液：pH<7

中性溶液：pH=7

碱性溶液：pH>7

生活中常见溶液的 pH 值见表 8－2。

表 8-2　生活中常见溶液的 pH 值

溶液	胃酸	柠檬汁	可口可乐	啤酒	酱油	牛奶	海水	血液
pH 值	1.0~3.0	1.47	2.44	4.0~4.5	4.0~5.0	6.4	7.0~8.3	7.4

8.2.3　拉平效应和区分效应

溶液的性质由溶剂和溶质共同决定，溶液的酸碱性亦如此。根据酸碱质子理论，一种物质在某种溶液中所表现出来的酸或碱的强度不仅与酸或碱的本质有关，也与溶剂的性质有关。

水并不是唯一的溶剂。若用 S 代表任一溶剂，酸 HA 在其中的离解平衡为：

$$HA+S \rightleftharpoons SH^{+}+A^{-}$$

SH^{+} 指溶剂化质子。在水中则为 H_3O^{+}，在乙醇中则为 $C_2H_5OH_2^{+}$，在冰醋酸中则为 H_2Ac^{+}。上述反应进行的程度越大，HA 的酸性越强。因此，对于某一特定的酸或碱而言，其酸性或碱性的强弱会受到溶剂酸碱性强弱的影响。简言之，酸的酸性强弱或碱的碱性强弱会因溶剂酸碱性强弱而异。比如，盐酸在水、冰醋酸和液氨中：

$$HCl+H_2O = H_3O^{+}+Cl^{-}$$

$$HCl+HAc \rightleftharpoons H_2Ac^{+}+Cl^{-}$$

$$HCl+NH_3 = NH_4^{+}+Cl^{-}$$

盐酸在水中就是强酸。如果溶剂是冰醋酸，由于冰醋酸酸性强于水，意味着冰醋酸碱性弱于水，则盐酸在冰醋酸中就是和相对较弱的碱反应，上述反应进行的程度就会被削弱，盐酸的酸性就会减弱。同样，如果换成碱性强于水的溶剂液氨，则盐酸在液氨中就是和相对较强的碱反应，上述反应进行的程度就会增强，盐酸的酸性就会增强。

一般的结论是，溶剂的碱性越强，酸的酸性越强，碱的碱性越弱；溶剂的酸性越强，酸的酸性越弱，碱的碱性越强。

在同一溶剂中，同一种酸或碱的酸碱性是确定的。但是，在同一溶剂中，不同酸或碱的强度差异未必能够体现出来。

例如，常见酸的强度如下：

$$HClO_4 > H_2SO_4 > HCl > HNO_3$$

如果这四种酸在溶剂水中：

$$HClO_4+H_2O = ClO_4^{-}+H_3O^{+}$$

$$H_2SO_4+H_2O = HSO_4^{-}+H_3O^{+}$$

$$HCl+H_2O = Cl^{-}+H_3O^{+}$$

$$HNO_3+H_2O = NO_3^{-}+H_3O^{+}$$

这些强酸在水中给出质子的能力很强，水的碱性已足够能使它充分接受这些酸给出的质子，反应进行得很完全。反应完后，溶液中只有一种酸 H_3O^{+}，并且如果酸的初始浓度相同，则其溶液中的 H_3O^{+} 浓度也会相同，实验测出的酸度(pH)将会相同，对应地计算出上述反应的平衡常数 K 将会相同。这意味着这些酸的强度差异在水中将不能表现出来。

这种将不同强度的酸拉平到溶剂化质子的效应叫拉平效应。具有拉平效应的溶剂叫拉平性溶剂。

在上例中，水是高氯酸、盐酸、硝酸和硫酸的拉平溶剂。显然，由于水的拉平效应，任何一种比 H_3O^+ 的酸性更强的酸都被拉平到 H_3O^+ 的水平，即水溶液中 H_3O^+ 是能存在的最强的酸。

如果这四种酸在溶剂冰醋酸中：

$$HClO_4+HAc \rightleftharpoons H_2Ac^+ + ClO_4^-$$

$$H_2SO_4+HAc \rightleftharpoons H_2Ac^+ + HSO_4^-$$

$$HCl+HAc \rightleftharpoons H_2Ac^+ + Cl^-$$

$$HNO_3+HAc \rightleftharpoons H_2Ac^+ + NO_3^-$$

由于 HAc 的碱性小于 H_2O，上述四种酸不能完全将质子转化为 H_2Ac^+，上述反应均是可逆的。如果实验测定相同浓度的四种酸溶液的酸度(pH)则会发现，按照 $HClO_4$、H_2SO_4、HCl 和 HNO_3 的顺序，酸度递减。对应计算出四种酸在醋酸中的平衡常数 K 如下：

$$HClO_4 \text{的} K=1.58\times10^{-6}$$

$$H_2SO_4 \text{的} K=6.31\times10^{-9}$$

$$HCl \text{的} K=1.58\times10^{-9}$$

$$HNO_3 \text{的} K=3.98\times10^{-10}$$

可见，在冰醋酸中，这四种酸的强度差异能够表现出来。

能区分酸的强弱的效应叫区分效应，具有区分效应的溶剂叫区分性溶剂。

上例中的冰醋酸即为四种酸的区分性溶剂。

需要注意的是，溶剂的拉平效应或区分效应与溶质和溶剂的相对强弱有关。如水虽不是上述四种酸的区分性溶剂，却是四种酸与醋酸的区分性溶剂。例如：

$$HCl+H_2O = Cl^- + H_3O^+$$

$$HAc+H_2O \rightleftharpoons Ac^- + H_3O^+$$

所以可以说，但凡能使不同的酸体现出酸的强度差异的溶剂，即为区分性溶剂，否则为拉平性溶剂。

8.3　酸碱的电离平衡

讨论酸碱在水中的电离平衡，其实就是把化学平衡定律和化学平衡移动原理的内容应用在酸的电离平衡和碱的电离平衡中。涉及平衡常数及其表达式、平衡移动原理的应用以及相关的计算(浓度的计算、转化率的计算)等。

8.3.1 一元弱酸

8.3.1.1 电离常数

在溶液中：

$$HA \rightleftharpoons H^+ + A^-$$

由化学平衡定律，在一定温度下建立平衡时：

$$K_a = \frac{[H^+]\times[A^-]}{[HA]} \tag{8-4}$$

K_a称为弱酸的电离平衡常数，下标“a”特指酸(Acid)。常见弱酸的电离常数见表8−3。

表8−3 常见弱酸的电离常数

酸	K_a	酸	K_a
HAc	1.8×10^{-5}	$H_2C_2O_4$	5.9×10^{-2}
HCN	6.2×10^{-10}	$HC_2O_4^-$	6.4×10^{-5}
H_2CO_3	4.3×10^{-7}	H_2S	5.7×10^{-8}
HCO_3^-	5.6×10^{-11}	HS^-	1.2×10^{-15}

显然对同类型的弱酸而言，温度一定时，K_a越大，酸性越强。通常，$K_a=10^{-7}\sim10^{-2}$的酸为弱酸，$K_a<10^{-7}$的酸为极弱酸。

8.3.1.2 相关计算

利用平衡表达式的计算实质上是对平衡浓度的计算。对一元弱酸来说，涉及酸度（$[H^+]$ 或 pH)、酸根离子浓度和转化率(电离度)。

1. $[H^+]$ 的计算

在HA溶液中：

$$H_2O \rightleftharpoons H^+ + OH^-$$

$$HA \rightleftharpoons H^+ + A^-$$

溶液中的 $[H^+]$ 来源于溶剂水的电离和酸HA的电离。考虑到溶剂水的电离程度非常小，并且酸HA电离的H^+对水的电离也是一种抑制，因此来源于溶剂水的电离的 $[H^+]$ 相对非常小，近似考虑则可以忽略，即只考虑酸的电离：

	HA	⇌	H^+	+	A^-
初始浓度	c		0		0
平衡浓度	$c-[H^+]$		$[H^+]$		$[A^-]=[H^+]$

由平衡常数表达式：

$$K_a = \frac{[H^+]^2}{c-[H^+]} \tag{8-5}$$

对式(8－5)解一元二次方程可得［H^+］的计算公式：

$$[H^+]=\frac{-K_a+\sqrt{K_a^2+4K_a\times c}}{2} \qquad (8-6)$$

式(8－6)称为近似式，这里的近似是指对水电离的忽略。

与忽略水的电离相比，另一个近似考虑更为常见。即当 K_a 较小(意味着［H^+］较小)、c 较大时，考虑 $c-[H^+]\approx c$。由公式(8－5)可得下式：

$$K_a=\frac{[H^+]^2}{c}$$

得到计算［H^+］的另一个公式：

$$[H^+]=\sqrt{K_a\times c} \qquad (8-7)$$

式(8－7)称为最简式。

在什么条件下可以使用式(8－7)取决于 $c-[H^+]\approx c$ 能否成立，准确地说是考虑 $c-[H^+]\approx c$ 带来的计算误差是否符合对计算结果的误差要求。通常用 $\frac{c}{K_a}$ 值的大小来表示 c 与［H^+］的差值大小，进而得到能否使用式(8－7)的条件。用式(8－7)得到的计算结果与用式(8－6)得到的计算结果的相对误差见表 8－4。

表 8－4　弱酸［H^+］的计算用式(8－7)与式(8－6)的相对误差

$\frac{c}{K_a}$	100	300	500	1000
相对误差/%	5.2	2.9	2.2	1.6

通常，考虑 $\frac{c}{K_a}\geqslant 500$ 时，计算误差小于 2.2%，符合计算要求。

2. 酸根和电离度的计算

对一元弱酸而言，酸根离子浓度等于［H^+］。

电离平衡的转化率称为电离度。定义为：电解质在溶液中达电离平衡时的电离百分数，用 α 表示。具体表示为：在溶液中的电解质已电离成离子的分子数对其所含分子总数(已电离的和未电离的)的比值。即

$$\alpha=\frac{\text{已电离的分子数}}{\text{电离前的分子总数}}\times 100\%$$

显然，分子数之比可用“物质的量”之比、浓度之比来代替。如一元弱酸：

$$HA \rightleftharpoons H^+ + A^-$$

$$\alpha=\frac{[H^+]}{c}\times 100\%=\frac{n_{H^+}}{n_{HA}}\times 100\% \qquad (8-8)$$

将最简式［H^+］$=\sqrt{K_a\times c}$ 代入，得

$$\alpha=\sqrt{\frac{K_a}{c}} \qquad (8-9)$$

式(8－9)称为稀释定律。在适当稀释的情况下，弱电解质浓度越小，电离度越大。1885 年，该定律由奥斯特瓦尔德(Friedrich Wilhelm Ostwald)提出。由稀释定律可以看出

α 与 K_a 的区别：尽管二者都可以表示电离程度，α 受浓度影响，是转化率的一种形式；K_a不受浓度影响，是平衡常数的一种形式。

例 8－1　计算 0.10 mol·L^{-1}HAc 溶液的酸度和电离度。

解：HAc 的 $K_a=1.8\times10^{-5}$，$\frac{c}{K_a}=5.6\times10^3\geqslant500$，由式(8－7)可以计算出 [H$^+$]：

$$[H^+]=\sqrt{K_a\times c}=1.34\times10^{-3}\ mol\cdot L^{-1}$$

再由式(8－8)或式(8－9)计算出电离度：

$$\alpha=\frac{[H^+]}{c}\times100\%=1.34\%$$

8.3.2　一元弱碱

一元弱碱的讨论和一元弱酸的讨论方式完全一致，仅仅是对象变了。在溶液中：

$$MOH \rightleftharpoons M^+ + OH^-$$

由化学平衡定律，一定温度下建立平衡时：

$$K_b=\frac{[M^+]\times[OH^-]}{[MOH]} \tag{8-10}$$

式中，K_b为弱碱的电离常数，下标“b”特指碱(Base)。显然对同类型的弱碱而言，温度一定时，K_b越大，碱性越强。

相关的计算：

	MOH ⇌	M^+	+ OH^-
初始浓度	c	0	0
平衡浓度	$c-[OH^-]$	$[M^+]=[OH^-]$	$[OH^-]$

$$K_b=\frac{[OH^-]^2}{c-[OH^-]}$$

近似式为

$$[OH^-]=\frac{-K_b+\sqrt{K_b^2+4K_b\times c}}{2} \tag{8-11}$$

当$\frac{c}{K_b}\geqslant500$时，最简式为

$$[OH^-]=\sqrt{K_b\times c} \tag{8-12}$$

电离度为

$$\alpha=\sqrt{\frac{K_b}{c}} \tag{8-13}$$

稀释定律的一般表达式为

$$\alpha=\sqrt{\frac{K_i}{c}} \tag{8-14}$$

按照酸碱质子理论，一元弱酸根也是一元弱碱。如果按照酸碱电离理论，这其实是弱酸根的水解反应。

$$A^- \quad + \quad H_2O \rightleftharpoons \quad HA \quad + \quad OH^-$$

初始浓度　　c　　0　　0　　0

平衡浓度　　$c-[OH^-]$　　$[HA]=[OH^-]$　$[OH^-]$

$$K_b(A^-)=\frac{[OH^-]^2}{c-[OH^-]}$$

近似式为

$$[OH^-]=\frac{-K_b(A^-)+\sqrt{K_b^2(A^-)+4K_b(A^-)\times c}}{2} \tag{8-15}$$

当$\frac{c}{K_b(A^-)}\geqslant 500$时，最简式为

$$[OH^-]=\sqrt{K_b(A^-)\times c} \tag{8-16}$$

电离度也称为水解度，其表达式为

$$\alpha=\sqrt{\frac{K_b(A^-)}{c}} \tag{8-17}$$

A^-的水解反应是水的电离平衡和 HA 的电离平衡逆过程的加和，按照多重平衡规则可以得到：

$$K_b(A^-)=\frac{K_w}{K_a(HA)}$$

$$K_w=K_b(A^-)\times K_a(HA) \tag{8-18}$$

式(8－18)表明了共轭酸碱对酸碱性强弱的定量关系，$K_a(HA)$越大酸越强，$K_b(A^-)$越小共轭碱越弱，反之亦然。

8.3.3　多元弱酸

按照酸碱质子理论，并没有多元酸或多元碱的概念。多元酸或者多元碱是按照酸碱电离理论才有的概念，多元酸是在水溶液中能电离出一个以上的质子(H^+)的酸。如 H_2S 为二元弱酸，H_3PO_4为三元酸。但是，按照酸碱质子理论，金属阳离子的水解属于酸碱反应的范畴，例如：

$$Al^{3+}+3H_2O \rightleftharpoons Al(OH)_3+3H^+$$

则要发生水解的金属阳离子就是酸，高价金属阳离子就是多元酸。

8.3.3.1　多元弱酸

多元弱酸在水溶液中分步电离。以氢硫酸为例，在 298.15 K 时：

第一级电离：

$$H_2S \rightleftharpoons H^+ + HS^-$$

$$K_{a1}=\frac{[H^+]\times[HS^-]}{[H_2S]} \tag{8-19}$$

第二级电离：

$$HS^- \rightleftharpoons H^+ + S^{2-}$$

$$K_{a2}=\frac{[H^+]\times[S^{2-}]}{[HS^-]} \qquad (8-20)$$

式中，K_{a1}、K_{a2}分别为第一、二级电离常数。

实验测得常温下 $K_{a1}=5.7\times10^{-8}$，$K_{a2}=1.2\times10^{-15}$，显然 $K_{a1}\gg K_{a2}$，即多元弱酸的多级电离常数是逐级显著减小的，这是电解质多级电离的规律。原因有二：①从负电荷离子(HS^-)中电离出带正电荷的离子(H^+)要比从中性分子中电离出正电荷的离子(H^+)困难得多；②第一级电离出的 H^+ 离子对第二级电离有很大的抑制作用。

下面以二元酸为例，讨论多元弱酸的三个相关计算。

1. 计算 $[H^+]$

多元酸溶液是一个多重平衡体系。在多重平衡体系中，各离子间的平衡是同时建立的。涉及多种平衡的离子，其浓度必须同时满足该溶液中的所有平衡，这是求解多种平衡问题时的一条重要原则。

$$H_2A \rightleftharpoons H^+ + HA^-$$

平衡时：　$c-[H^+]$　　$[H^+]+[A^{2-}]$　　$[HA^-]-[A^{2-}]$

$$HA^- \rightleftharpoons H^+ + A^{2-}$$

平衡时：　$[HA^-]-[A^{2-}]$　　$[H^+]+[A^{2-}]$　　$[A^{2-}]$

因为 $K_{a1}\gg K_{a2}$，故 $[A^{2-}]$ 很小，近似处理为

$$[H^+]+[A^{2-}]\approx[H^+]\approx[HA^-]-[A^{2-}]\approx[HA^-]$$

此近似表明，第二级电离产生的 H^+ 离子忽略不予考虑，多元弱酸 $[H^+]$ 的计算只考虑第一级电离，这意味着多元弱酸 $[H^+]$ 的计算是把多元弱酸看成一元弱酸。

近似式为

$$[H^+]=\frac{-K_{a1}+\sqrt{K_{a1}^2+4K_{a1}\times c}}{2} \qquad (8-21)$$

当$\frac{c}{K_{a1}}\geqslant500$时，最简式为

$$[H^+]=\sqrt{K_{a1}\times c} \qquad (8-22)$$

注意：多元弱酸的 $[H^+]$ 是按第一级电离来计算的。比较多元弱酸的酸性强弱时，只需比较 K_{a1} 即可。

2. 计算酸根离子浓度

由于多元酸最后一级电离平衡常数表达式中涉及酸根离子浓度，因此可以用于计算酸根离子浓度。

$$HA^- \rightleftharpoons H^+ + A^{2-}$$

平衡时：　$[HA^-]$　　$[H^+]$　　$[A^{2-}]$　（$[HA^-]=[H^+]$）

根据公式：

$$K_{a2}=\frac{[H^+]\times[A^{2-}]}{[HA^-]}$$

$$[A^{2-}]=K_{a2}$$

此计算结果表明，多元弱酸的电离平衡中，溶液中酸根离子浓度等于多元弱酸的最

后一级电离常数。

如氢硫酸的 $K_{a2}=1.2\times10^{-15}$，则 $[S^{2-}]=1.2\times10^{-15}\ mol\cdot L^{-1}$；磷酸的 $K_{a3}=4.4\times10^{-13}$，则 $[PO_4^{3-}]=4.4\times10^{-13}\ mol\cdot L^{-1}$。

3. 计算溶液酸度变化对酸根离子浓度的影响

对于多元弱酸，存在一个总的电离方程式，对应存在一个总的电离常数。例如，对于二元弱酸：

$$H_2A \rightleftharpoons 2H^+ + A^{2-}$$

$$K_a=\frac{[H^+]^2\times[A^{2-}]}{[H_2A]} \tag{8-23}$$

K_a 与 K_{a1}、K_{a2} 的关系符合多重平衡规则：

$$K_a=K_{a1}\times K_{a2} \tag{8-24}$$

对于多元弱酸而言，利用式(8－23)，可以通过调节溶液的酸度以达到控制 $[A^{2-}]$ 的目的。这对 H_2S 中的 S^{2-} 来说具有特殊意义，通过控制酸度以控制 $[S^{2-}]$，在无机化学及分析化学中有广泛的应用。

例 8－2　室温下在水中通入硫化氢气体至饱和，$[H_2S]=0.10\ mol\cdot L^{-1}$。求：

（1）溶液中各种离子的浓度。

（2）水溶液中有 $0.10\ mol\cdot L^{-1}$ 盐酸存在时的 $[S^{2-}]$。

解：查表得 $K_{a1}=5.7\times10^{-8}$，$K_{a2}=1.2\times10^{-15}$。

（1）溶液中的离子包括 $[H^+]$、$[HS^-]$、$[S^{2-}]$。

因为 $\frac{c}{K_{a1}}\geqslant500$ 时，由最简式计算得：

$$[H^+]=\sqrt{K_{a1}\times c}=7.6\times10^{-5}\ mol\cdot L^{-1}。$$

由 $[H^+]=[HS^-]$，得

$$[HS^-]=7.6\times10^{-5}\ mol\cdot L^{-1}$$

由 $[S^{2-}]=K_{a2}$，得

$$[S^{2-}]=1.2\times10^{-15}\ mol\cdot L^{-1}$$

（2）当水溶液中存在盐酸时，溶液的 $[H^+]$ 是盐酸电离出 H^+ 离子和氢硫酸电离出 H^+ 离子的加合。

$$[H^+]=[H^+]_{HCl}+[H^+]_{H_2S}$$

盐酸是强电解质，溶液中完全电离，则 $[H^+]_{HCl}=c_{HCl}=0.10\ mol\cdot L^{-1}$。

氢硫酸是弱酸，其电离将受到溶液中已存在盐酸的抑制，电离程度将显著降低，这意味着 $[H^+]_{H_2S}<7.6\times10^{-5}\ mol\cdot L^{-1}$。因此，近似考虑：

$$[H^+]=[H^+]_{HCl}+[H^+]_{H_2S}\approx[H^+]_{HCl}=0.10\ mol\cdot L^{-1}$$

利用式(8－23)，求出 $[S^{2-}]$：

$$K_a=\frac{[H^+]^2\times[S^{2-}]}{[H_2S]}$$

$$5.7\times10^{-8}\times1.2\times10^{-15}=\frac{[0.10]^2\times[S^{2-}]}{[0.10]}$$

$$[S^{2-}]=6.8\times10^{-22}\ mol\cdot L^{-1}$$

可看出，在酸性溶液中，氢硫酸的电离受到了显著的抑制，$[S^{2-}]$ 显著降低；通过控制溶液酸度，可以有效地控制溶液中的 $[S^{2-}]$。

8.3.3.2 高价金属阳离子

高价金属阳离子作为多元酸在水溶液中的反应，其实等同于高价金属阳离子或多元弱碱盐的水解反应。

高价金属阳离子在水中以水合离子的形式存在：$M(H_2O)_m^{n+}$，如 $Fe(H_2O)_6^{3+}$、$Al(H_2O)_6^{3+}$ 等。

水解分步进行，例如：

$$Al(H_2O)_6^{3+}+H_2O \rightleftharpoons [Al(OH)(H_2O)_5]^{2+}+H_3O^+$$

$$[Al(OH)(H_2O)_5]^{2+}+H_2O \rightleftharpoons [Al(OH)_2(H_2O)_4]^{+}+H_3O^+$$

$$[Al(OH)_2(H_2O)_4]^{+}+H_2O \rightleftharpoons Al(OH)_3(H_2O)_3\downarrow+H_3O^+$$

上述反应可视为按酸碱质子理论的酸碱反应，如果简化，则可视为按酸碱电离理论的多元弱碱盐水解反应：

$$Al^{3+}+H_2O \rightleftharpoons Al(OH)^{2+}+H^+$$

$$Al(OH)^{2+}+H_2O \rightleftharpoons Al(OH)_2^{+}+H^+$$

$$Al(OH)_2^{+}+H_2O \rightleftharpoons Al(OH)_3\downarrow+H^+$$

事实上，多元弱碱盐的水解过程很复杂，特别是水解产物是无定形沉淀时，将经历胶粒聚沉的过程，其组成极难确定。上述反应的产物只是一种书写形式而已。

可以看出，多元弱碱盐水解显酸性，水解分步进行，其中以第一步水解为主，第二、三步较困难。高价金属阳离子水解的逐级电离常数未能准确测定，故对其水解目前还不能进行定量计算。

8.3.4 多元弱碱

多元弱碱在这里主要是指多元弱酸根。多元弱酸根在水中的水解，按酸碱质子理论，就是多元弱碱。多元弱碱在溶液中的电离平衡讨论方式与多元弱酸相似。

以氢硫酸为例，298 K 时水解如下：

第一级水解：

$$S^{2-}+H_2O \rightleftharpoons HS^-+OH^-$$

$$K_b(S^{2-})=\frac{[OH^-]\times[HS^-]}{[S^{2-}]}=\frac{K_w}{K_{a2}} \tag{8-25}$$

第二级水解：

$$HS^-+H_2O \rightleftharpoons H_2S+OH^-$$

$$K_b(HS^-)=\frac{[OH^-]\times[H_2S]}{[HS^-]}=\frac{K_w}{K_{a1}} \tag{8-26}$$

显然：$K_b(S^{2-})\gg K_a(HS^-)$。

多元弱碱的计算与多元弱酸相似，$[OH^-]$ 的计算一样把多元弱碱看成一元弱碱，有近似式和最简式，以及其他相关计算。

8.3.5　酸碱两性物质的电离

这里的酸碱两性物质特指多元弱酸形成的酸式盐，既可以电离显出酸性，也可以水解显出碱性。如 MHA，作为强电解质在溶液中完全电离：

$$MHA \longrightarrow M^+ + HA^-$$

电离反应：

$$HA^- \rightleftharpoons H^+ + A^{2-} \qquad K_{a2}$$

水解反应：

$$HA^- + H_2O \rightleftharpoons H_2A + OH^- \qquad K_{b2} = K_w / K_{a1}$$

可以看出 HA^- 的电离使溶液的 $[H^+]$ 增大，HA^- 的水解使溶液的 $[OH^-]$ 增大。溶液究竟显酸性还是显碱性，取决于哪一个趋势起主要作用，即比较 K_{a2} 与 K_{b2}。

(1) 如果 $K_{a2} > K_{b2}$（$K_{a1} \times K_{a2} > 1.0 \times 10^{-14}$），电离起主要作用，酸式盐在溶液中显酸性。

(2) 如果 $K_{a2} < K_{b2}$（$K_{a1} \times K_{a2} < 1.0 \times 10^{-14}$），水解起主要作用，酸式盐在溶液中显碱性。

(3) 如果 $K_{a2} \approx K_{b2}$（$K_{a1} \times K_{a2} \approx 1.0 \times 10^{-14}$），电离与水解作用相当，酸式盐在溶液中接近中性。

将以上化学平衡定律应用于弱酸和弱碱在水溶液中的电离平衡，得到平衡常数表达式，并以此进行相关计算的讨论。

接下来，将利用化学平衡移动的原理对弱酸和弱碱在水溶液中的电离平衡进行讨论。

8.4　同离子效应

浓度改变对化学平衡的移动通过活度商与平衡常数的关系体现出来。

(1) $Q_c = K_c$，反应处于平衡状态。

(2) $Q_c < K_c$，正反应自发进行，直到反应达到平衡为止。

(3) $Q_c > K_c$，逆反应自发进行，直到反应达到平衡为止。

通过改变反应物或者产物的浓度，使 Q_c 值改变，以致 Q_c 与 K_c 的定量关系发生改变，进而使化学平衡发生移动，重新建立平衡时，电离度 α 值将发生改变。

反应物或者产物的浓度的改变可以是直接改变（比如直接改变反应物或产物的量），也可以是间接改变（比如通过让反应物或产物参与其他化学反应以达到改变其量的目的）。

本节讨论在弱电解质溶液中加入强电解质从而移动平衡并改变弱电解质电离度的情况。在弱电解质溶液中加入强电解质有两种可能性，加入的强电解质电离的离子与弱电解质电离的离子相同或者不相同。

第一种情况，加入的强电解质电离的离子与弱电解质电离的离子不相同。

弱电解质：

$$AB \rightleftharpoons A^+ + B^-$$

加入强电解质：

$$CD = C^+ + D^-$$

随着其他离子的加入，溶液中离子数目增多，离子间的相互牵制作用增强，C^+、D^-与 B^-、A^+之间的吸引、牵制会削弱 AB 电离平衡的逆反应，即减缓逆反应速度，导致平衡右移，结果是弱电解质的电离度增大。

这种作用称为盐效应，即在弱电解质溶液中加入其他强电解质时，该弱电解质的电离度增大的作用。

例如，298 K 时，0.1 mol·L^{-1} NH_3溶液的 $\alpha=1.3\%$，向该溶液中加入 KCl 使其浓度达 0.20 mol·L^{-1}时，NH_3溶液的 $\alpha=1.9\%$。可以看出，盐效应导致的 α 增大并不显著。在稀溶液中常不考虑。

第二种情况，加入的强电解质电离的离子与弱电解质电离的离子相同。

弱电解质：

$$AB \rightleftharpoons A^+ + B^-$$

加入强电解质：

$$AD = A^+ + D^-$$

显然，此时应存在盐效应，但同时更为显著的作用发生了。由于 AD 的加入，溶液中 $[A^+]$ 大大提高，原有的平衡被打破，反应逆向进行，结果是弱电解质的电离度减小。

这种作用称为同离子效应，即在弱电解质溶液中加入与其含有相同离子的另一种强电解质时，该弱电解质的电离度减小的作用。

例如，298 K 时，0.1 mol·L^{-1} HAc 溶液的 $\alpha=1.3\%$，当其中含有 0.10 mol·L^{-1} NaAc 时，$\alpha=(1.7\times10^{-2})\%$，$\alpha$ 减小约 98.7%。

注意：同离子效应和盐效应对电离度的影响相反，且两者的作用大小是不一样的。此例中，HAc 电离度的减小是在克服了盐效应带来的电离度增大基础上的减小，因此，同离子效应相对盐效应要显著得多。

同离子效应存在下的相关计算仍然是对溶液中 $[H^+]$ 或 $[OH^-]$ 的计算。

在弱酸 HA 溶液中加入强电解质 MA，构成弱酸－弱酸盐(HA－MA)体系：

	MA	$\longrightarrow$	M^+	+	A^-
初始浓度	$c_{盐}$		$c_{M^+}=c_{盐}$		$c_{A^-}=c_{盐}$

	HA	$\rightleftharpoons$	H^+	+	A^-
初始浓度	$c_{酸}$		0		$c_{盐}$
平衡浓度	$c_{酸}-[H^+]$		$[H^+]$		$c_{盐}+[H^+]$

由于同离子效应使平衡左移，导致 $[H^+]$ 降低，使得 $[H^+]\ll c_{酸}$，$[H^+]\ll c_{盐}$，近似处理：

$$c_{酸}-[H^+]\approx c_{酸}$$

$$c_{盐}+[H^+]\approx c_{盐}$$

得

$$K_a=\frac{[H^+]\times c_{盐}}{c_{酸}}$$

$$[H^+]=K_a\times\frac{c_{酸}}{c_{盐}} \tag{8-27}$$

同样处理弱碱和弱碱盐(MOH－MA)体系，得

$$K_b=\frac{[OH^-]\times c_{盐}}{c_{碱}}$$

$$[OH^-]=K_b\times\frac{c_{碱}}{c_{盐}} \tag{8-28}$$

式(8－27)和式(8－28)称为汉德森公式，由 Henderson-Hessebalch 提出。

例 8－3　在 0.10 $mol\cdot L^{-1}$ HAc 溶液中加入固体 NaAc，使 NaAc 的浓度达 0.2 $mol\cdot L^{-1}$，求该溶液的 $[H^+]$ 和电离度。

解：查表得 HAc 的 $K_a=1.8\times10^{-5}$，$c_{酸}=0.10\ mol\cdot L^{-1}$，$c_{盐}=0.2\ mol\cdot L^{-1}$，利用式(8－27)求出 $[H^+]$：

$$K_a=\frac{[H^+]\times c_{盐}}{c_{酸}}$$

$$1.8\times10^{-5}=\frac{[H^+]\times0.20}{0.10}$$

$$[H^+]=9.0\times10^{-6}\ mol\cdot L^{-1}$$

由式(8－8)求出电离度：

$$\alpha=\frac{[H^+]}{c}\times100\%=\frac{9.0\times10^{-6}}{0.10}\times100\%=(9.0\times10^{-3})\%$$

需要说明的是，前面多元弱酸计算酸度时基于第一级电离产生的 H^+ 离子对后面几级电离的抑制，而忽略后面几级的电离只考虑第一级电离，正是源于同离子效应。

同离子效应最重要的应用是在酸碱缓冲溶液中的应用。

8.5　缓冲溶液

8.5.1　概念

在溶液中加酸则 pH 值减小，加碱则 pH 值增大。例如，实验测定，在 1 L NaCl 溶液中加入 0.001 mol NaOH 时，溶液的 pH 值将由 7 升至 11。但是有一类溶液，在其中加入少量强酸或强碱不会引起 pH 值较大的变化。例如实验测定，在 1 L 0.1 $mol\cdot L^{-1}$ NaAc 和 HAc 混合溶液中加入 0.001 mol NaOH 时，溶液的 pH 值仅由 4.75 升至 4.76。这类溶液称为缓冲溶液，即氢离子浓度不因加入少量的酸或碱而引起显著变化的溶液。在这里，缓冲是针对酸度变化，是对外加少量酸或碱导致酸度变化的抵抗。

对缓冲溶液的组成可以进行简单分析：正常溶液中加入酸会电离出 H^+，H^+ 浓度会显

著增加，pH 值会显著降低。缓冲溶液中，pH 值不会显著降低，意味着缓冲溶液中 H^+ 浓度不会显著增加。缓冲溶液中 H^+ 浓度不会显著增加，意味着缓冲溶液中酸的电离受到了显著的抑制，电离出的 H^+ 极少，或者缓冲溶液中酸电离出的 H^+ 被反应掉了以至于几乎没有增加，二者必居其一。同样的分析，缓冲溶液中加碱，pH 不会显著增加，意味着或者缓冲溶液中碱的电离受到了显著的抑制，电离出的 OH^- 极少，或者缓冲溶液中碱电离出的 OH^- 被反应掉了以至于几乎没有增加。上述两种原因如果都是后者，加入缓冲溶液的酸或碱被反应掉了，意味着缓冲溶液中存在着相对大量的能够和外加酸或者碱反应的酸和碱，并且这些相对大量的酸和碱能够共存，彼此不反应。这其实只有一种可能性，那就是缓冲溶液中相对大量的酸和碱处于共轭平衡状态。只有共轭酸碱对才会处于平衡状态，二者共存。

对缓冲溶液的组成进行分析证实了后一种可能性，即缓冲溶液中存在着共轭酸碱对，弱酸－弱酸盐(如 HAc－NaAc 等)或者弱碱－弱碱盐(如 NH_3-NH_4Cl 等)。弱酸－弱酸盐、弱碱－弱碱盐通称缓冲对。

显而易见的是，弱酸盐或者弱碱盐在缓冲溶液中为弱酸或弱碱提供了同离子，故在缓冲溶液中存在显著的同离子效应。正因为存在显著的同离子效应，缓冲溶液才能抵抗少量的酸或碱。

8.5.2 缓冲作用原理

以 HAc－NaAc 为例，说明缓冲作用原理。在 HAc－NaAc 溶液中：

$$NaAc \longrightarrow Na^+ + Ac^-$$

$$HAc \rightleftharpoons H^+ + Ac^-$$

由于存在显著的同离子效应，HAc 的电离受到极大的抑制，HAc 电离产生的 H^+ 甚少，缓冲溶液中存在大量的 Ac^- 和 HAc。可以看出，HAc 就是能与外加 OH^- 作用(抵抗少量强碱)的物质，Ac^- 就是能与外加 H^+ 作用(抵抗少量强酸)的物质。

如果在缓冲溶液中加入少量强酸，即加入少量 H^+，则大量 Ac^- 与 H^+ 反应：

$$H^+(\text{少量}) + Ac^-(\text{大量}) \rightleftharpoons HAc$$

相对而言，H^+ 量少，Ac^- 量多，反应结果是加入的 H^+ 几乎完全被转变成 HAc，溶液中 H^+ 的绝对量几乎没有增加，所以缓冲溶液的 pH 值变化很小。

同理，如果在缓冲溶液中加入少量强碱，即加入少量 OH^-，则大量 HAc 与 OH^- 反应：

$$OH^-(\text{少量}) + HAc(\text{大量}) \rightleftharpoons H_2O + Ac^-$$

同样的，相对而言，OH^- 量少，HAc 分子量多，反应结果是加入的 OH^- 几乎完全被转变成 H_2O，溶液中 OH^- 的绝对量几乎没有增加，所以缓冲溶液的 pH 值变化很小。

可以看出，缓冲溶液之所以能抵抗少量酸碱的加入而保持溶液的 pH 值不变，是因为溶液中有大量的与酸或碱反应的物质，而加入的酸或碱又相对较少。

8.5.3 缓冲溶液的计算

缓冲溶液的计算通常涉及三个方面：酸度的计算，加入少量酸碱之后酸度变化的计算，缓冲溶液配置的相关计算。

缓冲溶液酸度的计算其实就是同离子效应作用下酸度的计算。

弱酸－弱酸盐（HA－MA）构成的缓冲溶液：

$$[H^+] = K_a \times \frac{c_{酸}}{c_{盐}}$$

弱碱－弱碱盐（MOH－MA）构成的缓冲溶液：

$$[OH^-] = K_b \times \frac{c_{碱}}{c_{盐}}$$

下面以具体实例来讨论缓冲溶液对少量酸碱的抵抗。

例 8－4　某缓冲溶液的组成为 1.0 mol・L^{-1} NH_3和 1.0 mol・L^{-1} NH_4Cl。求：

(1) 溶液的 pH 值。

(2) 将 1.0 mL 1.0 mol・L^{-1} NaOH 加入 50 mL 该缓冲溶液中引起的 pH 值的变化。

解：NH_3-NH_4Cl 溶液中：

$$NH_4Cl \longrightarrow NH_4^+ + Cl^-$$

$$NH_3 + H_2O \rightleftharpoons NH_4^+ + OH^-$$

溶液中存在大量的 NH_4^+、NH_3。NH_4^+ 抵抗加入的少量碱，NH_3抵抗加入的少量酸。

查表得 NH_3的 $K_b = 1.8 \times 10^{-5}$，$c_{碱} = c_{盐} = 1.0$ mol・L^{-1}。

(1) 由式(8－28)得

$$[OH^-] = K_b \times \frac{c_{碱}}{c_{盐}} = 1.8 \times 10^{-5}\ \text{mol} \cdot L^{-1}$$

$$pH = 9.20$$

(2) 在 50 mL 缓冲溶液中加入 1 mL 1.0 mol・L^{-1} NaOH 后，溶液仍然是缓冲溶液，其酸度的计算仍然使用式(8－28)。只是由于反应发生，$c_{碱}$、$c_{盐}$发生了变化。

加入 NaOH 后：

$$NaOH \longrightarrow Na^+ + OH^-$$

发生反应：

$$NH_4^+ + OH^- \rightleftharpoons NH_3 + H_2O$$

结果缓冲溶液中 NH_4^+ 减少，NH_3 分子增多。求出此时的 $c_{盐}$、$c_{碱}$，即可求得$[OH^-]$。

由 $c = \frac{n}{V}$，总体积为 $V = 50\ \text{mL} + 1\ \text{mL} = 51\ \text{mL} = 0.051$ L，需要求出反应后的 $n_{NH_4^+}$、n_{NH_3}。

$$NH_4^+ \quad + \quad OH^- \quad \rightleftharpoons \quad NH_3 + \quad H_2O$$

$$n_{原有量} - n_{减少量} \qquad\qquad n_{原有量} + n_{生成量}$$

$$n_{原有量} = n_{NH_4^+} = n_{NH_3} = 1.0\ \text{mol} \cdot L^{-1} \times 0.050\ L = 0.050\ \text{mol}$$

考虑加入的碱全部反应：

$$n_{生成量} = n_{减少量} = n_{NaOH} = 1.0\ \text{mol} \cdot L^{-1} \times 0.001\ L = 0.001\ \text{mol}$$

反应后：

$$n_{NH_4^+}=0.050-0.0010=0.049\ mol$$
$$n_{NH_3}=0.050+0.0010=0.051\ mol$$

求得：

$$c_{碱}=1.0\ mol\cdot L^{-1},\quad c_{盐}=0.96\ mol\cdot L^{-1}$$

由式(8−28)得：

$$[OH^-]=1.9\times10^{-5}\ mol\cdot L^{-1}$$
$$pH=9.28$$

上述缓冲溶液 50 mL 在加入 1 mL 1.0mol · L^{-1} NaOH 后的 pH 值变化为 9.20→9.28，变化值为 0.08。

作为对比，在 50 mL 水中加入 1 mL 1.0 mol · L^{-1} NaOH 后的 pH 值变化为 7→12.3，变化值为 5.3。

从上面计算可以看出汉德森公式的另一种形式：

$$[H^+]=K_a\times\frac{c_{酸}}{c_{盐}}=K_a\times\frac{n_{酸}}{n_{盐}} \tag{8-29}$$

$$[OH^-]=K_b\times\frac{c_{碱}}{c_{盐}}=K_b\times\frac{n_{碱}}{n_{酸}} \tag{8-30}$$

8.5.4 缓冲溶液的性质

8.5.4.1 缓冲容量

不同的缓冲溶液对少量酸碱的缓冲能力是不同的，为了恒量缓冲溶液的缓冲能力，提出了缓冲容量的概念：表征缓冲溶液缓冲作用的大小的量。

缓冲容量可以表示为：改变缓冲溶液 1 个 pH 单位所需加入酸或碱的量(M)或加入 1 个单位量的酸或碱后溶液 pH 值的改变量。对于前者，加入酸或碱的量越大，缓冲容量越大，缓冲能力越强；对于后者，pH 值的改变量越小，缓冲容量越大，缓冲能力越强。

实验证明，缓冲容量与缓冲对浓度比值($\frac{c_{酸}}{c_{盐}}$、$\frac{c_{碱}}{c_{盐}}$)和缓冲对总浓度有关。

考虑四份体积相同（1 L）的 HAc－NaAc 缓冲溶液，缓冲对总浓度都相同(1.0 mol · L^{-1})，但缓冲对浓度比值不同，在加入 0.02 mol NaOH 后，溶液 pH 值变化见表 8−5。

表 8−5 缓冲容量与缓冲对浓度比值的关系

	1	2	3	4
总浓度/mol · L^{-1}	1.0	1.0	1.0	1.0
$c_{酸}/c_{盐}$	0.50/0.50=1	0.10/0.90=0.11	0.05/0.95=0.05	0.03/0.97=0.03
加 NaOH 前 pH 值	4.76	5.71	6.04	6.27
加 NaOH 后 pH 值	4.79	5.82	6.27	6.76
ΔpH	0.03	0.11	0.23	0.49

可以看出，缓冲溶液中，缓冲对浓度比值($\frac{c_{酸}}{c_{盐}}$、$\frac{c_{碱}}{c_{盐}}$)越趋近于1，缓冲能力越强，缓冲容量越大。当缓冲溶液$\frac{c_{酸}}{c_{盐}}=1$或$\frac{c_{碱}}{c_{盐}}=1$时，缓冲溶液 $pH=pK_a$或 $pH=14-pK_b$，缓冲能力最强。

同样考虑四份体积相同(1 L)的 HAc－NaAc 缓冲溶液，缓冲对浓度比值都相同(=1)，但缓冲对总浓度不同，在加入 0.02 mol NaOH 后，溶液 pH 值变化见表 8－6。

表 8－6　缓冲容量与缓冲对总浓度的关系

	1	2	3	4
总浓度/$mol\cdot L^{-1}$	1.0	0.40	0.20	0.10
$c_{酸}/c_{盐}$	0.50/0.50=1	0.20/0.20=1	0.10/0.10=1	0.05/0.05=1
加 NaOH 前 pH 值	4.76	4.76	4.76	4.76
加 NaOH 后 pH 值	4.79	4.85	4.94	5.13
ΔpH	0.03	0.09	0.18	0.37

可以看出，缓冲对总浓度越大，即 $c_{酸}$、$c_{碱}$、$c_{盐}$ 越大，缓冲能力越强，缓冲容量越大。

8.5.4.2　缓冲溶液的有效范围

缓冲溶液缓冲能力有限，表现在两方面：①缓冲溶液只能抵抗少量酸碱，当加入较多的酸碱时，一旦缓冲溶液中的抗酸或抗碱成分与外加的酸或碱不构成相对多量，则缓冲溶液将失去缓冲能力；②缓冲溶液不能在任何 pH 环境下抵抗少量酸碱起缓冲作用。对于缓冲溶液而言，有一个能起缓冲作用的 pH 范围，称为缓冲溶液的有效范围，即缓冲溶液能起缓冲作用的 pH 范围。

表 8－5 表明，缓冲溶液的缓冲对浓度比越小或越大，缓冲能力都越弱。通常认为，当缓冲溶液的缓冲对浓度比为 0.1～10 时，缓冲溶液有较好的缓冲作用，超出此范围则缓冲作用较差。当缓冲对浓度比为 0.1～10 时，对应一个 pH 范围：

$$弱酸－弱酸盐缓冲溶液：pH=pK_a\pm1$$

$$弱碱－弱碱盐缓冲溶液：pH=(14-pK_b)\pm1$$

上述 pH 范围为缓冲溶液的有效范围。如 HAc－NaAc 缓冲溶液，$pK_a=4.75$，则此缓冲溶液的有效范围是 3.75～5.75；NH_3-NH_4Cl 缓冲溶液，$pK_b=4.75$，则此缓冲溶液的有效范围是 8.25～10.25。

需要注意的是，按照式(8－27)、式(8－28)，如果对缓冲溶液进行稀释，将不影响浓度比值，故溶液的 pH 值不变。但过分稀释，会使酸、碱、盐的浓度大幅度减少，此时，由于溶液弱酸、弱碱的电离度和离子强度等都会有所变化，也会影响到溶液的 pH 值。因此，一般认为，稍加稀释对缓冲溶液的 pH 值没有影响。

8.5.5 缓冲溶液的选择和配制

因为某种原因，一些化学反应需要特定的酸度条件。在反应过程中，为了维持反应体系酸度不变，就需要加入缓冲溶液。例如，滴定分析中 EDTA 与金属离子的配位反应中，pH 值太低或太高都会影响配合物的稳定性，因此需要控制溶液酸度在一定的范围内。如 EDTA 与 Zn^{2+} 的配位反应就需要控制 pH 值为 8～10，但是 EDTA 与 Zn^{2+} 的反应会导致反应体系酸度增大：

$$Zn^{2+}+H_2Y^{2-}=\!=\!=ZnY^{2-}+2H^+$$

因此，就需要在反应体系中加入缓冲溶液。

使用缓冲溶液，首先涉及缓冲对的选择。

考虑到缓冲溶液只起到维持酸度的作用，所以选择的缓冲对除了和反应体系的 H^+ 或者 OH^- 反应外，缓冲对物质不能对其他反应物或产物产生影响。如上例中，选择 $NH_3 \cdot H_2O-NH_4Cl$ 缓冲对，不会对 Zn^{2+}、H_2Y^{2-} 和 ZnY^{2-} 产生影响。

其次，从缓冲能力的角度考虑：①尽可能使 $\frac{c_{酸}}{c_{盐}}=1$ 或 $\frac{c_{碱}}{c_{盐}}=1$，即最好选择 pK_a（或 $14-pK_b$）与所需 pH 值相等或接近的弱酸及其盐（或弱碱及其盐）。比如，要配置 pH=5的缓冲溶液，可选择缓冲对 HAc－NaAc（$pK_a=4.75$）；要配置 pH=7 的缓冲溶液，可选择缓冲对 $NaH_2PO_4-Na_2HPO_4$（$H_2PO_4^-$ 的 $pK_a=7.20$）。②虽然酸、碱、盐的浓度越大，缓冲能力越强，缓冲容量越大，但在实际配制缓冲溶液时，在缓冲容量允许的条件下，缓冲溶液还是以稀一些为好。这样既可以节省药品，又可以避免过多的试剂产生的杂质影响实验。通常总浓度控制为 $0.01\sim1.0\ mol\cdot L^{-1}$。

例 8－5　如何用 $1.0\ mol\cdot L^{-1}$ 的 HAc 和固体 NaAc 配置 1.0 L pH 值为 5.0、HAc 浓度为 $0.1\ mol\cdot L^{-1}$ 的缓冲溶液？

解：首先计算需要 HAc 的体积。对 HAc 而言，相当于 $1.0\ mol\cdot L^{-1}$ 的 HAc 稀释至 1.0 L 且浓度降低至 $0.1\ mol\cdot L^{-1}$，稀释前后物质的量不变：

$$V\times1.0\ mol\cdot L^{-1}=1.0\ L\times0.1\ mol\cdot L^{-1}$$

$$V=0.1\ L$$

然后计算需要的 NaAc 的量。查表得 HAc 的 $K_a=1.8\times10^{-5}$，由式(8－27)得：

$$1.0\times10^{-5}=1.8\times10^{-5}\times\frac{0.1}{c_{盐}}$$

$$c_{盐}=0.18\ mol\cdot L^{-1}$$

需要 NaAc 的量为

$$w=0.18\ mol\cdot L^{-1}\times1.0\ L\times82.05\ g\cdot mol^{-1}=14.769\ g$$

配置 HAc－NaAc 缓冲溶液。先称取 14.769 g 固体醋酸钠溶于少量水中，然后加入 0.1 L $1.0\ mol\cdot L^{-1}$ 的 HAc 溶液，最后用水稀释至 1.0 L。

缓冲溶液普遍地存在于生物体内。无论是动物体液还是植物汁液，其 pH 值都相对确定，不能显著变化。例如，人体血液主要存在两对重要的缓冲对：$H_2CO_3-NaHCO_3$、$NaH_2PO_4-Na_2HPO_4$。人体血液的正常 pH 值为 7.40，如果食入少量酸性或碱性食物，或者因为人体新陈代谢过程产生磷酸和乳酸等进入血液，都不会导致血液 pH 值有显著变化，维持在(7.40±0.03)范围内。如果食入过多酸或者碱，超出此范围，就会导致“酸中毒”或者“碱中毒”；如果血液 pH 值改变量超过 0.4 个 pH 单位，则有生命危险。

8.6　酸碱指示剂

人们对酸碱指示剂的认知，最早可以追溯到 17 世纪波义耳时代，酸能够使紫罗兰汁液变红。酸能够使紫罗兰汁液变红，其实意味着像紫罗兰汁液这类物质能够随着溶液酸度的变化发生颜色的改变。酸碱指示剂是能够通过颜色变化指示出溶液酸度变化的物质。

现代研究表明，酸碱指示剂通常是有机弱酸或有机弱碱。酸碱指示剂在溶液中电离能够产生 H^+ 或 OH^-，比如指示剂弱酸 HIn 在水溶液中，这里 In 代表指示剂(Indicator)：

$$HIn + H_2O \rightleftharpoons In^- + H_3O^+$$

平衡时：

$$K_{HIn} = \frac{[In^-] \times [H_3O^+]}{[HIn]} \tag{8-31}$$

$$[H_3O^+] = K_{HIn} \times \frac{[HIn]}{[In^-]} \tag{8-32}$$

共轭酸碱对 $HIn-In^-$ 的颜色不同，酸度可以控制共轭酸碱对的相对浓度，进而导致溶液颜色的不同。

如紫罗兰含有一种叫作紫色石蕊的物质，是有机弱酸(主要成分用 HL 表示)，在水溶液里能发生如下电离：

$$HL(红色) \rightleftharpoons H^+ + L^-(蓝色)$$

由于人眼对颜色的分辨能力有限，指示剂共轭酸碱对 HIn 和 In^- 的浓度不同时，人们看到的颜色不同。

实验证明：当$\frac{[HIn]}{[In^-]} \geqslant 10$时，肉眼不能分辨出 In^- 的颜色，只能看到 HIn 的颜色(酸色)；当$\frac{[HIn]}{[In^-]} \leqslant \frac{1}{10}$时，肉眼不能分辨出 HIn 的颜色，只能看到 In^- 的颜色(碱色)；当$\frac{1}{10} < \frac{[HIn]}{[In^-]} < 10$时，看到的是 HIn 和 In 的过渡色。

如甲基橙，其 HIn 的颜色为红色，In^- 的颜色为黄色，其过渡色为橙色。

由式(8-32)，当$\frac{1}{10} < \frac{[HIn]}{[In^-]} < 10$时，对应了一个 pH 范围，称为指示剂的理论变色范围或理论变色域。显然，酸碱指示剂的理论变色范围为

$$pH = pK_{HIn} \pm 1$$

由于受到人眼对色彩辨别能力的影响，指示剂的实际变色域相比理论变色域略有差异。如甲基橙的 $pK_{HIn} = 3.4$，其理论变色域为 2.4～4.4，但实际变色域为 3.1～4.4。这

是因为甲基橙由碱色变化到过渡色是黄变橙，人眼易于判断，但是由酸色变化到过渡色是红变橙，人眼相对难以辨别，以至于需要［In^-］更高也就是 pH 值更高才能辨别。

常见酸碱指示剂见表 8−7。

表 8−7　常见酸碱指示剂

指示剂	pK_{HIn}	变色范围	酸色	过渡色	碱色
甲基橙	3.4	3.1～4.4	红	橙	黄
甲基红	5.0	4.4～6.2	红	橙	黄
溴百里酚蓝	7.3	6.0～7.6	黄	绿	蓝
酚酞	9.1	8.2～10.0	无	淡红	红

习　题

1. 按照酸碱质子理论，下列物质哪些只能是酸？哪些只能是碱？哪些既是酸又是碱？写出各物质的共轭酸或共轭碱。

NH_4^+、HCN、HS^-、HSO_3^-、CO_3^{2-}、HPO_4^{2-}、S^{2-}、HAc

2. 在氨水中加入下列物质，对其电离常数、电离度和 pH 值有何影响？

	K_b	α	pH 值
NH_4Cl			
NaCl			
H_2O			
NaOH			

3. 欲使饱和 H_2S 溶液中［S^{2-}］$=1.0\times10^{-18}$ mol·L^{-1}，该溶液的 pH 值应该是多少？已知：饱和 H_2S 溶液中［H_2S］$=0.1$mol·L^{-1}，$K_{a1}=5.7\times10^{-8}$，$K_{a2}=1.2\times10^{-15}$。

4. 现有三种酸：HCOOH($K_a=1.8\times10^{-4}$)、HAc($K_a=1.8\times10^{-5}$)和 H_2CO_3($K_{a1}=4.3\times10^{-7}$)，问：

(1) 如果配置 pH=5 的缓冲溶液，选择哪种酸？说明理由。

(2) 如果选择 HAc 且需配置缓冲溶液 250 mL，则需在 125 mL 1.0 mol·L^{-1} NaAc 溶液中加多少 6.0 mol·L^{-1} 的 HAc 和水？

第 9 章　沉淀反应

本章讨论的沉淀反应是在水溶液中的自由离子生成难溶盐固相沉淀的反应。一定温度下沉淀反应可以建立平衡，利用化学平衡定律和化学平衡移动原理，可以对沉淀平衡进行讨论，进而解决诸如沉淀的生成、溶解和转化等一系列问题。

9.1　溶度积原理

9.1.1　溶度积常数

根据物质在水中溶解度的大小可以对物质进行分类。习惯上，把 100 克溶剂中溶解度在 1 克以上的物质称为“可溶”物质，溶解度在 1 克以下、0.1 克以上的物质称为“微溶”物质，溶解度在 0.01 克以下的物质称为“难溶”物质。严格地讲，没有绝对不溶解的物质。

某一难溶电解质在溶液中：

$$M_mA_n(s) \rightleftharpoons M_mA_n(l) \rightleftharpoons mM^{n+} + nA^{m-}$$

如果是难溶强电解质，则

$$M_mA_n(s) \rightleftharpoons M_mA_n(l) = mM^{n+} + nA^{m-}$$

简写为

$$M_mA_n(s) \rightleftharpoons mM^{n+} + nA^{m-}$$

当难溶强电解质在溶液中达到溶解平衡时，其溶液为饱和溶液。此时，利用化学平衡定律，可以得到如下表达式：

$$K_{sp} = [M^{n+}]^m \times [A^{m-}]^n \qquad (9-1)$$

式中，K_{sp}称为溶度积常数。溶度积是溶解度的乘积之意，在这里 $[M^{n+}]$ 或者 $[A^{m-}]$ 都可表示溶质的溶解度，下标“sp”(Solubility Product)也表明此意。溶度积常数表达式的意义：在一定温度下，难溶固相与溶解液相达到平衡时，难溶强电解质饱和溶液中离子浓度的系数次方之积为一常数。例如：

$$AgCl(s) \rightleftharpoons Ag^+ + Cl^- \qquad K_{sp} = [Ag^+] \times [Cl^-]$$

$$CuS(s) \rightleftharpoons Cu^{2+} + S^{2-} \qquad K_{sp} = [Cu^{2+}] \times [S^{2-}]$$

$$Mg(OH)_2(s) \rightleftharpoons Mg^{2+} + 2OH^- \qquad K_{sp} = [Mg^{2+}] \times [OH^-]^2$$

如果考虑离子强度的影响，则用活度 a 代替浓度，即

$$K_{ap} = a^m_{M^{n+}} \times a^n_{A^{m-}} \tag{9-2}$$

式中，K_{ap}称为活度积常数。K_{ap}与K_{sp}的关系可由 $a = f \times c$ 推导，如下：

$$K_{ap} = f^m_{M^{n+}} \times f^n_{A^{m-}} \times K_{sp} \tag{9-3}$$

当溶液浓度不大时，$f \to 1$，$K_{ap} = K_{sp}$。通常情况下，使用K_{sp}。

常见难溶盐的K_{sp}值见表 9－1。

表 9－1 常见难溶盐的 K_{sp} 值(291～298 K)

化合物	K_{sp}	化合物	K_{sp}
AgCl	1.8×10^{-10}	CuS	6.3×10^{-36}
AgBr	5.0×10^{-13}	Ag_2S	6.3×10^{-50}
AgI	8.5×10^{-17}	ZnS	2.5×10^{-22}
AgCN	1.2×10^{-16}	CdS	8.0×10^{-27}
AgSCN	1.0×10^{-12}	HgS(红)	4.0×10^{-53}
Ag_2CrO_4	9.0×10^{-12}	MnS(粉红)	2.5×10^{-10}
Ag_2SO_4	1.4×10^{-5}	NiS	3.2×10^{-19}
$BaSO_4$	1.1×10^{-10}	PbS	1.0×10^{-28}
$PbSO_4$	1.6×10^{-8}	$PbCl_2$	1.6×10^{-5}
$CaSO_4$	3.2×10^{-7}	PbI_2	7.1×10^{-9}
$CaCO_3$	2.9×10^{-9}	$Pb(OH)_2$	1.2×10^{-15}
$BaCO_3$	5.1×10^{-9}	$Mg(OH)_2$	1.8×10^{-11}
$PbCO_3$	7.4×10^{-14}	$Ca(OH)_2$	5.5×10^{-6}
$PbCrO_4$	2.8×10^{-13}	$Fe(OH)_2$	8.0×10^{-16}
$BaCrO_4$	1.2×10^{-10}	$Fe(OH)_3$	4.0×10^{-38}

利用K_{sp}及其表达式，可以计算难溶电解质溶液中的离子浓度(溶解度)，讨论有关沉淀生成和溶解的问题。

9.1.2 K_{sp}与溶解度的关系

考虑难溶盐 $M_mA_n(s)$在水中的溶解度为 s mol·L^{-1}时：

$$M_mA_n(s) \rightleftharpoons M_mA_n(l) \longrightarrow mM^{n+} + nA^{m-}$$

平衡时：	1 mol	m mol	n mol
1 L 水中溶解的量：	s mol	$(s \times m)$ mol	$(s \times n)$ mol

平衡时1 L水中溶解的溶质的物质的量即平衡时的浓度，即

$$[M^{n+}]=(s\times m)\ mol\cdot L^{-1}$$

$$[A^{m-}]=(s\times n)\ mol\cdot L^{-1}$$

代入式(9－1)，得

$$K_{sp}=[M^{n+}]^m\times[A^{m-}]^n=(s\times m)^m\times(s\times n)^n$$

$$K_{sp}=m^m\times n^n\times s^{(m+n)} \quad (9-4)$$

式(9－4)为K_{sp}与溶解度s的换算关系式。进行K_{sp}与s的换算时，注意难溶盐应是强电解质、M^{n+}与A^{m-}在水溶液中不发生水解等副反应或程度不大以及难溶盐溶解度较小。

例9－1　利用$CaCO_3$的溶度积常数计算其溶解度。

解：查表得$CaCO_3$的溶度积常数$K_{sp}=2.9\times10^{-9}$，由式(9－4)，$m=1$，$n=1$，得

$$2.9\times10^{-9}=1^1\times1^1\times s^{(1+1)}$$

$$s=5.4\times10^{-5}\ mol\cdot L^{-1}$$

利用K_{sp}的大小可以判断s的大小，难溶盐的K_{sp}越大，其s越大；难溶盐的K_{sp}越小，其s越小。如果难溶盐类型相同(即m、n相同)，可以通过比较不同难溶盐的K_{sp}来比较s的相对大小。例如，AgX的K_{sp}按Cl、Br、I顺序逐渐减小，则其溶解度s亦按此顺序逐渐减小。再如常温下AgCl的$K_{sp}=1.8\times10^{-10}$，$s=1.3\times10^{-5}\ mol\cdot L^{-1}$；$Ag_2CrO_4$的$K_{sp}=9.0\times10^{-12}$，$s=1.3\times10^{-4}\ mol\cdot L^{-1}$。可见，AgCl的$K_{sp}$大于$Ag_2CrO_4$的$K_{sp}$，但AgCl的$s$却小于$Ag_2CrO_4$的$s$，这是因为AgCl和$Ag_2CrO_4$的类型不同，$m$、$n$值不同。

9.1.3　溶度积原理

利用化学平衡移动原理，通过活度商Q_c和平衡常数K_c的关系，可以判断化学平衡移动的方向。应用在沉淀反应中，可以判断沉淀的生成、溶解或者平衡。

难溶电解质在溶液中：

$$M_mA_n(s)\rightleftharpoons mM^{n+}+nA^{m-}$$

达到溶解平衡时，或其饱和溶液中，存在表达式：

$$K_{sp}=[M^{n+}]^m\times[A^{m-}]^n$$

任意状态时：

$$Q_i=c_{M^{n+}}^m\times c_{A^{m-}}^n$$

式中，Q_i称为离子积，是Q_c在沉淀反应中的特定形式。Q_c与K_c的关系对应Q_i与K_{sp}的关系：

(1) $Q_i=K_{sp}$时，平衡状态，饱和溶液。

(2) $Q_i>K_{sp}$时，过饱和溶液，逆反应进行，沉淀析出。

(3) $Q_i<K_{sp}$，不饱和溶液，正反应进行，溶液中的沉淀将溶解。

上述三个结论称为溶度积原理，亦称为溶度积规则，是化学平衡移动原理应用在沉淀反应中的特定结论。利用溶度积规则可以讨论沉淀生成或溶解。

9.2 沉淀的生成

由溶度积原理，沉淀生成的判据是 $Q_i > K_{sp}$。只要 Q_i、K_{sp} 的关系符合此条件，沉淀将能够生成，通常以 $Q_i = K_{sp}$ 作为临界条件。

9.2.1 同离子效应

同离子效应和盐效应在第 8 章中针对弱电解质的电离平衡做过讨论，同离子效应和盐效应影响的是弱电解质的电离度。如果对象是沉淀溶解平衡，同离子效应和盐效应影响的是难溶盐的溶解度。

盐效应：在难溶电解质的溶液中加入其他强电解质会导致难溶电解质的溶解度增大。例如，常温下，AgCl 溶解度在 KNO_3 存在下的变化数据见表 9－2。

表 9－2 AgCl 溶解度在 KNO_3 存在下的变化

KNO_3 浓度/mol·L^{-1}	0.000	0.001	0.005	0.010
AgCl 溶解度/mol·L^{-1}	1.28×10^{-5}	1.33×10^{-5}	1.38×10^{-5}	1.42×10^{-5}

可以看出，随着 KNO_3 浓度的增大，AgCl 的溶解度增大，这是盐效应导致的结果。显然，盐效应使溶解度增大并不明显。

同离子效应：在难溶电解质的溶液中加入含有相同离子的其他强电解质会导致难溶电解质的溶解度减小。

例 9－2 计算 PbI_2 在水中和在 0.010 mol·L^{-1} KI 溶液中的溶解度。

解：查表得 PbI_2 的 $K_{sp}=1.39\times10^{-8}$。

(1) PbI_2 在水中的溶解度：

由式(9－4)，$m=1$，$n=2$，求出 s：

$$K_{sp}=m^m \times n^n \times s^{(m+n)}$$

$$1.39\times10^{-8}=1^1\times2^2\times s^{(1+2)}$$

$$s=1.5\times10^{-3}\ \text{mol}\cdot\text{L}^{-1}$$

(2) PbI_2 在 0.010 mol·L^{-1} KI 溶液中的溶解度：

$$PbI_2(s) \rightleftharpoons Pb^{2+} + 2I^-$$

溶解度：　　s'　　$2s'+0.010$

此时，$[Pb^{2+}]=s'$，$[I^-]=2s'+0.010$。代入 K_{sp} 表达式：

$$K_{sp}=[Pb^{2+}]\times[I^-]^2$$

$$1.39\times10^{-8}=s'\times(2s'+0.010)^2$$

近似处理：$0.010 \gg 2s'$，则 $2s'+0.010\approx0.010$。

由此计算出：

$$s'=1.38\times10^{-4}\ \text{mol}\cdot\text{L}^{-1}$$

可以看出，受同离子效应的影响，PbI_2的溶解度有较为显著的降低。

注意，同离子效应导致的溶解度的减小是在克服了盐效应带来的溶解度增大基础上的减小，因此，同离子效应相对盐效应要显著得多。

利用同离子效应，为使被沉淀离子沉淀完全，实际操作中常使沉淀剂过量。注意，沉淀剂只能适当过量。如果沉淀剂过量太多，溶液中离子浓度较大，可能使盐效应变得显著，从而导致溶解度增大。例如表 9－3 所示数据(实验值)。

表 9－3　溶液中硫酸根离子浓度对硫酸铅溶解度的影响

Na_2SO_4浓度/mol・L^{-1}	0.00	0.01	0.04	0.10	0.20
$PbSO_4$溶解度/mol・L^{-1}	1.5×10^{-4}	1.6×10^{-5}	1.3×10^{-5}	1.6×10^{-5}	2.3×10^{-5}

可以看出，Na_2SO_4浓度从 0.01 mol・L^{-1}→0.04 mol・L^{-1}时，同离子效应起主要作用，溶解度降低；Na_2SO_4浓度从 0.04 mol・L^{-1}→0.20 mol・L^{-1}时，盐效应起主要作用，溶解度增大。

针对不同的沉淀反应，沉淀剂过量太多还可能引起其他副反应，使溶解度显著增大。例如表 9－4 所示数据(实验值)。

表 9－4　溶液中氯离子浓度对氯化银溶解度的影响

NaCl 浓度/mol・L^{-1}	0	9.20×10^{-3}	3.60×10^{-2}	5.00×10^{-1}
AgCl 溶解度/mol・L^{-1}	1.25×10^{-5}	9.10×10^{-7}	1.90×10^{-6}	2.80×10^{-5}

此时，AgCl 溶解度的显著增大除了盐效应的作用外，主要在于副反应的发生：

$$AgCl(s)+Cl^- \rightleftharpoons AgCl_2^-$$

一般实验中，被沉淀离子沉淀完全的条件是：被沉淀离子浓度小于 1×10^{-5} mol・L^{-1}。此时，沉淀剂过量一般为 20%～50%。

9.2.2　分步沉淀

在混合离子的溶液中加入一种沉淀剂往往可能使多种离子产生沉淀。如在 Cl^- 与 CrO_4^{2-} 的混合溶液中加入 Ag^+ 则会产生 AgCl、Ag_2CrO_4两种沉淀。对这类反应体系的研究一般涉及两个问题：①沉淀的先后顺序；②第二个离子沉淀时第一个离子的沉淀情况。

考虑混合溶液中存在两种阳离子：M_1^+、M_2^+。

加入沉淀剂 A^-，两种离子都会产生沉淀：

$$M_1^+ + A^- \rightleftharpoons M_1A(s)$$

$$M_2^+ + A^- \rightleftharpoons M_2A(s)$$

1. 沉淀的先后顺序

由溶度积原理，沉淀生成的条件是 $Q_i > K_{sp}$，$Q_i = K_{sp}$是临界条件，则：

M_1^+ 的沉淀条件：

$$Q_i = c_{M_1^+} \times c_{A^-} \geqslant K_{sp}(M_1A)$$

$$c_{A^-} \geqslant \frac{K_{sp}(M_1A)}{c_{M_1^+}}$$

M_2^+ 的沉淀条件：

$$Q_i = c_{M_2^+} \times c_{A^-} \geqslant K_{sp}(M_2A)$$

$$c_{A^-} \geqslant \frac{K_{sp}(M_2A)}{c_{M_2^+}}$$

上面两个条件哪一个先成立，哪一个离子就先沉淀。如果沉淀剂是一次性过量加入混合离子中，两个条件同时满足，两种沉淀同时产生。如果沉淀剂是少量而缓慢地加入混合离子中，则混合溶液中 c_{A^-} 逐渐增大，此时，上面两个条件中哪一个 c_{A^-} 小，哪一个就先沉淀。

通常，$c_{M_1^+}$ 与 $c_{M_2^+}$ 相差不大，而 K_{sp} 之间则可能相差很大。一般近似考虑：$c_{M_1^+} = c_{M_2^+}$，则 K_{sp} 小的难溶盐先沉淀。

2. 第二个离子沉淀时第一个离子的沉淀情况

假定 M_1A 先沉淀。随着 M_1A 沉淀的生成，溶液中 M_1^+ 不断减少，同时沉淀剂的不断加入使 c_{A^-} 不断增大。最终，当满足 M_2^+ 的沉淀条件时：

$$c_{A^-} \geqslant \frac{K_{sp}(M_2A)}{c_{M_2^+}}$$

M_2^+ 开始沉淀，M_2A 生成。

此时 M_1^+ 浓度的计算如下：

将 $c_{A^-} \geqslant \dfrac{K_{sp}(M_2A)}{c_{M_2^+}}$ 代入 $K_{sp}(M_1A) = [M_1^+] \times [A^-]$，得

$$[M_1^+] = \frac{K_{sp}(M_1A)}{[A^-]} \leqslant \frac{K_{sp}(M_1A)}{K_{sp}(M_2A)} \times c_{M_2^+}$$

此时求得的 $[M_1^+]$ 若小于 $1\times10^{-5}\ mol\cdot L^{-1}$，表明当 M_2^+ 沉淀时 M_1^+ 已经沉淀完全了。这意味着可以通过控制加入沉淀剂的量来使 M_1^+ 沉淀完全，而 M_2^+ 不沉淀。这样通过沉淀与溶液的分离，可以把 M_1^+ 和 M_2^+ 从混合溶液中区分开来，达到分离两种离子的目的。即由上式计算的 $[M_1^+]$ 是否小于 $1\times10^{-5}\ mol\cdot L^{-1}$，成为是否能通过分步沉淀来分离两种离子的条件。如果 $[M_1^+]$ 小于 $1\times10^{-5}\ mol\cdot L^{-1}$，则可以通过分步沉淀来分离 M_1^+ 和 M_2^+；如果 $[M_1^+]$ 大于 $1\times10^{-5}\ mol\cdot L^{-1}$，则不能通过分步沉淀来分离 M_1^+ 和 M_2^+。

例 9-3　计算在 $0.1\ mol\cdot L^{-1}\ Cl^-$ 与 $0.1\ mol\cdot L^{-1}\ I^-$ 的混合溶液中逐滴加入 $AgNO_3$ 溶液，能否通过分步沉淀来分离 Cl^- 和 I^-？

解：查表得 $K_{sp}(AgCl) = 1.8\times10^{-10}$，$K_{sp}(AgI) = 8.5\times10^{-17}$。

沉淀顺序：Cl^- 与 I^- 的浓度相同，因为 $K_{sp}(AgCl) > K_{sp}(AgI)$，所以 AgI 先沉淀。

当 AgCl 沉淀时：

$$[I^-] \leqslant \frac{K_{sp}(AgI)}{K_{sp}(AgCl)} \times c_{Cl^-}$$

$$[I^-] \leqslant 4.7\times10^{-8}\ mol\cdot L^{-1}$$

显然，当 Cl^- 沉淀时 I^- 已沉淀完全，故可以通过分步沉淀来分离 Cl^- 和 I^-。

分步沉淀的实际应用很多。如利用金属氢氧化物沉淀或硫化物沉淀进行金属离子的分离。常温下，常见金属离子生成氢氧化物沉淀时的 pH 值相关数据见表 9－5。

表 9－5　常见金属离子生成氢氧化物沉淀时的 pH 值相关数据

金属离子	K_{sp}	pH 值(未沉淀)	pH 值(沉淀完全)
Fe^{3+}	4.0×10^{-38}	1.9	3.2
Al^{3+}	1.3×10^{-33}	3.4	4.7
Cr^{3+}	6.0×10^{-31}	4.3	5.6
Cu^{2+}	2.2×10^{-20}	4.7	6.7
Fe^{2+}	8.0×10^{-16}	7.0	9.0
Ni^{2+}	2.0×10^{-15}	7.2	9.2
Mn^{2+}	1.9×10^{-13}	8.1	10.1
Mg^{2+}	1.8×10^{-11}	9.1	11.1

注：考虑金属离子未沉淀时浓度为 $0.1\ mol\cdot L^{-1}$，沉淀完全时浓度为 $1\times10^{-5}\ mol\cdot L^{-1}$。

需要特别强调的是，表 9－5 中金属离子未沉淀时的浓度考虑为 $0.1\ mol\cdot L^{-1}$，这是因为一般实验室配置的分析浓度就是 $0.1\ mol\cdot L^{-1}$。从表 9－5 可以看出，如果在金属离子混合溶液中加入碱，使某个金属离子已经沉淀完全，而另一个金属离子还未沉淀，就可以通过此方法使这两个金属离子分离。如 Fe^{3+} 和 Al^{3+} 混合溶液，只要 pH＞3.2，则 Fe^{3+} 沉淀完全；只要 pH＜3.4，则 Al^{3+} 未沉淀。故控制 pH＝3.2～3.4，可使 Fe^{3+} 沉淀完全而 Al^{3+} 未沉淀，从而实现 Fe^{3+} 和 Al^{3+} 的分离。如果是 Cr^{3+} 和 Al^{3+} 混合溶液，则不能实现 Cr^{3+} 和 Al^{3+} 的分离。

例 9－4　某溶液中含有 $0.10\ mol\cdot L^{-1}\ Fe^{2+}$ 和 $0.10\ mol\cdot L^{-1}\ Cu^{2+}$，通 H_2S 气体于该溶液中，能否生成 FeS 沉淀？

解：查表得 $K_{sp}(CuS)=6.3\times10^{-36}$，$K_{sp}(FeS)=6.3\times10^{-18}$，常温下 H_2S 气体在水中溶解的饱和浓度为 $0.1\ mol\cdot L^{-1}$。

判断能否生成 FeS 沉淀，需要求出 $Q_i=[Fe^{2+}]\times[S^{2-}]$，再由 Q_i 与 $K_{sp}(FeS)$ 的关系得出结论。已知 $[Fe^{2+}]=0.10\ mol\cdot L^{-1}$，需要求出 $[S^{2-}]$。S^{2-} 来自溶液中 H_2S 的电离：

$$H_2S \rightleftharpoons 2H^+ + S^{2-} \qquad K_a=K_{a1}\times K_{a2}$$

$$K_a=\frac{[H^+]^2\times[S^{2-}]}{[H_2S]}$$

已知 $[H_2S]=0.1\ mol\cdot L^{-1}$，需要求出溶液中 $[H^+]$。

考虑到溶液中同时存在 Cu^{2+}，且 $K_{sp}(FeS)\gg K_{sp}(CuS)$，故 CuS 会先沉淀并能沉淀完全。CuS 沉淀完全意味着下列反应涉及定量关系的成立：

$$Cu^{2+} + H_2S = CuS\downarrow + 2H^+$$

$$0.10 \qquad\qquad\qquad 2\times0.10$$

即此时 $[H^+]=0.20\ mol\cdot L^{-1}$。代入下式：

$$K_a=\frac{[H^+]^2\times[S^{2-}]}{[H_2S]}$$

$$[S^{2-}]=1.7\times10^{-22}\ mol\cdot L^{-1}$$

接下来有

$$Q_i=[Fe^{2+}]\times[S^{2-}]=1.7\times10^{-23}$$

$$Q_i<K_{sp}(FeS)$$

故无 FeS 沉淀生成。

例 9-5 有一与大气接触的 Ca^{2+} 的溶液，$[Ca^{2+}]=1\times10^{-3}\ mol\cdot L^{-1}$，求开始有 $CaCO_3$ 沉淀时溶液的 pH 值。已知 CO_2 饱和(1 atm)时，H_2CO_3 的浓度为 0.04 $mol\cdot L^{-1}$；大气中 CO_2 的分压为 3×10^{-4} atm。

解：由溶度积原理，要产生 $CaCO_3$ 沉淀，需满足条件：

$$Q_i=[Ca^{2+}]\times[CO_3^{2-}]\geqslant K_{sp}$$

$$[CO_3^{2-}]\geqslant\frac{K_{sp}}{[Ca^{2+}]}$$

CO_3^{2-} 来自 H_2CO_3 的电离：

$$H_2CO_3\rightleftharpoons 2H^++CO_3^{2-}$$

$$K_{a1}\times K_{a2}=\frac{[H^+]^2\times[CO_3^{2-}]}{[H_2CO_3]}$$

$$[H^+]=\sqrt{\frac{K_{a1}\times K_{a2}\times[H_2CO_3]}{[CO_3^{2-}]}}$$

故沉淀 $CaCO_3$ 的条件转化为

$$[H^+]\leqslant\sqrt{\frac{K_{a1}\times K_{a2}\times[H_2CO_3]\times[Ca^{2+}]}{K_{sp}}}$$

H_2CO_3 来自大气中 CO_2 分子在水中的溶解：

$$CO_2+H_2O\rightleftharpoons H_2CO_3$$

$$K=\frac{[H_2CO_3]}{P_{CO_2}}$$

$$[H_2CO_3]=K\times P_{CO_2}$$

则沉淀 $CaCO_3$ 的条件为

$$[H^+]\leqslant\sqrt{\frac{K_{a1}\times K_{a2}\times K\times P_{CO_2}\times[Ca^{2+}]}{K_{sp}}}$$

当 CO_2 饱和(1 atm)时，H_2CO_3 的浓度为 0.04 $mol\cdot L^{-1}$，则 $K=0.04$。查表得到 K_{a1}、K_{a2}、K_{sp}，已知大气中 CO_2 的分压为 3×10^{-4} atm，$[Ca^{2+}]=1\times10^{-3}\ mol\cdot L^{-1}$，代入上式得

$$[H^+]\leqslant7.8\times10^{-9}\ mol\cdot L^{-1}$$

$$pH\geqslant8.1$$

当 pH≥8.1 时，$CaCO_3$ 开始沉淀。

上述解题思路是从沉淀生成的条件出发，一步一步进行转换，最终得到结果。也可换一种方式来思考，从反应的进程推导，即 $CO_2 \longrightarrow H_2CO_3 \longrightarrow CO_3^{2-} \longrightarrow CaCO_3$。

（1）溶液与大气接触，CO_2要溶于水：

$$CO_2 + H_2O \rightleftharpoons H_2CO_3 \qquad K_1 = \frac{[H_2CO_3]}{P_{CO_2}}$$

（2）H_2CO_3在溶液中电离：

$$H_2CO_3 \rightleftharpoons 2H^+ + CO_3^{2-} \qquad K_2 = K_{a1} \times K_{a2}$$

（3）产生的 CO_3^{2-} 与 Ca^{2+} 反应：

$$Ca^{2+} + CO_3^{2-} \rightleftharpoons CaCO_3 \downarrow \qquad K_3 = K_{sp}^{-1}$$

上述三个反应相加得到总反应：

$$CO_2(g) + H_2O + Ca^{2+} \rightleftharpoons CaCO_3 \downarrow + 2H^+$$

$$K = K_1 \times K_2 \times K_3 = \frac{[H^+]^2}{[Ca^{2+}] \times P_{CO_2}} = 2 \times 10^{-10}$$

代入已知数据求出：

$$[H^+] = 7.8 \times 10^{-9}\ mol \cdot L^{-1}$$

$$pH = 8.1$$

当 $pH=8.1$ 时，$CaCO_3$开始沉淀。

需要注意的是，当 $Q_i > K_{sp}$时，理论上讲应有沉淀析出，但实际上可能没有沉淀析出。原因在于：①按浓度计算的，浓度与活度有差异；②若生成的沉淀太少，肉眼不能辨别；③若生成稳定的过饱和溶液，沉淀不能析出；④若发生其他副反应，沉淀不能析出。

9.3　沉淀的溶解

由溶度积原理，沉淀溶解的判据是 $Q_i < K_{sp}$。只要 Q_i、K_{sp}的关系符合此条件，沉淀将能够溶解。

对于难溶电解质在溶液中的平衡：

$$M_mA_n(s) \rightleftharpoons mM^{n+} + nA^{m-}$$

当溶液中存在沉淀时，沉淀反应处于平衡状态，溶液是饱和的，此时 $Q_i = K_{sp}$。要使沉淀溶解，只需降低 Q_i值，使 $Q_i < K_{sp}$即可。降低 Q_i即降低溶液中 M^{n+}或 A^{m-}的浓度，通常涉及的方法是让 M^{n+}或 A^{m-}参与化学反应，即

$$\begin{array}{ccccc} M_mA_n(s) & \rightleftharpoons & mM^{n+} & + & nA^{m-} \\ & & + & & + \\ & & \text{试剂 B} & & \text{试剂 C} \\ & & \downarrow & & \downarrow \\ & & \text{产物} & & \text{产物} \end{array}$$

对 M^{n+}、A^{m-}而言，参与的反应类型包括最重要的四大无机反应：酸碱反应、配位

反应、氧化还原反应、沉淀反应。例如：

$$CaCO_3(s)+2H^+ \longrightarrow Ca^{2+}+H_2O+CO_2\uparrow$$

$$AgCl(s)+2NH_3 \rightleftharpoons Ag(NH_3)_2^+ + Cl^-$$

$$3CuS(s)+8HNO_3 \longrightarrow 3Cu(NO_3)_2+3S\downarrow+2NO\uparrow+4H_2O$$

$$CaSO_4(s)+CO_3^{2-} \rightleftharpoons CaCO_3\downarrow+SO_4{}^{2-}$$

对上述四类溶解反应可以做两方面的讨论。

9.3.1 难溶硫化物的溶解

以难溶硫化物 MS 溶于盐酸为例：

$$MS(s) \rightleftharpoons M^{2+}+S^{2-} \qquad K_{sp}$$

$$2H^+ + S^{2-} \rightleftharpoons H_2S \qquad K_a^{-1}=K_{a1}^{-1}\times K_{a2}^{-1}$$

总反应：

$$MS(s)+2H^+ \longrightarrow M^{2+}+H_2S\uparrow \qquad K=\frac{K_{sp}}{K_{a1}\times K_{a2}}$$

上述反应进行的完全程度取决于 K（K_{sp}、K_{a1}、K_{a2}）和盐酸浓度。由于 K_a 一定，此时 K_{sp} 越大，加盐酸越易溶解；K_{sp} 越小，加盐酸越难溶解，甚至加盐酸不能溶解。注意，此处溶解的易或难通过盐酸的量(浓度)体现出来，易则盐酸浓度低，难则盐酸浓度高。例如表 9－6 所示数据。

表 9－6　部分硫化物的溶解性

难溶硫化物	K_{sp}	$K=K_{sp}/K_a$	稀 HCl	浓 HCl	HNO_3
MnS	2.5×10^{-10}	3.6×10^{12}	溶	溶	溶
PbS	1.0×10^{-28}	1.5×10^{-6}	不溶	溶	溶
CuS	6.3×10^{-36}	9.2×10^{-14}	不溶	不溶	溶

CuS 由于 K_{sp} 太小，盐酸不能溶解。即由于 K 太小，通过浓度增大已不能使反应发生。此时，可以通过氧化还原反应来使 CuS 溶解，因为氧化还原反应的 K 更大，反应更完全。

$$3CuS(s)+8HNO_3 \longrightarrow 3Cu(NO_3)_2+3S\downarrow+2NO\uparrow+4H_2O \qquad K=1.73\times10^{14}$$

根据难溶金属硫化物的 K_{sp} 大小，有一个由实验总结出来的经验规律：

(1) $K_{sp}>10^{-24}$，一般能溶于稀盐酸。

(2) $K_{sp}=10^{-30}\sim10^{-25}$，能溶于浓盐酸(不溶于稀盐酸)。

(3) $K_{sp}<10^{-30}$，溶于硝酸(不溶于盐酸)。

(4) $K_{sp}<10^{-50}$，不能溶于硝酸，可以溶于王水。

9.3.2 沉淀转化

在前述沉淀溶解反应类型中，如果利用沉淀反应来使沉淀溶解，则涉及沉淀转化：在含有某种沉淀的溶液中加入一种试剂时，原有的沉淀溶解，同时又生成一种新的沉淀的过程。例如：

$$AgCl(s)+SCN^- \rightleftharpoons AgSCN\downarrow +Cl^-$$

反应通式：

$$MA(s)+B^- \rightleftharpoons MB\downarrow +A^- \qquad K=K_{sp}(MA)/K_{sp}(MB)$$

K 越大，转化越容易。显而易见，$K_{sp}(MA)>K_{sp}(MB)$时，反应的趋势大，MA 易于转化成 MB；$K_{sp}(MA)<K_{sp}(MB)$时，反应的趋势小，MA 难以转化成 MB。注意，此处的易或难仍然指的是沉淀转化所需试剂的量(浓度)的相对大小。

如上面反应的例子：$K_{sp}(AgCl)=1.8\times10^{-10}>K_{sp}(AgSCN)=1.0\times10^{-12}$，表明 AgCl 沉淀易于转化成 AgSCN 沉淀，AgSCN 沉淀难以转化成 AgCl 沉淀，即 AgCl 沉淀转化成 AgSCN 沉淀需要的 SCN^- 试剂量相对较少，AgSCN 沉淀转化成 AgCl 沉淀需要的 Cl^- 试剂量相对较多。

工业上利用沉淀转化的例子较多。如由硫酸钡制备碳酸钡：

$$BaSO_4 \longrightarrow BaCO_3$$

在 $BaSO_4$溶液中：$[Ba^{2+}]=[SO_4^{2-}]=\sqrt{K_{sp}(BaSO_4)}=1.0\times10^{-5}\ mol\cdot L^{-1}$。

如在其中加入可溶性的碳酸盐，则

$$BaSO_4(s)+CO_3^{2-} \rightleftharpoons BaCO_3\downarrow +SO_4^{2-}$$

$$K=\frac{[SO_4^{2-}]}{[CO_3^{2-}]}=\frac{K_{sp}(BaSO_4)}{K_{sp}(BaCO_3)}=2.16\times10^{-2}$$

$$[CO_3^{2-}]=46.4\times[SO_4^{2-}]$$

因 $[Ba^{2+}]=1.0\times10^{-5}\ mol\cdot L^{-1}$，得

$$[CO_3^{2-}]=4.64\times10^{-4}\ mol\cdot L^{-1}$$

即 $[CO_3^{2-}]>4.64\times10^{-4}\ mol\cdot L^{-1}$时，沉淀可以转化。

习　题

1. 什么是溶度积原理？为什么有时按理论计算有沉淀产生，但实际上却观察不到沉淀？

2. 已知 $Ca(OH)_2$的 $K_{sp}=5.5\times10^{-6}$。如果溶于水的 $Ca(OH)_2$完全电离，试计算：

(1) $Ca(OH)_2$在水中的溶解度。

(2) $Ca(OH)_2$在 0.010 $mol\cdot L^{-1}$ NaOH 溶液中的溶解度。

(3) $Ca(OH)_2$在 0.010 $mol\cdot L^{-1}$ $CaCl_2$溶液中的溶解度。

3. 一溶液中含有 Fe^{3+}和 Fe^{2+}，它们的浓度都是 0.05 $mol\cdot L^{-1}$，如果要求 Fe^{3+}以 $Fe(OH)_3$沉淀完全，Fe^{2+}不生成 $Fe(OH)_2$沉淀，需如何控制 pH 值？已知 $Fe(OH)_3$的 $K_{sp}=4.0\times10^{-38}$，$Fe(OH)_2$的 $K_{sp}=8.0\times10^{-16}$。

4. $Mg(OH)_2$的溶解度为 $1.3\times10^{-4}\ mol\cdot L^{-1}$，今在 10 mL 0.1 $mol\cdot L^{-1}$ $MgCl_2$溶液中加入 10 mL 0.1 $mol\cdot L^{-1}$ $NH_3\cdot H_2O$，能否生成 $Mg(OH)_2$沉淀？如果不希望生成 $Mg(OH)_2$沉淀，则需要加入$(NH_4)_2SO_4$固体的量应不少于多少克？已知$(NH_4)_2SO_4$相对分子量为 132，$NH_3\cdot H_2O$ 的 $K_b=1.8\times10^{-5}$。

第 10 章　配位反应

配合物内界离子与外界离子是以离子键结合的，在水溶液中完全离解成内界配离子和外界离子。配离子在水溶液中存在着生成和离解两个互为可逆的反应或过程，会建立动态平衡。如配合物 $[Cu(NH_3)_4]SO_4$ 在水溶液中：

$$[Cu(NH_3)_4]SO_4 \longrightarrow [Cu(NH_3)_4]^{2+} + SO_4^{2-}$$

$$[Cu(NH_3)_4]^{2+} \rightleftharpoons Cu^{2+} + 4NH_3$$

本章讨论的配位反应，是配离子在溶液中的生成或离解反应。延续第 8 章酸碱反应和第 9 章沉淀反应的讨论方法，利用化学平衡定律和化学平衡移动原理，针对配位反应进行具体讨论。

10.1　配合物的稳定常数

在水溶液中，金属离子 M^{m+} 与配体 L 反应生成配离子时：

$$M^{m+} + L \rightleftharpoons ML^{m+}$$

$$ML^{m+} + L \rightleftharpoons ML_2^{m+}$$

$$\vdots$$

$$ML_{n-1}^{m+} + L \rightleftharpoons ML_n^{m+}$$

总反应：

$$M^{m+} + nL \rightleftharpoons ML_n^{m+}$$

一定温度下，可逆反应建立平衡：

$$K_{稳} = \frac{[ML_n^{m+}]}{[M^{m+}] \times [L]^n} \tag{10-1}$$

式中，$K_{稳}$ 称为配离子的稳定常数，下标“稳”即为稳定之意。原因在于 $K_{稳}$ 值正比于配离子的稳定性，$K_{稳}$ 值越大，生成的配离子越稳定。例如：

$$Ag^+ + 2NH_3 \rightleftharpoons Ag(NH_3)_2^+ \qquad K_{稳} = \frac{[Ag(NH_3)_2^+]}{[Ag^+] \times [NH_3]^2}$$

常见配离子的稳定常数见表 10-1。

表 10-1　常见配离子的稳定常数(298 K)

配离子	$K_{稳}$	配离子	$K_{稳}$	配离子	$K_{稳}$
$Ag(NH_3)_2^+$	1.1×10^7	$HgCl_4^{2-}$	1.31×10^{15}	AlF_6^{3-}	6.9×10^{19}
$Ag(SCN)_2^-$	3.7×10^7	$HgBr_4^{2-}$	9.22×10^{20}	$Al(OH)_4^-$	3.31×10^{33}
$Ag(S_2O_3)_2^{3-}$	2.9×10^{13}	HgI_4^{2-}	6.8×10^{29}	$Cr(OH)_4^-$	8.0×10^{29}
$Cu(NH_3)_4^{2+}$	2.1×10^{13}	$PbCl_4^{2-}$	1.0×10^{16}	$Zn(OH)_4^{2-}$	4.6×10^7
$Cd(NH_3)_4^{2+}$	1.3×10^7	PbI_4^{2-}	1.66×10^4	$Zn(CN)_4^{2-}$	5.0×10^{16}
$Co(NH_3)_6^{2+}$	1.3×10^5	$Ni(NH_3)_6^{2+}$	9.1×10^7	$Fe(CN)_6^{3-}$	1.0×10^{42}
$Co(NH_3)_6^{3+}$	2.0×10^{35}	$Zn(NH_3)_4^{2+}$	2.9×10^9	$Fe(CN)_6^{4-}$	1.0×10^{35}

配离子 ML_n^{m+} 的稳定常数越大，表明配离子在水溶液中形成配离子的趋势越大，配离子越稳定。对单核配合物来说，相同类型(n 相同)的配离子可以通过比较稳定常数的大小来比较配离子稳定性的大小。例如，$Ag(NH_3)_2^+$、$Ag(SCN)_2^-$、$Ag(S_2O_3)_2^{3-}$ 离子类型相同，稳定常数逐渐增大，稳定性依次增大。

由于配离子是分步形成的，因此，对于配位体数目大于 1 的配离子而言，还有逐级稳定常数。例如：

$$Zn^{2+}+NH_3 \rightleftharpoons Zn(NH_3)^{2+} \qquad K_{稳1}=2.3\times10^2$$

$$Zn(NH_3)^{2+}+NH_3 \rightleftharpoons Zn(NH_3)_2^{2+} \qquad K_{稳2}=2.8\times10^2$$

$$Zn(NH_3)_2^{2+}+NH_3 \rightleftharpoons Zn(NH_3)_3^{2+} \qquad K_{稳3}=3.2\times10^2$$

$$Zn(NH_3)_3^{2+}+NH_3 \rightleftharpoons Zn(NH_3)_4^{2+} \qquad K_{稳4}=1.4\times10^2$$

显然存在下列关系：

$$K_{稳}=K_{稳1}\times K_{稳2}\times K_{稳3}\times K_{稳4}\times\cdots \qquad (10-2)$$

注意：配离子的逐级稳定常数并没有类似多元弱酸逐级电离常数逐渐显著减小的规律，原因在于配离子的成键情况(杂化类型)决定了配位数的大小，逐级稳定常数都较大，直至达到成键的配位数。

利用配离子稳定常数及其表达式，可以进行相关计算。

例 10-1　将 0.2 mol·L^{-1} $AgNO_3$溶液与 2.0 mol·L^{-1}$NH_3\cdot H_2O$ 等体积混合，计算平衡时溶液中 Ag^+、NH_3、$Ag(NH_3)_2^+$ 的浓度。

解：查表得 $Ag(NH_3)_2^+$ 的稳定常数 $K_{稳}=1.1\times10^7$。

由于 $AgNO_3$ 与 $NH_3\cdot H_2O$ 等体积混合，浓度均减半，即 Ag^+ 的初始浓度为 0.1 mol·L^{-1}，NH_3的初始浓度为 1.0 mol·L^{-1}。因为 $K_{稳}$非常大，且 $NH_3\cdot H_2O$ 相对过量很多，所以可以认为 Ag^+完全转变成 $Ag(NH_3)_2^+$，即

	Ag^+	+ $2NH_3$	$\rightleftharpoons$ $Ag(NH_3)_2^+$
初始浓度	0.1	1.0	0
平衡浓度	x	$1.0-0.2+2x$	$0.1-x$

由于 x 非常小，$1.0-0.2+2x=1.0-0.2=0.8$，$0.1-x=0.1$，代入稳定常数表

达式：

$$K_{稳}=\frac{[Ag(NH_3)_2^+]}{[Ag^+]\times[NH_3]^2}$$

$$1.1\times10^7=\frac{0.1}{x\times(0.8)^2}$$

$$x=1.4\times10^{-8}\ mol\cdot L^{-1}$$

得平衡浓度：

$$[Ag^+]=1.4\times10^{-8}\ mol\cdot L^{-1}$$

$$[NH_3]=0.8\ mol\cdot L^{-1}$$

$$[Ag(NH_3)_2^+]=0.1\ mol\cdot L^{-1}$$

10.2 配位平衡的移动

对于配位平衡：

$$M^{m+}+nL \rightleftharpoons ML_n^{m+}$$

利用平衡移动原理，通过使 $Q_c=K_c$ 转变为 $Q_c\neq K_c$，即可移动平衡。最常见的方法是通过反应改变浓度以移动平衡。影响配位平衡的反应类型包括酸碱反应、沉淀反应、配合反应、氧化还原反应。例如：

$$Fe(C_2O_4)_3^{3-}+6H^+ \rightleftharpoons Fe^{3+}+3H_2C_2O_4$$

$$CuCl_4^{2-}+2OH^- \xrightarrow{pH>8.5} Cu(OH)_2\downarrow+4Cl^-$$

$$Ag(CN)_2^-+S^{2-} = Ag_2S\downarrow+2CN^-$$

$$Fe(SCN)_6^{3-}+6F^- = FeF_6^{3-}+6SCN^-$$

$$2Au(CN)_2^-+Zn = 2Au\downarrow+Zn(CN)_4^{2-}$$

上述四类反应对配位平衡的移动都可以做进一步的讨论。通常，酸碱反应对配位平衡的影响在后续课程“分析化学”中讨论，本章讨论配位反应、沉淀反应对配位平衡的影响，氧化还原反应对配位平衡的影响在第 11 章讨论。

10.2.1 配位反应的方向

这里涉及的是配位反应对配位平衡的影响，是配离子之间的相互转化。类似第 9 章讨论的沉淀的转化。配离子之间的转化通式可表示为

$$ML_n^{a+}+mL' \rightleftharpoons ML'^{a+}_m+nL$$

$$K=\frac{K_{稳}(ML'^{a+}_m)}{K_{稳}(ML_n^{a+})}$$

K 越大，转化越容易。如果 $K_{稳}(ML'^{a+}_m)>K_{稳}(ML_n^{a+})$，则 ML_n^{a+} 易于转化成 ML'^{a+}_m；如果 $K_{稳}(ML'^{a+}_m)<K_{稳}(ML_n^{a+})$，则 ML_n^{a+} 难以转化成 ML'^{a+}_m。例如：

$$Ag(NH_3)_2^++2CN^- \rightleftharpoons Ag(CN)_2^-+2NH_3$$

$$K=\frac{K_{稳}\ [Ag(CN)_2^-]}{K_{稳}\ [Ag(NH_3)_2^+]}$$

由于$K_{稳}[Ag(CN)_2^-]=1.3\times10^{21}>K_{稳}[Ag(NH_3)_2^+]=1.1\times10^7$，因此，$Ag(NH_3)_2^+$易于转化成$Ag(CN)_2^-$，$Ag(CN)_2^-$难以转化成$Ag(NH_3)_2^+$。这里的难易是相对的，通过转化所需试剂的量(浓度)的相对大小体现出来。

10.2.2　难溶盐的生成或溶解

沉淀反应和配位反应的相互影响在第9章曾有涉及。沉淀和配离子的相互转化可以表示为通式：

$$ML_n^+ +A^- \rightleftharpoons MA\downarrow +nL \quad K=K_{稳}^{-1}\times K_{sp}^{-1}$$

根据K值的大小可以判断配离子与沉淀的相互转化。

例10-2　计算溶解0.01 mol的AgI分别需要$NH_3\cdot H_2O$和KCN溶液的浓度。

解：AgI分别溶解在$NH_3\cdot H_2O$和KCN溶液中：

$$AgI+2NH_3 \rightleftharpoons Ag(NH_3)_2^+ +I^- \quad K=K_{稳}\times K_{sp}=2.55\times10^{-9}$$

$$AgI+2CN^- \rightleftharpoons Ag(CN)_2^- +I^- \quad K=K_{稳}\times K_{sp}=1.5\times10^6$$

由转化反应平衡常数数值的大小可以判断：AgI在$NH_3\cdot H_2O$中会很难溶解，而在KCN溶液中会易于溶解。

(1) 计算溶解0.01 mol的AgI需要氨水的浓度：

	AgI　+	$2NH_3 \rightleftharpoons$	$Ag(NH_3)_2^+$　+	I^-
初始浓度	0.01	x	0	0
平衡浓度		$x-0.02$	0.01	0.01

代入平衡常数表达式：

$$K=\frac{0.01^2}{(x-0.02)^2}$$

$$x=196\ mol\cdot L^{-1}$$

氨在水中的实际溶解度远远达不到196 $mol\cdot L^{-1}$，故氨水不能溶解AgI。

(2) 计算溶解0.01 mol的AgI需要KCN的浓度：

	AgI　+	$2CN^- \rightleftharpoons$	$Ag(CN)_2^-$　+	I^-
初始浓度	0.01	x	0	0
平衡浓度		$x-0.02$	0.01	0.01

代入平衡常数表达式：

$$K=\frac{0.01^2}{(x-0.02)^2}$$

$$x=0.02\ mol\cdot L^{-1}$$

可见AgI易于溶解在KCN溶液中。

沉淀和配离子相互转化的难易因转化反应的平衡常数大小而异，本质上是因沉淀的溶度积常数K_{sp}和配离子稳定常数$K_{稳}$的相对大小而异。

沉淀与配离子转化的典型实例如下述实验过程：

$$AgNO_3 \xrightarrow{NaCl} AgCl\downarrow \xrightarrow{NH_3} Ag(NH_3)_2^+ \xrightarrow{KBr} AgBr\downarrow \xrightarrow{Na_2S_2O_3} Ag(S_2O_3)_2^{3-} \xrightarrow{KI} AgI\downarrow \xrightarrow{KCN} Ag(CN)_2^- \xrightarrow{Na_2S} Ag_2S\downarrow$$

10.3 配合物在溶液中的稳定性的影响因素

配合物的稳定性与中心离子有关，也与配位体有关。

10.3.1 中心离子的影响

考虑到中心离子要吸引配位原子的孤电子对，因此，中心离子的有效正电荷越大，吸引配位原子的能力越强，形成的配合物越稳定。而影响中心离子的有效正电荷的因素有中心离子所带电荷(形式电荷)、中心离子的电子构型和离子半径。

1. 中心离子的电子构型

中心离子的电子构型对有效正电荷的影响通过d电子数体现出来。离子的d电子数越多，屏蔽作用越小，离子有效核电荷越大，离子有效正电荷越大。因此，不同离子构型的阳离子有效电荷顺序是：

18或(18+2)电子构型>(9−17)电子构型>8电子构型>2电子构型

但是上面阳离子有效电荷顺序并非形成配合物能力的顺序。中心离子电子构型与配合物稳定性的关系大致如下：

(9−17)电子构型>18电子构型>(18+2)电子构型>8电子构型

(9−17)电子构型的中心离子由于次外层d轨道成键，不仅能够形成比外轨型配合物更加稳定的内轨型配合物，还能利用成对d电子与配位体形成反馈π配键。因此，(9−17)电子构型的中心离子形成配合物能力相对最强。18电子构型的中心离子次外层轨道不能成键，不能形成内轨型配合物和反馈π配键，相对(9−17)电子构型的中心离子，配位能力降低；(18+2)电子构型的中心离子外层s电子对的存在导致配位能力更加减弱；而8电子构型(包括2电子构型)的中心离子没有外层d轨道或者外层d轨道相对不易成键，因此，配位能力相对最弱。

2. 金属离子的半径和电荷

中心离子相同电子构型的情况下，电荷越高、半径越小对配位体的电子对吸引能力越强，生成的配合物越稳定。例如，表10−1中的$Fe(CN)_6^{3-}$、$Fe(CN)_6^{4-}$和$Co(NH_3)_6^{3+}$、$Co(NH_3)_6^{2+}$数据。

3. 金属离子的周期数

中心离子的周期数越大，其d轨道离核越远，越容易与配位体结合，生成的配合物越稳定。例如，$Ni(NH_3)_6^{2+}$的$K_{稳}=5.5\times10^8$小于$Pt(NH_3)_6^{2+}$的$K_{稳}=5.5\times10^{35}$，$Zn(NH_3)_4^{2+}$的$K_{稳}=2.9\times10^9$小于$Hg(NH_3)_4^{2+}$的$K_{稳}=1.9\times10^{19}$。

10.3.2 配位体性质的影响

配位体对配合物稳定性的影响主要通过配位体给出电子对的能力和单基或多基配位

体的类型差异体现出来。

1. 配位体给出电子对的能力

配位体给出电子对的能力越强，生成的配合物越稳定。配位体给出电子对能力与配位原子的电负性和配位体的酸碱性有关。

配位原子的电负性越大，吸引孤电子对能力越强，孤电子对越难提供给中心离子形成配合物，配合物越不稳定。

按照酸碱电子理论的观点，配位体是碱。配位体给出电子能力越强，则配位体碱性越强，配合物越稳定。

2. 螯合效应

单基配位体形成简单配合物，多基配位体形成螯合物。

与相同类型(相同的配位原子、相同的功能基)的简单配合物相比，螯合物更稳定。这种稳定性最直接的表现是螯合物在水溶液中不易离解，稳定常数要大得多。如四甲胺合镉 $[Cd(NH_2CH_3)_4]^{2+}$ 与两个乙二胺合镉 $[Cd(en)_2]^{2+}$：

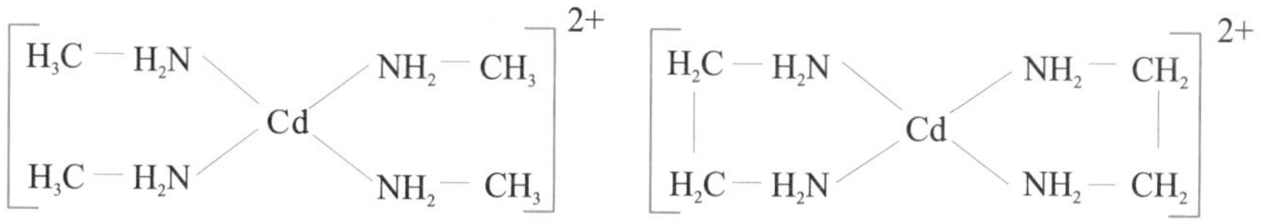

H_3C-H_2N　　NH_2-CH_3
Cd
H_3C-H_2N　　NH_2-CH_3　$]^{2+}$

H_2C-H_2N　　NH_2-CH_2
Cd
H_2C-H_2N　　NH_2-CH_2　$]^{2+}$

两者结构、组成相似，但前者是简单配合物，后者是螯合物。在溶液中：

$$[Cd(H_2O)_4]^{2+}+4NH_2CH_3 \longrightarrow [Cd(NH_2CH_3)_4]^{2+}+4H_2O \quad K_{稳}=3.31\times10^{6}$$

$$[Cd(H_2O)_4]^{2+}+2en \longrightarrow [Cd(en)_2]^{2+}+4H_2O \quad K_{稳}=4.36\times10^{10}$$

显然，在溶液中，$[Cd(en)_2]^{2+}$ 比 $[Cd(NH_2CH_3)_4]^{2+}$ 稳定得多。

螯合物比组成和结构相近的非螯合物更稳定，称为螯合效应。

对螯合效应，可作如下分析：

上述平衡中：

$$\Delta_r G_m^\ominus(T)=\Delta_r H_m^\ominus(T)-T\Delta_r S_m^\ominus(T)=-RT\ln K_{稳}$$

螯合物：

$$\Delta_r G_1^\ominus=\Delta_r H_1^\ominus-T\Delta_r S_1^\ominus=-RT\ln K_{稳1}$$

非螯合物：

$$\Delta_r G_2^\ominus=\Delta_r H_2^\ominus-T\Delta_r S_2^\ominus=-RT\ln K_{稳2}$$

由于 $K_{稳1}>K_{稳2}$，则 $\Delta_r H_1^\ominus-T\Delta_r S_1^\ominus<\Delta_r H_2^\ominus-T\Delta_r S_2^\ominus$。

因为螯合物与非螯合物的组成和结构相近，则 $\Delta_r H_1^\ominus\approx\Delta_r H_2^\ominus$。

故应有 $\Delta_r S_1^\ominus>\Delta_r S_2^\ominus$。

如对 $[Cd(en)_2]^{2+}$、 $[Cd(NH_2CH_3)_4]^{2+}$，$\Delta_r H_1^\ominus=-57.3\ kJ\cdot mol^{-1}$，$\Delta_r H_2^\ominus=-56.5\ kJ\cdot mol^{-1}$；$\Delta_r S_1^\ominus=14.3\ J\cdot K^{-1}\cdot mol^{-1}$，$\Delta_r S_2^\ominus=-67.3\ J\cdot K^{-1}\cdot mol^{-1}$。

从热力学角度考虑，形成螯合物的熵增更大是造成螯合效应的主要原因。形成螯合物的熵增更大可以从上面生成 $[Cd(en)_2]^{2+}$、$[Cd(NH_2CH_3)_4]^{2+}$ 的两个反应式看出，生成螯合物$[Cd(en)_2]^{2+}$的反应导致产物的分子数增多，生成非螯合物 $[Cd(NH_2CH_3)_4]^{2+}$

的反应并未导致产物的分子数增多。溶液中粒子总数增多，体系混乱度将增大。即形成螯合物使得溶液中粒子总数增多，体系混乱程度增大是造成螯合效应的主要原因。因此，螯合效应是一种熵效应。

此外，实验表明，螯合物的稳定性还与螯环的大小和数目有关。

具有五原子环或六原子环的螯合物相对最稳定。

对结构上相似的一些多基配位体而言，形成的螯环越多越稳定。如与 Cu^{2+} 形成螯合物：

氨基乙酸（H_2NCH_2COOH，配位原子数是 2，环数是 1），$\lg K=8.6$；

氨二乙酸[$HN(CH_2COOH)_2$，配位原子数是 3，环数是 2]，$\lg K=10.6$；

氨三乙酸[$N(CH_2COOH)_3$，配位原子数是 4，环数是 3]，$\lg K=12.7$；

乙二氨四乙酸[$(CH_2COOH)_2N—CH_2—CH_2—N(CH_2COOH)_2$，配位原子数是 6，环数是 5]，$\lg K=18.3$。

习　题

1. $AgNO_3$ 能从 $Pt(NH_3)_6Cl_4$ 溶液中将所有的 Cl^- 沉淀为 AgCl，但是在 $Pt(NH_3)_3Cl_4$ 溶液中仅能将四分之一的 Cl^- 沉淀为 AgCl。依据此事实写出两种配合物的结构式。

2. 解释下列实验现象：

(1) KI 可在 $Ag(NH_3)_2^+$ 溶液中沉淀出 AgI，但不能从 $Ag(CN)_2^-$ 溶液中沉淀出 AgI。

(2) AgBr 可溶于 KCN 溶液，但 Ag_2S 不能溶于 KCN 溶液。

3. 向 1 mL 含 0.1 mg Ni 的 Ni^{2+} 溶液中加入 2 mL 1.0 $mol \cdot L^{-1}$ KCN，试计算溶液中 $Ni(CN)_4^{2-}$、Ni^{2+}、CN^- 的平衡浓度。已知 $Ni(CN)_4^{2-}$ 的稳定常数为 3.3×10^{15}。

4. 在含有 2.5 $mol \cdot L^{-1}$ $AgNO_3$ 和 0.41 $mol \cdot L^{-1}$ NaCl 的溶液中，如果要阻止 AgCl 沉淀生成，需使溶液中 CN^- 的浓度至少达到多少？已知 $Ag(CN)_2^-$ 的 $K_{稳}=1.0\times10^{21}$，AgCl 的 $K_{sp}=1.56\times10^{-10}$。

第 11 章　氧化还原反应

氧化还原反应是非常重要的化学反应，在元素部分的讨论中占据着非常重要的地位。本章的学习，化学平衡定律和化学平衡移动原理的应用不再是主要讨论内容，氧化还原反应的本质特征——电极电势成为本章最主要也是最重要的内容。

11.1　基本概念

早在 18 世纪末就有了氧化反应和还原反应的概念。氧化反应的原意是与氧化合的反应，还原反应的原意是金属氧化物变成金属单质的反应。

例如，Fe 的氧化反应：

$$2Fe+O_2 = 2FeO$$

FeO 的还原反应：

$$2FeO+C = 2Fe+CO_2$$

随着认识的深入，氧化、还原的概念逐步拓展。首先，氧化反应的概念推广到与上述反应相似但不一定包含氧的反应。如 Fe 的氧化反应：

$$Fe+Cl_2 = FeCl_2$$

为什么可以推广氧化这一概念呢？因为上述氧化反应对 Fe 而言其变化的实质是一样的，都是

$$Fe = Fe^{2+}+2e^-$$

因此，氧化反应的概念变成：失去电子的作用。

与此对应，还原反应的概念变成：获得电子的作用。

至此，关于氧化、还原的概念开始接近现代化学的观点。对一个化学反应而言，有得电子必有失电子，故一个化学反应有氧化作用必有还原作用。如前面的例子：

$$Fe+Cl_2 = FeCl_2$$

氧化作用：

$$Fe = Fe^{2+}+2e^-$$

还原作用：

$$Cl_2+2e^-=\!=\!=2Cl^-$$

由此，有了氧化还原反应的概念：有电子得失的反应。

氧化还原反应中的氧化作用、还原作用称为氧化还原半反应，一个氧化还原反应由两个氧化还原半反应构成。

此后，氧化、还原的概念进一步拓展至没有发生电子得失但发生了电子偏移的反应。例如：

$$H_2+Cl_2=\!=\!=2HCl$$

该反应没有电子得失，却有共用电子对的偏移。HCl 分子中的共用电子对偏离 H 原子，意味着 H 原子的电子偏离它，此过程也称为氧化作用。相应的，HCl 分子中的共用电子对偏向 Cl 原子，意味着 H 原子的电子偏向它，此过程称为还原作用。由此，氧化、还原的概念，以及氧化还原反应的概念再次扩大了。

氧化作用：失电子或电子的偏离作用。

还原作用：得电子或电子的偏向作用。

氧化还原反应：有电子得失或电子偏移的反应。

大多数情况下，用化合价的变化能够较好地说明电子的得失或电子的偏移，得失电子数或电子偏移数对应着化合价的正负和数目。但是，对于一些结构复杂的化合物或原子团，用化合价不能很好地说明电子转移情况。如超氧化物 KO_2、臭氧化物 KO_3，由于化合价是整数，如果 O 的化合价是−1，则 K 的化合价就是+2 和+3，这显然与实际情况相去甚远。1948 年，在价键理论和电负性的基础上，格拉斯通(S. Glasston)提出了氧化数的概念，用于描述氧化还原反应。20 世纪 70 年代初，国际纯粹和应用化学联合会(IUPAC)在《无机化学命名法》中严格定义了氧化数的概念，使得氧化数的应用为化学界广泛接受。

11.1.1 氧化数

氧化数用来表示原子在化合物中的化合状态。1970 年，国际纯化学和应用化学协会对氧化数的定义为：氧化数是某元素一个原子的荷电数(形式电荷)，这种荷电数由假定每个键中的电子(即成键电子)指定给电负性更大的原子而求得。

确定氧化数具体有如下规则：

(1) 在单质中，元素原子的氧化数为 0。这是因为单质是电负性相同的同种原子之间形成的化学键，成键电子不存在指定给电负性更大的原子的问题，原子也就没有荷电数，氧化数为 0。习惯上把氧化数写于元素符号的右上角，如 Cu^0、O_2^0等。

(2) 在离子化合物中，元素原子的氧化数等于该元素单原子离子的电荷数。如 KF，K 原子失去一个电子带一个单位正电荷，则 K 离子的氧化数为+1；F 原子得到一个电子带一个单位负电荷，则 F 离子的氧化数为−1。表示成 $K^{+1}F^{-1}$。

(3) 在结构已知的共价化合物中，把属于两原子的共用电子对指定给两原子中电负性较大的原子时，分别在两原子上留下的形式电荷数就是它们的氧化数。例如，在 HF 中，共用电子对指定给电负性更大的 F 原子，意味着 F 原子得到一个电子，H 原子失去一个电子。则 F 的形式电荷为−1，F 的氧化数为−1；H 的形式电荷为+1，H 的氧化数为+1。如该化合物中某一元素有两个或两个以上共价键，则该元素的氧化数为其各个键所表现的氧化数的代数和。例如，在 H_2O 中，O 原子的氧化数为−2，H 原子的氧化数为+1。

（4）通常情况下，氧的氧化数为−2，氢的氧化数为+1。但有例外，如 H_2O_2 分子中，O 原子的氧化数为−1；KO_2 分子中，O 原子的氧化数为 $-\frac{1}{2}$；NaH 分子中，H 原子的氧化数为−1。

（5）在中性分子中，所有原子氧化数的代数和为 0。如 HNO_3 分子中，根据此原则可知氮原子的氧化数为+5。

（6）多原子离子中，各原子氧化数的代数和等于离子所带电荷数。如 CrO_4^{2-} 离子中，铬原子的氧化数为+6。

（7）在化学反应中，元素氧化数的变化值等于它在化学反应中得失的电子数或偏移的电子数。如果一个原子失去电子或电子偏离它，则产生正氧化数；如果一个原子得到电子或电子偏向它，则产生负氧化数。例如：

$$Zn^{0}+2H^{+1}Cl^{-1}=\!=\!=Zn^{+2}Cl_2^{-1}+H_2^{0}$$

在反应中，Zn 失去两个电子，氧化数变化为 $Zn^{0}\longrightarrow Zn^{+2}$，氧化数升高，失去电子，发生氧化作用；两个 H 离子得到两个电子，氧化数变化为 $H^{+1}\longrightarrow H^{0}$，氧化数降低，得到电子，发生还原作用。Zn 被氧化，氧化它的试剂是 HCl，故该反应中 HCl 是氧化剂；H 离子被还原，还原它的试剂是 Zn，故称 Zn 是还原剂。

氧化剂：得电子、被还原、氧化数降低的物质。

还原剂：失电子、被氧化、氧化数升高的物质。

注意：对于结构较为复杂的某些共价分子，同一原子可能会有不同的成键，原子的氧化数必须依据其具体成键情况而定，如果单纯根据分子式确定，则会出错。如二过氧化铬 CrO_5，其结构如下：

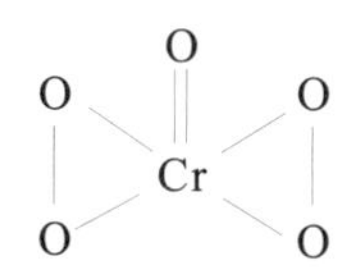

依据其成键的化学式是二过氧化铬 $CrO(O_2)_2$，其氧化数是 $Cr^{+6}O^{-2}(O_2^{-2})_2$，如果按照分子式确定 Cr 的氧化数为+10 就错了。

必须强调的是，氧化数是按一定规则确定的数值，可以是正值、负值或分数。它与化合价、化学键数都不一样。化合价与化学键数都有一定的意义。化合价是某一元素一个原子与一定数目的其他元素的原子相结合的个数比；化学键数则是两个原子键合时化学键的数目。氧化数与化合价、化学键数可以在数值上相等或不等。

有了氧化数的概念，氧化、还原等概念就可以用氧化数来描述。

氧化作用：氧化数升高的作用。

还原作用：氧化数降低的作用。

氧化还原反应：发生氧化数变化的反应。

11.1.2 氧化还原半反应

1. 氧化还原电对

氧化数描述的是原子的化合状态，除了单原子分子，几乎所有单质、化合物的化合状态都可以通过氧化数很好地描述出来。对某特定元素而言，其氧化数的某一具体值代表其原子的一种化合状态，称为氧化态。如铜原子，具有 0、+1、+2 三种氧化数，则铜有三种氧化态：0 氧化态、+1 氧化态、+2 氧化态。当氧化还原反应发生时，对发生电子转移的原子而言，其实是同一原子不同氧化态之间因电子转移而发生转变。如二价铜得到一个电子变成一价铜：

$$Cu^{2+} + e^- \longrightarrow Cu^+$$

在这个过程中，铜的+2 氧化态作氧化剂。如果发生逆过程，则铜的+1 氧化态作还原剂。由此，得到氧化还原半反应的一般书写方式：

$$\text{氧化态} + ne^- \rightleftharpoons \text{还原态}$$

在特定的半反应中，氧化态是同一元素氧化数相对较高的状态，还原态是同一元素氧化数相对较低的状态。氧化还原半反应正向进行则氧化态作氧化剂，逆向进行则还原态作还原剂。例如：

$$Zn + Cu^{2+} = Zn^{2+} + Cu$$

氧化还原半反应：

$$Zn \longrightarrow Zn^{2+} + 2e^-$$

$$Cu^{2+} + 2e^- \longrightarrow Cu$$

构成半反应的同一元素的高、低两种氧化态构成氧化还原共轭关系，这两种氧化态称为氧化还原电对。表示方法：氧化态/还原态。如铜的氧化数为 0、+1、+2，对应氧化态为 Cu、Cu^+、Cu^{2+}，组成的电对为 Cu^{2+}/Cu、Cu^{2+}/Cu^+、Cu^+/Cu。

2. 氧化还原半反应的配平

氧化还原半反应配平的标志：原子个数相等、电荷值相等。

如酸性条件下电对 MnO_4^-/Mn^{2+}：

$$MnO_4^- + 5e^- \longrightarrow Mn^{2+}$$

配平原子个数时，半反应中 O 原子是多出来的，来自 Mn^{7+} 与溶剂水的极化作用。因此，考虑 H_2O 以及电离产生的 H^+、OH^- 参与了半反应，以此配平半反应。

酸性条件通过 H_2O、H^+ 参与半反应来配平，碱性条件通过 H_2O、OH^- 参与半反应来配平，见表 11−1。

表 11−1 半反应的配平

介质	半反应某一边多一个氧原子
酸性	多氧原子的一边加 $2H^+$，另一边加 H_2O
碱性	多氧原子的一边加 H_2O，另一边加 $2OH^-$

得到配平的氧化还原半反应：

$$8H^+ + MnO_4^- + 5e^- \longrightarrow Mn^{2+} + 4H_2O$$

其他实例：

$$14H^+ + Cr_2O_7^{2-} + 6e^- \longrightarrow 2Cr^{3+} + 7H_2O(\text{酸性})$$

$$3H^+ + NO_3^- + 2e^- \longrightarrow HNO_2 + H_2O(\text{酸性})$$

$$H_2O + SO_4^{2-} + 2e^- \longrightarrow SO_3^{2-} + 2OH^-(\text{碱性})$$

$$3H_2O + ClO_3^- + 6e^- \longrightarrow Cl^- + 6OH^-(\text{碱性})$$

可以看出，H^+只出现在氧化态一侧，OH^-只出现在还原态一侧。

11.1.3　氧化还原方程式的配平

氧化还原反应方程式的配平相对其他类型的反应而言较为复杂。配平氧化还原方程式依据两个基本原则：

（1）氧化数的变化值相等：以氧化数的升高值等于氧化数的降低值为原则，对应的配平方法是氧化数法。

（2）得失电子数相等：以失去的电子数等于得到的电子数为原则，对应的配平方法是离子—电子法。

1. 氧化数法

以$KMnO_4$在酸性介质(H_2SO_4)中氧化$FeSO_4$的反应为例说明。步骤如下：

（1）写出基本反应式并标出各元素的氧化数值。

$$H_2^{+1}S^{+6}O_4^{-2} + K^{+1}Mn^{+7}O_4^{-2} + Fe^{+2}S^{+6}O_4^{-2} = Mn^{2+}S^{+6}O_4^{-2} + K_2^{+1}S^{+6}O_4^{-2} + Fe_2^{+3}(S^{+6}O_4^{-2})_3 + H_2^{+1}O^{-2}$$

（2）计算氧化数的变化值。

只有Mn和Fe的氧化数在反应前后发生了变化。

Mn的氧化数降低：$+7 \rightarrow +2$，降低5；

Fe的氧化数升高：$+2 \rightarrow +3$，升高1。

则氧化剂是$KMnO_4$，还原剂是$FeSO_4$。

（3）由氧化数的升高值等于氧化数的降低值，通过最小公倍数法，找出氧化剂和还原剂的相关系数，并配平发生氧化数变化的元素。

氧化剂$KMnO_4$：降低5，$5\times1=5$，即$KMnO_4$的系数为1；

还原剂$FeSO_4$：升高1，$1\times5=5$，即$FeSO_4$的系数为5。

将各自系数代入反应式并配平Mn和Fe，消去分数，则

$$2KMnO_4 + 10FeSO_4 + H_2SO_4 = K_2SO_4 + 2MnSO_4 + 5Fe_2(SO_4)_3 + H_2O$$

（4）配平其他元素K、S，最后配平元素H、O。

$$2KMnO_4 + 10FeSO_4 + 8H_2SO_4 = K_2SO_4 + 2MnSO_4 + 5Fe_2(SO_4)_3 + 8H_2O$$

氧化数法的优点是适用范围较广，不仅适用于溶液中的反应，还适用于非水溶液、气相和固相反应。

例11－1　配平氧化还原反应：

$$FeS_2 \quad + \quad O_2 \quad = \quad Fe_2O_3 \quad + \quad SO_2$$

解：（1）$Fe^{+2}S_2^{-1} + O_2^0 = Fe_2^{+3}O_3^{-2} + S^{+4}O_2^{-2}$

（2）氧化数升高的元素：

$$Fe：+2 \rightarrow +3$$
$$S：-1 \rightarrow +4$$

氧化数降低的元素：

$$O：0 \rightarrow -2$$

氧化剂是 O_2，还原剂是 FeS_2。

（3）氧化数升高值：

$$Fe：+2 \rightarrow +3，升高值为 1$$
$$S：-1 \rightarrow +4，升高值为 2\times[4-(-1)]=10$$

氧化数共升高 11。

氧化数降低值：

$$O：0 \rightarrow -2，降低值为 2\times[0-(-2)]=4$$

由最小公倍数法，得 FeS_2 的系数为 4，O_2 的系数为 11。配平得

$$4FeS_2+11O_2 = 2Fe_2O_3+8SO_2$$

2. 离子—电子法

以 $KMnO_4$ 在酸性条件下氧化 H_2O_2 生成 O_2 和 Mn^{2+} 的反应为例。步骤如下：

（1）写出氧化还原作用的半反应。

$$8H^+ + MnO_4^- + 5e^- \longrightarrow Mn^{2+} + 4H_2O$$
$$H_2O_2 \longrightarrow 2e^- + O_2 + 2H^+$$

（2）由得、失电子数相等的原则，通过最小公倍数法，找出半反应的各自系数。

$$8H^+ + MnO_4^- + 5e^- \longrightarrow Mn^{2+} + 4H_2O \qquad 5\times2=10$$
$$H_2O_2 \longrightarrow 2e^- + O_2 + 2H^+ \qquad 2\times5=10$$

（3）氧化还原半反应乘以各自系数，然后相加，化简即得

$$6H^+ + 2MnO_4^- + 5H_2O_2 = 2Mn^{2+} + 5O_2 + 8H_2O$$

离子—电子法以配平的氧化还原半反应为基础，简单、快捷。但是，离子—电子法只适合水溶液中的反应，这是它相对氧化数法不足的地方。考虑到大多数的无机化学反应都是在水溶液中进行的，故离子—电子法应用很广泛。

当我们说氧化还原反应中发生了电子的得失或电子的偏移，其实意味着面临两个问题：怎么知道或者怎么证明氧化还原反应发生了电子转移？氧化还原反应为什么会出现电子转移？对前一个问题的回答将涉及原电池，对后一个问题的回答将涉及电极电势。

11.2 原电池

原电池是把化学能转变成电能的装置。简单来说，就是利用氧化还原反应的电子传递获得电能。历史上，氧化还原反应的概念是伴随着原电池的发现而产生的，但是现在学习这部分内容时已经有了氧化还原反应的概念。所以，顺应这层逻辑关系，接下来的

问题就是，如何证明氧化还原反应有电子转移呢？如果能够把氧化还原反应设计成一个获得电能的装置(原电池)，就可以证明氧化还原反应的确发生了电子转移。

下面考虑把最常见的氧化还原反应设计成原电池。比如：

$$Zn+2H^{+}=\!=\!=Zn^{2+}+H_2\uparrow$$

$$Zn+Cu^{2+}=\!=\!=Zn^{2+}+Cu$$

Zn 片插入硫酸中，Zn 片会逐渐溶解，产生氢气；Zn 片插入 Cu^{2+} 溶液(如 $CuSO_4$)中，Zn 片会慢慢溶解，Cu 不断在 Zn 片上析出。电子的转移，前者发生在 H^+ 与 Zn 片表面的 Zn 原子之间，后者发生在 Cu^{2+} 与 Zn 片表面的 Zn 原子之间。这里，电子的转移发生在浸入溶液的 Zn 片表面上，即浸入溶液的 Zn 片表面的前面、后面、左面、右面和底面等。

锌与硫酸铜溶液发生反应后形成的红铜——沉寂的奇妙世界。

显然，这种电子的转移是各自独立的，电子的流动没有统一的方向，毫无秩序可言。反应以热的形式放出的能量，所以溶液温度升高。

要获得电流，意味着电子的转移要定向进行。要做到这一点，可以加一根导线，使电子沿着导线定向流动，这是电学常识传递的信息。沿着这个思路，在 Zn 片上连接一根导线，再插入溶液中。为了增大与溶液的接触面，导线的另一端也连接 Zn 片。这样，一边 Zn 片失去的电子通过导线流向另一边的 Zn 片，获得电流，如图 11－1 所示。

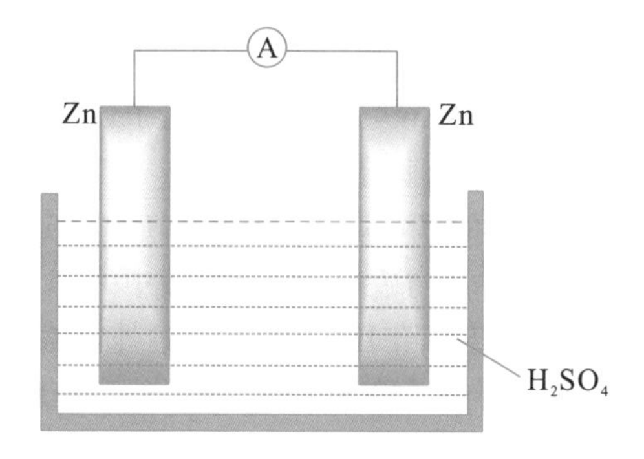

图 11－1　原电池设计图(1)

但是，如图 11−1 所示装置通过测定并没有电流通过，原因在于电子流动其实是需要动力的，这个动力就是电势差。插入溶液的金属表面有电势(见 11.3.1)，但两边都是 Zn 片，没有电势差。所以，改进的办法就是更换导线另一端的金属，比如 Cu 片。溶液中 Zn 片和 Cu 片上的电势不同，存在高低之分，由此导致电流流动，如图 11−2 所示。

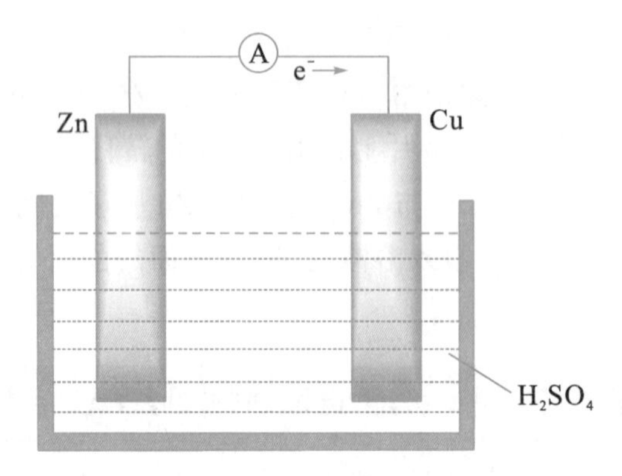

图 11−2　单液电池

如图 11−2 所示装置通过测定有电流通过，这就是所谓的单液电池。Zn 片上的 Zn 原子失去电子变成 Zn^{2+} 进入溶液，电子通过外接导线流向 Cu 片，溶液中的 H^+ 在 Cu 片上获得电子变成 H 原子进而结合成 H_2 分子，产生气泡释放出溶液。化学能转变成电能，溶液温度不升高。

同样的道理，Zn 片置换 Cu^{2+} 的反应也可以设计成单液电池，如图 11−3 所示。

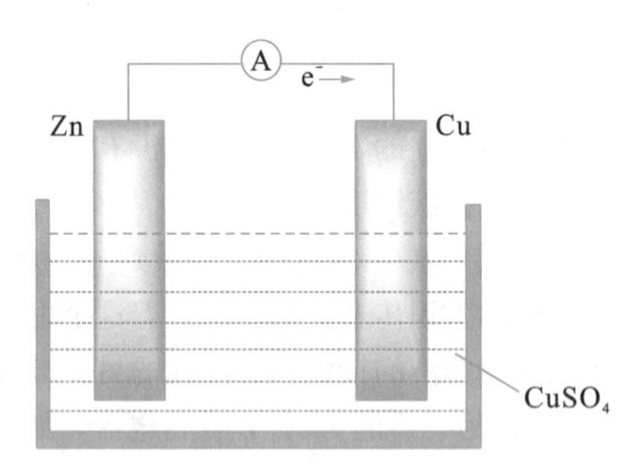

图 11−3　铜锌单液电池

Zn 片上的 Zn 原子失去电子变成 Zn^{2+} 进入溶液，电子通过外接导线流向 Cu 片，溶液中的 Cu^{2+} 在 Cu 片上获得电子变成 Cu 原子析出。

实验发现，上述单液电池装置的 Zn 片上分别有氢气泡溢出和铜析出，这表明 H^+ 和 Cu^{2+} 都从 Zn 片上获得了电子。Zn 片与硫酸反应，溶液中的 H^+ 可以迁移到 Zn 片上获得电子，此时，电子直接从 Zn 原子转移给 H^+，没有通过外电路的定向移动，即没有参与形成电流，导致 Zn 片上也有氢气产生，气泡逸出。同样，Zn 片置换 Cu^{2+} 的反应，溶液中的 Cu^{2+} 同样可以迁移到 Zn 片上获得电子，在 Zn 片上沉积析出。铜在 Zn 片表面析出，意味着在 Zn 片表面也构成了原电池，进一步加速 Cu 在 Zn 表面析出，致使向外输出的电流强度减弱。当 Zn 片表面完全被铜覆盖后，不再构成原电池，也就没有电流产生。总而言之，反应转移的电子并没有全部通过外接导线，而是有相当部分通过溶液中的离子迁移实现了转移，这是单液电池存在的一个明显缺陷，即电池的效率低。

所以，如果要对单液电池进行改进，就要避免 Zn 片与硫酸溶液或者硫酸铜溶液直接接触。直接接触是产生问题的关键，将直接接触改为间接接触成为必然的选择，需要把 Zn 片与溶液分开。以 Zn 片与硫酸铜溶液的反应为例，考虑让 Zn 片与硫酸铜溶液间接接触，这个间接的介质还要能够转移电子，因此，导线成为可选择的最好材料。考虑到 Zn 原子失去电子成为离子会进入溶液，如图 11－4 所示装置就成了一个看起来不错的选择。

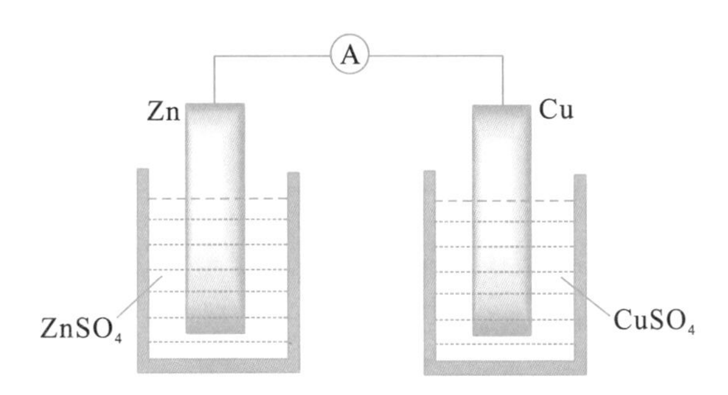

图 11－4　原电池设计图(2)

但是问题接着又出现了。在左边容器中，由于 Zn^{2+} 进入溶液，会使溶液带正电，而带正电的溶液将阻止带正电的 Zn^{2+} 进入溶液。同样，在右边容器中，由于 Cu^{2+} 在 Cu 片上获得电子而析出，溶液会由于 Cu^{2+} 的减少而带负电，带负电的溶液将阻止带正电的 Cu^{2+} 离开。这实际上意味着反应刚开始就停止了。

为了使反应进行下去，需要在左边容器中增加带负电荷的离子使溶液呈电中性，在右边容器中增加带正电荷的离子使溶液呈电中性。是否可以添加试剂来中和电性呢？这是做不到的。因为任何试剂都是电中性的，不能够单一地加入某种电荷的离子，而是阴、阳离子同时加入。这实际上表明要中和左、右容器中的电荷，只能靠左、右容器相互中和。如果将左、右容器的溶液直接混合起来是可以中和电荷的，但这不可行，因为一旦直接混合，又成了单液电池。

现在又一次遇到需要间接处理的问题。左、右容器的溶液不能直接混合，需要一个间接装置来连接，并且间接装置中的介质材料必须向左、右容器分别提供不同的正、负电荷。电解质溶液可以提供正、负电荷离子，可以作介质材料，高浓度或者饱和的强电解质则成为首选。为了避免电解质溶液流进左、右容器，凝胶成为承载电解质溶液的载体。而装载凝胶的装置需要盛装被强电解质饱和的凝胶，同时还要连接左、右容器。

1836 年，英国化学家丹尼尔(John Frederick Daniel)发明了后来被称为盐桥的装置，实现了左、右容器溶液中电荷的中和。常见的盐桥是一个倒置的“U”形管，装有琼脂，琼脂被电解质(常见的如 KCl)饱和。琼脂是含水丰富的一种冻胶，离子在其中既可以运动，又能起固定的作用。通过“U”形管连接左、右容器，盐桥中的 K^+ 移向 $CuSO_4$ 溶液，Cl^- 移向 $ZnSO_4$ 溶液，从而使左、右容器中的溶液得以维持电中性，如图 11－5 所示。

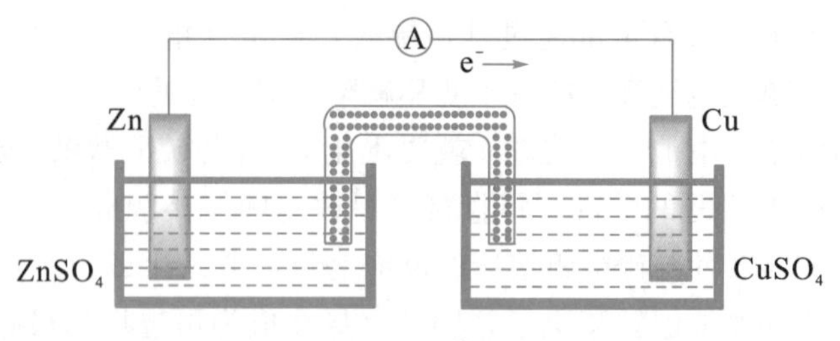

图 11－5 铜锌原电池

由于使用了盐桥，两种溶液的电中性得以保持，进而保障了电子通过外电路从锌到铜的不断转移，使锌的溶解和铜的析出过程得以持续进行，从而在外电路形成持续稳定的电流。

铜锌原电池的反应如下：

左边容器的反应：

$$Zn \longrightarrow Zn^{2+} + 2e^-$$

右边容器的反应：

$$Cu^{2+} + 2e^- \longrightarrow Cu$$

总反应：

$$Zn + Cu^{2+} = Zn^{2+} + Cu$$

如图 11－5 所示的原电池称为铜锌原电池，也称为丹尼尔原电池。与单液电池相对应，铜锌原电池是双液电池。相比单液电池，双液电池不会出现氧化剂和还原剂之间的直接反应，其能量转化率大为提高。

原电池的一些术语如下：

（1）半电池：左、右两个容器称为半电池，即原电池是由两个半电池组成的。

（2）盐桥：连接半电池的装置，如“U”形管、多孔陶瓷、半透膜等。

（3）电极：组成原电池的导体，如 Cu 片、Zn 片。

（4）负极：流出电子的电极，如 Zn 电极。

（5）正极：接受电子的电极，如 Cu 电极。

（6）电极反应：电极上发生的反应，即氧化还原半反应。

（7）电池符号：原电池可以用符号表示。双液电池表示为

(－)负极电极｜负极半电池的溶液(浓度)‖正极半电池的溶液(浓度)｜正极电极(＋)

其中，｜表示固、液两相间的界面；‖表示盐桥。例如：

$$(-)Zn \mid ZnSO_4(\text{浓度}) \parallel CuSO_4(\text{浓度}) \mid Cu(+)$$

单液电池的符号更简单，例如：

$$(-)Zn \mid CuSO_4(\text{浓度}) \mid Cu(+)$$

从原则上讲，如果没有设计上的问题，任何氧化还原反应都可以组成原电池。例如：

$$Zn + 2H^+ = Zn^{2+} + H_2$$

$$(-)Zn \mid Zn^{2+} \parallel H^+ \mid H_2, Pt(+)$$

$$Sn^{2+} + 2Fe^{3+} = 2Fe^{2+} + Sn^{4+}$$

$$(-)Pt \mid Sn^{2+}、Sn^{4+} \parallel Fe^{2+}、Fe^{3+} \mid Pt(+)$$

这里的金属 Pt 相对惰性，不参与反应，作电极只起导电的作用，称为惰性电极。其他常见惰性电极还有石墨等。

电对 H^+/H_2的电极装置如图 11－6 所示。

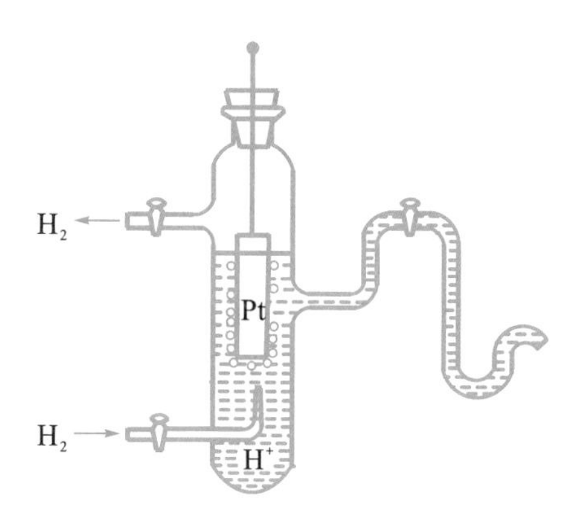

图 11－6　氢电极

注意氢电极装置里的惰性电极 Pt。选择金属 Pt 作惰性电极，一个原因是 Pt 相对惰性，不易参与反应；另一个原因是 Pt 对气体有较好的吸附能力。为了增加金属 Pt 表面对气体的吸附能力，常常在金属 Pt 表面镀上一层蓬松的 Pt，称为铂黑，以增大金属 Pt 的表面积，增强对气体的吸附能力。气体参与的电极反应大多都可以使用该装置。

（8）电极的分类。

常见的三种电极类型有 M^{n+}/M(金属电极，参与电极反应)、M^{m+}/M^{n+}(惰性电极)、阳离子/气体或气体/阴离子(惰性电极)。

原电池的出现证明了氧化还原反应的确存在电子转移。那么，氧化还原反应为什么会出现电子转移？回答这个问题需要对原电池的作用原理做进一步分析。

对铜锌原电池而言，电流是由 Cu 极流向 Zn 极，就表明在 Cu 极和 Zn 极之间存在电势差，即 Cu 极和 Zn 极都应该有电势，只是电势值不同。这意味着一块金属片插入溶液中，就会在金属片上产生电势。

11.3　电极电势

11.3.1　电极电势

当金属片插入溶液中时，金属表面的金属原子受溶剂的作用会失去电子成为离子而进入溶液：

$$M(s) \longrightarrow M^{n+}(aq) + ne^-$$

该过程中，金属越活泼，溶液中 M^{n+}浓度越低，则越易进行。

相应的，溶液中的 M^{n+}也会在金属表面获得电子形成原子而沉积下来：

$$M^{n+}(aq)+ne^- \longrightarrow M(s)$$

该过程中，金属越不活泼，溶液中 M^{n+} 浓度越高，则越易进行。

显然这两个相反的过程在一定温度下会达到平衡：

$$M(s) \rightleftharpoons M^{n+}(aq)+ne^-$$

平衡时可能会有两种情况：

(1) M 进入溶液的倾向大于 M^{n+} 沉积的倾向，则平衡时的 M 进入溶液。此时金属表面带负电，溶液带正电。带负电的金属表面会吸引带正电的金属离子在其周围。结果就是，金属表面形成一层负电荷层，金属表面附近溶液中形成一层正电荷层，即在金属表面及附近溶液中形成了双电层。

(2) 如果 M^{n+} 沉积的倾向大于 M 进入溶液的倾向，平衡时，金属表面会形成正电荷层，金属表面附近溶液中会产生负电荷层，同样形成双电层，如图 11－7 所示。

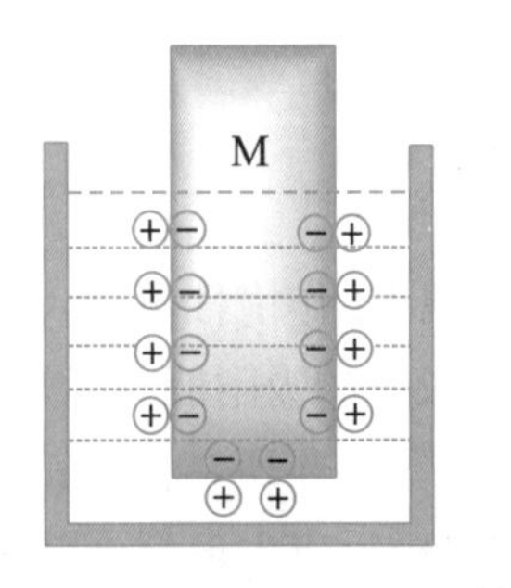

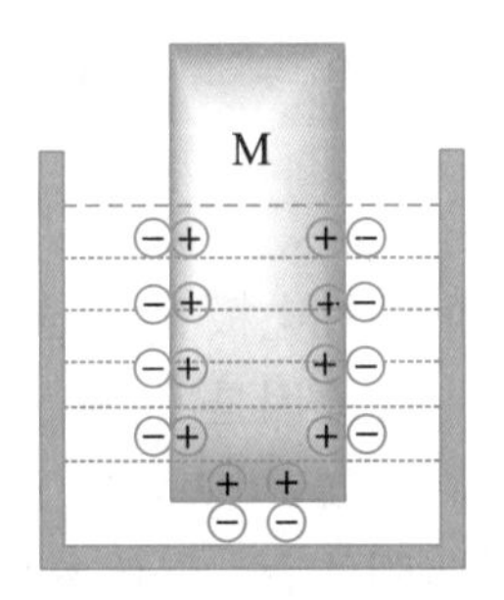

图 11－7　金属的电极电势

双电层的形成使得正、负电荷层之间，也就是金属表面与溶液之间产生电势差，称为电极电势。电极电势用符号 $\varphi_{氧化态/还原态}$ 表示，如 $\varphi_{Cu^{2+}/Cu}$、$\varphi_{Zn^{2+}/Zn}$。

同样，对氢电极来说，铂黑上吸附的氢气失去电子成为氢离子进入溶液，而溶液中的氢离子在铂黑上获得电子成为原子进而结合成分子，平衡时同样会在铂黑与溶液之间形成双电层，产生电极电势 φ_{H^+/H_2}。对于使用惰性电极的溶液中的离子，如 Sn^{4+}/Sn^{2+}，Sn^{2+} 在惰性电极上失去电子，Sn^{4+} 在惰性电极上获得电子，平衡时在惰性电极与溶液之间形成双电层，产生电极电势 $\varphi_{Sn^{4+}/Sn^{2+}}$。

对铜锌原电池来说，铜电极有电极电势，锌电极有电极电势，显然 $\varphi_{Cu^{2+}/Cu} > \varphi_{Zn^{2+}/Zn}$，导致电子由电极电势低的 Zn 电极流向电极电势高的 Cu 电极。显然可以得出这样的结论：当两个电极组成原电池时，电极电势低的电极作负极，电极电势高的电极作正极。

原电池电动势，符号为 E，表示为

$$E=\varphi_{+}-\varphi_{-} \tag{11-1}$$

影响电极电势的因素有氧化还原电对得失电子的能力、溶液中离子的浓度、温度、介质。

对金属电极来说，氧化还原电对得失电子的能力体现在金属原子失去电子成为离子进入溶液的倾向，即金属的离子化倾向。金属越活泼，离子化倾向越显著，越易失去电子，电极上电子越多，电子流出的趋势越大，电流流入的趋势越大，即电极电势越低。显然，在其他条件(溶液中离子的浓度、温度、介质)相同的情况下，电极电势的大小可以衡量金属的活泼性。这就提出了标准电极电势的概念。

标准电极电势是在标准状态下的电极电势。所谓标准状态就是热力学标准状态：温度为 298.15 K、组成电极的离子浓度为 1 mol · L^{-1}(准确地说应是活度为 1 mol · L^{-1})、组成电极的气体分压为 101.3 kPa、液体或固体都是纯净物。

在标准状态下，标准电极电势都有一个确定值，但实验不能测定这个绝对值，因此只能规定一个相对的标准：标准氢电极，即氢电极通入氢气的分压为 101.3 kPa，溶液中 H^+ 浓度为 1 mol · L^{-1}，此时，规定：

$$\varphi^{\ominus}_{H^+/H_2}=0.0\ V$$

通过标准氢电极可以测得其他标准电极的相对标准电极电势，方法是让欲测定的标准电极与标准氢电极组成原电池，然后测得原电池的电动势。规定标准氢电极作负极。例如：

$$(-)Pt,\ H_2 \mid H^+ \parallel Zn^{2+} \mid Zn(+)$$

$$E^{\ominus}=\varphi^{\ominus}_{+}-\varphi^{\ominus}_{-}=\varphi^{\ominus}_{Zn^{2+}/Zn}-\varphi^{\ominus}_{H^+/H_2}=\varphi^{\ominus}_{Zn^{2+}/Zn}$$

通过电位计测出标准电动势为−0.7628 V，得：

$$\varphi^{\ominus}_{Zn^{2+}/Zn}=-0.7628\ V$$

用相同的方法可以测出所有电极的标准电极电势。

测得的标准电极电势数据按介质条件、元素周期表中的区域以及大小顺序可得出标准电极电势表。按介质条件分类可得两套数据，即 $c(H^+)=1.0$ mol · L^{-1}的酸性介质条件下的酸表，用 $\varphi^{\ominus}_{A}$ 表示；$c(OH^-)=1.0$ mol · L^{-1}的碱性条件下的碱表，用 $\varphi^{\ominus}_{B}$ 表示。见附录 7。

常见电对的标准电极电势按大小顺序排列见表 11−2。

表 11−2　常见电对的标准电极电势

氧化还原电对	$\varphi^{\ominus}$/V
$Li^+(aq)+e^- \longrightarrow Li(s)$	−3.04
$Na^+(aq)+e^- \longrightarrow Na(s)$	−2.71
$Mg^{2+}(aq)+2e^- \longrightarrow Mg(s)$	−2.38
$Al^{3+}(aq)+3e^- \longrightarrow Al(s)$	−1.66
$Zn^{2+}(aq)+2e^- \longrightarrow Zn(s)$	−0.76
$Fe^{2+}(aq)+2e^- \longrightarrow Fe(s)$	−0.41
$Sn^{2+}(aq)+2e^- \longrightarrow Sn(s)$	−0.14
$Pb^{2+}(aq)+2e^- \longrightarrow Pb(s)$	−0.13
$2H^+(aq)+2e^- \longrightarrow H_2(g)$	0.00
$Sn^{4+}(aq)+2e^- \longrightarrow Sn^{2+}(aq)$	0.15
$Cu^{2+}(aq)+2e^- \longrightarrow Cu(s)$	0.34
$I_2(s)+2e^- \longrightarrow 2I^-(aq)$	0.54

续表11-2

氧化还原电对	$\varphi^\ominus$/V
$Fe^{3+}(aq)+e^- \longrightarrow Fe^{2+}(aq)$	0.77
$Ag^+(aq)+2e^- \longrightarrow Ag(s)$	0.80
$Br_2(l)+2e^- \longrightarrow 2Br^-(aq)$	1.09
$Cl_2(g)+2e^- \longrightarrow 2Cl^-(aq)$	1.36
$F_2(g)+2e^- \longrightarrow 2F^-(aq)$	2.87

11.3.2 电动势与自由能的关系

在第5章中，已经知道恒温恒压下体系自由能的减少等于对外所做的最大有用功。对氧化还原反应而言，最大有用功是电功。即：

$$\Delta_r G=-nFE \tag{11-2}$$

式中，n 是物质的量；F 是摩尔电量(法拉第常数：96486.7 C·mol^{-1})；E 是电动势。

由式(11-2)可看出，化学反应能否自发进行的判据 $\Delta_r G$ 对氧化还原反应而言可转化为电动势 E。即

(1) $\Delta_r G<0$，$E>0$，氧化还原反应自发进行。

(2) $\Delta_r G>0$，$E<0$，氧化还原反应不能自发进行。

(3) $\Delta_r G=0$，$E=0$，氧化还原反应处于平衡状态。

利用式(11-2)，有两个主要的应用。

1. 计算标准电极电势

如果考虑金属电极与标准氢电极组成原电池。

$$2M(s)+2H^+(aq)=\!=\!=H_2(g)+2M^+(aq)$$

则

$$\Delta_r G^\ominus=-nFE^\ominus=-nF(\varphi^\ominus_{H^+/H_2}-\varphi^\ominus_{M^+/M})$$

$$\varphi^\ominus_{M^+/M}=\frac{\Delta_r G^\ominus}{nF} \tag{11-3}$$

利用热力学数据求出 $\Delta_r G^\ominus$，进而求得 $\varphi^\ominus_{M^+/M}$。一些活泼金属在水溶液中与水迅速反应，其标准电极电势值不能通过实验测定，可以通过这种方法进行理论计算，如 $\varphi^\ominus_{Na^+/Na}$、$\varphi^\ominus_{K^+/K}$等。

同样，一些活泼非金属的标准电极电势值也可以通过相同方法进行计算。比如F_2/F^-电极与标准氢电极组成原电池。

$$F_2(g)+H_2(g)=\!=\!=2F^-(aq)+2H^+(aq)$$

$$\Delta_r G^\ominus=-nFE^\ominus=-nF(\varphi^\ominus_{F_2/F^-}-\varphi^\ominus_{H^+/H_2})$$

$$\varphi^\ominus_{F_2/F^-}=-\frac{\Delta_r G^\ominus}{nF} \tag{11-4}$$

2. 计算氧化还原反应的平衡常数

考虑标准状态下：

$$\Delta_r G^\ominus = -nFE^\ominus = -RT\ln K^\ominus$$

$$\ln K^\ominus = \frac{nFE^\ominus}{RT} \tag{11-5}$$

如果考虑常温 298.15 K，式(11－5)变化为常见形式：

$$\lg K^\ominus = \frac{nE^\ominus}{0.0592} \tag{11-6}$$

例 11－2　计算下列反应的平衡常数：

$$3CuS + 8HNO_3 = 3Cu(NO_3)_2 + 2NO\uparrow + 3S\downarrow + 4H_2O$$

解：利用式(11－6)：

$$\lg K^\ominus = \frac{nE^\ominus}{0.0592}$$

$$\lg K^\ominus = \frac{6\times(\varphi^\ominus_{NO_3^-/NO} - \varphi^\ominus_{S/CuS})}{0.0592}$$

$$\lg K^\ominus = 14.24$$

$$K^\ominus = 1.73\times10^{14}$$

例 11－3　在 0.10 mol·L^{-1} $CuSO_4$ 溶液中加入 Zn 粒，计算反应达到平衡时溶液中 Cu^{2+} 的浓度。

解：反应为

$$Zn + Cu^{2+} = Zn^{2+} + Cu$$

利用式(11－6)：

$$\lg K^\ominus = \frac{nE^\ominus}{0.0592}$$

$$\lg K^\ominus = \frac{2\times(\varphi^\ominus_{Cu^{2+}/Cu} - \varphi^\ominus_{Zn^{2+}/Zn})}{0.0592}$$

$$K^\ominus = 2.0\times10^{37}$$

$K^\ominus$值非常大，表明反应非常完全，则 Cu^{2+} 几乎完全反应，因此，考虑 Zn^{2+} 为 0.10 mol·L^{-1}。

利用化学平衡定律：

$$K^\ominus = \frac{[Zn^{2+}]}{[Cu^{2+}]} = 2.0\times10^{37}$$

$$[Cu^{2+}] = 5.0\times10^{-39}\ mol\cdot L^{-1}$$

11.3.3　能斯特方程式

热力学标准状态是非常特殊的状态，不是常态。因此，常态时，也就是非标准条件下的电极电势才能够更加准确地描述氧化还原反应实际进行的情况。非标准条件下的电极电势一样可以通过实验测定，就像测定标准电极电势一样。但是，更常见的得到非标准条件下电极电势的方法是利用热力学公式进行计算。

由化学等温式：

$$\Delta_r G = \Delta_r G^\ominus + RT\ln Q$$

将式(11－2)代入，可得

$$-nFE=-nFE^{\ominus}+RT\ln Q$$

$$E=E^{\ominus}-\frac{RT}{nF}\ln Q \tag{11-7}$$

式(11－7)表达了非标准条件下浓度、压力和温度与 E 的定量关系，称为能斯特方程式，由德国化学家能斯特(Walther Hermann Nernst)提出。

如果考虑常温 298.15 K，式(11－7)变化为常见形式：

$$E=E^{\ominus}-\frac{0.0592}{n}\lg Q \tag{11-8}$$

式(11－8)是能斯特方程式更常见的形式。

例如：

$$Sn^{2+}+2Fe^{3+}=\!=\!=2Fe^{2+}+Sn^{4+}$$

$$E=E^{\ominus}-\frac{RT}{2F}\ln\frac{c(Fe^{2+})^2\times c(Sn^{4+})}{c(Sn^{2+})\times c(Fe^{3+})^2}$$

对式(11－8)进行变换，E 用电极电势替代，同时对 Q 进行拆分，可以得到能斯特方程式的另一种形式。

仍然以上面的反应为例：

$$E=E^{\ominus}-\frac{RT}{2F}\ln\frac{c(Fe^{2+})^2\times c(Sn^{4+})}{c(Sn^{2+})\times c(Fe^{3+})^2}$$

$$\varphi_{Fe^{3+}/Fe^{2+}}-\varphi_{Sn^{4+}/Sn^{2+}}=\varphi^{\ominus}_{Fe^{3+}/Fe^{2+}}-\varphi^{\ominus}_{Sn^{4+}/Sn^{2+}}-\frac{RT}{2F}\ln\frac{c(Fe^{2+})^2\times c(Sn^{4+})}{c(Sn^{2+})\times c(Fe^{3+})^2}$$

$$\varphi_{Fe^{3+}/Fe^{2+}}-\varphi_{Sn^{4+}/Sn^{2+}}=\varphi^{\ominus}_{Fe^{3+}/Fe^{2+}}-\varphi^{\ominus}_{Sn^{4+}/Sn^{2+}}-\frac{RT}{2F}\ln\frac{c(Fe^{2+})^2}{c(Fe^{3+})^2}-\frac{RT}{2F}\ln\frac{c(Sn^{4+})}{c(Sn^{2+})}$$

$$\varphi_{Fe^{3+}/Fe^{2+}}-\varphi_{Sn^{4+}/Sn^{2+}}=\left[\varphi^{\ominus}_{Fe^{3+}/Fe^{2+}}+\frac{RT}{2F}\ln\frac{c(Fe^{3+})^2}{c(Fe^{2+})^2}\right]-\left[\varphi^{\ominus}_{Sn^{4+}/Sn^{2+}}+\frac{RT}{2F}\ln\frac{c(Sn^{4+})}{c(Sn^{2+})}\right]$$

显然可得：

$$\varphi_{Fe^{3+}/Fe^{2+}}=\varphi^{\ominus}_{Fe^{3+}/Fe^{2+}}+\frac{RT}{2F}\ln\frac{c(Fe^{3+})^2}{c(Fe^{2+})^2}$$

$$\varphi_{Sn^{4+}/Sn^{2+}}=\varphi^{\ominus}_{Sn^{4+}/Sn^{2+}}+\frac{RT}{2F}\ln\frac{c(Sn^{4+})}{c(Sn^{2+})}$$

这其实意味着对氧化还原半反应：

$$Fe^{3+}+e^-=\!=\!=Fe^{2+}$$

$$\varphi_{Fe^{3+}/Fe^{2+}}=\varphi^{\ominus}_{Fe^{3+}/Fe^{2+}}+\frac{RT}{F}\ln\frac{c(Fe^{3+})}{c(Fe^{2+})}$$

$$Sn^{4+}+2e^-=\!=\!=Sn^{2+}$$

$$\varphi_{Sn^{4+}/Sn^{2+}}=\varphi^{\ominus}_{Sn^{4+}/Sn^{2+}}+\frac{RT}{2F}\ln\frac{c(Sn^{4+})}{c(Sn^{2+})}$$

一般通式：

$$\text{氧化态}+ne^-\longrightarrow\text{还原态}$$

$$\varphi_{\text{氧化态/还原态}}=\varphi^{\ominus}_{\text{氧化态/还原态}}+\frac{RT}{nF}\ln\frac{c(\text{氧化态})}{c(\text{还原态})} \tag{11-9}$$

式(11－9)是能斯特方程式的另一种形式，表达了非标准条件下浓度、压力和温度与φ的定量关系。

如果考虑常温298.15 K，式(11－9)变化为常见形式：

$$\varphi_{\text{氧化态/还原态}}=\varphi^{\ominus}_{\text{氧化态/还原态}}+\frac{0.0592}{n}\lg\frac{c(\text{氧化态})}{c(\text{还原态})} \tag{11-10}$$

需要强调的是，式(11－9)、式(11－10)中的浓度比是拆分Q的结果，因此，在书写浓度比时要遵从Q的书写规定。特别注意：

(1) 式中，c(氧化态)和c(还原态)并非专指氧化数有变化的物质，也包括参加电极反应的其他物质，如介质离子。

(2) 在电极反应中，如果氧化态物质或还原态物质的系数不是1，则其浓度以其系数为方次。

(3) 如果电极反应中涉及纯液体或固体，浓度均为常数，不写入表达式。

(4) 如果电极反应涉及气体，则气体浓度可用分压表示。

例如：

$$Cr_2O_7^{2-}+6e^-+14H^+\longrightarrow 2Cr^{3+}+7H_2O$$

$$\varphi_{Cr_2O_7^{2-}/Cr^{3+}}=\varphi^{\ominus}_{Cr_2O_7^{2-}/Cr^{3+}}+\frac{0.0592}{6}\lg\frac{c(Cr_2O_7^{2-})\times c(H^+)^{14}}{c(Cr^{3+})^2}$$

$$Cl_2+2e^-\longrightarrow 2Cl^-$$

$$\varphi_{Cl_2/Cl^-}=\varphi^{\ominus}_{Cl_2/Cl^-}+\frac{0.0592}{2}\lg\frac{[p(Cl_2)/p^{\ominus}]}{c(Cl^-)^2}$$

11.4　电极电势的应用

电极电势在氧化还原反应中有着广泛的应用。

11.4.1　判断氧化剂和还原剂的强弱

φ越大，电子流入或电流流出的趋势越大，氧化态获得电子的能力越强，氧化态氧化能力越强。相对应的，还原态还原能力越弱。

φ越小，电子流出或电流流入的趋势越大，还原态失去电子的能力越强，还原态还原能力越强。相对应的，氧化态氧化能力越弱。

如果要利用电极电势数值对不同氧化还原电对的氧化态氧化能力以及还原态还原能力进行比较，考虑到浓度、压力、温度和介质的影响，一般用标准电极电势$\varphi^{\ominus}$来比较。方法如下：

如果

$$\varphi^{\ominus}_{\text{氧化态1/还原态1}}>\varphi^{\ominus}_{\text{氧化态2/还原态2}}$$

则氧化能力：氧化态$_1$＞氧化态$_2$；

还原能力：还原态$_1$＜还原态$_2$。

例如，$\varphi^{\ominus}_{Cl_2/Cl^-}=1.36\ V>\varphi^{\ominus}_{Fe^{3+}/Fe^{2+}}=0.77\ V$，则氧化能力$Cl_2>Fe^{3+}$，还原能力$Cl^-<Fe^{2+}$。

中学阶段所学的金属活动性顺序，即是按金属单质的氧化还原电对M^{n+}/M的标准电极电势$\varphi^{\ominus}$值大小排列而得到的。如表11－2中所列部分数据。

11.4.2 计算原电池的电动势和平衡常数

利用式(11－1)可以计算原电池的电动势：$E=\varphi_+-\varphi_-$。

更常见的是计算标准电动势：$E^{\ominus}=\varphi^{\ominus}_+-\varphi^{\ominus}_-$。

利用式(11－3)可以计算氧化还原反应的平衡常数：$\ln K^{\ominus}=\dfrac{nFE^{\ominus}}{RT}$。

11.4.3 判断氧化还原反应进行的方向

氧化还原反应的实质是两个氧化还原电对之间的电子转移，反应是按照相对较强的氧化态氧化相对较强的还原态得到相对较弱的氧化态和相对较弱的还原态的方向进行的。即电极电势大的氧化态和电极电势小的还原态反应生成电极电势大的还原态和电极电势小的氧化态。

如果$\varphi_{氧化态1/还原态1}>\varphi_{氧化态2/还原态2}$，则反应的方向是

$$氧化态1+还原态2 \xlongequal{} 氧化态2+还原态1$$

这个判断方法与前述电动势E的判据是一致的。

(1) 当$\varphi_{氧化态1/还原态1}>\varphi_{氧化态2/还原态2}$时，上述反应正向进行，此时$E>0$；

(2) 当$\varphi_{氧化态1/还原态1}<\varphi_{氧化态2/还原态2}$时，上述反应不能正向进行，此时$E<0$；

(3) 当$\varphi_{氧化态1/还原态1}=\varphi_{氧化态2/还原态2}$时，上述反应处于平衡，此时$E=0$。

因此，判断氧化还原反应的方向，既可以用直接比较电极电势大小的方法，也可以在假定反应正向进行的情况下利用E的正负来判断。但无论采用哪种方法，都涉及φ的数值。由能斯特方程式：

$$E=E^{\ominus}-\frac{RT}{nF}\ln Q$$

$$\varphi_{氧化态/还原态}=\varphi^{\ominus}_{氧化态/还原态}+\frac{RT}{nF}\ln\frac{c(氧化态)}{c(还原态)}$$

可以看出，影响E的正负(或者φ的数值大小)的主要因素是$E^{\ominus}$的正负(或者$\varphi^{\ominus}$的数值大小)，浓度、分压和温度等因素的影响相对较小。因此，当氧化还原反应的$E^{\ominus}$的绝对值较大时，浓度、分压和温度等因素的改变将不足以改变E的正负，此时，$E^{\ominus}$的正负将决定氧化还原反应的方向。

例如：

$$Zn+Cu^{2+} \xlongequal{} Zn^{2+}+Cu$$

$$E^{\ominus}=\varphi^{\ominus}_{Cu^{2+}/Cu}-\varphi^{\ominus}_{Zn^{2+}/Zn}=0.34-(-0.76)=1.10\ V$$

这表明在标准状态下，反应正向进行。

如果是非标准情况，比如当$c(Cu^{2+})=1.0\times10^{-6}\ mol\cdot L^{-1}$(这一浓度用化学方法已不能检出，即按定量标准看，$Cu^{2+}$已不存在)，此时，仍然考虑$c(Zn^{2+})=1.0\ mol\cdot L^{-1}$。

即 Cu^{2+}/Cu 是非标准状态，Zn^{2+}/Zn 是标准状态。

$$\varphi_{Cu^{2+}/Cu}=\varphi^{\ominus}_{Cu^{2+}/Cu}+\frac{0.0592}{2}\lg c(Cu^{2+})$$

$$\varphi_{Cu^{2+}/Cu}=-0.16\ V$$

$$E=\varphi_{Cu^{2+}/Cu}-\varphi^{\ominus}_{Zn^{2+}/Zn}=-0.16-(-0.76)=0.60\ V$$

反应仍正向进行。可见，上述反应用 φ 或者 $\varphi^{\ominus}$得到的结论是一致的。

再如：

$$Sn+Pb^{2+}=\!=\!=Sn^{2+}+Pb$$

$$E^{\ominus}=\varphi^{\ominus}_{Pb^{2+}/Pb}-\varphi^{\ominus}_{Sn^{2+}/Sn}=-0.126-(-0.14)=0.014\ V$$

这表明在标准状态下，反应正向进行。

如果是非标准情况，如当 $[Pb^{2+}]=0.1\ mol\cdot L^{-1}$，$[Sn^{2+}]=1.0\ mol\cdot L^{-1}$时：

$$\varphi_{Pb^{2+}/Pb}=\varphi^{\ominus}_{Pb^{2+}/Pb}+\frac{0.0592}{2}\lg c(Pb^{2+})$$

$$\varphi_{Pb^{2+}/Pb}=-0.156\ V$$

$$E=\varphi_{Pb^{2+}/Pb}-\varphi^{\ominus}_{Sn^{2+}/Sn}=-0.156-(-0.14)=-0.016\ V$$

反应逆向进行。可见，上述反应用 φ 或者 $\varphi^{\ominus}$得到的结论是不一致的。

上述两个实例表明了氧化还原反应 $E^{\ominus}$的绝对值大小对反应方向的影响。当 $E^{\ominus}$的绝对值较大时，浓度、分压和温度等因素的改变将不能改变氧化还原反应的方向；当 $E^{\ominus}$的绝对值较小时，浓度、分压和温度等因素的改变将改变氧化还原反应的方向。

一般经验：$E^{\ominus}<0.5\ V$，离子浓度改变可能导致反应逆向；$E^{\ominus}>0.5\ V$，离子浓度改变不会导致反应逆向。

利用 $E^{\ominus}$的正负判断反应能否进行有许多实际应用，如选择适当的氧化剂或还原剂，解释反应能否进行。

例 11－4　实验室利用二氧化锰氧化盐酸制备氯气，计算说明为什么需要浓盐酸。

解：反应方程式为

$$MnO_2+4HCl=\!=\!=MnCl_2+Cl_2\uparrow+2H_2O$$

正极反应：

$$MnO_2+2e^-+4H^+\longrightarrow Mn^{2+}+2H_2O$$

负极反应：

$$2Cl^--2e^-\longrightarrow Cl_2$$

查标准电极电势，得 $\varphi^{\ominus}_{MnO_2/Mn^{2+}}=1.22\ V$，$\varphi^{\ominus}_{Cl_2/Cl^-}=1.38\ V$。显然，标准状态下，反应不能正向进行。

考虑非标准情况，当 $\varphi_{MnO_2/Mn^{2+}}\geqslant\varphi_{Cl_2/Cl^-}$ 时，反应能够发生。假设此时盐酸浓度为 $x\ mol\cdot L^{-1}$，则 $c(H^+)=c(Cl^-)=x\ mol\cdot L^{-1}$。同时，考虑生成的氯气压力为标准压力，$Mn^{2+}$浓度为标准浓度。

$$\varphi_{MnO_2/Mn^{2+}}=\varphi^{\ominus}_{MnO_2/Mn^{2+}}+\frac{0.0592}{2}\lg\frac{c(H^+)^4}{c(Mn^{2+})}$$

$$\varphi_{Cl_2/Cl^-}=\varphi^{\ominus}_{Cl_2/Cl^-}+\frac{0.0592}{2}\lg\frac{[p(Cl_2)/p^{\ominus}]}{c(Cl^-)^2}$$

当 $\varphi_{MnO_2/Mn^{2+}}=\varphi_{Cl_2/Cl^-}$ 时，求出 x。

$$\varphi_{MnO_2/Mn^{2+}}=\varphi_{Cl_2/Cl^-}$$

$$\varphi^\ominus_{MnO_2/Mn^{2+}}+\frac{0.0592}{2}\lg\frac{c(H^+)^4}{c(Mn^{2+})}=\varphi^\ominus_{Cl_2/Cl^-}+\frac{0.0592}{2}\lg\frac{[p(Cl_2)/p^\ominus]}{c(Cl^-)^2}$$

$$\varphi^\ominus_{MnO_2/Mn^{2+}}+\frac{0.0592}{2}\lg\frac{x^4}{1}=\varphi^\ominus_{Cl_2/Cl^-}+\frac{0.0592}{2}\lg\frac{1}{x^2}$$

$$x=6.18\ mol\cdot L^{-1}$$

当盐酸浓度大于或等于 $6.18\ mol\cdot L^{-1}$ 时，反应才能发生，因此，要使用浓盐酸。

11.4.4 判断氧化还原反应进行的顺序

针对混合体系，加入某一氧化剂(或还原剂)能同时氧化(或还原)几种还原剂(或氧化剂)时，涉及氧化(或还原)顺序。如果不考虑反应速度，则氧化剂(或还原剂)首先与最强的还原剂(或氧化剂)作用，然后按还原剂(或氧化剂)还原能力(或氧化能力)强弱依次反应。

如在 I^-、Br^-、Cl^- 共存的溶液中加入氧化剂 $KMnO_4$，由电极电势判断，I^-、Br^-、Cl^- 三种离子都能被 $KMnO_4$ 氧化。由于 $\varphi^\ominus_{I_2/I^-}<\varphi^\ominus_{Br_2/Br^-}<\varphi^\ominus_{Cl_2/Cl^-}$，因此，$KMnO_4$ 先氧化 I^-，然后氧化 Br^-，最后氧化 Cl^-。

11.5 电极电势与其他反应类型的关系

酸碱反应、沉淀反应和配位反应通过与电极反应中的离子的反应来影响离子浓度，进而影响电极电势。

由能斯特方程式可知，升高 c(氧化态)或降低 c(还原态)，则 φ 增大，导致氧化态氧化能力增强，还原态还原能力减弱；降低 c(氧化态)或升高 c(还原态)，则 φ 减小，导致氧化态氧化能力减弱，还原态还原能力增强。

c(氧化态)或 c(还原态)的改变可以通过反应来实现。

11.5.1 电极电势与酸碱反应的关系

考虑电极反应：

$$2H^+ + 2e^- \longrightarrow H_2 \qquad \varphi^\ominus_{H^+/H_2}=0.0\ V$$

$$\varphi_{H^+/H_2}=\varphi^\ominus_{H^+/H_2}+\frac{0.0592}{2}\lg\frac{c(H^+)^2}{[p_{H_2}/p^\ominus]}$$

当 p_{H_2} 为标准压力时：

$$\varphi_{H^+/H_2}=\varphi^\ominus_{H^+/H_2}+0.0592\lg c(H^+)$$

体系中加入 Ac^-，发生反应：

$$H^+ + Ac^- \longrightarrow HAc$$

由于反应完全，H^+ 几乎全部转化成 HAc。体系中+1 氧化态的 H(+1)的主要存在形

式不再是 H^+，而是 HAc。因此，上述电极反应在书写形式上相应变为

$$2HAc+2e^- \longrightarrow H_2+2Ac^-$$

$$\varphi_{H^+/H_2}=\varphi_{HAc/H_2}=\varphi^\ominus_{H^+/H_2}+0.0592\lg c(H^+)$$

如果要求得标准状态时的 $\varphi^\ominus_{HAc/H_2}$ 值，则意味着上述电极反应中 $c(HAc)=c(Ac^-)=1\ mol\cdot L^{-1}$，$p_{H_2}$ 为标准压力。此时的 $c(H^+)$ 可由弱酸电离常数 K_a 表达式求得

$$K_a=\frac{[H^+]\times[Ac^-]}{[HAc]}$$

$$K_a=[H^+]$$

得表达式：

$$\varphi^\ominus_{HAc/H_2}=\varphi^\ominus_{H^+/H_2}+0.0592\lg K_a \qquad (11-11)$$

$$\varphi^\ominus_{HAc/H_2}=-0.28\ V$$

上述结果表明，由于氧化态离子参与酸碱反应，氧化态离子浓度降低，导致电极电势减小。式(11−11)表明了电极电势与 K_a 的一种常见关系。

11.5.2 电极电势与沉淀反应的关系

相同的讨论方法，考虑电极反应：

$$Ag^++e^- \longrightarrow Ag \qquad \varphi^\ominus_{Ag^+/Ag}=0.799\ V$$

$$\varphi_{Ag^+/Ag}=\varphi^\ominus_{Ag^+/Ag}+\frac{0.0592}{n}\lg c(Ag^+)$$

如果在体系中加入 NaCl，则反应发生：

$$Ag^++Cl^- \longrightarrow AgCl\downarrow$$

由于反应完全，Ag^+ 几乎全部转化成 AgCl。此时体系中+1 氧化态的 Ag(+1)的主要存在形式是 AgCl 而非 Ag^+，因此电极反应的书写形式为

$$AgCl+e^- \longrightarrow Ag+Cl^-$$

$$\varphi_{Ag^+/Ag}=\varphi_{AgCl/Ag}=\varphi^\ominus_{Ag^+/Ag}+\frac{0.0592}{n}\lg c(Ag^+)$$

如果要求得标准状态时的 $\varphi^\ominus_{AgCl/Ag}$ 值，则意味着上述电极反应中 $c(Cl^-)=1\ mol\cdot L^{-1}$，此时的 $c(Ag^+)$ 可由溶度积常数表达式求得：

$$K_{sp}=[Ag^+][Cl^-]$$

$$K_{sp}=[Ag^+]$$

得到表达式：

$$\varphi^\ominus_{AgCl/Ag}=\varphi^\ominus_{Ag^+/Ag}+\frac{0.0592}{n}\lg K_{sp} \qquad (11-12)$$

$$\varphi^\ominus_{AgCl/Ag}=0.221\ V$$

上述结果表明，由于氧化态离子参与沉淀反应，氧化态离子浓度降低，导致电极电势减小。类似的计算可得：$\varphi^\ominus_{AgBr/Ag}=0.071\ V$，$\varphi^\ominus_{AgI/Ag}=-0.152\ V$。可以看出，沉淀的 K_{sp} 越小，沉淀反应越完全，氧化态离子浓度降低得越多，$\varphi^\ominus_{AgX/Ag}$ 越小。

上述内容展示了电极电势与 K_{sp} 的一种常见关系。

注意，如果是还原态离子参与沉淀反应，还原态离子浓度降低，则电极电势将会升

高。例如 $\varphi^{\ominus}_{Cu^{2+}/Cu^{+}}=0.153\ V$，$\varphi^{\ominus}_{Cu^{2+}/CuI}=0.86\ V$。如果氧化态离子和还原态离子都参与反应，则电极电势升高或者降低将取决于氧化态离子和还原态离子参与反应的程度。

11.5.3 电极电势与配位反应的关系

同样的讨论方法，考虑电极反应：

$$Ag^{+}+e^{-}\longrightarrow Ag \qquad \varphi^{\ominus}_{Ag^{+}/Ag}=0.799\ V$$

$$\varphi_{Ag^{+}/Ag}=\varphi^{\ominus}_{Ag^{+}/Ag}+\frac{0.0592}{n}\lg c(Ag^{+})$$

如果在体系中加入 NH_3，则反应发生：

$$Ag^{+}+2NH_3\longrightarrow Ag(NH_3)_2^{+}$$

由于反应完全，Ag^{+} 几乎全部转化成 $Ag(NH_3)_2^{+}$。此时体系中+1 氧化态的 Ag(+1)的主要存在形式是 $Ag(NH_3)_2^{+}$ 而非 Ag^{+}，因此电极反应的书写形式为

$$Ag(NH_3)_2^{+}+e^{-}\longrightarrow Ag+2NH_3$$

$$\varphi_{Ag^{+}/Ag}=\varphi_{Ag(NH_3)_2^{+}/Ag}=\varphi^{\ominus}_{Ag^{+}/Ag}+\frac{0.0592}{n}\lg c(Ag^{+})$$

同样的，当上述电极反应中 $c[Ag(NH_3)_2{}^{+}]=c(NH_3)=1\ mol\cdot L^{-1}$时，意味着电极电势是标准值 $\varphi^{\ominus}_{Ag(NH_3)_2^{+}/Ag}$，此时的 $c(Ag^{+})$可由配离子的稳定常数 $K_{稳}$表达式求得：

$$K_{稳}=\frac{[Ag(NH_3)_2^{+}]}{[Ag^{+}]\times[NH_3]^2}$$

$$K_{稳}=\frac{1}{[Ag^{+}]}$$

得到表达式：

$$\varphi^{\ominus}_{Ag(NH_3)_2^{+}/Ag}=\varphi^{\ominus}_{Ag^{+}/Ag}+\frac{0.0592}{n}\lg\frac{1}{K_{稳}} \qquad (11-13)$$

$$\varphi^{\ominus}_{Ag(NH_3)_2^{+}/Ag}=0.38\ V$$

上述内容表明了电极电势与 $K_{稳}$的一种常见关系，即电极反应中只有氧化态离子发生配位反应。另一种常见关系是电极反应中氧化态和还原态都能生成配离子的情况，如 $\varphi^{\ominus}_{Co(NH_3)_6^{3+}/Co(NH_3)_6^{2+}}$、$\varphi^{\ominus}_{Fe(CN)_6^{3-}/Fe(CN)_6^{4-}}$等(参见 20.6.2)。

11.6 酸度对电极电势的影响及 pH—电势图

11.6.1 酸度对电极电势的影响

酸度对电极电势的影响通过能斯特方程式体现出来。由于许多电极反应中涉及 H^{+}或 OH^{-}，并且一般电极反应中 H^{+}或 OH^{-}都有一定的系数，故在能斯特方程式中，$[H^{+}]$或 $[OH^{-}]$ 一般都有一定的方次。因此，溶液酸度的变化对 φ 的影响较大。例如：

$$8H^{+}+MnO_4^{-}+5e^{-}\longrightarrow Mn^{2+}+4H_2O$$

$$\varphi_{MnO_4^-/Mn^{2+}}=\varphi^{\ominus}_{MnO_4^-/Mn^{2+}}+\frac{0.0592}{5}\lg\frac{c(H^+)^8\times c(MnO_4^-)}{c(Mn^{2+})}$$

$$3H_2O+ClO_3^-+6e^-\longrightarrow Cl^-+6OH^-$$

$$\varphi_{ClO_3^-/Cl^-}=\varphi^{\ominus}_{ClO_3^-/Cl^-}+\frac{0.0592}{6}\lg\frac{c(ClO_3^-)}{c(Cl^-)\times c(OH^-)^6}$$

氧化还原半反应的特点是 H^+ 总是在氧化态这一边，OH^- 总是在还原态这一边。因此，$c(H^+)$增大总是导致电极电势增大，$c(OH^-)$增大总是导致电极电势减小。一般的结论是：酸性增强，氧化态氧化能力增强；碱性增强，还原态还原能力增强。通常，作为氧化剂的含氧酸盐如 $KMnO_4$、$K_2Cr_2O_7$ 等都在酸性介质中使用。

酸度对氧化还原反应的影响还包括：①氧化还原反应的产物可能随着酸度的变化而改变，如 $KMnO_4$；②酸度的改变有可能影响反应速率。

11.6.2　pH—电势图

把氧化还原电对的电极电势随 pH 值变化的情况绘制成图，即得到 pH—电势图。

首先讨论水的 pH—电势图。水是电极反应所处的体系，水自身也是一种氧化剂和还原剂。水作氧化剂被还原成氢气，作还原剂被氧化成氧气。涉及电极反应：

$$2H_2O+2e^-\longrightarrow H_2+2OH^- \qquad \varphi^{\ominus}=-0.8277\ V$$

$$O_2+4H^++4e^-\longrightarrow 2H_2O \qquad \varphi^{\ominus}=1.229\ V$$

由能斯特方程式：

$$\varphi_{H_2O/H_2}=\varphi^{\ominus}_{H_2O/H_2}+\frac{0.0592}{2}\lg\frac{1}{(p_{H_2}/p^{\ominus})\times c(OH^-)^2}$$

$$\varphi_{O_2/H_2O}=\varphi^{\ominus}_{O_2/H_2O}+\frac{0.0592}{4}\lg\frac{(p_{O_2}/p^{\ominus})\times c(H^+)^4}{1}$$

考虑 $p_{H_2}=101.3$ kPa、$p_{O_2}=101.3$ kPa，得

$$\varphi_{H_2O/H_2}=\varphi^{\ominus}_{H_2O/H_2}+\frac{0.0592}{2}\lg\frac{1}{c(OH^-)^2}$$

$$\varphi_{H_2O/H_2}=\varphi^{\ominus}_{H_2O/H_2}+0.0592(14-pH) \tag{11-14}$$

$$\varphi_{O_2/H_2O}=\varphi^{\ominus}_{O_2/H_2O}+\frac{0.0592}{4}\lg\frac{c(H^+)^4}{1}$$

$$\varphi_{O_2/H_2O}=\varphi^{\ominus}_{O_2/H_2O}-0.0592pH \tag{11-15}$$

由式(11－14)和式(11－15)，取值见表 11－3。

表 11－3　酸度对电极电势值的影响

pH 值	0	2	4	6	8	10	12	14
φ_{H_2O/H_2}	0	－0.12	－0.24	－0.36	－0.47	－0.59	－0.71	－0.83
φ_{O_2/H_2O}	1.23	1.11	0.99	0.88	0.76	0.64	0.52	0.40

由此作出水的 pH—电势图，分别得到两条斜线（“H_2”线和“O_2”线），如图 11－8 所示。

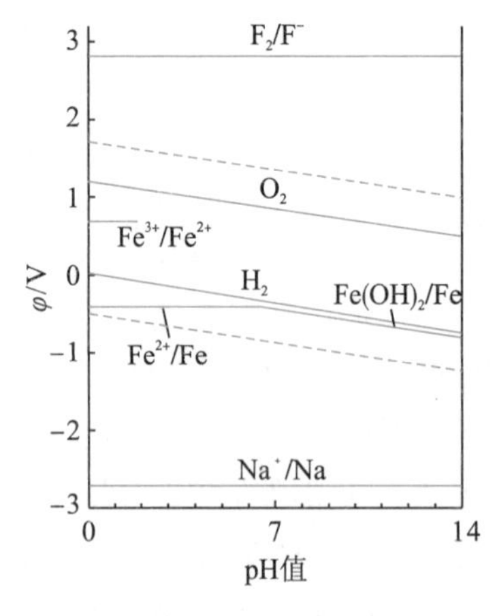

图 11－8　pH—电势图

由图 11－8 可以看出，如果一个电极反应不涉及 H^+ 和 OH^-，则 pH 值不影响其电极电势值，在 pH—电势图中，该电对的电势值表现为一平行于横坐标的直线，如电对 Na^+/Na、Fe^{3+}/Fe^{2+}、F_2/F^- 等。如果一个电极反应涉及 H^+ 和 OH^-，在 pH—电势图中，该电对的电势值表现为一斜线，如电对 $Fe(OH)_2/Fe$。

水作为溶剂在 pH—电势图中具有重要作用，借助水的 pH—电势图可以判断其他氧化剂或还原剂在水中的稳定性。

任何一个还原剂，在 pH—电势图中的斜线或直线若在"H_2"线之下，将可以在水中还原水放出氢气。如 Na^+/Na 线在"H_2"线之下，则 Na 在水中还原水：

$$2H_2O+2Na \xlongequal{} 2Na^+ +2OH^- +H_2\uparrow$$

因此，"H_2"线的下方是还原剂的不稳定区，"H_2"线的上方是还原剂的稳定区。

同样，任何一个氧化剂，在 pH—电势图中的斜线或直线若在"O_2"线之上，将可以在水中氧化水产生氧气。如 F_2/F^- 线在"O_2"线之上，则 F_2 在水中氧化水：

$$2F_2+2H_2O \xlongequal{} 4H^+ +4F^- +O_2\uparrow$$

因此，"O_2"线的上方是氧化剂的不稳定区，"O_2"线的下方是氧化剂的稳定区。

实际操作中，考虑到反应速率的因素，水作为氧化剂或还原剂的实际作用线与理论作用线（"O_2"线和"H_2"线）偏离约 0.5 V，即图 11－8 中的虚线。即"H_2"的虚线的下方是还原剂的不稳定区，"O_2"的虚线的上方是氧化剂的不稳定区。

关于还原剂的稳定区还应注意，虽然"H_2"线的实际作用线上方是还原剂的稳定区，但这只表明还原剂不能还原 H_2O。如果还原剂位于"O_2"线的实际作用线下方，意味着还原剂能够被水溶液中溶解的 O_2 氧化。如 Fe^{3+}/Fe^{2+} 线位于"H_2"线的实际作用线上方，同时，也位于"O_2"线的实际作用线下方，这表明 Fe^{2+} 不能还原水释放 H_2，但是可以被水中溶解的 O_2 氧化。

$$O_2+4H^+ +4Fe^{2+} \xlongequal{} 4Fe^{3+} +2H_2O$$

因此，对还原剂而言，位于"H_2"线的实际作用线下方将还原水释放氢气，位于"O_2"线的实际作用线下方和"H_2"线的实际作用线上方将被水中溶解的 O_2 氧化。"O_2"线的实际作用线的上方才是还原剂的稳定区。

11.7　元素电势图和自由能—氧化态图

同一元素不同氧化态的稳定性及氧化还原能力的强弱可以通过元素电势图和自由能—氧化态图进行归纳和总结。

11.7.1　元素电势图

如果某一元素有多种氧化态，则同一元素的不同氧化态可组成不同的氧化还原电对。如铜：Cu、Cu^{+}、Cu^{2+}，可组成三对氧化还原电对：$\varphi^{\ominus}_{Cu^{+}/Cu}=0.52\ V$、$\varphi^{\ominus}_{Cu^{2+}/Cu^{+}}=0.15\ V$、$\varphi^{\ominus}_{Cu^{2+}/Cu}=0.34\ V$。

把其中任意两种或两种以上的氧化态组成的电对和其电极电势值以图的方式表示出来，就得到了元素电势图。

最简单的也是最常见的一种元素电势图是把不同氧化态按氧化数高低顺序排列起来，以线连接，电极电势数值标在连线上即可。

如铜的元素电势图如图11—9所示。

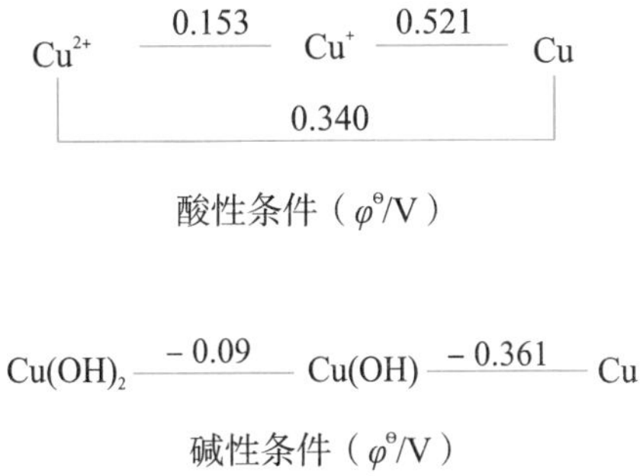

Cu^{2+} —0.153— Cu^{+} —0.521— Cu（Cu^{2+}—Cu：0.340）

酸性条件（$\varphi^{\ominus}$/V）

$Cu(OH)_2$ —−0.09— Cu(OH) —−0.361— Cu

碱性条件（$\varphi^{\ominus}$/V）

图11—9　铜的元素电势图

任何一个有多种氧化态的元素都可以得到其元素电势图。

如锰的元素电势图如图11—10所示。

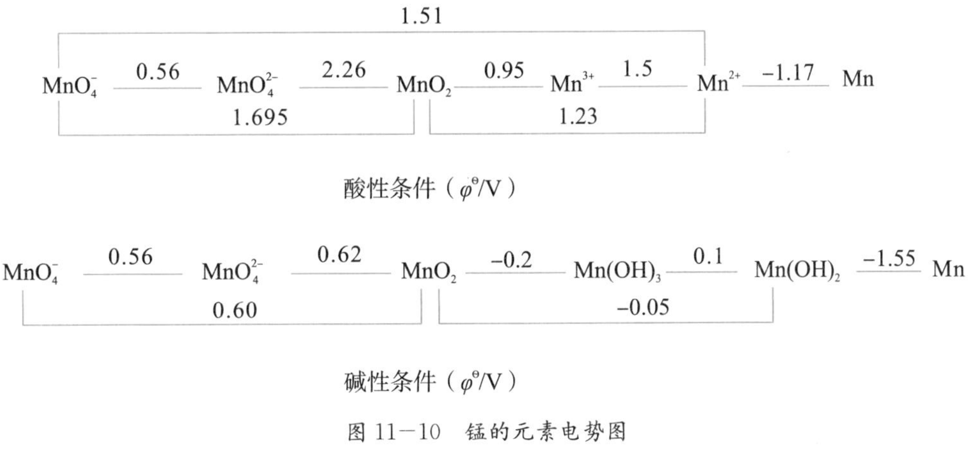

MnO_4^{-} —0.56— MnO_4^{2-} —2.26— MnO_2 —0.95— Mn^{3+} —1.5— Mn^{2+} —−1.17— Mn（MnO_4^{-}—Mn^{2+}：1.51；MnO_4^{-}—MnO_2：1.695；MnO_2—Mn^{2+}：1.23）

酸性条件（$\varphi^{\ominus}$/V）

MnO_4^{-} —0.56— MnO_4^{2-} —0.62— MnO_2 —−0.2— $Mn(OH)_3$ —0.1— $Mn(OH)_2$ —−1.55— Mn（MnO_4^{-}—MnO_2：0.60；MnO_2—$Mn(OH)_2$：−0.05）

碱性条件（$\varphi^{\ominus}$/V）

图11—10　锰的元素电势图

11.7.2 元素电势图的应用

1. 判断歧化反应能否发生

歧化反应发生在元素的中间氧化态，如果某元素有三种氧化态 A、B、C，考察中间氧化态 B 的情况。其元素电势图如图 11－11 所示。

$$A \xrightarrow{\varphi^{\ominus}_{左}} B \xrightarrow{\varphi^{\ominus}_{右}} C$$

图 11－11　某元素的元素电势图

两个电极反应分别为

$$A + n_1e^- \longrightarrow B \qquad \varphi^{\ominus}_{左}$$
$$B + n_2e^- \longrightarrow C \qquad \varphi^{\ominus}_{右}$$

如果这两个半反应发生氧化还原反应，按照对氧化还原反应方向的判断，应该是较强的氧化态氧化较强的还原态。

如果 $\varphi^{\ominus}_{右} > \varphi^{\ominus}_{左}$，氧化能力 B>A，还原能力 B>C，则 B 将发生歧化反应。

$$B \longrightarrow A + C$$

如果 $\varphi^{\ominus}_{左} > \varphi^{\ominus}_{右}$，氧化能力 A>B，还原能力 C>B，则 B 不能发生歧化反应；相反，如果体系中存在 A、C，则 A、C 将发生反歧化反应。

$$A + C \longrightarrow B$$

如从铜和锰的元素电势图可以看出，溶液中 Cu^+、MnO_4^{2-} 等离子要歧化：

$$2Cu^+ = Cu^{2+} + Cu$$
$$4H^+ + 3MnO_4^{2-} = 2MnO_4^- + MnO_2 + 2H_2O$$

溶液中，如果 MnO_4^- 和 Mn^{2+} 共存，则会发生反歧化反应生成 MnO_2：

$$2MnO_4^- + 3Mn^{2+} + 2H_2O = 5MnO_2\downarrow + 4H^+$$

2. 求未知的标准电极电势

如某元素有三种氧化态 A、B、C，则其元素电势图如下：

$$A \xrightarrow{\varphi^{\ominus}_{左}} B \xrightarrow{\varphi^{\ominus}_{右}} C$$

已知 $\varphi^{\ominus}_{A/B}$、$\varphi^{\ominus}_{B/C}$，求 $\varphi^{\ominus}_{A/C}$的值。

若令某电对与标准氢电极构成电池，且标准氢电极作负极，则由式(11－4)可得

$$\Delta_r G^{\ominus} = -nF\varphi^{\ominus}$$
$$\Delta_r G^{\ominus}(A/B) = -n_{A/B}F\varphi^{\ominus}_{A/B}$$
$$\Delta_r G^{\ominus}(B/C) = -n_{B/C}F\varphi^{\ominus}_{B/C}$$
$$\Delta_r G^{\ominus}(A/C) = -n_{A/C}F\varphi^{\ominus}_{A/C}$$

注意上述公式中 $n_{A/C} = n_{A/B} + n_{B/C}$。由盖斯定律可知：

$$\Delta_r G^{\ominus}(A/C) = \Delta_r G^{\ominus}(A/B) + \Delta_r G^{\ominus}(B/C)$$
$$-n_{A/C}F\varphi^{\ominus}_{A/C} = -n_{A/B}F\varphi^{\ominus}_{A/B} - n_{B/C}F\varphi^{\ominus}_{B/C}$$
$$\varphi^{\ominus}_{A/C} = \frac{n_{A/B} \times \varphi^{\ominus}_{A/B} + n_{B/C} \times \varphi^{\ominus}_{B/C}}{n_{A/C}}$$

推广得：

$$\varphi^{\ominus}=\frac{n_1\times\varphi_1^{\ominus}+n_2\times\varphi_2^{\ominus}+\cdots}{n_1+n_2+\cdots} \tag{11-16}$$

如铜的元素电势图，碱性条件下求 $\varphi^{\ominus}_{Cu(OH)_2/Cu}$。

$$\varphi^{\ominus}_{Cu(OH)_2/Cu}=\frac{1\times(-0.09)+1\times(-0.361)}{1+1}$$

$$\varphi_{Cu(OH)_2/Cu}=-0.2255\ V$$

11.7.3　自由能—氧化态图

对某一元素不同氧化态而言，单质可以分别被氧化或还原成任意一种氧化态，此反应对应了一个$\Delta_r G^{\ominus}_m$。通过单质转变成各种氧化态的$\Delta_r G^{\ominus}_m$值对应氧化数作图，可以得到该元素的自由能—氧化态图。单质转变成各种氧化态的$\Delta_r G^{\ominus}_m$，可以通过单质与各种氧化态组成电对的电极电势值求得。

以碱性条件下碘的自由能—氧化态图为例，介绍自由能—氧化态图的作法。碘的氧化态有−1、0、+1、+3、+5、+7，碱性条件下分别对应 I^-、I_2、IO^-、IO_2^-、IO_3^-、$H_3IO_6^{2-}$。由于 IO_2^- 非常不稳定，故不作讨论。

氧化数为−1 时，电对 I_2/I^- 的电极反应为

$$\frac{1}{2}I_2+e^-=\!=\!=I^-\quad \varphi^{\ominus}=0.54\ V$$

$$\Delta_r G^{\ominus}=-nF\varphi^{\ominus}=-52\ kJ\cdot mol^{-1}$$

氧化数为 0 时，电对 I_2/I_2 的电极反应为

$$\frac{1}{2}I_2=\!=\!=\frac{1}{2}I_2\quad \varphi^{\ominus}=0\ V$$

$$\Delta_r G^{\ominus}=-nF\varphi^{\ominus}=0\ kJ\cdot mol^{-1}$$

氧化数为+1 时，电对 IO^-/I_2 的电极反应为

$$IO^-+H_2O+e^-=\!=\!=\frac{1}{2}I_2+2OH^-\quad \varphi^{\ominus}=0.45\ V$$

$$\Delta_r G^{\ominus}=-nF\varphi^{\ominus}=-43\ kJ\cdot mol^{-1}$$

注意：上述过程逆向进行才是单质 I_2 转化成 IO^-，该过程 $\Delta_r G^{\ominus}=43\ kJ\cdot mol^{-1}$。

氧化数为+5 时，电对 IO_3^-/I_2 的电极反应为

$$IO_3^-+3H_2O+5e^-=\!=\!=\frac{1}{2}I_2+6OH^-\quad \varphi^{\ominus}=0.20\ V$$

$$\Delta_r G^{\ominus}=-nF\varphi^{\ominus}=-97\ kJ\cdot mol^{-1}$$

单质 I_2 转化成 IO_3^- 的 $\Delta_r G^{\ominus}=97\ kJ\cdot mol^{-1}$。

氧化数为+7 时，电对 $H_3IO_6^{2-}/I_2$ 的电极反应为

$$H_3IO_6^{2-}+3H_2O+7e^-=\!=\!=\frac{1}{2}I_2+9OH^-\quad \varphi^{\ominus}=0.34\ V$$

$$\Delta_r G^{\ominus}=-nF\varphi^{\ominus}=-230\ kJ\cdot mol^{-1}$$

单质 I_2 转化成 $H_3IO_6^{2-}$ 的 $\Delta_r G^{\ominus}=230\ kJ\cdot mol^{-1}$。

由此得到的数据见表 11－4。

表 11－4　碘的不同氧化态对应的 $\Delta_r G^\ominus$

氧化数	−1	0	+1	+5	+7
$\Delta_r G^\ominus/kJ \cdot mol^{-1}$	−52	0	43	97	230

以氧化数为横坐标，自由能为纵坐标作图，可得到碱性条件下碘的自由能—氧化态图(图 11－12)。

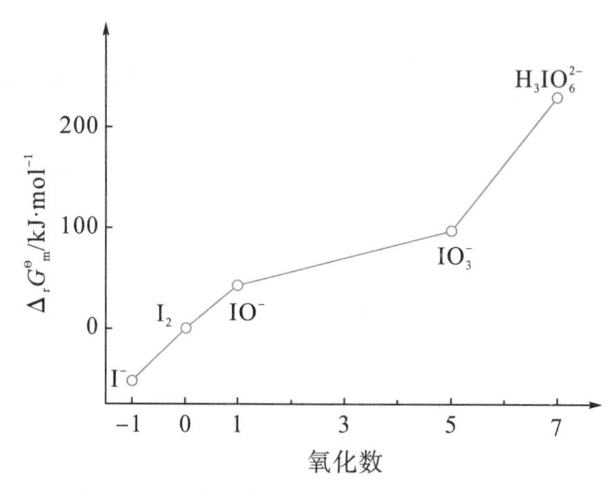

图 11－12　碱性条件下碘的自由能—氧化态图

11.7.4　自由能—氧化态图的应用

自由能—氧化态图有如下三个方面的应用：

(1) 判别同一元素不同氧化态在水溶液中的相对稳定性。最稳定的氧化态必然处于图中曲线的最低点，较高位置的氧化态能自发地向较低位置的氧化态进行变化。由图 11－12可见，碱性条件下，I^- 最稳定。

(2) 图中由任意氧化态物种 M^{n+} 到 M^{m+} 的连线斜率代表了电对 M^{m+}/M^{n+} 的标准电极电势，且数值相等。斜率为正，意味着从高氧化态物种到低氧化态物种自由能降低，说明高氧化态物种(电对的氧化型)是不稳定的物种，易被还原。例如，$H_3IO_6^{2-}/IO_3^-$ 电对连线斜率为正，值为+0.70，即 $\varphi^\ominus = +0.70$ V，表明 $H_3IO_6^{2-}$ 具有氧化性；反之，若斜率为负，则表示电对的还原型不稳定，易被氧化。如图 11－13 中 Mn^{2+}/Mn 电对连线斜率为负，值为−1.18，即 $\varphi^\ominus = -1.18$ V，表明 Mn 具有还原性。

正斜率越大，氧化态物质氧化能力越强；负斜率越大，还原态物质还原能力越强。这在同系列元素的自由能—氧化态图中能明显地显示出来。如图 11－13 所示为第四周期副族元素的自由能—氧化态图。

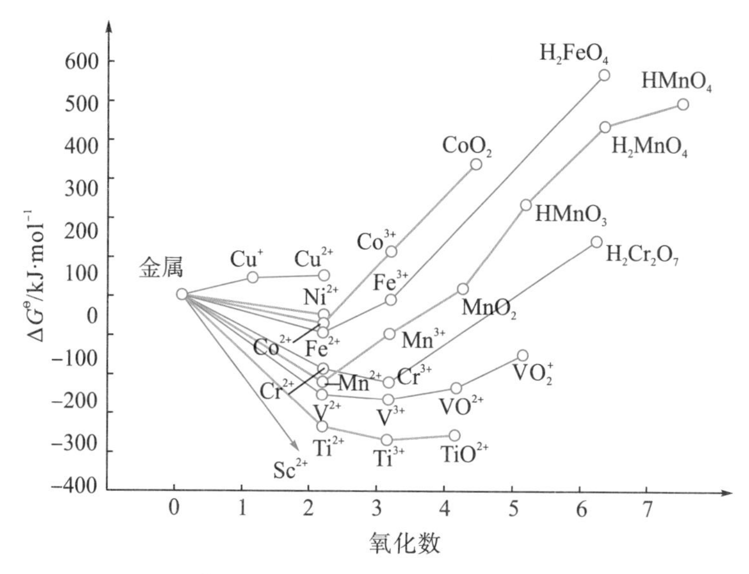

图 11－13　第一过渡系元素不同氧化态的自由能—氧化态图

从图 11－13 可以看出，从 TiO^{2+}、VO_2^+、$Cr_2O_7^{2-}$、MnO_4^- 到 FeO_4^{2-}，氧化能力呈现逐渐增强的趋势；从 Sc、Ti、V、Cr、Mn、Fe、Co 到 Ni，还原能力呈现逐渐减弱的趋势。

(3) 预测歧化反应的可能性。如果某一氧化态位于连接它的两个相邻氧化态连线的上方，则表明由此氧化态转变成相邻氧化态将是一个自由能降低的过程，$\Delta_r G^\ominus<0$，该氧化态将能发生歧化反应，转变为其相邻的氧化态。

例如，碱性条件下 I_2 和 IO^- 都要发生歧化反应：

$$I_2+2OH^- = I^-+IO^-+H_2O$$

$$3IO^- = 2I^-+IO_3^-$$

与歧化反应的判断相对，如果某一氧化态位于连接它的两个相邻氧化态的连线的下方，它虽不能发生歧化反应，但相邻的两个氧化态相遇时可发生反歧化反应。如碱性条件下，IO_3^- 位于 $H_3IO_6^{2-}$ 和 IO^- 连线的下方，则 $H_3IO_6^{2-}$ 和 IO^- 在碱性条件下可以发生反歧化反应：

$$2H_3IO_6^{2-}+IO^- = 3IO_3^-+2OH^-+2H_2O$$

11.8　电解

11.8.1　电解池

电解与原电池的作用原理相反。电解是把电能转化成化学能，即通过外加电能使不能自发进行的氧化还原反应能够进行。

例如：

$$Ni^{2+}+2Cl^{-}=\!=\!=Ni+Cl_2\uparrow \qquad \Delta_rG^{\ominus}=311\ kJ\cdot mol^{-1}$$

反应不能自发进行。为了使反应发生，需要外加直流电源，使得反应的 $\Delta_rG^{\ominus}<0$，反应就能进行。相应的装置称为电解池，如图 11－14 所示。

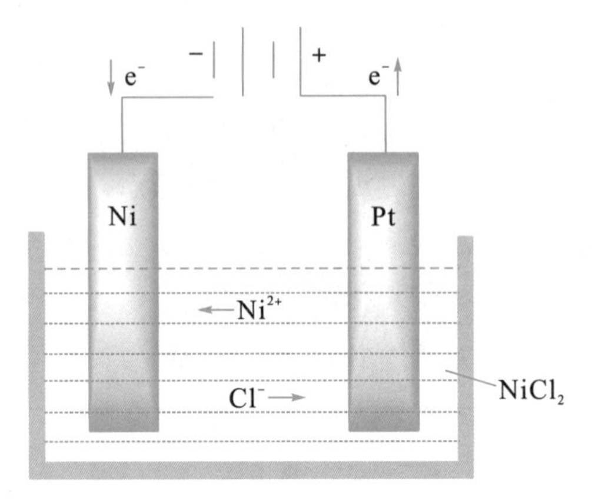

图 11－14　$NiCl_2$ 电解池

电解池中，电子流入的电极称为阴极，如图 11－14 中的 Ni 电极；电子流出的电极称为阳极，如图 11－14 中的 Pt 电极。

$NiCl_2$ 电解池中，阴极反应：

$$Ni^{2+}+2e^{-}\longrightarrow Ni$$

阳极反应：

$$2Cl^{-}-2e^{-}\longrightarrow Cl_2\uparrow$$

电解反应：

$$Ni^{2+}+2Cl^{-}=\!=\!=Ni+Cl_2\uparrow$$

以铜锌原电池和 $NiCl_2$ 电解池为例，原电池与电解池的区别见表 11－5。

表 11－5　原电池与电解池的区别

原电池	电解池
化学能转变成电能	电能转变成化学能
原电池反应自发进行，$E>0$	电解反应不能自发进行，$E<0$
原电池可以对外界做有用功	外界对电解池做有用功
电子流出的电极是负极(Zn)	电子流出的电极是阳极(Cl_2)
负极发生氧化作用：$Zn-2e^{-}\longrightarrow Zn^{2+}$	阳极发生氧化作用：$2Cl^{-}-2e^{-}\longrightarrow Cl_2$
电子流入的电极是正极(Cu)	电子流入的电极是阴极(Ni)
正极发生还原作用：$Cu^{2+}+2e^{-}\longrightarrow Cu$	阴极发生还原作用：$Ni^{2+}+2e^{-}\longrightarrow Ni$

11.8.2　分解电压

对于不能自发进行的氧化还原反应，只要变 $\Delta_rG>0$ 为 $\Delta_rG<0$，反应就能进行。理论

上，向电解池的两电极施以 $\Delta_r G$ 对应的电压 E，反应就能发生。这种由热力学理论计算的电压称为电解池的理论分解电压。

例如：

$$Ni^{2+}+2Cl^{-}=\!=\!=Ni+Cl_2\uparrow \qquad \Delta_r G^{\ominus}=311\ \text{kJ}\cdot\text{mol}^{-1}$$

由式(11−2)，可求出 $E^{\ominus}$：

$$\Delta_r G^{\ominus}=-nFE^{\ominus}$$

$$E^{\ominus}=-1.61\ \text{V}$$

只要向电解池两个电极施加至少等于 1.61 V 的外加电压的直流电源，电解就会发生。因此，1.61 V 就是 $NiCl_2$ 电解池的理论分解电压。

例 11−5　计算工业电解食盐水生产氯气和氢气的理论分解电压。已知电解液中 $c(Cl^-)=3.2\ \text{mol}\cdot\text{L}^{-1}$，$c(OH^-)=1.0\ \text{mol}\cdot\text{L}^{-1}$，电解产生的气体分压为标准压力。

解：电解反应为

$$2NaCl+2H_2O\xrightarrow{\text{电解}}2NaOH+H_2\uparrow+Cl_2\uparrow$$

非标准状态，利用能斯特方程式计算半反应的电极电势，再计算出 298 K 时原电池的电动势，进而得到理论分解电压。

正极反应：

$$2H^+(aq)+2e^-\longrightarrow H_2(g)$$

$$\varphi_{H^+/H_2}=\varphi^{\ominus}_{H^+/H_2}+\frac{0.0592}{2}\lg\frac{c(H^+)^2}{(p_{H_2}/p^{\ominus})}$$

$$\varphi_{H^+/H_2}=0.0+\frac{0.0592}{2}\lg\frac{(10^{-14})^2}{1}$$

$$\varphi_{H^+/H_2}=-0.83\ \text{V}$$

负极反应：

$$2Cl^-(aq)-2e^-\longrightarrow Cl_2(g)$$

$$\varphi_{Cl_2/Cl^-}=\varphi^{\ominus}_{Cl_2/Cl^-}+\frac{0.0592}{2}\lg\frac{[p(Cl_2)/p^{\ominus}]}{c(Cl^-)^2}$$

$$\varphi_{Cl_2/Cl^-}=1.36+\frac{0.0592}{2}\lg\frac{1}{(3.2)^2}$$

$$\varphi_{Cl_2/Cl^-}=1.33\ \text{V}$$

原电池电动势：

$$E=\varphi_{H^+/H_2}-\varphi_{Cl_2/Cl^-}$$

$$E=-2.16\ \text{V}$$

理论分解电压为 2.16 V。

虽然工业电解食盐水的理论分解电压是 2.16 V，但是在实际生产中，电解饱和食盐水的外加电压大约为 3.5 V。类似的实例还有，电解水生成氢气和氧气的理论分解电压为 1.23 V，实际施加的电压比理论分解电压要大 0.4～0.5 V。事实上，几乎所有的电解的实际电压都要大于理论分解电压，这种实际电压称为实际分解电压。电解时，实际分解电压与理论分解电压的差值称为超电势。

实际分解电压高于理论分解电压的原因有很多，留待后续课程介绍，简单理解可以视为反应速率方面的原因。如电解液中离子的移动速率跟不上离子的析出速率，使电极附近电解液浓度降低，从而产生超电势；或者产物在电极析出时，其中某一过程如离子放电、原子结合成分子、气泡的形成等受到阻碍所引起的迟缓放电等，也会产生超电势。

超电势就像 pH—电势图中水的"O_2"线和"H_2"线的实际作用线与理论作用线偏离约 0.5 V 一样，它们都是动力学因素表征为热力学数据的校正值的实例。

11.8.3 电解的计算

对电解池施加电流，如果电流强度为 I，通电时间为 t，则通入电解池的电量为 Q，得表达式：

$$Q=I\times t \tag{11-17}$$

该电量传递给电极上的物质导致电极反应发生，则

$$Q=n\times F \tag{11-18}$$

式中，n 是电极反应传递的电子的物质的量；F 是摩尔电量(96500 $C\cdot mol^{-1}$)。如电极反应：

$$Na^{+}+e^{-}\longrightarrow Na$$

$$Mg^{2+}+2e^{-}\longrightarrow Mg$$

$$Al^{3+}+3e^{-}\longrightarrow Al$$

可以看出，Na^{+}获得 1 mol 电子可以得到 1 mol 金属钠，Mg^{2+}获得 1 mol 电子能够得到$\frac{1}{2}$ mol 金属镁，Al^{3+}获得 1 mol 电子只能得到$\frac{1}{3}$ mol 金属铝。

利用式(11−17)和式(11−18)，可以进行电解的相关计算。

例 11−6　在一个铜电解池中，通入电流的电流强度为 10 A，时间为 4 h，电解得到 45 g 铜。理论上应该得到多少克铜？电流效率是多少？

解：由式(11−17)可计算通入电解池的电量：

$$Q=I\times t$$

$$Q=10\text{ A}\times(3600\times4)\text{ s}$$

$$Q=1.44\times10^{5}\text{ C}$$

由式(11−18)可计算电量 Q 对应传递的电子的物质的量 n：

$$Q=n\times F$$

$$n=\frac{Q}{F}=1.49\text{ mol}$$

由铜的电极反应：

$$Cu^{2+}+2e^{-}\longrightarrow Cu$$

可知传递 1 mol 电量 F 能够得到$\frac{1}{2}$ mol 金属铜。由此，理论上应该得到电解铜的量为

$$w_{(\text{理论})}=\frac{1}{2}\times63.55\times1.49=47.42\text{ g}$$

电流效率为

$$电流效率=\frac{实际产量}{理论产量}\times 100\%$$

$$电流效率=94.90\%$$

习　题

1. 完成下列电对的电极反应：

O_2/H_2O(酸性)、MnO_4^-/MnO_2(酸性)、NO_3^-/NO_2(酸性)、$Cr_2O_7^{2-}/Cr^{3+}$(酸性)、$Fe(OH)_3/Fe(OH)_2$(碱性)、ClO_3^-/Cl^-(碱性)

2. 用氧化数法或离子—电子法配平下列反应方程式：

(1) $Zn+HNO_3 \longrightarrow Zn(NO_3)_2+NH_4NO_3+H_2O$(氧化数法)。

(2) $I_2+Cl_2+H_2O \longrightarrow HCl+HIO_3$(氧化数法)。

(3) $Cr_2O_7^{2-}+H_2S \longrightarrow Cr^{3+}+S$(离子—电子法)。

(4) $Sn^{2+}+HNO_3 \longrightarrow Sn^{4+}+NO$(离子—电子法)。

3. 将铜片插入盛有0.5 mol·L^{-1}硫酸铜溶液的烧杯中，将银片插入盛有0.5 mol·L^{-1}硝酸银溶液的烧杯中。

(1) 写出该原电池的符号。

(2) 写出电极反应和电池反应。

(3) 计算原电池的电动势。

(4) 若加氨水于硫酸铜溶液中，原电池的电动势将如何变化？若加氨水于硝酸银溶液中，原电池的电动势又将如何变化？

4. 解释下列现象：

(1) Fe能置换Cu^{2+}，而$FeCl_3$又能溶解Cu。

(2) H_2S溶液久置会变浑浊。

(3) 二氯化锡溶液易失去还原性。

(4) 分别用$NaNO_3$和稀H_2SO_4均不能把Fe^{2+}氧化，但两者混合后就可以将Fe^{2+}氧化。

(5) Ag不能置换1 mol·L^{-1}HCl中的H^+，但是可以置换1 mol·L^{-1}HI中的H^+。

5. 在0.1 mol·L^{-1} Cl^-和0.1 mol·L^{-1} Br^-的混合溶液中，用1.0 mol·L^{-1} $KMnO_4$溶液只氧化Br^-不氧化Cl^-，需要控制溶液的酸度在什么范围？Mn^{2+}浓度和相关气体均考虑为标准状态，已知$\varphi^\ominus_{Cl_2/Cl^-}=1.36$ V，$\varphi^\ominus_{Br_2/Br^-}=1.07$ V，$\varphi^\ominus_{MnO_4^-/Mn^{2+}}=1.49$ V。

参考文献

[1] 宋天佑，程鹏，徐家宁，等. 无机化学［M］. 4版. 北京：高等教育出版社，2019.

[2] 张青莲. 无机化学丛书［M］. 北京：科学出版社，1998.

[3] 大连理工大学无机化学教研室. 无机化学［M］. 5版. 北京：高等教育出版社，2006.

[4] 天津大学无机化学教研室. 无机化学［M］. 4版. 北京：高等教育出版社，2010.

[5] 南京大学无机及分析化学编写组. 无机及分析化学［M］. 5版. 北京：高等教育出版社，2015.

[6] 孟庆珍，胡鼎文，程泉寿，等. 无机化学［M］. 北京：北京师范大学出版社，1988.

[7] 宋天佑，程鹏，王杏乔. 无机化学(上册)［M］. 北京：高等教育出版社，2004.

[8] 宋天佑，程鹏，王杏乔. 无机化学(下册)［M］. 北京：高等教育出版社，2004.

[9] 北京师范大学无机化学教研室，华中师范大学无机化学教研室，南京师范大学无机化学教研室. 无机化学(上册)［M］. 4版. 北京：高等教育出版社，2003.

[10] 北京师范大学无机化学教研室，华中师范大学无机化学教研室，南京师范大学无机化学教研室. 无机化学(下册)［M］. 4版. 北京：高等教育出版社，2003.

[11] 陈慧兰. 高等无机化学［M］. 北京：高等教育出版社，2005.

[12] 钟淑琳. 高等无机化学［M］. 成都：四川科学技术出版社，1987.

[13] 科顿，威尔金森. 高等无机化学(上册)［M］. 3版. 兰州大学，吉林大学，等译. 北京：人民教育出版社，1980.

[14] 拉戈斯基. 现代无机化学［M］. 孟祥胜，许炳安，译. 北京：高等教育出版社，1983.

[15] 格林伍德，厄恩肖. 元素化学［M］. 3版. 王曾隽，张庆芳，等译. 北京：高等教育出版社，1996.

[16] Gary L M, Donald A T. 无机化学(英文版)［M］. 北京：机械工业出版社，2012.

[17] 张祥麟，王曾隽. 应用无机化学［M］. 北京：高等教育出版社，1992.

[18] 朱文祥，刘鲁美. 中级无机化学 [M]. 北京：北京师范大学出版社，1993.

[19] 孙宏伟. 结构化学 [M]. 北京：高等教育出版社，2016.

[20] 江元生. 结构化学 [M]. 北京：高等教育出版社，1997.

[21] 徐志固. 现代配位化学 [M]. 北京：化学工业出版社，1987.

[22] 南京大学物理化学教研室，傅献彩，沈文霞，等. 物理化学(上、下) [M]. 4版. 北京：高等教育出版社，1990.

[23] 申泮文. 近代化学导论 [M]. 2版. 北京：高等教育出版社，2009.

[24] 宋天佑，徐家宁，史苏华. 无机化学习题解答 [M]. 北京：高等教育出版社，2006.

[25] 竺际舜. 无机化学习题精解 [M]. 北京：科学出版社，2001.

[26] 吉林大学，南开大学，广西大学，等. 无机化学习题解 [M]. 长春：吉林人民出版社，1983.

[27] 杜太平，任保安. 无机化学学习辅导 [M]. 西安：陕西人民教育出版社，1988.

[28] 黄孟健. 无机化学答疑 [M]. 北京：高等教育出版社，1989.

[29] 浙江大学普通化学教研室. 普通化学 [M]. 6版. 北京：高等教育出版社，2011.

[30] 杨晓达. 大学基础化学(生物医学类) [M]. 北京：北京大学出版社，2008.

[31] 东北师范大学. 物理化学实验 [M]. 2版. 北京：高等教育出版社，2011.

[32] 沈珍，孙为银. 无机化学的研究进展 [J]. 化学通报，2014，77(7)：577－585.

[33] 张凡. 21世纪无机化学的发展前景 [J]. 福建教育学院学报，2004(7)：124－126.

[34] 张向宇. 实用化学手册 [M]. 北京：国防工业出版社，2011.

[35] 夏玉宇. 化学实验室手册 [M]. 北京：化学工业出版社，2004.

附录1 常见物理常数

名称	数值
阿佛加德罗常数	$N_A=6.022169\times10^{23}\ mol^{-1}$
电子电荷	$e=1.6201\times10^{-19}\ C$
电子静止质量	$M_e=9.109558\times10^{-31}\ kg$
质子静止质量	$M_p=1.672614\times10^{-27}\ kg$
普朗克常数	$h=6.626196\times10^{-34}\ J\cdot s$
光速(真空)	$c=2.9979250\times10^{8}\ m\cdot s^{-1}$
原子质量单位	$u=1.660531\times10^{-27}\ kg$
法拉第常数	$F=9.648670\times10^{4}\ C\cdot mol^{-1}$
气体常数	$R=8.314\ J\cdot K^{-1}\cdot mol^{-1}$ $=8.314\ kPa\cdot L\cdot K^{-1}\cdot mol^{-1}$ $=8.205\times10^{-2}\ atm\cdot L\cdot K^{-1}\cdot mol^{-1}$

附录 2　国际单位和换算因数

国际单位

物理量	单位名称	单位符号
长度	米	m
质量	千克	kg
时间	秒	s
电流	安(培)	A
温度	开(尔文)	K
光强度	坎(德拉)	cd
物质的量	摩(尔)	mol

换算因数

1 m	10^{10} Å$=10^{9}$ nm$=10^{12}$ pm
1 eV	23.061 kcal · mol^{-1}
1 kcal · mol^{-1}	0.0433 eV
1 kcal	4.184 kJ
1 atm	101325 Pa$=1.0332\times10^{4}$ kg · m^{-2}

附录 3　物质热力学数据（298.15 K、100.00 kPa）

物质	$\Delta_f H_m^\ominus$/kJ·mol^{-1}	$\Delta_f G_m^\ominus$/kJ·mol^{-1}	$S_m^\ominus$/J·K^{-1}·mol^{-1}
Ag(s)	0	0	42.6
Ag^+(aq)	105.6	77.1	72.7
AgCl(s)	−127	−109.8	96.3
AgBr(s)	−100.4	−96.9	107.1
AgI(s)	−61.8	−66.2	115.5
Ag_2CO_3(s)	−505.8	−436.8	167.4
Ag_2O(s)	−31.1	−11.2	121.3
Ag_2CrO_4(s)	−731.7	−641.8	217.6
$AgNO_3$(s)	−124.4	−33.4	140.9
Al(s)	0	0	28.3
Al^{3+}(aq)	−531	−485	−321.7
$AlCl_3$(s)	−704.2	−628.8	109.3
Al_2O_3(s，刚玉)	−1675.7	−1582.3	50.9
B(s)	0	0	5.9
B_2O_3(s)	−1273.5	−1194.3	54
BCl_3(g)	−403.8	−388.7	290.1
BCl_3(l)	−427.2	−387.4	206.3
B_2H_6(g)	35.6	86.7	232.1
Ba(s)	0	0	62.5
Ba^{2+}(aq)	−537.6	−560.8	9.6
$BaCl_2$(s)	−855	−806.7	123.7

续表

物质	$\Delta_f H_m^\ominus$/kJ·mol^{-1}	$\Delta_f G_m^\ominus$/kJ·mol^{-1}	$S_m^\ominus$/J·K^{-1}·mol^{-1}
BaO(s)	−548	−520.3	72.1
$Ba(OH)_2$(s)	−944.7	—	—
$BaCO_3$(s)	−1213	−1134.4	112.1
$BaSO_4$(s)	−1473.2	−1362.2	132.2
Br_2(l)	0	0	152.2
Br_2(g)	30.9	3.1	245.5
Br^-(aq)	−121.6	−104	82.4
Br_2(g)	30.9	3.1	245.5
HBr(g)	−36.3	−53.4	198.7
Ca(s)	0	0	41.6
Ca^{2+}(aq)	−542.8	−553.6	−53.1
CaF_2(s)	−1228	−1175.6	68.5
$CaCl_2$(s)	−795.4	−748.8	108.4
CaO(s)	−634.9	−603.3	38.1
$Ca(OH)_2$(s)	−985.2	−897.5	83.4
$CaCO_3$(s，方解石)	−1207.6	−1129.1	91.7
CaSO4(s，无水石膏)	−1434.5	−1322	106.5
C(石墨)	0	0	5.7
C(金刚石)	1.9	2.9	2.4
C(g)	716.7	671.2	158
CO(g)	−110.5	−137.2	197.7
CO_2(g)	−393.5	−394.4	213.8
CH_3OH(l)	−239.2	−166.6	126.8
C_2H_5OH(l)	−277.6	−174.8	161
HCOOH(l)	−425	−361.4	129
CH_3COOH(l)	−484.3	−389.9	159.8
CH_3CHO(l)	−192.2	−127.6	160.2
CH_4(g)	−74.6	−50.5	186.3
C_2H_2(g)	227.4	209.9	200.4

续表

物质	$\Delta_f H_m^\ominus$/kJ·mol^{-1}	$\Delta_f G_m^\ominus$/kJ·mol^{-1}	$S_m^\ominus$/J·K^{-1}·mol^{-1}
$C_2H_4(g)$	52.4	68.4	219.3
$C_2H_6(g)$	−84	−32	229.2
$C_3H_8(g)$	−103.8	−23.4	270.3
$C_6H_6(g)$	82.9	129.7	269.2
$C_6H_6(l)$	49	124.5	172.8.
$Cl_2(g)$	0	0	223.1
$Cl^-(aq)$	−167.2	−131.2	56.5
$HCl(g)$	−92.3	−95.3	186.9
$Co(s)$	0	0	30
$Co(OH)_2(s)$	−539.7	−454.3	79
$Cr(s)$	0	0	23.8
$Cr_2O_3(s)$	−1139.7	−1058.1	81.2
$Cr_2O_7{}^{2-}(aq)$	−1490.3	−1301.1	261.9
$CrO_4{}^{2-}(aq)$	−881.2	−727.8	50.2
$Cu(s)$	0	0	33.2
$Cu^+(aq)$	71.7	50	40.6
$Cu^{2+}(aq)$	64.8	65.5	−99.6
$Cu_2O(s)$	−168.6	−146	93.1
$CuO(s)$	−157.3	−129.7	42.6
$Cu_2S(s)$	−79.5	−86.2	120.9
$Cu_2S(s)$	−53.1	−53.7	66.5
$Cu_2SO_4(s)$	−771.4	−662.2	109.2
$Cu_2SO_4 \cdot 5H_2O(s)$	−2279.7	−1880	300.4
HF	−273.3	−275.4	173.8
$F_2(g)$	0	0	202.8
$F^-(aq)$	−332.6	−278.8	−13.8
$F(g)$	79.4	62.3	158.8
$Fe(s)$	0	0	27.3
$Fe^{2+}(aq)$	−89.1	−78.9	−137.7

续表

物质	$\Delta_f H_m^\ominus$/kJ·mol^{-1}	$\Delta_f G_m^\ominus$/kJ·mol^{-1}	$S_m^\ominus$/J·K^{-1}·mol^{-1}
Fe^{3+}(aq)	−48.5	−4.7	−315.9
Fe_2O_3(s)	−824.2	−742.2	87.4
Fe_3O_4(s)	−1118.4	−1015.4	146.4
H_2(g)	0	0	130.7
H(g)	218	203.2	114.7
H^+(aq)	0	0	0
Hg(g)	61.4	31.8	175
Hg(l)	0	0	75.9
HgO(s，红色)	−90.8	−58.5	70.3
HgS(s)	−58.2	−50.6	82.4
$HgCl_2$(s)	−224.3	−178.6	146
Hg_2Cl_2(s)	−265.4	−210.7	192.5
I_2(s)	0	0	116.1
I_2(g)	62.4	19.3	260.7
I^-(aq)	−55.2	−51.6	111.3
HI(g)	26.5	1.7	206.6
K(s)	0	0	64.7
K^+(aq)	−252.4	−283.3	102.5
KCl(s)	−436.5	−408.5	82.6
KI(s)	−327.9	−324.9	106.3
KOH(s)	−424.1	−378.7	78.9
$KClO_3$(s)	−397.7	−296.3	143.1
$KMnO_4$(s)	−837.2	−737.6	171.7
Mg(s)	0	0	32.7
Mg^{2+}(aq)	−466.9	−454.8	−138.1
$MgCl_2$(s)	−641.3	−591.8	89.6
MgO(cr)	−601.6	−569.3	27
$Mg(OH)_2$(s)	−924.5	−833.5	63.2
$MgCO_3$(s)	−1095.8	−1012.1	65.7

续表

物质	$\Delta_f H_m^\ominus$/kJ·mol^{-1}	$\Delta_f G_m^\ominus$/kJ·mol^{-1}	$S_m^\ominus$/J·K^{-1}·mol^{-1}
$MgSO_4$(s)	−1284.9	−1170.6	91.6
Mn(s)	0	0	32
Mn^{2+}(aq)	−220.8	−228.1	−73.6
MnO_2(cr)	−520	−465.1	53.1
$MnCl_2$(s)	−481.3	−440.5	118.2
Na(s)	0	0	51.3
Na^+(aq)	−240.1	−261.9	59
NaCl(s)	−411.2	−384.1	72.1
Na_2O(s)	−414.2	−375.5	75.1
NaOH(s)	−425.6	−379.5	64.5
Na_2CO_3(s)	−1130.7	−1044.4	135
NaI(s)	−287.8	−286.1	98.5
Na_2O_2(s)	−510.9	−447.7	95
HNO_3(l)	−174.1	−80.7	155.6
NH_3(g)	−45.9	−16.4	192.8
$NH_3 \cdot H_2O$(aq，非电离)	−366.1	−263.63	181.21
NH_4Cl(s)	−314.4	−202.9	94.6
NH_4NO_3(s)	−365.6	−183.9	151.1
$(NH_4)SO_4$	−1180.9	−910.7	220.1
N_2(g)	0	0	191.6
NO(g)	91.3	87.6	210.8
NO_2(g)	33.2	51.3	240.1
N_2O(g)	81.6	103.7	220
N_2O_4(g)	11.1	99.8	304.2
N_2H_4(g)	95.4	159.4	238.5
N_2H_4(l)	50.6	149.3	121.2
O_3(g)	142.7	163.2	238.9
O_2(g)	0	0	205.2
OH^-(aq)	−230	−157.24	−10.75

续表

物质	$\Delta_f H_m^\ominus$/kJ·mol^{-1}	$\Delta_f G_m^\ominus$/kJ·mol^{-1}	$S_m^\ominus$/J·K^{-1}·mol^{-1}
H_2O(l)	−285.8	−237.13	69.91
H_2O(g)	−241.8	−228.6	188.8
H_2O_2(l)	−187.8	−120.4	109.6
P(s，白)	0	0	41
P(s，红)	−17.6	—	22.8
PCl_3(g)	−287	−267.8	311.8
PCl_5(s)	−443.5	—	—
PCl_5(g)	−374.9	−305	364.6
Pb(s)	0	0	64.8
Pb^{2+}(aq)	−1.7	−24.4	10.5
PbO(s，黄)	−217.3	−187.9	68.7
PbO(s，红)	−219	−188.9	66.5
PbO_2(s)	−277.4	−217.3	68.6
Pb_3O_4(s)	−718.4	−601.2	211.3
H_2S(g)	−20.6	−33.4	205.8
H_2S(aq)	−40	−27.9	121
S^{2-}(aq)	33.1	85.8	−14.6
H_2SO_4(l)	−814	−690	156.9
$SO_4{}^{2-}$(aq)	−909.3	−744.5	210.1
SO_2(g)	−296.8	−300.1	248.2
SO_3(g)	−395.7	−371.1	256.8
Si(s)	0	0	18.8
SiO_2(s，α−石英)	−910.7	−856.3	41.5
SiF_4(g)	−1615	−1572.8	282.8
$SiCl_4$(l)	−687	−619.8	239.7
$SiCl_4$(g)	−657	−617	330.7
Sn(s，白)	0	0	51.2
Sn(s，灰)	−2.1	0.1	44.1
SnO(s)	−280.7	−251.9	57.2

续表

物质	$\Delta_f H_m^\ominus$/kJ·mol^{-1}	$\Delta_f G_m^\ominus$/kJ·mol^{-1}	$S_m^\ominus$/J·K^{-1}·mol^{-1}
SnO_2(s)	−577.6	−515.8	49
$SnCl_2$(s)	−325.1	—	—
$SnCl_4$(s)	−511.3	−440.1	258.6
Ti(cr)	0	0	30.72
TiO_2(s，金刚石)	−944	−888.8	50.62
$TiCl_4$(l)	−804.2	−737.2	252.2
V_2O_5(s)	−1550.6	−1419.5	131
WO_3(s)	−842.9	−764	75.9
Zn(s)	0	0	41.6
Zn^{2+}(aq)	−153.9	−147.1	−112.1
ZnO(s)	−350.5	−320.5	43.7
$ZnCl_2$(s)	−415.1	369.4	111.5
ZnS(s，闪锌矿)	−206	−201.3	57.7

资料来源：

①南京大学《无机及分析化学》编写组. 无机及分析化学［M］. 5版. 北京：高等教育出版社，2015.

②张绪宏，尹学博. 无机及分析化学［M］. 北京：高等教育出版社，2011.

③北京师范大学、华中师范大学、南京师范大学无机化学教研室. 无机化学［M］. 北京：高等教育出版社，2002.

附录 4　弱酸、弱碱的解离常数(298.15 K)

名称	化学式	pK_a
偏铝酸	$HAlO_2$	11.20
砷酸	H_3AsO_4	2.20
		6.98
		11.50
次溴酸	$HBrO$	8.62
碳酸	H_2CO_3	6.38
		10.25
氢氟酸	HF	3.18
高碘酸	$HIO_4(H_5IO_6)$	1.55
		8.27
		14.98
磷酸	H_3PO_4	2.12
		7.20
		12.36
氢硫酸	H_2S	6.88
		14.15
亚硫酸	H_2SO_3	1.90
		7.20
硫代硫酸	$H_2S_2O_3$	0.60
		1.72
亚硒酸	H_2SeO_3	2.57
		6.60
硅酸	H_2SiO_3	9.60
		11.80
亚砷酸	H_3AsO_3	9.22
硼酸	H_3BO_3	9.24
		12.74
		13.80
氢氰酸	HCN	9.21
次氯酸	$HClO$	7.50
锗酸	H_2GeO_3	8.78
		12.72
亚硝酸	HNO_2	3.29
次磷酸	H_3PO_2	1.23
亚磷酸	H_3PO_3	1.30
		6.60
焦磷酸	$H_4P_2O_7$	1.52
		2.36
		6.60
		9.25
硫酸	H_2SO_4	−3.00
		1.92
氢硒酸	H_2Se	3.89
		11.00
硒酸	H_2SeO_4	1.70
亚碲酸	H_2TeO_3	2.57
		7.74

续表

名称	化学式	pK_a
甲酸	$HCOOH$	3.75
乙醇酸	$CH_2(OH)COOH$	3.82
一氯乙酸	$CH_2ClCOOH$	2.86
二氯乙酸	$CHCl_2COOH$	1.30
丙　酸	CH_3CH_2COOH	4.87
乳酸（丙醇酸）	$CH_3CHOHCOOH$	3.86
正丁酸	$CH_3(CH_2)_2COOH$	4.85
异丁酸	$(CH_3)_2CHCOOH$	4.83
正戊酸	$CH_3(CH_2)_3COOH$	4.84
异戊酸	$(CH_3)_2CHCH_2COOH$	4.78
正己酸	$CH_3(CH_2)_4COOH$	4.88
异己酸	$(CH_3)_2CH(CH_2)_3COOH$	4.88
己二酸	$HOCOCH_2CH_2CH_2CH_2COOH$	4.43
		5.41
柠檬酸	$HOCOCH_2C(OH)(COOH)CH_2COOH$	3.13
		4.76
		6.40

名称	化学式	pK_a
乙酸	CH_3COOH	4.76
草酸	$(COOH)_2$	1.27
		4.27
氯乙酸	CCl_3COOH	0.64
丙烯酸	$CH_2{=}CHCOOH$	4.26
丙二酸	$HOCOCH_2COOH$	2.86
		5.70
酒石酸	$HOCOCH(OH)CH(OH)COOH$	3.04
		4.37
谷氨酸	$HOCOCH_2CH_2CH(NH_2)COOH$	2.30
		4.28
		9.67
乙二胺四乙酸（EDTA）	$CH_2N(CH_2COOH)_2CH_2N(CH_2COOH)_2$	1.99
		2.67
		6.16
		10.26

资料来源：

①张向宇．实用化学手册［M］．北京：国防工业出版社，2011.

②夏玉宇．化学实验室手册［M］．北京：化学工业出版社，2004.

附录 5　难溶化合物的溶度积常数(298.15 K)

分子式	K_{sp}	分子式	K_{sp}	分子式	K_{sp}
Ag_3AsO_4	1.0×10^{-22}	AgBr	5.0×10^{-13}	$AgBrO_3$	5.30×10^{-5}
AgCl	1.8×10^{-10}	AgCN	1.4×10^{-16}	Ag_2CO_3	8.1×10^{-12}
$Ag_2C_2O_4$	3.5×10^{-11}	Ag_2CrO_4	1.1×10^{-12}	$Ag_2Cr_2O_7$	2.0×10^{-7}
AgI	8.3×10^{-17}	$AgIO_3$	3.0×10^{-8}	$Ag_2O(Ag^+, OH^-)$	2.0×10^{-8}
Ag_2MoO_4	2.8×10^{-12}	Ag_3PO_4	1.4×10^{-16}	Ag_2S	6.0×10^{-50}
AgSCN	1.0×10^{-12}	Ag_2SO_3	1.5×10^{-14}	Ag_2SO_4	1.4×10^{-5}
Ag_2SeO_3	1.0×10^{-15}	Ag_2SeO_4	5.6×10^{-8}	$AgVO_3$	5.0×10^{-7}
Ag_2WO_4	5.5×10^{-12}	$Al(OH)_3$[1]	1.3×10^{-33}	$AlPO_4$	5.8×10^{-19}
Al_2S_3	2.0×10^{-7}	$Au(OH)_3$	5.5×10^{-46}	$AuCl_3$	3.0×10^{-25}
AuI_3	1.0×10^{-46}	$Ba_3(AsO_4)_2$	8.0×10^{-51}	$BaCO_3$	4.0×10^{-10}
$BaC_2O_4\cdot H_2O$	2.3×10^{-8}	$BaCrO_4$	1.2×10^{-10}	$BaSO_4$	1.1×10^{-10}
BaS_2O_3	1.6×10^{-5}	$BaSeO_3$	2.7×10^{-7}	$BaSeO_4$	3.5×10^{-8}
$Be(OH)_2$[2]	6.0×10^{-22}	$BiAsO_4$	4.4×10^{-10}	$Bi(OH)_3$	3.0×10^{-32}
$BiPO_4$	1.3×10^{-23}	$CaCO_3$(文石)	6.0×10^{-9}	$CaCO_3$(方解石)	4.5×10^{-9}
$CaC_2O_4\cdot H_2O$	4.0×10^{-9}	CaF_2	2.7×10^{-11}	$CaMoO_4$	4.2×10^{-8}
$Ca(OH)_2$	3.7×10^{-8}	$Ca_3(PO_4)_2$	2.0×10^{-29}	$CaSO_4$	2.5×10^{-7}
$CaSiO_3$	2.5×10^{-8}	$CaWO_4$	8.7×10^{-9}	$CdCO_3$	5.2×10^{-12}
$CdC_2O_4\cdot 3H_2O$	9.1×10^{-8}	$Cd_3(PO_4)_2$	3.0×10^{-33}	CdS	8.0×10^{-27}
$CdSeO_3$	1.3×10^{-9}	$CePO_4$	1.0×10^{-23}	$Co_3(AsO_4)_2$	7.6×10^{-29}
$CoCO_3$	1.1×10^{-10}	$CoC_2O_4\cdot 2H_2O$	6.0×10^{-8}	$Co(OH)_2$(蓝)	6.3×10^{-15}
$Co(OH)_2$(粉红，新沉淀)	1.6×10^{-15}	$Co(OH)_2$(粉红，陈化)	2.0×10^{-16}	$CoHPO_4$	2.0×10^{-7}
$CrAsO_4$	7.7×10^{-21}	$Cr(OH)_3$	6.3×10^{-31}	$CrPO_4$(绿)	2.4×10^{-23}

续表

分子式	K_{sp}	分子式	K_{sp}	分子式	K_{sp}
$CrPO_4$(紫)	1.0×10^{-17}	CuBr	5.3×10^{-9}	CuCl	1.2×10^{-6}
CuCN	3.2×10^{-20}	$CuCO_3$	2.0×10^{-10}	CuI	1.1×10^{-12}
$Cu(OH)_2$	1.3×10^{-20}	$Cu_3(PO_4)_2$	1.3×10^{-37}	Cu_2S	3.0×10^{-48}
CuS	6.0×10^{-36}	CuSe	1.0×10^{-49}	$Dy(OH)_3$(新) (陈)	8.0×10^{-24} 1.3×10^{-26}
$Er(OH)_3$(新) (陈)	4.1×10^{-24} 2.7×10^{-27}	$Eu(OH)_3$(新) (陈)	8.9×10^{-24} 2.9×10^{-27}	$FeAsO_4$	5.7×10^{-21}
$FeCO_3$	2.1×10^{-11}	$Fe(OH)_2$	8.0×10^{-16}	$Fe(OH)_3$(新) (陈)	3.0×10^{-39} 4.0×10^{-40}
$FePO_4$	1.3×10^{-22}	FeS	6.3×10^{-18}	$Ga(OH)_3$	7.0×10^{-36}
$Gd(OH)_3$	1.3×10^{-27}	Hg_2Br_2	5.6×10^{-23}	Hg_2Cl_2	1.3×10^{-18}
HgC_2O_4	1.0×10^{-7}	Hg_2CO_3	8.9×10^{-17}	$Hg_2(CN)_2$	5.0×10^{-40}
Hg_2CrO_4	2.0×10^{-9}	HgI_2	2.82×10^{-29}	$Hg_2(IO_3)_2$	2.0×10^{-14}
$Hg_2(OH)_2$	2.0×10^{-24}	HgSe	1.6×10^{-60}	HgS(红)	4.0×10^{-53}
HgS(黑)	1.6×10^{-52}	Hg_2WO_4	1.1×10^{-17}	$Ho(OH)_3$	5.0×10^{-23}
$In(OH)_3$	1.3×10^{-37}	$InPO_4$	2.3×10^{-22}	In_2S_3	5.7×10^{-74}
$LaPO_4$	3.7×10^{-23}	$Lu(OH)_3$(新) (陈)	1.9×10^{-24} 1.0×10^{-27}	$Mg_3(AsO_4)_2$	2.1×10^{-20}
$MgCO_3$	3.5×10^{-8}	$MgCO_3\cdot3H_2O$	2.14×10^{-5}	$Mg(OH)_2$(新) (陈)	6.0×10^{-10} 1.3×10^{-11}
$Mg_3(PO_4)_2\cdot8H_2O$	6.3×10^{-26}	$Mn_3(AsO_4)_2$	1.9×10^{-29}	$MnCO_3$	5.0×10^{-10}
MnS(粉红)	3.0×10^{-10}	MnS(绿)	3.0×10^{-13}	$Ni_3(AsO_4)_2$	3.1×10^{-26}
$NiCO_3$	1.3×10^{-7}	NiC_2O_4	4.0×10^{-10}	$Ni(OH)_2$(新)	2.0×10^{-15}
$Ni_3(PO_4)_2$	5.0×10^{-31}	α-NiS	3.0×10^{-19}	β-NiS	1.0×10^{-24}
γ-NiS	2.0×10^{-26}	$Pb_3(AsO_4)_2$	4.1×10^{-36}	$PbBr_2$	4.0×10^{-5}
$PbCl_2$	1.6×10^{-5}	$PbCO_3$	7.4×10^{-14}	$PbCrO_4$	1.8×10^{-14}
PbF_2	2.7×10^{-8}	$PbMoO_4$	1.0×10^{-13}	$Pb(OH)_2$	1.2×10^{-15}
$Pb(OH)_4$ (Pb^{4+}，$4OH^-$)	3.0×10^{-66}	$Pb_3(PO_4)_2$	8.0×10^{-43}	PbS (新) (陈)	2.5×10^{-27} 1.3×10^{-28}
$PbSO_4$	1.7×10^{-8}	PbSe	1.0×10^{-38}	$PbSeO_4$	1.4×10^{-7}
$Pd(OH)_2$	1.0×10^{-31}	$Pd(OH)_4$	6.3×10^{-71}	$Pr(OH)_3$(新) (陈)	8.3×10^{-23} 2.2×10^{-29}
$Pt(OH)_2$	1.0×10^{-35}	$Pu(OH)_3$	2.0×10^{-20}	$Pu(OH)_4$	1.0×10^{-55}

续表

分子式	K_{sp}	分子式	K_{sp}	分子式	K_{sp}
$RaSO_4$	4.2×10^{-11}	$Rh(OH)_3$	1.0×10^{-23}	$Ru(OH)_3$	1.0×10^{-38}
Sb_2S_3	1.6×10^{-93}	ScF_3	4.2×10^{-18}	$Sc(OH)_3$	2.0×10^{-30}
$Sm(OH)_3$	1.3×10^{-24}	$Sn(OH)_2(Sn^{2+}, 2OH^-$	6.3×10^{-27}	$Sn(OH)_4$	1.0×10^{-56}
SnS	1.0×10^{-25}	$Sr_3(AsO_4)_2$	8.1×10^{-19}	$SrCO_3$	1.1×10^{-10}
$SrC_2O_4\cdot H_2O$	1.6×10^{-7}	SrF_2	2.5×10^{-9}	$Sr_3(PO_4)_2$	4.0×10^{-28}
$SrSO_4$	3.2×10^{-7}	$SrWO_4$	1.7×10^{-10}	$Tb(OH)_3$(新) (陈)	1.3×10^{-23} 1.6×10^{-26}
$Te(OH)_4$	3.0×10^{-54}	$Th(C_2O_4)_2$	1.1×10^{-25}	$Th(IO_3)_4$	3.0×10^{-15}
$Th(OH)_4$	2.0×10^{-45}	$Ti(OH)_3$	1.0×10^{-40}	TlBr	3.8×10^{-6}
TlCl	1.7×10^{-4}	Tl_2CrO_4	9.8×10^{-13}	TlI	6.5×10^{-8}
TlN_3	2.2×10^{-4}	Tl_2S	5.0×10^{-21}	$TlSeO_3$	2.0×10^{-39}
$UO_2(OH)_2$(新) (陈)	1.4×10^{-21} 1.1×10^{-22}	$VO(OH)_2$	7.4×10^{-23}	$Y(OH)_3$(新) (陈)	5.0×10^{-24} 3.0×10^{-25}
$Yb(OH)_3$(新) (陈)	2.5×10^{-24} 8.7×10^{-26}	$Zn_3(AsO_4)_2$	1.1×10^{-27}	$ZnCO_3$	1.4×10^{-11}
$Zn(OH)_2$[3](新) (陈)	1.2×10^{-17} 3.0×10^{-17}	$Zn_3(PO_4)_2$	9.1×10^{-33}	α-ZnS	1.6×10^{-24}
β-ZnS	2.5×10^{-22}	$ZrO(OH)_2$	6.3×10^{-49}		

注：[1]～[3]表示形态均为无定形。

资料来源：

①夏玉宇．化学实验室手册[M]．北京：化学化工出版社，2004.

②张向宇．实用化学手册[M]．北京：国防工业出版社，2011.

附录 6　配离子的稳定常数(298.15 K)

配离子	$K_{稳}$	配离子	$K_{稳}$	配离子	$K_{稳}$
$AgCl_2^-$	1.84×10^{5}	$AgBr_2^-$	1.93×10^{7}	AgI_2^-	4.8×10^{10}
$Ag(NH_3)^+$	2.0×10^{3}	$Ag(NH_3)_2^+$	1.7×10^{7}	$Ag(CN)_2^-$	1.0×10^{21}
$Ag(SCN)_2^-$	4.0×10^{8}	AgY^{3-}	2.0×10^{7}	$Ag(en)_2^+$	7.0×10^{7}
$Ag(S_2O_3)_2^{3-}$	1.6×10^{13}	AlF_6^{3-}	6.9×10^{19}	$Al(OH)_4^-$	3.31×10^{33}
$Al(ox)_3^{3-}$	2.0×10^{16}	$BiCl_4^-$	7.96×10^{6}	CaY^{2-}	3.7×10^{10}
$CdCl_4^{2-}$	6.3×10^{2}	$Cd(CN)_4^{2-}$	1.3×10^{18}	$Cd(en)_3^{2+}$	1.2×10^{12}
$Cd(NH_3)_4^{2+}$	3.6×10^{6}	CoY^-	1.6×10^{16}	CoY_2^{2-}	2.0×10^{16}
$Co(en)_3^{2+}$	8.7×10^{13}	$Co(en)_3^{3+}$	4.8×10^{48}	$Co(NH_3)_6^{3+}$	1.4×10^{35}
$Co(NH_3)_6^{2+}$	2.4×10^{4}	$Co(ox)_3^{2-}$	1.0×10^{20}	$Co(ox)_3^{4-}$	5.0×10^{9}
$Co(SCN)_4^{2-}$	3.8×10^{2}	CrY^-	1.0×10^{23}	$Cr(OH)_4^-$	8.0×10^{29}
$CuCl_2^-$	6.91×10^{4}	$Cu(CN)_2^-$	9.98×10^{23}	$Cu(EDTA)^{2-}$	5.0×10^{18}
$Cu(NH_3)_4^{2+}$	2.3×10^{12}	$Cu(ox)_2^{2-}$	3.0×10^{8}	$Cu(P_2O_7)_2^{6-}$	8.24×10^{8}
FeF^{2+}	7.1×10^{6}	FeF_2^+	3.8×10^{11}	$Fe(CN)_6^{3-}$	4.1×10^{52}
$Fe(CN)_6^{4-}$	4.2×10^{45}	$Fe(EDTA)^-$	1.7×10^{24}	$Fe(EDTA)^{2-}$	2.1×10^{14}
$Fe(en)_3^{2+}$	5.0×10^{9}	$Fe(ox)_3^{3-}$	2.0×10^{20}	$Fe(ox)_3^{4-}$	1.7×10^{5}
$Fe(SCN)^{2+}$	8.9×10^{2}	$Fe(NCS)^{2+}$	9.1×10^{2}	$HgBr_4^{2-}$	9.22×10^{20}
$HgCl^+$	5.73×10^{6}	$HgCl^2$	1.46×10^{13}	$HgCl_4^{2-}$	1.31×10^{15}
$Hg(CN)_4^{2-}$	3.0×10^{41}	$Hg(EDTA)^{2-}$	6.3×10^{21}	$Hg(en)_2^{2+}$	2.0×10^{23}
HgI_4^{2-}	5.66×10^{29}	$Hg(NH_3)_4^{2+}$	1.95×10^{19}	$Hg(NCS)_4^{2-}$	4.98×10^{21}
HgS_2^{2-}	3.36×10^{51}	$Hg(ox)_2^{2-}$	9.5×10^{6}	$Ni(CN)_4^{2-}$	1.31×10^{30}
$Ni(EDTA)^{2-}$	3.6×10^{18}	$Ni(en)_3^{2+}$	2.1×10^{18}	$Ni(NH_3)_6^{2+}$	8.97×10^{8}
$Ni(ox)_3^{4-}$	3.0×10^{8}	$PbCl_3^-$	27.2	$PbCl_4^{2-}$	40.0
$Pb(NH_3)_4^{2+}$	2.0×10^{35}	$Pb(EDTA)^{2-}$	2.0×10^{18}	PbI_4^{2-}	1.66×10^{4}

续表

配离子	$K_{稳}$	配离子	$K_{稳}$	配离子	$K_{稳}$
$Pb(OH)_3^-$	8.27×10^{13}	$Pb(ox)_2^{2-}$	3.5×10^6	$Pb(S_2O_3)_3^{4-}$	2.2×10^6
$Pb(CH_3CO_2)^+$	152	$Pb(CH_3CO_2)^2$	826	$Zn(CN)_4^{2-}$	1.0×10^{18}
$Zn(EDTA)^{2-}$	3.0×10^{16}	$Zn(OH)_4^{2-}$	2.83×10^{14}	$Zn(NH_3)_4^{2+}$	3.6×10^8
$Zn(en)_3^{2+}$	1.3×10^{14}	$Zn(ox)_3^{4-}$	1.4×10^8		

资料来源：

①张向宇．实用化学手册［M］．北京：国防工业出版社，2011.

②夏玉宇．化学实验室手册［M］．北京：化学工业出版社，2004.

附录 7　标准电极电势(298.15 K)

1. 酸性溶液

氧化还原电对	电极电势	氧化还原电对	电极电势	氧化还原电对	电极电势
Ag^+/Ag	0.7996	Ag^{2+}/Ag^+ (4 mol·L^{-1} $HClO_4$)	1.987	$AgAc/Ag$	0.64
$AgBr/Ag$	0.0713	Ag_2BrO_3/Ag	0.68	$Ag_2C_2O_4/Ag$	0.4776
$AgCl/Ag$	0.2223	$AgCN/Ag$	−0.02	Ag_2CO_3/Ag	0.4769
Ag_2CrO_4/Ag	0.4463	$Ag_4[Fe(CN)_6]/Ag$	0.1943	AgI/Ag	−0.1519
$AgIO_3/Ag$	0.3551	Ag_2MoO_4/Ag	0.49	$AgNO_2/Ag$	0.59
Ag_2S/Ag	−0.0366	$AgSCN/Ag$	0.0895	As_2O_3/As	0.653
Al^{3+}/Al	−1.706	AlF_6^{3+}/Al	−2.069	As_2O_3/As	0.234
$HAsO_2/As$	0.2475	$H_3AsO_4/HAsO_2$	0.58	Au^+/Au	1.68
Au^{3+}/Au	1.42	$AuCl_4^-/Au$	0.994	Au^{3+}/Au^+	1.29
H_3BO_3/B	−0.73	Ba^{2+}/Ba	−2.9	$Ba^{2+}/Ba(Hg)$	−1.57
Be^{2+}/Be	−1.70	$BiCi_4^-/Bi$	0.168	Bi_2O_4/BiO^+	1.59
BiO^+/Bi	0.32	$BiOCl/Bi$	0.1583	$Br_2(aq)/Br^-$	1.087
$Br_2(l)/Br^-$	1.066	$HBrO/Br^-$	1.33	$HBrO/Br_2(aq)$	1.59
$HBrO/Br_2(l)$	1.60	BrO_3^-/Br_2	1.52	BrO_3^-/Br^-	1.44
Ca^{2+}/Ca	−2.76	Cd^{2+}/Cd	−0.4026	$CdSO_4/Cd(Hg)$	−0.435
Ce^{3+}/Ce	−2.335	Cl_2/Cl^-	1.3583	$HClO/Cl_2$	1.63
$HClO/Cl^-$	1.49	$ClO_2/HClO_2$	1.27	$HClO_2/HClO$	1.64
$HClO_2/Cl_2$	1.63	$HClO_2/Cl^-$	1.56	ClO_3^-/ClO_2	1.15
$ClO_3^-/HClO_2$	1.21	ClO_3^-/Cl_2	1.47	ClO_3^-/Cl^-	1.45
ClO_4^-/ClO_3^-	1.19	ClO_4^-/Cl_2	1.34	ClO_4^-/Cl^-	1.37

续表

氧化还原电对	电极电势	氧化还原电对	电极电势	氧化还原电对	电极电势
Co^{2+}/Co	−0.28	Co^{3+}/Co^{2+} (3 mol·L^{-1} HNO_3)	1.842	$CO_2/HCOOH$	−0.20
Cr^{2+}/Cr	−0.557	Co^{3+}/Co^{2+}	−0.41	Cr^{3+}/Cr	−0.74
$Cr_2O_7^{2-}/Cr^{3+}$	1.33	Cu^+/Cu	0.522	Cu^{2+}/Cu^+	0.158
Cu^{2+}/Cu	0.3402	$CuCl/Cu$	0.137	$CuBr/Cu$	0.033
CuI/Cu	−0.185	F_2/HF	3.03	F_2/F^-	2.87
Fe^{2+}/Fe	−0.409	Fe^{3+}/Fe	−0.036	Fe^{3+}/Fe^{2+}	0.77
$[Fe(CN)_6]^{3-}$/ $[Fe(CN)_6]^{4-}$ (1 mol·L^{-1} H_2SO_4)	0.358	FeO_4^{2-}/Fe^{3+}	1.9	Ga^{3+}/Ga	−0.56
H_2/H^-	−2.23	H_2O_2/H_2O	1.776	Hg^{2+}/Hg	0.851
Hg^{2+}/Hg_2^{2+}	0.905	Hg_2^{2+}/Hg	0.7986	Hg_2Br_2/Hg	0.1396
Hg_2Cl_2/Hg	0.2682	Hg_2I_2/Hg	−0.0405	Hg_2SO_4/Hg	0.6158
I_2/I^-	0.535	I_3^-/I^-	0.5338	H_5IO_6/IO_3^-	1.7
HIO/I_2	1.45	HIO/I^-	0.99	IO_3^-/I_2	1.195
IO_3^-/I^-	1.085	In^{3+}/In^+	−0.40	In^{3+}/In	−0.338
K^+/K	−2.921	La^{3+}/La	−2.37	Li^+/Li	−3.045
Mg^{2+}/Mg	−2.375	Mn^{2+}/Mn	−1.029	Mn^{3+}/Mn^{2+}	1.51
MnO_2/Mn^{2+}	1.208	MnO_4^-/MnO_4^{2-}	0.564	MnO_4^-/MnO_2	1.679
MnO_4^-/Mn^{2+}	1.491	$N_2/NH_3(aq)$	−3.10	N_2O/N_2	1.77
N_2O_4/NO_2	0.88	N_2O_4/HNO_2	1.07	N_2O_4/NO	1.03
NO/N_2O	1.59	HNO_2/NO	0.99	HNO_2/N_2O	1.27
NO_3^-/HNO_2	0.94	NO_3^-/NO	0.96	NO_3^-/N_2O_4	0.81
Na^+/Na	−2.7	Ni^{2+}/Ni	−0.23	NiO_2/Ni^{2+}	1.93
O_2/H_2O_2	0.682	O_2/H_2O	1.229	$O_2(g)/H_2O$	2.42
O_3/O_2	2.07	$P(white)/PH_3(g)$	−0.063	H_3PO_2/P	−0.51
H_3PO_3/H_3PO_2	−0.50	H_3PO_3/P	−0.49	H_3PO_4/H_3PO_3	−0.276
Pb^{2+}/Pb	−0.1262	$PbBr_2/Pb$	−0.275	$PbCl_2/Pb$	−0.262
PbF_2/Pb	−0.3444	PbI_2/Pb	−0.368	PbO_2/Pb^{2+}	1.46
PbO_2，$SO_4^{2-}/PbSO_4$	1.685	$PbSO_4/Pb$	−0.356	Pd^{2+}/Pd	0.83
$PdCl_4^{2-}/Pd$	0.623	Pt^{2+}/Pt	1.20	Rb^+/Rb	−2.925

续表

氧化还原电对	电极电势	氧化还原电对	电极电势	氧化还原电对	电极电势
Re^{3+}/Re	0.3	S/H_2S	0.141	$S_2O_6^{2-}/H_2SO_3$	0.60
$S_2O_8^{2-}/SO_4^{2-}$	2.0	$S_2O_8^{2-}/HSO_4^-$	2.123	H_2SO_3/H_2SO_4	−0.08
H_2SO_3/S	0.45	SO_4^{2-}/H_2SO_3	0.172	$SO_4^{2-}/S_2O_6^{2-}$	−0.2
Sb/SbH_3	−0.51	Sb_2O_3/Sb	0.1445	Sb_2O_5/SbO^+	0.64
SbO^+/Sb	0.212	Se/H_2Se	−0.36	H_2SeO_3/Se	0.74
SeO_4^{2-}/H_2SeO_3	1.15	SiF_6^{2-}/Si	−1.20	SiO_2(quartz)/Si	−0.857
Sn^{2+}/Sn	−0.1364	Sn^{4+}/Sn^{2+}	0.15	Sr^+/Sr	−4.10
Sr^{2+}/Sr	−2.89	$Sr^{2+}/Sr(Hg)$	−1.793	Te/H_2Te	−0.69
Te^{4+}/Te	0.63	TeO_2/Te	0.593	TeO_4^-/Te	0.472
H_6TeO_6/TeO_2	1.02	Th^{4+}/Th	−1.90	Ti^{2+}/Ti	−1.63
TiO^{2+}/Ti	−0.89	Ti^{3+}/Ti^{2+}	−0.20	TiO^{2+}/Ti^{3+}	0.1
TiO_2/Ti^{2+}	−0.86	Tl^+/Tl	−0.3363	V^{2+}/V	−1.20
V^{3+}/V^{2+}	−0.255	VO^{2+}/V^{3+}	0.337	VO_2^+/VO^{2+}	1.00
$V(OH)_4^+/VO^{2+}$	1.00	$V(OH)_4^+/V$	−0.25	W_2O_5/WO_2	−0.04
WO_2/W	−0.12	WO_3/W	−0.09	WO_3/W_2O_5	−0.03
Y^{3+}/Y	−2.37	Zn^{2+}/Zn	−0.7628		

2. 碱性溶液

氧化还原电对	电极电势	氧化还原电对	电极电势	氧化还原电对	电极电势
$AgCN/Ag$	−0.02	$[Ag(CN)_2]/Ag$	−0.31	Ag_2O/Ag	0.342
AgO/Ag_2O	0.599	Ag_2S/Ag	−0.7051	H_2AlO_3/Al	−2.35
AsO_2^-/As	−0.68	AsO_4^{3-}/AsO_2^- (1 mol·L⁻¹NaOH)	−0.08	$H_2BO_3^-/BH_4^-$	−1.24
$H_2BO_3^-/B$	−2.5	$Ba(OH)_2/Ba$	−2.97	$Be_2O_3^{2-}/Be$	−2.28
Bi_2O_3/Bi	−0.46	BrO^-/Br^- (1 mol·L⁻¹NaOH)	0.70	BrO_3^-/Br^-	0.61
$Ca(OH)_2/Ca$	−3.02	$Ca(OH)_2/Ca(Hg)$	−0.761	ClO^-/Cl^-	0.90
ClO_2^-/ClO^-	0.59	ClO_2^-/Cl^-	0.76	ClO_3^-/ClO_2^-	0.35
ClO_3^-/ClO^-	0.62	ClO_4^-/ClO_3^-	0.17	$[Co(NH_3)_6]^{3+}/[Co(NH_3)_6]^{2+}$	0.10
$Co(OH)_2/Co$	−0.73	$Co(OH)_3/Co(OH)_2$	0.2	CrO_2^-/Cr	−1.20
$CrO_4^{2-}/Cr(OH)_3$	−0.12	$Cr(OH)_3/Cr$	−1.3	$Cu^{2+}/[Cu(CN)_2]$	1.12

续表

氧化还原电对	电极电势	氧化还原电对	电极电势	氧化还原电对	电极电势
$[Cu(CN)_2]^-/Cu$	−0.429	Cu_2O/Cu	−0.361	$Cu(OH)_2/Cu$	−0.224
$Cu(OH)_2/Cu_2O$	−0.09	$[Fe(CN)_6]^{3-}/[Fe(CN)_6]^{4-}$ ($1\ mol \cdot L^{-1}\ H_2SO_4$)	0.69	$Fe(OH)_3/Fe(OH)_2$	−0.56
H_2GaO_3/Ga	−1.22	H_2O/H_2	−0.8277	Hg_2O/Hg	0.123
HgO/Hg	0.0984	$H_3IO_6^{2-}/IO_3^-$	0.70	IO^-/I^-	0.49
IO^-/I^-	0.485	IO_3^-/I^-	0.26	Ir_2O_3/Ir	0.10
$La(OH)_3/La$	−2.76	$Mg(OH)_3/Mg$	−2.67	MnO_4^-/MnO_2	0.580
MnO_4^{2-}/MnO_2	0.60	$Mn(OH)_2/Mn$	−1.47	NO/N_2O	0.76
NO_2^-/N_2^{2-}	−0.18	NO_2^-/N_2O	0.15	NO_2^-/NO_2	0.01
NO_3^-/N_2O_4	−0.85	$Ni(OH)_2/Ni$	−0.66	$Ni(OH)_3/Ni(OH)_2$	0.48
O_2/HO_2^-	−0.076	O_2/H_2O_2	−0.146	O_2/OH^-	0.401
O_3/O_2	1.24	HO_2^-/OH^-	0.87	$P/PH_3(g)$	−0.87
$H_2PO_2^-/P$	−1.82	$HPO_3^{2-}/H_2PO_2^-$	−1.65	HPO_3^{2-}/P	−1.71
PO_4^{3-}/HPO_3^{2-}	−1.05	PbO/Pb	−0.576	$HPbO_2/Pb$	−0.54
PbO_2/PbO	0.28	$Pb(OH)_2/Pd$	0.10	$Pt(OH)_2/Pt$	0.16
ReO_4^-/Re	−0.81	S/S^{2-}	−0.508	S/HS^-	−0.478
$S_4O_6^{2-}/S_2O_3^{2-}$	0.09	$SO_3^{2-}/S_2O_4^{2-}$	−1.12	$SO_3^{2-}/S_2O_3^{2-}$	−0.58
SO_4^{2-}/SO_3^{2-}	−0.92	SbO_2^-/Sb	−0.66	SbO_3^-/SbO_2^-	−0.59
SeO_3^{2-}/Se	−0.35	SeO_4^{2-}/SeO_3^{2-}	0.03	SiO_3^{2-}/Si	−1.73
$HSnO_2^-/Sn$	−0.79	$Sn(OH)_3^{2-}/HSnO_2^-$	−2.88	$Sr(OH)_2/Sr$	−2.99
Te/Te^{2-}	−1.143/−0.92	Tl_2O_3/Tl^+	0.02	ZnO_2^-/Zn	−1.216

资料来源：

①夏玉宇．化学实验室手册［M］．北京：化学化工出版社，2004.

②北京师范大学，等．无机化学实验［M］．北京：高等教育出版社，2014.

附录 8　常见物质、离子的颜色

1. 盐

物质	颜色	物质	颜色	物质	颜色
Ag_3AsO_4	褐	$AgBr$	淡黄	$AgCN$	白
Ag_2CO_3	白	$Ag_2C_2O_4$	白	$AgCl$	白
Ag_2CrO_4	砖红	AgI	黄	$AgNO_2$	白
Ag_3PO_4	黄	Ag_2S	黑	$AgSCN$	白
Ag_2SO_3	白	Ag_2SO_4	白	$Ag_2S_2O_3$	白
$AlPO_4$	白	As_2S_3	黄	As_2S_5	黄
$BaCO_3$	白	BaC_2O_4	白	$BaCrO_4$	黄
$BaHPO_4$	白	$Ba_3(PO_4)_2$	白	$BaSO_3$	白
$BaSO_4$	白	$Ba_2S_2O_3$	白	BiI_3	绿黑
$BiOCl$	白	$Bi(OH)CO_3$	白	$BiONO_3$	白
$BiPO_4$	白	Bi_2S_3	棕黑	$CaCO_3$	白
CaC_2O_4	白	CaF_2	白	$CaHPO_4$	白
$Ca_3(PO_4)_2$	白	$CaSO_3$	白	$CaSO_4$	白
$CaSiO_3$	白	$CdCO_3$	白	CdC_2O_4	白
CdF_2	白	CdS	黄	$Co(OH)Cl$	蓝
CoS	黑	$CrPO_4$	灰绿	$CuBr$	白
$CuCN$	白	$CuCl$	白	$Cu_2[Fe(CN)_6]$	红棕
CuI	白	$Cu(IO_3)_2$	淡蓝	$Cu_2(OH)_2CO_3$	淡蓝(铜绿)
$Cu_3(PO_4)_2$	淡蓝	CuS	黑	Cu_2S	黑
$CuSCN$	白	$FeCO_3$	白	$FeC_2O_4 \cdot 2H_2O$	黄

续表

物质	颜色	物质	颜色	物质	颜色
$Fe_3[Fe(CN)_6]_2$	蓝	$Fe_4[Fe(CN)_6]_3$	蓝	$FePO_4$	淡黄
FeS	黑	Hg_2Cl_2	白	$HgCrO_4$	黄
HgI_2	红	Hg_2I_2	绿	$HgNH_2Cl$	白
HgS	黑	Hg_2S	黑	$Hg(SCN)_2$	白
$Hg_2(SCN)_2$	白	Hg_2SO_4	白	$KClO_4$	白
$K_2[PtCl_6]$	黄	Li_2CO_3	白	LiF	白
$MgCO_3$	白	MgC_2O_4	白	MgF_2	白
$MgHPO_4$	白	$MgNH_4PO_4$	白	$Mg_2(OH)_2CO_3$	白
$Mg_3(PO_4)_2$	白	$MnCO_3$	白	MnC_2O_4	白
$Mn_3(PO_4)_2$	白	MnS	肉色	$Na[Sb(OH)_6]$	白
$NiCO_3$	绿	$Ni_2(OH)_2SO_4$	绿	NiS	黑
$PbBr_2$	白	$PbCO_3$	白	PbC_2O_4	白
$PbCl_2$	白	$PbCrO_4$	黄	PbI_2	黄
$Pb_3(PO_4)_2$	白	PbS	黑	$PbSO_4$	白
$SbOCl$	白	Sb_2S_3	橙红	Sb_2S_5	橙
$Sn(OH)Cl$	白	SnS	棕	SnS_2	土黄
$SrCO_3$	白	SrC_2O_4	白	$Sr_3(PO_4)_2$	白
$SrSO_4$	白	$ZnCO_3$	白	$Zn_3(PO_4)_2$	白
ZnS	白				

2. 氧化物、酸、碱

物质	颜色	物质	颜色	物质	颜色
NiO	暗绿	Ni_2O_3	黑	$Ni(OH)_2$	浅绿
$Ni(OH)_3$	黑	PbO	黄	PbO_2	棕
Pb_3O_4	红	$Pb(OH)_2$	白	Sb_2O_3	白
$Sb(OH)_3$	白	SnO	黑、绿	SnO_2	白
$Sn(OH)_2$	白	$Sn(OH)_4$	白	SrO	白
$Sr(OH)_2$	白	TiO_2	白	V_2O_5	橙黄、红
ZnO	白	$Zn(OH)_2$	白		

3. 离子(水溶液中)

物质	颜色	物质	颜色	物质	颜色
Ag^{+}	无	$Ag(CN)_2^{-}$	无	$Ag(NH_3)_2^{+}$	无
$Ag(S_2O_3)_2^{3-}$	无	Al^{3+}	无	AlO_2^{-}	无
AsO_3^{3-}	无	AsO_4^{3-}	无	AsS_3^{3-}	无
AsS_4^{3-}	无	Au^{3+}	黄	$B_4O_7^{2-}$	无
Ba^{2+}	无	Be^{2+}	无	Bi^{3+}	无
Br^{-}	无	BrO^{-}	无	BrO_3^{-}	无
CH_3COO^{-}	无	$C_4H_4O_6^{2-}$	无	CN^{-}	无
CO_3^{2-}	无	$C_2O_4^{2-}$	无	Ca^{2+}	无
$Cd(CN)_4^{2-}$	无	$Cd(NH_3)_4^{2+}$	无	Cl^{-}	无
ClO^{-}	无	ClO_3^{-}	无	ClO_4^{-}	无
Co^{2+}	粉红	$Co(CN)_6^{3-}$	紫	$Co(NH_3)_6^{2+}$	黄
$Co(NH_3)_6^{3+}$	橙黄	$Co(SCN)_4^{2-}$	蓝	Cr^{2+}	蓝
Cr^{3+}	紫	$Cr(NH_3)_6^{3+}$	黄	CrO_2^{-}	绿
CrO_4^{2-}	黄	$Cr_2O_7^{2-}$	橙	Cu^{2+}	淡蓝
Cu^{+}	无	$CuBr_4^{2-}$	黄	$CuCl_4^{2-}$	绿
$Cu(NH_3)_2^{+}$	无	$Cu(NH_3)_4^{2+}$	深蓝	F^{-}	无
Fe^{2+}	浅绿	Fe^{3+}	淡紫色	$Fe(CN)_6^{3-}$	浅黄
$Fe(CN)_6^{4-}$	黄绿	$FeCl_6^{3-}$	黄	FeF_6^{3-}	无
$Fe(SCN)^{2+}$	血红	H^{+}	无	HCO_3^{-}	无
$HC_2O_4^{-}$	无	HPO_3^{2-}	无	HPO_4^{2-}	无
HSO_3^{-}	无	HSO_4^{-}	无	Hg^{2+}	无
Hg_2^{2+}	无	$HgCl_4^{2-}$	无	I^{-}	无
I_3^{-}	浅棕黄	IO_3^{-}	无	K^{+}	无
Li^{+}	无	Mg^{2+}	无	Mn^{2+}	肉红
MnO_4^{-}	紫	MnO_4^{2-}	绿	NH_4^{+}	无
NO_2^{-}	无	NO_3^{-}	无	Na^{+}	无
Ni^{2+}	绿	$Ni(CN)_4^{2-}$	黄	$Ni(NH_3)_6^{2+}$	蓝紫
OH^{-}	无	PO_3^{-}	无	PO_4^{3-}	无
$P_2O_7^{4-}$	无	Pb^{2+}	无	$PbCl_4^{2-}$	无

续表

物质	颜色	物质	颜色	物质	颜色
PbO_2^{2-}	无	S^{2-}	无	SCN^-	无
SO_3^{2-}	无	SO_4^{2-}	无	$S_2O_3^{2-}$	无
$S_2O_4^{2-}$	无	$S_4O_6^{2-}$	无	Sb^{3+}	无
SbO_3^{3-}	无	SbO_4^{3-}	无	SbS_3^{3-}	无
SbS_4^{3-}	无	SiO_3^{2-}	无	SnO_2^{3-}	无
SnO^{2-}	无	SnO_2^{2-}	无	SnS_2^{3-}	无
Sr^{2+}	无	Ti^{3+}	紫	V^{2+}	紫
V^{3+}	绿	WO_4^{2-}	无	Zn^{2+}	无
$Zn(NH_3)_4^{2+}$	无	ZnO_2^{2-}	无		

附录 9　色之属

红

《说文解字》："赤，南方色也。""彤，丹饰也。""绛，浅绛也。"
《洪范五行传》："赤者，火色也。"

鲜红　红　洋红　胭脂红　绛　朱红　品红
山茶红　粉红　浅珍珠红　玫红　桃花　浅粉红　酒红

橙

杜甫《遣意二首》："衰年催酿黍，细雨更移橙。"
苏轼《赠刘景文》："一年好景君须记，最是橙黄橘绿时。"

橘　柿子橙　橙　阳橙　热带橙　蜜橙　杏黄
沙棕　米　灰土　驼　椰褐　褐　咖啡

《说文解字》："黄，地之色也。""浅橄榄色。"
《易经》："天玄而地黄。"
《红楼梦》："一样雨过天青，一样秋香色。"

卡其黄　万寿菊黄　铬黄　黄　明黄　韭黄　淡黄　豆黄

绿

《说文解字》："绿，帛青黄色也。"
《楚辞补注》："绿叶素荣。"

孔雀绿　薄荷绿　绿　碧绿　钴绿　苔藓绿　苹果绿　嫩绿
草绿　黄绿　豆绿

青	《说文解字》："青，东方色也。" 《荀子·劝学》："青，取之于蓝，而青于蓝。" 雅青　青　薄荷青　苍　淡青
蓝	《说文解字》："蓝，染青草也。" 杜甫《冬到金华山观，因得故拾遗陈公学堂遗迹》："上有蔚蓝天。" 波斯蓝　普鲁士蓝　深蓝　蓝　钴蓝　天空蓝 蔚蓝　湖蓝　春水蓝　淡蓝　粉蓝　水蓝
紫	《说文解字》："紫，帛青赤色也。""黛，画眉也。从黑联声。" 《论语·乡党》："红紫不以为亵服。" 杜甫《古柏行》："霜皮溜雨四十围，黛色参天二千尺。" 紫黑　缬草紫　紫　明紫　淡紫红　粉紫　浅紫　紫丁香 淡紫丁
白	《史记·封禅书》："太一祝宰则衣紫及绣。五帝各如其色，日赤，月白。" 《说文解字》："西方色也。阴用事，物色白。""凡白之属皆从白。" 月白　乳白　白
灰	《说文解字》："灰，死火余烬也。" 暗灰　昏灰　灰　银灰　亮灰
黑	《说文解字》："火所熏之色也。""凡黑之属皆从黑。" 《周礼·冬官考工记》："五入为緅，七入为缁。" 黑

可见光波长

颜色	波长	频率
红色	625~740 nm	480~405 THz
橙色	590~625 nm	510~480 THz
黄色	565~590 nm	530~510 THz
绿色	500~565 nm	600~530 THz
青色	485~500 nm	620~600 THz
蓝色	440~485 nm	680~620 THz
紫色	380~440 nm	790~680 THz

（编辑：覃松、朱宇萍；制作：朱宇萍）

附录10 元素周期表

图例：原子序数 19；元素符号 K（红色指放射性元素）；元素名称 钾（标*的为人造元素）；同位素的质量数 39 40 41（加底线的是天然丰度最大的同位素，红色指放射性同位素）；外层电子构型 $4s^1$；相对原子质量 39.098（加括号的是放射性元素最长寿命同位素的质量数）

金属　非金属　稀有气体　过渡元素

注：
1. 相对原子质量引自国际纯粹与应用化学联合会(IUPAC)相对原子质量表(2013)，删节至五位有效数字，末尾数的准确度加注在其后括号内。
2. 稳定元素列有其在自然界存在的同位素的质量数；放射性元素、人造元素同位素质量数的选列参考自有关文献。

周期＼族	1 IA	2 IIA	3 IIIB	4 IVB	5 VB	6 VIB	7 VIIB	8 VIII	9 VIII	10 VIII	11 IB	12 IIB	13 IIIA	14 IVA	15 VA	16 VIA	17 VIIA	18 0	电子层	18族电子数
1	1 H 氢 (1 2 3) $1s^1$ 1.008																	2 He 氦 (3 4) $1s^2$ 4.0026	K	2
2	3 Li 锂 (6 7) $2s^1$ 6.94	4 Be 铍 (9) $2s^2$ 9.0122											5 B 硼 (10 11) $2s^22p^1$ 10.81	6 C 碳 (12 13 14) $2s^22p^2$ 12.011	7 N 氮 (14 15) $2s^22p^3$ 14.007	8 O 氧 (16 17 18) $2s^22p^4$ 15.999	9 F 氟 (19) $2s^22p^5$ 18.998	10 Ne 氖 (20 21 22) $2s^22p^6$ 20.180	L K	8 2
3	11 Na 钠 (23) $3s^1$ 22.990	12 Mg 镁 (24 25 26) $3s^2$ 24.305											13 Al 铝 (27) $3s^23p^1$ 26.982	14 Si 硅 (28 29 30) $3s^23p^2$ 28.085	15 P 磷 (31) $3s^23p^3$ 30.974	16 S 硫 (32 33 34 36) $3s^23p^4$ 32.06	17 Cl 氯 (35 37) $3s^23p^5$ 35.45	18 Ar 氩 (36 38 40) $3s^23p^6$ 39.948	M L K	8 8 2
4	19 K 钾 (39 40 41) $4s^1$ 39.098	20 Ca 钙 (40 42 43 44 46 48) $4s^2$ 40.078(4)	21 Sc 钪 (45) $3d^14s^2$ 44.956	22 Ti 钛 (46 47 48 49 50) $3d^24s^2$ 47.867	23 V 钒 (50 51) $3d^34s^2$ 50.942	24 Cr 铬 (50 52 53 54) $3d^54s^1$ 51.996	25 Mn 锰 (55) $3d^54s^2$ 54.938	26 Fe 铁 (54 56 57 58) $3d^64s^2$ 55.845(2)	27 Co 钴 (59) $3d^74s^2$ 58.933	28 Ni 镍 (58 60 61 62 64) $3d^84s^2$ 58.693	29 Cu 铜 (63 65) $3d^{10}4s^1$ 63.546(3)	30 Zn 锌 (64 66 67 68 70) $3d^{10}4s^2$ 65.38(2)	31 Ga 镓 (69 71) $4s^24p^1$ 69.723	32 Ge 锗 (70 72 73 74 76) $4s^24p^2$ 72.630(8)	33 As 砷 (75) $4s^24p^3$ 74.922	34 Se 硒 (74 76 77 78 80 82) $4s^24p^4$ 78.971(8)	35 Br 溴 (79 81) $4s^24p^5$ 79.904	36 Kr 氪 (78 80 82 83 84 86) $4s^24p^6$ 83.798(2)	N M L K	8 18 8 2
5	37 Rb 铷 (85 87) $5s^1$ 85.468	38 Sr 锶 (84 86 87 88) $5s^2$ 87.62	39 Y 钇 (89) $4d^15s^2$ 88.906	40 Zr 锆 (90 91 92 94 96) $4d^25s^2$ 91.224(2)	41 Nb 铌 (93) $4d^45s^1$ 92.906	42 Mo 钼 (92 94 95 96 97 98 100) $4d^55s^1$ 95.95	43 Tc 锝 (97 98 99) $4d^55s^2$ (98)	44 Ru 钌 (96 98 99 100 101 102 104) $4d^75s^1$ 101.07(2)	45 Rh 铑 (103) $4d^85s^1$ 102.91	46 Pd 钯 (102 104 105 106 108 110) $4d^{10}$ 106.42	47 Ag 银 (107 109) $4d^{10}5s^1$ 107.87	48 Cd 镉 (106 108 110 111 112 113 114 116) $4d^{10}5s^2$ 112.41	49 In 铟 (113 115) $5s^25p^1$ 114.82	50 Sn 锡 (112 114 115 116 117 118 119 120 122 124) $5s^25p^2$ 118.71	51 Sb 锑 (121 123) $5s^25p^3$ 121.76	52 Te 碲 (120 122 123 124 125 126 128 130) $5s^25p^4$ 127.60(3)	53 I 碘 (127) $5s^25p^5$ 126.90	54 Xe 氙 (124 126 128 129 130 131 132 134 136) $5s^25p^6$ 131.29	O N M L K	8 18 18 8 2
6	55 Cs 铯 (133) $6s^1$ 132.91	56 Ba 钡 (130 132 134 135 136 137 138) $6s^2$ 137.33	57–71 La-Lu 镧系	72 Hf 铪 (174 176 177 178 179 180) $5d^26s^2$ 178.49(2)	73 Ta 钽 (180 181) $5d^36s^2$ 180.95	74 W 钨 (180 182 183 184 186) $5d^46s^2$ 183.84	75 Re 铼 (185 187) $5d^56s^2$ 186.21	76 Os 锇 (184 186 187 188 189 190 192) $5d^66s^2$ 190.23(3)	77 Ir 铱 (191 193) $5d^76s^2$ 192.22	78 Pt 铂 (190 192 194 195 196 198) $5d^96s^1$ 195.08	79 Au 金 (197) $5d^{10}6s^1$ 196.97	80 Hg 汞 (196 198 199 200 201 202 204) $5d^{10}6s^2$ 200.59	81 Tl 铊 (203 205) $6s^26p^1$ 204.38	82 Pb 铅 (204 206 207 208) $6s^26p^2$ 207.2	83 Bi 铋 (209) $6s^26p^3$ 208.98	84 Po 钋 (208 209 210) $6s^26p^4$ (209)	85 At 砹 (210 211) $6s^26p^5$ (210)	86 Rn 氡 (211 220 222) $6s^26p^6$ (222)	P O N M L K	8 18 32 18 8 2
7	87 Fr 钫 (212 222 223) $7s^1$ (223)	88 Ra 镭 (223 224 226 228) $7s^2$ (226)	89–103 Ac-Lr 锕系	104 Rf 𬬻* (265 267) $6d^27s^2$ (267)	105 Db 𬭊* (268 270) $6d^37s^2$ (270)	106 Sg 𬭳* (269 271) $6d^47s^2$ (269)	107 Bh 𬭛* (270 274) $6d^57s^2$ (270)	108 Hs 𬭶* (269 270) $6d^67s^2$ (270)	109 Mt 鿏* (276 278) $6d^77s^2$ (278)	110 Ds 𫟼* (280 281) $6d^87s^2$ (281)	111 Rg 𬬭* (281 282) $6d^{10}7s^1$ (281)	112 Cn 鿔* (283 285) $6d^{10}7s^2$ (285)	113 Nh 鿭* (285 286) (286)	114 Fl 𫓧* (287 288 289) $7s^27p^2$ (289)	115 Mc 镆* (288 289 290) (289)	116 Lv 𫟷* (291 292 293) $7s^27p^4$ (293)	117 Ts 石田* (293 294) (293)	118 Og 气奥* (294) (294)	Q P O N M L K	8 18 32 32 18 8 2

镧系	57 La 镧 (138 139) $5d^16s^2$ 138.91	58 Ce 铈 (136 138 140 142) $4f^15d^16s^2$ 140.12	59 Pr 镨 (141) $4f^36s^2$ 140.91	60 Nd 钕 (142 143 144 145 146 148 150) $4f^46s^2$ 144.24	61 Pm 钷 (145 146 147) $4f^56s^2$ (145)	62 Sm 钐 (144 147 148 149 150 152 154) $4f^66s^2$ 150.36(2)	63 Eu 铕 (151 153) $4f^76s^2$ 151.96	64 Gd 钆 (152 154 155 156 157 158 160) $4f^75d^16s^2$ 157.25(3)	65 Tb 铽 (159) $4f^96s^2$ 158.93	66 Dy 镝 (156 158 160 161 162 163 164) $4f^{10}6s^2$ 162.50	67 Ho 钬 (165) $4f^{11}6s^2$ 164.93	68 Er 铒 (162 164 166 167 168 170) $4f^{12}6s^2$ 167.26	69 Tm 铥 (169) $4f^{13}6s^2$ 168.93	70 Yb 镱 (168 170 171 172 173 174 176) $4f^{14}6s^2$ 173.05	71 Lu 镥 (175 176) $5d^16s^2$ 174.97
锕系	89 Ac 锕 (225 227) $6d^17s^2$ (227)	90 Th 钍 (230 232) $6d^27s^2$ 232.04	91 Pa 镤 (231 233) $5f^26d^17s^2$ 231.04	92 U 铀 (233 234 235 236 238) $5f^36d^17s^2$ 238.03	93 Np 镎 (236 237) $5f^46d^17s^2$ (237)	94 Pu 钚 (238 239 240 241 242 244) $5f^67s^2$ (244)	95 Am 镅* (241 243) $5f^77s^2$ (243)	96 Cm 锔* (243 244 245 246 247 248) $5f^76d^17s^2$ (247)	97 Bk 锫* (247 249) $5f^97s^2$ (247)	98 Cf 锎* (249 250 251 252) $5f^{10}7s^2$ (251)	99 Es 锿* (252 254) $5f^{11}7s^2$ (252)	100 Fm 镄* (253 257) $5f^{12}7s^2$ (257)	101 Md 钔* (258 260) $5f^{13}7s^2$ (258)	102 No 锘* (255 259) $5f^{14}7s^2$ (259)	103 Lr 铹* (261 262) $6d^17s^2$ (262)